可持续地表水管理
可持续排水系统（SuDS）手册

SUSTAINABLE SURFACE WATER MANAGEMENT
A HANDBOOK FOR SuDS

［英］ 苏珊娜·M. 查尔斯沃思（Susanne M. Charlesworth）
科林·A. 布思（Colin A. Booth） 编

陈前虎　董寒凝　译

中国建筑工业出版社

著作权合同登记图字：01-2020-1417号

图书在版编目（CIP）数据

可持续地表水管理：可持续排水系统（SuDS）手册 /（英）苏珊娜·M.查尔斯沃思，（英）科林·A.布思编；陈前虎，董寒凝译.—北京：中国建筑工业出版社，2020.4
ISBN 978-7-112-24614-4

Ⅰ.①可…　Ⅱ.①苏…②科…③陈…④董…　Ⅲ.①排水系统-手册　Ⅳ.①TU992.03-62

中国版本图书馆 CIP 数据核字（2020）第 022169 号

Sustainable Surface Water Management
A Handbook for SuDS
Edited by Susanne M. Charlesworth & Colin A. Booth
ISBN 978-1-118-89770-6
©2017 by John Wiley & Sons, Ltd

Chinese translation edition ©2020 China Architecture Publishing & Media Co. Ltd.

　　责任编辑：孙书妍　吴宇江
　　责任校对：王　烨

可持续地表水管理
可持续排水系统（SuDS）手册

［英］　苏珊娜·M.查尔斯沃思（Susanne M. Charlesworth）
　　　　科林·A.布思（Colin A. Booth）　　　　　　　　　　编

陈前虎　董寒凝　译
＊
中国建筑工业出版社出版、发行（北京海淀三里河路9号）
各地新华书店、建筑书店经销
北京建筑工业印刷厂制版
北京建筑工业印刷厂印刷
＊
开本：787×1092毫米　1/16　印张：26　字数：639千字
2020年6月第一版　　2020年6月第一次印刷
定价：**126.00**元
ISBN 978-7-112-24614-4
　　（35290）

版权所有　翻印必究

愿人们在泥泞的水坑中跳跃的愉悦
永远无法被洪水中的苦难所取代！

谨以此书献给
道格拉斯·埃拉－罗斯（Douglas Ella‐Rose）、
艾丹（Aidan）和罗纳（Rónán）
埃斯梅（Esmée）、埃德里德（Edryd）和埃弗伦（Efren）

中文版序

水是生命之源，人类文明的产生、进步和发展都与水有着密不可分的关系。但"水能载舟，亦能覆舟"，目前全球有80%的人生活在洪灾易发区，历史上洪水猛兽带来的深刻教训也令我们记忆犹新。无论人类是否在地球上定居，洪水可能都会发生，但是人类认为可以操纵环境的傲慢，可能使洪水带来的危害更加严重。

随着城市化的发展，人类改造自然的能力发生了翻天覆地的变化。曾经可以渗透水流的自然景观逐渐被不透水硬质铺面所替代，为此只能通过地下管渠的方式进行雨水的收集与排放，从而大大加快了地表水的流转和循环速度。迅速汇集的水流以及多个洪峰的叠加，使城市地区"海景"频现。

长期以来，人们习惯把内涝的原因归结于排水不畅和地下管网设置的不合理，试图以更高容量的排水系统作为解决方案。这种末端集中控制的设计理念，往往会造成逢雨必涝、旱涝急转的情形。我们应该反思城市开发过程中被严重忽视的生态问题，从源头恢复城市原有的"弹性"。目前国际上提出的可持续排水观念便是基于对自然水循环的理解，利用土壤和植被的自然过程达到减少水量（第5章）、改善水质（第6章）、增加生物多样性（第7章）、提供娱乐宜人空间（第8章）、获取可再生能源（第13章）、碳吸收和储存（第14章）以及减少用水需求（第15章）的目的。

虽然学界已然认识到了可持续排水系统的多重效益，但在实践中仍然难以推进。一方面，由于城市管理模式倾向于风险规避，对于新的范式存在潜在的抗拒心理，而目前对于不同设施的建模、监测和评估数据并不足以打消管理者对理念的疑虑（第20章）。但实际上，与可持续排水系统相类似的技术早在千年前就得以应用（第2章），国际上也有越来越多不同气候区国家成功实行可持续排水系统的案例（第12、22-28章）。

另一方面，在对可持续排水设施的认知上，大多数人还将其当作是城市建设的"锦上添花"，而非传统排水管道的替代。即人们只是片面或单一地认识到可持续排水设施所能带来的好处，或认为其纯粹为了消减洪水而设计，或将其当作绿化工程的一部分，而并不认为其具备比原有的排水方式更高的价值（第17章）。因此，可持续排水设施便成了一种冗余，人们认为它占用了开发空间，且新建、改装及维护的过程困难又昂贵，但事实并非如此（第4、18-19章）。所以如何有效修正人们关于可持续排水理念的认知便成了当务之急，毕竟未被民众所认可的技术便失去了"可持续"的可能（第21章）。

可持续排水系统实际上是跨学科的，除却社会、经济和政治方面的见解，本书还在物理、化学方面对可持续排水系统的材料及去除污染物的原理做出了阐明（第9-11章），从而为研究可持续排水系统的各领域相关人员提供研究思路。受学术翻译水平所限，本书可能存在疏漏或表达欠妥之处，敬请读者予以批评指正。

目　录

中文版序

作者简介

编者简介

第1篇　绪论   1

第1章　可持续地表水管理导论   3

1.1　导言   3

1.2　地表水管理   3

1.3　可持续地表水管理   4

1.4　本书框架   7

参考文献   7

第2篇　不同情境下的可持续地表水管理   9

第2章　过去与现在——可持续排水技术的历史与现代应用   11

2.1　导言   11

2.2　什么是"可持续性"?   12

2.3　古代雨水收集技术   12

2.4　改善水质   16

2.5　减少水量：地下排水   18

2.6　水的储存   19

2.7　减少用水需求：灰水的循环利用   20

2.8　降低流速   21

2.9　可持续水管理的非结构性方法   22

2.10　结论   22

参考文献   23

第3章　地表水战略、政策和立法　　　　　　　　26

3.1　导言　　　　　26

3.2　立法层级　　　　　27

3.3　案例研究——英国　　　　　28

3.4　英国与其他国家的方法对比　　　　　35

3.5　结论　　　　　35

参考文献　　　　　36

第4章　可持续排水系统运行和维护　　　　　　　　40

4.1　导言　　　　　40

4.2　运行维护的定义与重要性　　　　　41

4.3　检修、报告和维护　　　　　41

4.4　维护计划表　　　　　45

4.5　影响维护的其他因素　　　　　46

4.6　结论　　　　　48

参考文献　　　　　48

第3篇　可持续排水系统功能　　　　　　　　51

第5章　水量：暴雨峰值衰减　　　　　　　　53

5.1　导言　　　　　53

5.2　传统排水的水流和水量　　　　　53

5.3　现有洪水管理　　　　　54

5.4　水量　　　　　55

5.5　SuDS 的实施历史　　　　　56

5.6　"管理列车"　　　　　59

5.7　设施的改造　　　　　63

5.8　新建设施　　　　　65

5.9　流量控制　　　　　65

5.10　结论　　　　　66

参考文献　　　　　67

第6章　城市水体沉积物质量　　　　　　　　74

6.1　导言　　　　　74

6.2　城市径流污染源　　　　　74

6.3　不同土地利用类型的城市径流质量　　　　　75

6.4　城市受纳水体中沉积物的质量和表现方式　　　　　77

6.5　使用 SuDS 处理城市径流 78

6.6　SuDS 中的污染物去除过程 79

6.7　SuDS 中沉积物的质量和表现方式 81

参考文献 82

第 7 章　可持续排水系统：为人类和野生动物带来多重好处 86

7.1　导言 86

7.2　SuDS 的过人之处 87

7.3　SuDS 是如何支持生物多样性的 88

7.4　涉及人员 90

7.5　以人和野生动物为本设计 SuDS 90

7.6　SuDS "管理列车" 的野生生物效益 92

7.7　由社区管理并拥有丰富野生动物的 SuDS 设施案例研究——格洛斯特郡斯特劳德的
斯普林希尔合作住宅（Springhill Cohousing，Stroud，Gloucestershire） 96

参考文献 97

第 8 章　宜人性：为社会提供价值 98

8.1　导言 98

8.2　建成环境中的宜人性、娱乐性和生物多样性 100

8.3　SuDS 的宜人性和可持续发展 103

8.4　公众对宜人性和 SuDS 概念的认识述评 103

8.5　结论 104

参考文献 104

第 9 章　绿色基础设施生物降解作用 108

9.1　导言 108

9.2　生物降解的环境条件和要求 109

9.3　生物膜（Biofilms）的概念及作用机理 110

9.4　绿色 SuDS 中的生物降解 112

9.5　绿色 SuDS 中的氮循环 114

9.6　结论 115

参考文献 116

第 10 章　硬质基础设施中的烃类生物降解 120

10.1　导言 120

10.2　硬质 SuDS 结构、设计及相关技术 120

　10.3　硬质 SuDS 中生物降解的证据　　　　　　　　　　　　　　122

　10.4　硬质 SuDS 中的微生物和生物膜　　　　　　　　　　　　124

　10.5　标准硬质 SuDS 的多样化设计　　　　　　　　　　　　　126

　10.6　其他硬质 SuDS 的生物降解研究　　　　　　　　　　　　127

　10.7　针对灾难性污染事件的设计优化　　　　　　　　　　　　127

　10.8　结论　　　　　　　　　　　　　　　　　　　　　　　　129

　　参考文献　　　　　　　　　　　　　　　　　　　　　　　　130

第 11 章　土工合成材料在可持续排水中的应用　　　　　　　　　134

　11.1　土工合成材料的介绍　　　　　　　　　　　　　　　　　134

　11.2　土工合成材料分类、功能及应用　　　　　　　　　　　　135

　11.3　SuDS 中土工织物的应用　　　　　　　　　　　　　　　136

　11.4　城市用水的二次利用　　　　　　　　　　　　　　　　　141

　11.5　结论　　　　　　　　　　　　　　　　　　　　　　　　142

　　参考文献　　　　　　　　　　　　　　　　　　　　　　　　143

第 4 篇　可持续排水系统的多重效益　　　　　　　　　　　　　149

第 12 章　自然洪水风险管理（NFRM）及其在自然过程中的作用　　151

　12.1　导言　　　　　　　　　　　　　　　　　　　　　　　　151

　12.2　自然洪水风险管理（NFRM）的定义　　　　　　　　　　151

　12.3　NFRM 研究案例　　　　　　　　　　　　　　　　　　　154

　12.4　NFRM 在会议政策议程中的意义　　　　　　　　　　　　161

　12.5　结论　　　　　　　　　　　　　　　　　　　　　　　　162

　　参考文献　　　　　　　　　　　　　　　　　　　　　　　　163

　　法规政策　　　　　　　　　　　　　　　　　　　　　　　　168

第 13 章　可持续排水系统的能源再生和节能效应　　　　　　　　169

　13.1　导言　　　　　　　　　　　　　　　　　　　　　　　　169

　13.2　地热能的采集　　　　　　　　　　　　　　　　　　　　170

　13.3　透水路面系统　　　　　　　　　　　　　　　　　　　　170

　13.4　生态屋的监测结果　　　　　　　　　　　　　　　　　　173

　13.5　案例：位于英国贝德福德郡的汉森斯图尔特比办公室

　　　　（The Hanson Stewartby Office，Bedford，UK）　　　　　175

　13.6　减少能源使用：蓝绿基础设施在建筑中的应用　　　　　　176

　13.7　结论　　　　　　　　　　　　　　　　　　　　　　　　179

　　参考文献　　　　　　　　　　　　　　　　　　　　　　　　179

第14章　碳吸收和存储：城市绿色屋顶案例　　184

14.1　导言　　184

14.2　碳吸收的重要性　　184

14.3　绿色屋顶的雨水管理效益与碳吸收的结合　　186

14.4　绿色屋顶的碳吸收　　187

14.5　隐含能源　　188

14.6　提高碳吸收的潜力　　189

14.7　结论　　191

参考文献　　191

第15章　两用雨水收集系统（RwH）设计　　196

15.1　导言　　196

15.2　英格兰和威尔士的 RwH 和 SuDS　　197

15.3　在英格兰和威尔士使用 RwH 进行雨水源头控制　　198

15.4　将雨水源头控制纳入 RwH 系统设计　　199

15.5　结论　　205

致谢　　206

参考文献　　206

第16章　SuDS 中生态系统服务整合的进展　　209

16.1　导言　　209

16.2　SuDS 类型对生态系统服务的潜在贡献　　211

16.3　SuDS 方案的生态系统服务成果分析　　216

16.4　有关 SuDS 多功能机遇的认知　　217

16.5　结论和建议　　218

参考文献　　219

第5篇　将可持续地表水管理融入建成环境　　223

第17章　可持续排水的全寿命成本和多重效益　　225

17.1　导言　　225

17.2　全寿命成本（WLC）　　226

17.3　SuDS 的多重效益　　228

17.4　结论　　231

致谢　　231

参考文献　　231

第 18 章 缓解洪涝的绿色屋顶和透水铺装改造 235

18.1 导言 235

18.2 雨水管理中的绿色屋顶类型 236

18.3 建筑改造特点 237

18.4 墨尔本 SuDS 的驱动因素与障碍 241

18.5 不同场景下的径流估计 244

18.6 结论和进一步研究 245

致谢 245

参考文献 245

第 19 章 高速公路服务区的当代景观与建筑 249

19.1 导言 249

19.2 英国的高速公路服务区 249

19.3 高速公路服务区的示范案例 250

19.4 结论 257

参考文献 257

第 20 章 设计建模 260

20.1 导言 260

20.2 一维建模 260

20.3 二维建模 261

20.4 一维和二维模型 261

20.5 三维模型 261

20.6 建模的不确定性 261

20.7 模型验证：SuDS"管理列车"的监控 262

20.8 排水建模量表 262

20.9 SuDS 模型存在的问题 264

20.10 利用 Microdrainage® 软件模拟英国考文垂前德拉姆公园
（Prior Deram Park）SuDS "管理列车" 的影响 266

20.11 案例研究：英国考文垂的决策支持工具 267

20.12 场地设计 269

20.13 结论 270

参考文献 270

第 21 章 公众对可持续排水设施的看法 276

21.1 导言 276

21.2　公众对洪水风险管理的偏好和理解 276

21.3　SuDS 的可持续性 277

21.4　态度和行为：美国俄勒冈州波特兰市 279

21.5　共同开发和共同拥有 282

21.6　结论 283

参考文献 283

第 6 篇　全球可持续地表水管理　289

第 22 章　热带的可持续排水系统管理　291

22.1　导言 291

22.2　热带国家城市化对城市水文循环的影响 292

22.3　植物设施 293

22.4　案例研究：马来西亚的可持续排水系统 296

22.5　结论 299

参考文献 300

第 23 章　巴西的可持续排水系统　303

23.1　导言 303

23.2　从学术视角看待巴西的 SuDS 历史 304

23.3　法律框架 306

23.4　案例分析 307

23.5　结论 312

参考文献 312

第 24 章　南非非正式定居点可持续排水暂行措施　314

24.1　导言 314

24.2　南非非正式定居点发展概况 315

24.3　多方协同排水管理 316

24.4　兰格鲁格：非正式定居点的案例研究 316

24.5　方法一：以研究为导向的努力 318

24.6　关于以研究为导向的排水方法的讨论 320

24.7　方法二：建立伙伴关系 321

24.8　政府干预 323

24.9　有用的仿生学：灰水洼地 323

24.10　城市可持续排水中心 324

24.11　讨论 325

24.12 结论 326

参考文献 327

第 25 章 美国的低影响开发 329

25.1 导言 329

25.2 统一立法 329

25.3 雨水管理实践 330

25.4 低影响开发 332

25.5 雨水和城市议程 334

25.6 具有挑战性的城区的选择 335

参考文献 337

第 26 章 西班牙的可持续排水系统 338

26.1 导言 338

26.2 西班牙北部地区的 SuDS 案例研究 339

26.3 将 SuDS 整合到新的城市发展中 343

26.4 地中海地区的 SuDS 改造案例研究 344

26.5 结论 348

参考文献 348

第 27 章 城市尺度的可持续排水：以苏格兰格拉斯哥为例 351

27.1 导言 351

27.2 SuDS 立法 352

27.3 多功能的重要性 353

27.4 设计研究 354

27.5 尼希尔设计研究 356

27.6 城市中心的地表水管理 357

27.7 资金拨款 358

27.8 未来 358

参考文献 359

第 28 章 新西兰奥克兰的水敏感设计 361

28.1 导言 361

28.2 奥克兰的 WSD：设计的驱动因素 363

28.3 案例研究：温亚德海滨新区（Wynyard Quarter） 368

28.4 结论和建议 369

参考文献 370

第 7 篇　总结 375

第 29 章　未来的挑战：可持续排水系统真的可持续吗？ 377

29.1　导言 377

29.2　障碍和驱动力 378

29.3　SuDS 的未来 379

29.4　结论 380

参考文献 380

索引 382

译后记 397

作者简介

瓦莱里奥·C. 安德烈斯 – 瓦莱里（Valerio C. Andrés–Valeri）
坎塔布里亚大学（Universidad de Cantabria）ETSICCP 交通、项目和工艺技术系建筑技术应用研究组。地址: Avenida de los Castros 44,39005 Santander, Cantabria，西班牙

伊格纳西奥·安德烈斯 – 多梅内克（Ignacio Andrés–Doménech）
西班牙瓦莱尼亚理工大学（Universitat Politècnica de València）水工程和环境大学研究所（IIAMA）

斯特拉·阿波斯托拉基（Stella Apostolaki）
希腊美国学院（DEREE）科学技术与数学系。地址: 6 Gravias street, GR - 153 42 Aghia, Paraskevi，希腊

尼尔·维克（Neil Berwick）
阿伯泰邓迪大学（University of Abertay Dundee）城市水技术中心，地址: DD1 1HG，英国

艾琳娜·布兰科 – 费尔南德斯（Elena Blanco–Fernández）
坎塔布里亚大学 ETSICCP 交通、项目和工艺技术系建筑技术应用研究组。地址: Avenida de los Castros 44, 39005 Santander, Cantabria，西班牙

科林·A. 布思（Colin A. Booth）
西英格兰大学建筑与环境学院洪水、社区与抗灾中心。英国布里斯托

戴维·巴特勒（David Butler）
埃克塞特大学水系统中心。地址: North Park Road, Exeter, EX6 7HS，英国

杰米·卡皮奥 – 加西亚（Jaime Carpio–Garcia）
坎塔布里亚大学 ETSICCP 交通、项目和工艺技术系建筑技术应用研究组。地址: Avenida de los Castros 44,39005 Santander, Cantabria，西班牙

丹尼尔·卡斯特罗 – 弗雷斯诺（Daniel Castro–Fresno）
坎塔布里亚大学 ETSICCP 交通、项目和工艺技术系建筑技术应用研究组。地址: Avenida de los Castros 44,39005 Santander, Cantabria，西班牙

苏珊娜·M. 查尔斯沃思（Susanne M. Charlesworth）
考文垂大学农业生态、水资源与复原中心。地址：Priory Street, Coventry, CV1 5FB，英国

斯蒂芬·J. 库普（Stephen J. Coupe）
考文垂大学农业生态、水资源与复原中心。地址：Priory Street, Coventry, CV1 5FB，英国

艾莉森·达菲（Alison Duffy）
阿伯泰大学（Abertay University）科学工程技术学院城市水技术中心地址：DD1 1HG，英国

伊格纳西奥·埃斯屈代 – 布埃诺（Ignacio Escuder–Bueno）
西班牙瓦莱尼亚理工大学水工程和环境大学研究所（IIAMA）

马克·埃弗拉德（Mark Everard）
西英格兰大学环境与技术学院地理与环境管理系。地址：Coldharbour Lane, Bristol, BS16 1QY，英国

格林·埃弗雷特（Glyn Everett）
西英格兰大学环境与技术学院洪水、社区与抗灾中心。地址：Coldharbour Lane, Bristol, BS16 1QY，英国

阿迈勒·法拉吉 – 劳埃德（Amal Faraj–Lloyd）
考文垂大学。地址：Priory Street, Coventry, CV1 5FB，英国

布鲁斯·K. 弗格森（Bruce K. Ferguson）
佐治亚大学环境与设计学院。地址：285 Jackson Street, Athens GA 30602，美国

安迪·格雷厄姆（Andy Graham）
野禽和湿地信托基金组织。地址：Slimbridge, Gloucestershire, GL2 7BT，英国

哈齐姆·高达（Hazem Gouda）
西英格兰大学环境与技术学院地理与环境管理系。地址：Coldharbour Lane, Bristol, BS16 1QY，英国

杰西卡·E. 拉蒙德（Jessica E. Lamond）
西英格兰大学环境与技术学院地理与环境管理系。地址：Coldharbour Lane, Bristol, BS16 1QY，英国

克雷格·拉什福德（Craig Lashford）

考文垂大学能源、建筑与环境学院工程与计算系。地址：Priory Street, Coventry, CV1 5FB，英国

汤姆·莱弗斯（Tom Lavers）

考文垂大学农业生态、水资源和复原中心。地址：Priory Street, Coventry, CV1 5FB，英国

利安·伦迪（Lian Lundy）

米德尔塞克斯大学（Middlesex University）自然科学学院。地址：The Burroughs, London, NW4 4BT，英国

拉里·W. 梅斯（Larry W. Mays）

亚利桑那州立大学可持续工程与建筑环境学院土木、环境与可持续工程组。地址：Tempe, Arizona，美国

罗伯特·J. 麦金尼斯（Robert J. McInnes）

湿地与环境有限公司（RM Wetlands and Environment Ltd.）。地址：6 Ladman Villas, Littleworth, Oxfordshire, SN7 8EQ，英国

安妮 – 玛丽·麦克劳林（Anne–Marie McLaughlin）

考文垂大学农业生态、水资源和复原中心。地址：Priory Street, Coventry, CV1 5FB，英国

尼尔·麦克林（Neil McLean）

WSP- 帕森布林克霍夫协会 MWH 研究所（MWH, Associate WSP-Parsons Brinckerhoff）。地址：Eastfield House, Newbridge, Edinburgh, EH28 8LS，英国

彼得·梅尔维尔 – 施里夫（Peter Melville–Shreeve）

埃克塞特大学水系统中心。地址：North Park Road, Exeter, EX6 7HS，英国

玛格丽特·梅祖（Margaret Mezue）

考文垂大学农业生态、水资源和复原中心。地址：Priory Street, Coventry, CV1 5FB，英国

马塞洛·戈梅斯·米格斯（Marcelo Gomes Miguez）

里约热内卢联邦大学理工学院阿尔伯特研究生院技术研究所，巴西

艾伦·P. 纽曼（Alan P. Newman）

考文垂大学健康与生命科学学院。地址：Priory Street, Coventry, CV1 5FB，英国

萨拉·佩拉莱斯 – 蒙帕莱尔（Sara Perales–Momparler）

绿蓝设施管理研究所（Green Blue Management）。地址：Avda. del Puerto, 180 pta. 1B, 46023 Valencia，西班牙

戴维·G. 普罗韦尔（David G. Proverbs）

伯明翰城市大学计算、工程和建筑环境学院。地址：Millennium Point, Curzon Street, Birmingham B4 7XG，英国

豪尔赫·罗德里格斯·埃尔南德斯（Jorge Rodriguez Hernandez）

坎塔布里亚大学 ETSICCP 交通、项目和工艺技术系建筑技术应用研究组。地址：Avenida de los Castros 44,39005 Santander, Cantabria，西班牙

布拉德·罗维（Brad Rowe）

密歇根州立大学植物与土壤科学大楼 A212 园艺系。地址：East Lansing, MI 48824，美国

路易斯·安杰尔·萨努多·丰塔内达（Luis Angel Sañudo Fontaneda）

考文垂大学农业生态、水资源和复原中心。地址：Priory Street, Coventry, CV1 5FB，英国

罗宾·西姆科克（Robyn Simcock）

奥克兰土地保护研究所（Landcare Research）。地址：Private Bag 92170, Auckland Mail Centre, Auckland 1142，新西兰

艾琳·皮尔斯·维洛尔（Aline Pires Veról）

里约热内卢联邦大学建筑与城市学院，巴西

莎拉·沃德（Sarah Ward）

埃克塞特大学水系统中心。地址：North Park Road, Exeter, EX6 7HS，英国

弗兰克·沃里克（Frank Warwick）

考文垂大学能源、建筑与环境学院工程与计算系。地址：Priory Street, Coventry, CV1 5FB，英国

萨拉·威尔金森（Sara Wilkinson）

悉尼科技大学建筑与建筑设计学院。地址：POB 123 Broadway, Ultimo, NSW 2007，澳大利亚

凯文·温特（Kevin Winter）

开普敦大学环境和地理科学系，南非开普敦

编者简介

苏珊娜·M. 查尔斯沃思（Susanne M. Charlesworth）
考文垂大学农业生态、水资源与复原中心的城市自然地理学教授

科林·A. 布思（Colin A. Booth）
西英格兰大学建筑与建成环境学院研究与奖学金副主任，也是该校洪水、社区与抗灾中心副主任

第1篇 绪 论

第1章 可持续地表水管理导论

科林·A·布思，苏珊娜·M·查尔斯沃思
Colin A. Booth and Susanne M. Charlesworth

1.1 导言

目前全球有 80% 以上的人生活在洪灾易发区，而洪水造成的破坏还将随着气候的变化加重（Lamond 等，2011）。随着城市化的发展，曾经能够渗透地表水的植被、土壤等自然景观被不透水的车行道、人行道和建筑物所覆盖，建成环境变得更容易受到洪水的影响，如图 1.1 所示（Booth & Charlesworth，2014）。

不同国家和地区之间对于防洪排涝的地表水政策存在较大的差异。以四个地区（英格兰、苏格兰、威尔士和北爱尔兰）组成的联合王国（英国）为例，苏格兰在过去 20 年中实施了以可持续排水为主的地表水管理战略，而英格兰、威尔士和北爱尔兰等地尚未完全在规划政策和指导中采用可持续排水设施，因此该类设施未实现广泛应用（Charlesworth，2010）。

1.2 地表水管理

维多利亚时代（The Victorians，1837-1901 年）在应对水资源挑战方面取得了显著进展。面对人口迅速扩张及工业化和城市化发展带来的双重挑战，英国采用高容量排水系统作为社会供水和水处理的解决方案。随后其他国家在面临类似的挑战时，也借鉴采用了相似的方法。在慈善事业、公众捐款和企业愿景的共同作用下，英国在大幅增长的城市地区内建设了充足的基础设施，从而清洁水资源并排放过剩用水。随后产生的观点是将地表水管理作为一个单一问题进行考虑，并由此提出了一个总体解决方案：排水管道。虽然维多利亚时代的工程师们所创造的解决方案在当时是辉煌的，但把水埋在地下管道的想法似乎成了现代多数人的集体思维障碍（Watkins & Charlesworth，2014）。

图 1.1　一个被水淹没的停车场案例，不透水的沥青表面使雨水径流被滞留于此

　　如前所述，城市化使城市水循环系统发生了转变，硬质基础设施（例如建筑物、铺装和道路）使城市化区域逐渐硬质化（Davies & Charlesworth，2014）。过多的地表水径流加剧了河水水位的上升，使得传统地下"管道"排水系统不堪重负；而这反过来又造成了洪水泛滥。许多人认为，在此情况之下，就只有用更高容量的管道替换现有管道这一解决方案。然而，正如英国水务公司（Water UK，2008）所述，更大的管道并不是解决更大洪水灾害的办法。我们所要做的应该是鼓励社会寻求更可持续的解决方案。

1.3　可持续地表水管理

　　"可持续排水"是指对雨水（包括雪水和其他降水）的管理，其目的是：(a)减少洪水造成的破坏；(b)改善水质；(c)保护和改善环境；(d)维护健康和安全；(e)确保排水系统的稳定性和耐久性（Flood and Water Management Act，2010）。

　　基于对自然水循环的理解，可持续排水系统（SuDS）可以被设计成恢复或模拟自然渗透的模式，削减径流量和峰值流量以降低城市雨洪风险。用于描述此类方法的短语或术语可能因国家、背景和时间而异。例如，英国最常使用的术语是 SuDS；而在世界其他地方，相关术语还包括了地表水管理措施（Surface Water Management Measures，SWMMs）、绿色基础设施、绿色建筑设计、雨水控制措施（Stormwater Control Measures，SCMs）、最佳管理实践（Best Management Practices，BMPs）、低影响开发（Low Impact Development，LID）和水敏感城市设计（Water Sensitive Urban Design，WSUD）（Lamond 等，2015）。但无论使用哪个术语，他们所带来的好处和面对的挑战都是相似的（表 1.1、表 1.2）。

　　所有典型的可持续排水系统设计的各种措施都具有明显的层次结构，这种层次结构通常称为"地表水管理列车"（The Management Train）（图 1.2），通过一系列不同规模的储存和传输雨水的设施，将雨水径流和污染降至最低：（Ⅰ）防范（prevention）（如土地使用规划）；（Ⅱ）源头控制（如绿色屋顶、雨水收集设施、透水铺装）；（Ⅲ）场地控制（如植被或砾石过滤）；（Ⅳ）区域控制（如滞留池、湿地）（Woods Ballard 等，2007，2015）。最初的 SuDS 实践的主要目标是水质和水量并重，同时兼顾舒适宜人性和生物多样性，由此创建了 SuDS 三角模型（图 1.3a）（CIRIA，2001）。目标的后续迭代使 SuDS 正方形模型得以创建（图 1.3b），而后随着对 SuDS 在适应气候变化挑战方面所能发挥的作用的认识逐渐深入，相关学者创建了 SuDS 火箭模型（图 1.3c）。SuDS 的灵活性和多功能性是本书各章节关注的重点。

可持续排水系统的效益 表 1.1

可持续性	SuDS 可以为可持续发展作出重要贡献 SuDS 比传统的排水系统更高效 SuDS 有助于从源头上控制或识别洪水和污染 SuDS 有助于促进权力下放 SuDS 有助于最大限度地减少开发项目的环境足迹 SuDS 是对环境承诺的明确表现
水量	SuDS 可以通过减缓汇水区的径流来降低洪水风险 SuDS 有助于维持地下水位，并有助于预防夏季的低河水流量 SuDS 有助于减少侵蚀和污染，并通过增加流量来降低流速和温度 SuDS 可以降低下水道系统的升级需求，以满足新发展的需要 SuDS 可以收集雨水用于一些家庭用途，从而有助于减少饮用水的使用
水质	SuDS 可以通过减少径流携带的污染物含量来减少河流和湖泊中的污染 SuDS 有助于减少城市地区产生的废水 SuDS 可以通过减少侵蚀，从而减少河水中的悬浮固体量 SuDS 可以通过减少与污水渠的错接来帮助改善水质 SuDS 有助于减少使用化学品来维护铺装表面的需要 SuDS 可以通过减少下水道的溢流来防止污染
自然环境	SuDS 有助于恢复排水系统的自然复杂性，从而促进生态多样性 SuDS 有助于保护城市树木 SuDS 有助于保护和促进生物多样性 SuDS 可以提供有价值的栖息地和便利设施 SuDS 有助于保护河流生态 SuDS 有助于保持河流的自然形态 SuDS 有助于保护自然资源
建筑环境	SuDS 可以大大提高开发区的视觉外观和舒适性价值 SuDS 有助于保持土壤湿度水平的一致
成本降低	SuDS 可以节省排水系统建设的资金 从长远来看，SuDS 可以节省资金 SuDS 可以让业主通过差别收费节省资金 SuDS 可以通过减少谈判的需要来节省资金 SuDS 可以通过使用更简单的建筑技术来节省资金

来源：建筑工业研究与情报协会（CIRIA，2001）的收益清单。

可持续排水系统带来的挑战 表 1.2

操作问题	对于谁从 SuDS 中受益没有达成共识 有一种观点认为，SuDS 可能会带来维护方面的挑战 有人担心，SuDS 的集群现象可能过于成功 SuDS 可能会成为破坏者的目标
设计和标准	SuDS 不受《建筑物条例》（Building Regulations）的推动 没有关于 SuDS 的建造标准 SuDS 需要太多专家的投入 SuDS 可能被视为未经试验的技术 关于如何构建 SuDS 的指导意见是有限的或不明确的 很难预测一个地点的径流 对现有开发项目进行 SuDS 改造可能很困难

续表

	SuDS 需要新的方法来实现充分参与 SuDs 的规划、设计和施工将需要更好的协调 SuDS 可能需要多方协议，而这些协议可能很难建立
管理 / 运营框架	SuDS在建立长期管理和所有权协议方面面临挑战 由于地方当局和其他机构内部的作用和责任各不相同，SuDS 可能难以实施 污水处理企业仅使用 SuDS 开发的下水道时，可能不愿意采用污水渠

来源：CIRIA（2001）的挑战清单。

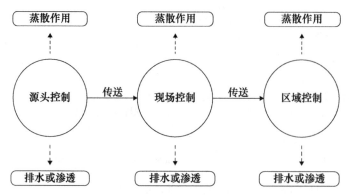

图 1.2 SuDS 地表水"管理列车"（改编自 CIRIA，2001）

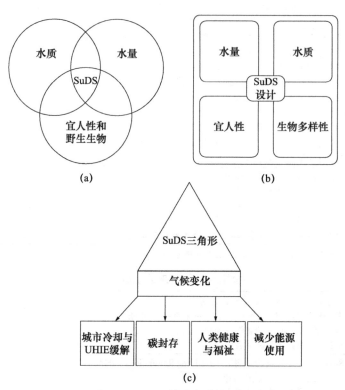

图 1.3 SuDS 管理实践的目标

（a）SuDS 三角模型（SuDS triangle）（CIRIA，2001）；

（b）SuDS 正方形模型（Woods Ballard 等，2015）；

（c）SuDS 火箭模型（Charlesworth，2010）

1.4　本书框架

本书强调了 SuDS 的理念，并汇集了各有关专家丰富的见解，阐述了可持续的地表水管理议程。通过对物理学和环境学相关理论的整合，并结合社会、经济和政治因素，本书为政策制定者、科学家、工程师和学科爱好者提供了独特的研究思路。

本书共分 7 篇，29 章。第 1 篇是本书的简介，主要阐述了地表水管理问题和挑战的背景（第 1 章）。第 2 篇将可持续地表水管理放至历史背景、当代地表水战略、政策和立法，以及运行和维护的语境下进行讨论（第 2-4 章）。第 3 篇通过对可持续排水系统功能进行全面的阐述来探讨水质水量、生物降解、土工合成材料、生物多样性和舒适性等内容（第 5-11 章）。第 4 篇试图通过自然洪水管理、能源生成和节约、碳封存和储存，以及雨水收集和节水设施的使用及其在生态系统服务中的应用，来理清地表排水系统多重效益之间的复杂关系（第 12-16 章）。第 5 篇通过可获得的成本效益、可持续排水系统改造和转换的可能性与它们在高速公路服务区景观的使用分析，以及民众对于可持续排水系统的态度与行为转变的调查，认为可将可持续地表水管理系统与建筑环境进行整合（第 17-21 章）。第 6 篇通过巴西、新西兰、南非和美国等国的例子，阐述了全球可持续地表水管理的情况（第 22-28 章）。第 7 篇集中阐述了前几章中详细介绍的各个方面，对本书进行了总结，并提出对未来可持续地表水管理发展方向的诸多见解（第 29 章）。

参考文献

Booth, C.A. and Charlesworth, S.M. (2014) *Water Resources in the Built Environment: Management Issues and Solutions*, Wiley-Blackwell, Oxford.

Charlesworth, S.M. (2010) A review of the adaptation and mitigation of global climate change using sustainable drainage in cities. *Journal of Water and Climate Change*, *1*, 165–180.

CIRIA (2001) *Sustainable Urban Drainage Systems: Best Practice Manual*. CIRIA Report C523, London.

Davies, J. and Charlesworth, S.M. (2014) Urbanisation and Stormwater. In: Booth, C.A. and Charlesworth, S.M. (eds) *Water Resources in the Built Environment: Management Issues and Solutions*, Wiley - Blackwell, Oxford, 211–222.

Lamond, J.E., Booth, C.A., Hammond, F.N. and Proverbs, D.G. (2011) *Flood Hazards: Impacts and Responses for the Built Environment*. CRC Press – Taylor and Francis Group, London.

Lamond, J.E., Rose, C.B. and Booth, C.A. (2015) Evidence for improved urban flood resilience by sustainable drainage retrofit. *Proceedings of the Institution of Civil Engineers: Urban Design and Planning*, *168*, 101–111.

Watkins, S. and Charlesworth, S.M. (2014) Sustainable Drainage Systems – Features and Design. In:

Booth, C.A. and Charlesworth, S.M. (eds) *Water Resources in the Built Environment: Management Issues and Solutions*, Wiley - Blackwell, Oxford, 283–301.

Woods Ballard, B., Kellagher, R., Martin, P., Jefferies, C., Bray, R. and Shaffer, P. (2007) *The SuDS Manual.* CIRIA Report C69, London.

Woods Ballard, B., Wilson, S., Udale - Clarke, H., Illman, S., Ashley, R. and Kellagher, R. (2015) *The SuDS Manual*. CIRIA, London.

第2篇 不同情境下的可持续地表水管理

第 2 章 过去与现在——可持续排水技术的历史与现代应用

苏珊娜·M.查尔斯沃思，路易斯·安杰尔·萨努多·丰塔内达，拉里·W.梅斯
Susanne M. Charlesworth, Luis Angel Sañudo Fontaneda and
Larry W. Mays

> 历史"提供了过去的教训，我们可以从中学习。"
>
> Lucero 等（2011）

2.1 导言

伊拉克早期的巴比伦人和美索不达米亚人（Babylonians and Mesopotamians in Iraq，公元前4000- 公元前 2500 年）认为城市径流是一种滋扰，并因此建立了地表水排水系统；但同时也意识到径流可带走废物，所以在某种程度上可以被认为是一种资源（De Feo 等，2014）。随着排水系统的发展，他们越来越依靠硬质基础设施，如米诺斯人（Minoans，公元前 3200- 公元前 1100 年）使用陶土管道将雨水输送出定居点。然而，这些古代文明所使用的水管理技术依旧存在于现代可持续排水措施中。因此，如第 1 章所述，SuDS 作为一种技术并不新鲜，只是它在过去可能并不被称为"可持续排水"。例如，在青铜时代早期的克里特岛（Crete）（约公元前 3500- 公元前 2150年，Myers 等，1992），水的收集、储存和输送等技术就已经被人熟知，并被有效地应用；在地中海和近东地区，收集和储存雨水的基础设施在公元前 3 世纪就已开始应用（Mays 等，2013）。水资源管理可以追溯到早期农业刚开始时，为了对生长在干旱和半干旱地区的作物进行灌溉而对水资源进行控制。如卢塞罗等（Lucero 等，2011）所指出的，雨量过多和过少的极端降雨情况都会导致作物歉收和饥荒。因此在许多情况下，水资源管理是生死攸关的大事，并将导致文明的兴衰。因为雨水收集技术在古代被广泛应用，所以本章的大部分内容对此进行了阐释，但同时也对其他如人工湿地、渗透和非结构方法等"可持续城市水实践"技术（Koutsoyannis 等，2008）进行了说明。例如，由于缺水和较高的蒸发率（尤以夏季为甚），古希腊不得不发展水资源管理技术。因此，他们必须有效地收集雨水，以最少的损失提供安全储存空间，并在长距离输送过程中引入政府机构和其他组织以确保有效的管理（Angelakis & Koutsoyannis，2003）。事实上，在本书的第 25 章，阿普特（Apt，2011）将马丘比丘（建于公元 1400 年）的印加（Inca）排水方式与当今的低影响开发进行了比较。本章首先讨论了排水系统的"可持续"部分，然后探讨本书中的SuDS 是否只是历史重演的案例，以及过去与现在所用的技术是否具有关联性等问题。

2.2   什么是"可持续性"?

梅斯(Mays,2007a)将水资源的可持续性定义为:"从地方到全球范围内,都有足够数量和质量的水资源,以满足当前和未来人类与生态系统的需求,从而维持生命并保护人类免受自然和人为灾害所造成的会影响到生命可持续性的危害"。可持续排水使用该术语来反映其通过管理地表水来模拟自然的能力,从而使城市环境对地表径流的影响降至最小甚至没有,避免了"人为灾难"——由建筑和不透水性地面所引发的洪水风险。因此,本节调查了古代排水系统的使用寿命,探究它是否可被认为是"可持续的",以及当代社会可以从中吸取哪些教训。

最早使用街道排水系统的是伊拉克美索不达米亚帝国(公元前 4000- 公元前 2500 年),但是在克里特岛的米诺斯文明(Minoan)和哈拉帕文明(Harappan)阶段,下水道和排水系统首次得到发展,且得到了精心的设计、组织和运行(De Feo 等,2014)。在这一阶段,人们较好地了解了基本水力学,城市卫生设施的提供也被给予了极大的重视。虽然罗马人和希腊人进一步完善了这些技术,但在公元 300 年后的"黑暗时代"(Dark Ages)中,该项技术的进展微乎其微。

雨污处理系统的下一个重大进展是在伦敦取得的,用于应对 1858 年的"大恶臭"(Great Stink)(Lofrano 和 Brown,2010)和造成 31411 人死亡的霍乱疫情(1831 年、1848-1849 年和 1853-1854 年)。19 世纪末,约瑟夫·威廉·巴扎尔吉特爵士(Sir Joseph William Bazalgette)致力于开发管道式雨水下水道系统,而其中大部分至今仍在使用。然而,目前这些系统都不适用于大多数城市,主要是快速的城市化使它们无法应对目前的洪涝灾害和污染问题(De Feo 等,2014)。合流制下水道尤其令人关注,因为下水道中既含有雨水,又含有污水,这些雨污水的溢出会对人们的健康造成巨大影响。现代水利相关基础设施的设计周期一般为 50 年(Koutsoyannis 等,2008),虽然将过去与现在使用的基础设施进行比较可能有些夸张,但是古代排水系统的运行时间的确很长,至少超过五六十年,甚至长达数百年。例如,在雅典,直到 20 世纪 20 年代,水都是通过哈德良(Hadrian)水渠(建于公元 140 年)供应的,甚至 20 世纪 50 年代还有部分水渠仍在使用中。此外,佩西斯特拉特(Peisistratean)水渠(建于公元前 510 年)直到今天仍然被用于灌溉雅典市中心的国家花园(De feo 等,2013),拥有 3000 多年定居历史的现代城市仍在使用古代水利基础设施。因此,我们仍可以从古代的技术方法中学到一些经验,以便在使用 SuDS 时,为其赋予"可持续"这个词真正的意义。我们有理由相信,如果 SuDS 被正确设计、安装和维护,它就永远不会有生命终结的那一天(Bob Bray,SuDS Designer and Landscape Architect,UK,pers.comm.)。

2.3   古代雨水收集技术

雨水收集(Rainwater Harvesting,RwH)是指大气降水的收集和储存,通常在被称为蓄水池的人工水库中进行(图 2.1、图 2.2)(Angelakis,2014)。通常根据水源来对收集水的方法进行区分，例如地下水、地表水、雨水或洪水（Haut 等，2015）；本节主要关注以雨水作为水源的收集方法。几千年来，RwH 在为世界古代文明提供水资源方面发挥了决定性的作用，关于RwH 重要性的描述贯穿于手稿、象形文字和宗教文本中。世界各地的研究表明，亚洲早期的巴比伦人和美索不达米亚人（公元前 4000- 公元前 2500 年）（De Feo 等，2014）及欧洲的米诺斯人（公元前 3000- 公元前 1100 年）（Angelakis & Durham，2008）最先进行雨水的收集和利用，从此各城市地区开始广泛开展类似的做法。梅斯（Mays，2008）将 RwH 列为古代城市用水的主要来源，通过工程基础设施（如运河和沟渠）将水从河流输送到城市地区，以补充水井和蓄水池。在提洛岛（Delos）（希腊基克拉迪文化），RwH 是主要的供水系统，并依赖于蓄水池中雨水的收集和储存（Koutsoyannis 等，2008）。

图 2.1　克里特岛切尔索尼索斯（Chersonisos，Crete）附近的蓄水池

图 2.2　纳巴泰市小佩特拉（the Nabataean city of Little Petra）的一个大蓄水池

从历史上看，人类为建设跨区域集水设施而付出的努力与气候变化（如干旱、旱灾和洪水）息息相关（Pandey 等，2003）。其目标是保障安全并充分利用所收集的水，并减少气候变化带来的社会影响（Konig，2001）。古代水管理方面的决策包括处理年度干旱期间的饮用水供应问题（Lucero 等，2011）。因此，对季节性降雨的认识是干旱和半干旱地区水资源管理的决定性因素，爪哇（Jawa）和约旦的佩特拉（Petra）（Abdelkhaleq & Ahmed，2007）、巴勒斯坦和中美洲玛雅文明（Mays，2007b）以及其他城市的例子都清楚地表明了这一点。季节性并不是研究降雨模式时需要考虑的唯一因素，因为总水量也十分重要，这与单场暴雨的强度、持续时间以及地表径流的产生率有关，诸如平均温度、太阳辐射和风力风向等其他因素也需要被纳入考虑范围（Imhoff 等，2007）。玛雅文化能很好地体现水作为文化基石的重要性。玛雅人生活的方方面面都依赖降雨，领导者通过为日常活动提供水源来保持他们的权力和对人口的控制；对水资源的管理不当将会导致权力的丧失。因此，为人类和动物合理地分配水资源，并及时修复洪水导致的水系统损害是社区领导人首要考虑的问题（Lucero 等，2011）。

在古希腊，城市水管理是通过大型公共工程（如水库）和小型半公共或私人建筑（如蓄水池和水井）等 RwH 的组合进行的（Koutsoyannis 等，2008）。蓄水池通常分布在整个城市，也存在于私人住宅的后院，因此每个单独的住宅都能够拥有自己的雨水储存设施（Koutsoyannis 等，2008）。储存在水池中的雨水主要用于家庭用途，如洗澡或洗涤（Mays 等，2013；Mays，2014）、洗碗和洗衣（Lang，1968）、农业灌溉（Gikas 和 Angelakis，2009；Becker 等，2013）、冲洗厕所（Antoniou，2007）、供动物和人类饮用（Becker 等，2013）及含水层补给（Gikas & Angelakis，2009）。正如亚里士多德（公元前 385- 公元前 322 年）所说的那样，"当公民被战争剥夺其领土时，供水也永远不会辜负他们"（摘自《政治 Politics》，第三期，Koutsoyannis 等，2008）。水资源也被存储用于战争时期和其他社会政治目的（Cadogan，2007）。

2.3.1　雨水收集（RwH）设施

在米诺斯、希腊和罗马等一些古代文明中，常见的 RwH 典型系统一般是多种技术的组合：从屋顶将雨水进行收集，并通过陶土管（图 2.3）将雨水输送到地下蓄水池进行储存（Mays，2007b，2008，2013）。在约旦的安曼城堡（Amman Citadel）有一个 RwH 系统的完整案例：从屋顶收集雨水，再通过渠道被引到储存区。

在世界上水资源最匮乏的十个国家之一的约旦（Abdelkhaleq & Ahmed，2007）和巴勒斯坦都能发现古代使用蓄水池的例子。这两个城市都使用蓄水池来储存雨水，以便在旱季有足够的水资源可供使用。在铁器时代早期（公元前 1200- 公元前 1000 年），巴勒斯坦人调整了蓄水池设计，通过在蓄水池侧面引入防水石膏层来增加储存容量，并减少渗漏损失（Abdelkhaleq & Ahmed，2007）（图 2.4）。

另外，古代城市还通过建造水坝的方式进行雨水的收集，而且往往使用类似于古希腊人所描述的蓄水池、水塘和运河网络进行雨水的补充。考古学家曾在爪哇遗址（5000 年前青铜时代约旦最为古老的城市）中发现了一个组合系统的应用案例。赫尔姆斯（Helms，1981）为城市的水管理区域作了定义，区分了在地表和地下水库中由偏转坝（deflection dams）控制的大型汇水区，以及由水池和偏转墙（deflection walls）控制的小型汇水区。该系统非常先进，且被认为是干旱地区园林绿化和水资源管理的杰作。它提供了人类饮用、作物灌溉和动物饮用，以及从周边其他流域收集降雨径流等功能。

　　池塘里储存的水也经常被用于灌溉和动物饮用，如在乌姆日马尔（Umm el - Jimal）（约旦，罗马早期）所发现的池塘。大坝和蓄水池的多余用水通过运河等设施进行分配（Alkhadar，2005），在进入主水库之前，这些水便已经过沉淀处理，去除了悬浮颗粒。

图 2.3　意大利庞贝城屋顶雨水收集用的陶土管道，这些管道可以将水引入蓄水池，为各个建筑物供水

图 2.4　克里特岛蒂里索斯（Tylissos）的蓄水池

2.4　改善水质

现代 SuDS 技术结合了渗透、沉淀、沉降、生物降解和储存，消除了城市化、交通和工业所带来的污染物。古代社会还必须应对悬浮沉积物、人类和动物的排泄物、有机物和过量营养物带来的供水污染问题。正如以下各节所示，在不同的地理和时间分布上都有许多取得丰硕成果的案例，例如某些地处世界上水供应非常短缺地区的文明却能在此情况下存在成百上千年。

2.4.1　物理处理方式：渗透和沉淀

在水供应取决于降水的情况下，砂滤器便被广泛使用。RwH 基础设施中有许多案例囊括了砂滤器。例如，在克里特岛的费斯托斯（Phaistos），在进入蓄水池进行储水之前，先使用粗砂质过滤器去除降水中的淤泥及其他污染物（Antoniou 等，2014）。除了在战争时期，此处储存的水平时并不用于饮用，而主要用于洗衣服和其他清洁任务（Angelakis & Spyridakis，1996），但也应注意确保雨水收集表面干净（Angelakis & Koutsoyannis，2003）。古埃及人（公元前 2000- 公元前 500 年）利用周围的景观，通过让废水直接渗入沙漠的方式来进行处理（De Feo 等，2014）。

为了避免泥沙进入供水系统，古代城市还使用了沉淀池（图 2.5）对泥沙进行清除。处于米诺斯和迈锡尼（Mycenaean）时代的城市通常利用蓄水池储存屋顶和庭院的雨水。位于克里特岛的蒂里索斯宫殿（Tylissos）（公元前 2000- 公元前 1100）通过在主储水池前放置一个沉淀微粒的石缸来达到改善水质的目的（Gorokhovich 等，2011），并在必要时使用排水孔排空沉淀池进行清洁（Mays，2008）。提卡尔城（Tikal）还使用了淤积池和沉积物沉降等方式（图 2.6、图 2.7），在水进入圣殿水库之前清除污染物，并在其他几个水库的入口处放置砂箱以清除悬浮沉积物（Scarborough 等，2012）。

图 2.5　Wadi Jilf（佩特拉，约旦）交叉排水结构出口处的沉淀池，目前生长在盆地中的植物起到了生物滞留的功能

图 2.6　位于约旦佩特拉（Petra）沿着西克峡谷高架渠设立的沉淀池

图 2.7　位于约旦佩特拉高位神殿（High Place to Triclinium）的沉积盆地

在米诺斯时代（公元前 2000- 公元前 1100 年），古克里特岛的重要城市之一蒂里索斯，人们在阿吉奥斯泉（Agios Mama）附近发现了作为砂滤器替代物的陶土渗透装置，装置内部充满了活性炭（Mays，2010；Gorokhovich 等，2011）。

2.4.2　生物处理方式

水库也被用来储存收集的地表水和雨水，而类似古玛雅这样由于不断蒸发使得水资源大幅度减少的地区，通常会使用漂浮的水生植物减缓蒸发量。它们具有以下 5 个方面的作用：（1）减少水的蒸发。（2）通过覆盖水面，防止蚊虫等疾病媒介的滋生。（3）凤眼莲、睡莲（尤其是北美大白睡莲）（图 2.8）和蕨类等植物可以起到净化水源的作用，在水资源减少的旱季非常重要。尽管玛雅文明已经存在了一千年，但在干旱期间，他们也必须通过水资源管理，使得水源干净可用。这种漂浮的植物可通过代谢去除氮和磷等营养物质，并将污染的微粒收集在它们的茎和根中——这与湿地在 SuDS 中的作用相同。福特（Ford，1996）甚至认为，用这种方式处理的水可以直接饮用。（4）如果定期收割这些植物，可以提供有机堆肥——这是一个必要的维护措施，以确保卢赛罗等（Lucero 等，2011）所说的"人工湿地"高效运行。（5）只能在干净的水中生长的大型植物（如睡莲，图 2.9）可以作为衡量水质的指标之一。蓝色的叶子底部限制了光的进入，这能减少藻类植物的大量繁殖。细菌之类的微生物既可以寄生植物的孢子为食，也可以除去水中的硝酸盐。因为睡莲只在平静的、不含有大量藻类和水深不超过 1—3m 的水中生长，所以在这些水库中发现的睡莲可算作是评价水生环境的指标之一。睡莲对酸性或含钙量高的水不耐受，若将池塘以黏土衬里，则可避免含钙物质进入，并有助于稳定 pH 值。此外，这也证明池塘底部堆积的沉积物不太可能含有大量腐烂的有机物，因为腐烂有机物的分解会释放出甲烷和苯酚等化合物从而杀死睡莲。

图 2.8   吴哥城护城河中的凤眼莲和睡莲

图 2.9   吴哥窟的睡莲

2.5   减少水量：地下排水

据赖特和瓦伦西亚·泽加拉（Wright & Valencia Zegarra，1999）所言，秘鲁的马丘比丘通常用梯田渗透的方式进行雨水的收集，此方式也用于可透水的广场区域进行雨水的储存和处理。在一些广场下面，发现了深达 1m 的松散岩石和石屑层用以地下排水（Wright 等，n.d；Mays & Gorokhovich，2010）。这些岩石碎屑是从采石工那里回收的，且只占工地上建筑物所剩下的数千立方米岩石废料的一小部分。由特大降雨产生的能够渗透到广场下方深处的水被暂时储存在岩屑层的空隙中，然后再缓慢地向下游释放，从而避免了地下水位过高和广场及其土壤的不稳定等情况的发生（图 2.10）。

阿普特（Apt，2011）提出，马丘比丘的梯田代表了生物滞留的早期形式，它们的结构与现代版本也较为相似：以砾石为基层，中间为沙子，表面覆盖了一层供植被生长的土壤。这是用物理方式将污染物吸收，并用生物和化学处理方式达到改善水质的目的；而植物则起到了减缓水流、减弱暴雨峰值的效果（图 2.11）。人们认为，这些水被引向了较低梯田的喷泉并用于饮用。

图 2.10　（a）秘鲁马丘比丘中央广场；（b）中央广场下方排水结构的横截面（改编自 Apt，2011）

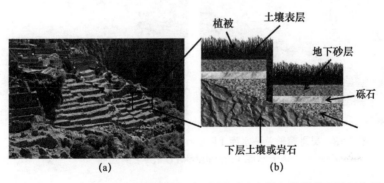

图 2.11　（a）秘鲁马丘比丘梯田；（b）通过两个梯田的横截面展示底层排水结构（改编自 Apt，2011）

2.6　水的储存

在吴哥窟，人们将水储存在出入口设有控制开关的水库或湖泊中。这些控制开关不仅使水在干旱时期得以储存，在暴雨期间还可以起到防洪的作用。在吴哥窟的四大湖中，西湖蓄水量最大，至今仍被用于蓄水（图 2.12），其潜在容量为 4800 万 m^3；其次是东湖（3720 万 m^3）、贾亚塔塔卡湖（Jayatataka）（870万 m³）和因特拉塔卡（Indratataka）湖（750万 m³）（Coe，2003）。如图 2.13 所示为一些人工湖的残骸，它们曾是吴哥窟复杂的水利基础设施的一部分。这些基础设施还包括运河和护城河等，所有设施都需要维护才能使其正常运转。

图 2.12　仍有水的柬埔寨吴哥窟西湖（Dario Severi/ 维基百科：
https://commons.wikimedia.org/wiki/file:westbaray.jpg）

图 2.13　吴哥窟普兰汗水库（Prean Khan baray）的东北面和贾亚塔
塔卡水库（Jayatataka baray）的西面

2.7　减少用水需求：灰水的循环利用

　　灰水的再利用其实并不属于 SuDS 的范畴，但它可以减少下水道的雨水水量，从而达到减弱暴雨峰值和减少饮用水需求的目的，因此这里将其纳入考虑。

　　安东尼乌（Antoniou，2010）的研究证明，因为半干旱气候的缘故，地中海东部和古希腊的人们选择将厕所用水重复使用。这项工作是简单地利用水桶进行的，如米诺斯时代阿莫戈斯岛（Amorgos）的厨房或浴室也都使用了这种方法来处理灰水。在科斯岛的阿斯克利皮昂

（Askleipieion，Kos），神灶祭祀后的剩余用水也偶尔被重复利用。在爱琴海，人们至今仍在对灰水进行重复利用——旅游业的季节性压力增加了对水的需求和建造海水淡化厂的费用，因此用再利用的水冲厕所是一种非常常见的现象。

安杰拉科斯等（Angelakis 等，2005）引用了克劳奇（Crouch，1996）的说法，发现在米诺斯时代，烹饪或洗澡的水可以用来给室内植物浇水，供家畜饮用或清洗地板。雨水和灰水一样也可用于灌溉，在三合一教堂（Hagia Triadha），雨水下水道系统收集的地表水被引入水池，以用于清洁并减少浪费。

2.8　降低流速

康贝梅奥（Cumbe Mayo）位于秘鲁卡哈马卡市（Cajamarca）附近，它以长达 9km 的前印加（Pre‑Incan）高架渠遗迹而闻名。该遗迹被挖掘于火山岩，且被发现建造于公元前 1500 年。河道有时蜿蜒而行，相关学者（如 De Feo 等，2013）认为这样可以降低流速，防止侵蚀（图 2.14）。"河流恢复"（Wohl 等，2005）是指将河道化的城市河流恢复为蜿蜒的自然状态，从而减缓水流量并减弱暴雨峰值；这种措施可以被认为是可持续排水方法中雨水径流管理的组成部分。

在一些开发项目中，道路可以被用作引导雨水径流的渠道；贝克尔等（Becker 等，2008）认为这可以通过升高路缘石来实现。庞贝古城（Pompeii）的路缘石比路面高约 50-60cm，这使道路可以被用来控制雨水径流，但由于此时道路是开放的渠道，公共喷泉的水、雨水和污水被混合在一起，因此水流中可能包含了一些污染物（De Feo 等，2014）。因此，当时的人们沿街道每隔一段距离设置了如图 2.15 所示的踏脚石，这样人们就不必穿过脏水，也不必从凸起的路缘石进入道路。

图 2.14　Cumbe Mayo 蜿蜒的通道（Luis Padilla，CC BY‑SA 3.0，https://commons.wikimedia.org/w/index.php?curid=8069762）

踏脚石

车轮车辙　　　凸起的路缘石

图 2.15　庞贝城用垫脚石堆砌了路缘石

2.9   可持续水管理的非结构性方法

维护管理是目前实施 SuDS 的障碍之一。现在尚不明确维护是谁的责任,而维护成本与代价也是十分昂贵的。因此,没有人会承担责任或所有权。公元前 5 世纪,普鲁塔克(Plutarch)记录了确保雅典供水系统有效运行和维护的制度安排,或者说非结构安排,其中包括任命一名"喷泉督导员"(superintendent of fountains)。根据亚里士多德的说法,该督导员由选举产生而非直接任命的方式体现了该角色的重要性。喷泉督导员对水资源进行管理,确保城市水资源的公平分配。在古雅典,公民有义务维护城市的蓄水池,从而在雨水过多的情况下保持弹性和提供水资源(Koutsoyannis 等,2008)。事实上,福特(Ford,1996)认为,对于危地马拉的玛雅提卡尔城——特别是中部地区而言,长达 5 个月的旱季成为一个公共问题,而供水基础设施投资实际上是人口控制的一个关键考虑因素。

西方现代城市的供水和水处理已成为政府、地方当局、环境署和供水公司等利益相关者而非公众自己的责任,人们也因此变得离水越来越远:饮用水从水龙头出来,通过厕所冲走;而废水则是一种可以在其他任何地方处理的废物。在世界大多数地方,水被认为是人们所享有的权利;但在古代,它是由统治精英提供或保留的作为控制民众的一种方式。在以色列南部的内格夫(Negev),80mm 的自然降雨量并不足以支持农业的发展(Haiman & Fabian,2009);然而在纳巴泰(Nabataean)时期(公元前 2 世纪—公元 2 世纪),拜占庭帝国却鼓励民众在此定居。为了生存,他们精心设计了雨水收集系统,将高于灌溉面积 5 倍地区的雨水收集起来。通过这种方式,这些地区相当于收集了每年 400mm 的降雨量,使农业得以开展。当时的环境很恶劣,但为了保护边境,倭马亚(Umayyad)帝国通过国家补贴的方式对其进行支持。如果没有补贴和支持,解决方案将不可能实现(Haiman & Fabian,2009)。

2.10   结论

安杰拉科斯等(Angelakis 等,2005)引用了莫索(Mosso,1907)的一句话,他在引文中质疑:"我们现代的排水系统在一千年后是否仍能正常运行"。在现代城市中,大部分雨水下水道系统在 150 年后便不适合使用;这主要是由于受到了人口增长、城市扩张和气候变化的影响。我们可在一定程度上吸取过去的经验教训,但由于古代人口密度较低,硬质基础设施排水效率更高,并能够持续数千年。本章引用卢赛罗等(Lucero 等,2011)的话,即历史"提供了我们可以从中汲取的经验教训";事实上,历史告诉我们很多东西,但我们在过去的几千年里已经悉数遗忘。因此,我们需要的是重新记起这些方法,而不是被教导一些新的方式。虽然本章所讨论的并不是严格意义上的 SuDS,而是包括了渗透、滞留、储存和输送的古代水管理工具、技术和做法。如科杜桑尼斯等(Koutsoyannis 等,2008)所述,这些做法在米诺斯时期的克里特岛可被归类为"可与现代实践相比较的可持续城市水管理实践",以及"雅典的与我们今天所称的可持续水管理相接近的运行良好的水资源监管和管理系统"。

虽然古人确实没有现代的雨水排水技术和设计方法（Mays，2001），但他们能够有效地对此进行设计，以满足社会的需要。他们把水视为一种有价值的商品，将其收集、储存、处理和循环利用，而不是隐藏在"眼不见，心不烦"的想法之下，被人忽视与浪费。对于 RwH 重要性的忽视也正说明了如此，如吉卡斯和安杰拉科斯（Gikas & Angelakis，2009）所述："RwH 是一种在很大程度上仍然未被充分开发的淡水来源替代"。

参考文献

AbdelKhaleq, R.A. and Alhaj Ahmed, I. (2007) Rainwater harvesting in ancient civilizations in Jordan. *Water Science and Technology: Water Supply*, *7* (1), 85–93.

Alkhaddar, R., Papadopoulos, G. and Al - Ansari, N. (2005) Water Harvesting Schemes in Jordan, *International conference on efficient use and management of urban water supply*, paper 10087, Tenerife, Spain.

Angelakis, A.N. (2014) Evolution of Rainwater Harvesting and Use in Crete, Hellas, through the Millennia. *Water*, 6, 1246–1256.

Angelakis, A.N. and Durham, B. (2008) Water recycling and reuse in EUREAU countries: Trends and challenges. *Desalination*, *218* (1-3), 3–12.

Angelakis, A.N. and Spyridakis, S.V. (1996) The status of water resources in Minoan times – A preliminary study. In A. Angelakis & A. Issar (eds) *Diachronic climatic impacts on water resources with emphasis on Mediterranean region* (pp. 161–191). Heidelberg: Springer - Verlag.

Angelakis, A.N., Koutsoyiannis, D. and Tchobanoglous, G. (2005) Urban wastewater and stormwater technologies in ancient Greece. *Water Res.*, *39* (1), 210–220.

Angelakis, A.N. and Koutsoyiannis, D. (2003) *Urban Water Engineering and Management in Ancient Greece*. Encyclopaedia of Water Science, Marcel Dekker Inc. p 999–1007.

Antoniou, G.P. (2007) Lavatories in ancient Greece. *Water Science and Technology: Water Supply*, *7* (1), 155–164.

Antoniou, G.P. (2010) Ancient Greek lavatories: Operation with reused water (book chapter). *Ancient Water Technologies* pp. 67–86.

Antoniou, G., Kathijotes, N., Spyridakis, D.S. and Angelakis, A.N. (2014) Historical development of technologies for water resources management and rainwater harvesting in the Hellenic civilizations, *International Journal of Water Resources Development*, DOI: 10.1080/07900627.2014.900401.

Apt, D. (2011) *Inca Water Quality, Conveyance and Erosion Control*. 12th International Conference on Urban Drainage, Porto Alegre, Brazil.

Beckers, B., Berking, J. and Schütt, B. (2013) Ancient water harvesting methods in the drylands of the Mediterranean and Western Asia. *Journal for Ancient Studies*, *2*, 145–164.

Becker, M., Spengler, B. and Flores, C. (2008) Systematic disconnection and securing of areas as preventive measures providing protection against flooding. 11th International Conference on Urban Drainage, Edinburgh, Scotland, UK.

Cadogan, C. (2007) Water management in Minoan Crete, Greece: the two cisterns of one Middle Bronze Age settlement. *Water Science and Technology: Water Supply*, *7* (1), 103–111.

Coe, M.D. (2003) *Angkor and the Khmer Civilization*. Thames and Hudson, New York.

De Feo, G., Antoniou, G., Fardin, H.F., El - Gohary, F., Zheng, X.Y., Reklaityte, I., Butler, D., Yannopoulos, S. and Angelakis, A.N. (2014) The Historical Development of Sewers Worldwide. *Sustainability*, *6*, 3936–3974.

De Feo, G., Angelakis, A.N., Antoniou, G., El - Gohary, F., Haut, B., Passchier, C.W. and Zheng, X.Y. (2013) Historical and Technical Notes on Aqueducts from Prehistoric to Medieval Times. *Water, 5*, 1996–2025.

Ford, A. (1996) Critical resource control and the rise of the classical period in Maya. In: S.L. Fedicl (Ed.) *The Managed Mosaic: Ancient Maya and Resource Use*. University of Utah Press, Salt Lake City. Ch. 18, pp. 297–303.

Gikas, P. and Angelakis, A.N. (2009) Water resources management in Crete and in the Aegean Islands, with emphasis on the utilization of non - conventional water sources. *Desalination*, *248* (1–3), 1049–1064.

Gorokhovich, Y., Mays, L.W. and Ullmann, L. (2011) A Survey of Ancient Minoan Water Technologies, *Water Science and Technology: Water Supply*, IWA, Vol. 114, 388–399.

Haiman, M. and Fabian, P. (2009) Desertification and Ancient Desert Farming Systems. Encyclopedia of Life Support Systems (EOLSS). *Land Use, Land Cover and Soil Science, 5*, 41–55.

Haut, B., Zheng, X.Y., Mays, L., Han, M., Passchier, C. and Angelakis, A.N. (2015) Evolution of Rainwater Harvesting in Urban Areas through the Millennia: A Sustainable Technology for Increasing Water Availability. In *Water & Heritage: Material, Conceptual and Spiritual Connections*,

W.J.H. Willems and Henk P.J. van Schaik (eds), Leiden: Sandstone Press.

Helms, S.W. (1981) *Jawa, Lost City of the Black Desert*, Cornell University Press, NY.

Imhoff, J.C., Kittle, J.L., Jr, Gray, M.R. and Johnson, T.E. (2007) Using the climate assessment tool(CAT) in U.S. EPA basins integrated modelling system to assess watershed vulnerability to climate change. *Water Sci. Technol, 56*, 49–56.

Konig, K.W. (2001) *The Rainwater Technology Handbook*. WILO - Brain, Dortmund, Germany.

Koutsoyiannis, D., Zarkadoulas, N., Angelakis, A.N. and Tchobanoglous, G. (2008) Urban Water Management in Ancient Greece: Legacies and Lessons. *Journal of Water Resources Planning and Management, ASCE, January/February, 2008*, 45–54.

Lang, M. (1968) *Waterworks in the Athenian Agora*. Excavations of the Athenian Agora, Picture Book No. 11, American School of Classical Studies at Athens, Princeton, NJ.

Lofrano, G. and Brown, J. (2010) Wastewater management through the ages: A history of mankind. *Science of the Total Environment, 408*, 5254–5264.

Lucero, L.J., Gunn, J.D. and Scarborough, V.L. (2011) Climate change and classic Maya water management. *Water, 3*, 479–494.

Mays, L.W. (2014) Use of cisterns during antiquity in the Mediterranean region for water resources sustainability. *Water Science and Technology: Water Supply, 14* (1), 38–47.

Mays, L., Antoniou, G.P. and Angelakis, A.N. (2013) History of water cisterns: Legacies and lessons. *Water (Switzerland), 5* (4), 1916–1940.

Mays, L.W. (2001) *Stormwater Collection Systems Design Handbook*, L. W. Mays, Editor - in Chief, McGraw - Hill.

Mays, L.W. (2007a) *Water Resources Sustainability*. L.W. Mays, Editor - in - Chief. McGraw - Hill.

Mays, L.W. (2007b) Water sustainability of ancient civilizations in mesoamerica and the American Southwest. *Water Science and Technology: Water Supply 7* (1), 229–236.

Mays, L.W. (2008) A very brief history of hydraulic technology during antiquity. *Environ. Fluid Mech., 8*, 471–484.

Mays, L.W. (2010) A brief history of water technology during antiquity. In: L.W. Mays (ed.) *Ancient Water Technologies*. Springer. Ch. 1, pp. 1–28.

Mays, L.W. and Gorokhovich, Y. (2010) Water technology in the ancient American societies.In: L.W. Mays (ed.) *Ancient Water Technologies*. Springer. Ch. 9, pp. 140–200.

Mays, L.W., Antoniou, G.P. and Angelakis, A.N. (2013) History of Water Cisterns: Legacies and Lessons. *Water, 5*, 1916–1940.

Myers, W.J., Myers, E.E. and Cadogan, G. (1992) The aerial atlas of ancient Crete. University of California Press, Berkeley and Los Angeles, CA.

Pandey, D.N., Gupta, A.K. and Anderson, D.M. (2003) Rainwater harvesting as an adaptation to climate change. *Current Science, 85*: 46–59.

Scarborough, N.P., Dunning, V.L., Tankersley, K.B., Carr, C., Weaver, E., Grazioso, L., Lane, B., Jones, J.G., Buttles, P., Valdez, F. and Lentz, D.L. (2012) *Water and sustainable land use at the ancient tropical city of Tikal, Guatemala. PNAS, 109*, 31, 12408–12413.

Wohl, E., Angermeier, P.L., Bledsoe, B., Kondolf, G.M., MacDonnell, L., Merritt, D.M., Palmer, M.A., Poff, N.L. and Tarboton, D. (2005) River restoration. *Water Resources Research, 41*, W10301, doi:10.1029/2005WR003985.

Wright, K.R., Valencia, A. and Lorah, W.L. (n.d.) *Ancient Machu Picchu Drainage Engineering*. Available at: http://www.waterhistory.org/histories/machupicchu/machupicchu.pdf

Wright, K.R. and Valencia Zegarra, A. (1999) Ancient Machu Picchu Drainage Engineering. *Journal of Irrigation and Drainage. 125*, 6, 360–369.

第3章 地表水战略、政策和立法

弗兰克·沃里克
Frank Warwick

3.1 导言

本章介绍了与地表水管理有关的政策、立法和战略，概述了地表水立法的实施途径，并通过引用发达国家司法管辖区的一些案例，强调建立水资源管理框架所采用的一系列法律和法规。本章的大部分内容来自英国的两个组成地区——英格兰和苏格兰的地表水立法的案例比较研究。这些案例表明，就算起点相同，但由于受到当地环境和政策驱动者、原有的法规和当时的政治环境的影响，不同地区和机构的立法实施也会各不相同。

本章的标题是地表水战略、政策和立法。政策通常是指概括性的政府意图和原则；立法是指一个国家或联邦州的法律运作框架，是监管机构必须遵循、监督和执行程序的强制性声明；战略包括为实现特定目标而需要采用的行动和资源，并且解释所定下政策的实现路径。"地表水"一词包含了一系列不同的含义以及意图，在大部分国际和国家立法中，它涵盖了土地表层的所有水资源。例如，欧盟（EU，2000）将地表水定义为除地下水以外的内陆水，沿海水域和两者之间的过渡区域（河口），但不包括公海。同样地，澳大利亚和新西兰的农业和资源管理委员会（Agriculture and Resource Management Council，1998）认为地表水包括汇水区和沿海水域。美国的环境保护署（Environmental Protection Agency，2013）对地表水的定义则更广泛：地表水是指"天然向大气开放的所有水"，包括河流和海洋；美国法规对受环境影响的水体使用了"雨水"这一范围较窄的术语，包括降雨径流、融雪径流、地表径流和排水（US Government Publishing Office，2015）。

近几十年来，人们越来越担心水体污染和洪涝灾害等问题，因此实施了一系列与水有关的法规，并从关注个别问题逐步发展到更全面宏观地强调水环境和水资源的综合管理。人们对自然水文循环认识的提升，促进了一系列特别是城市地区的地表水管理技术的提高，如澳大利亚的水敏感城市设计（Water Sensitive Urban Design，WSUD）、美国的雨水最佳管理实践（Stormwater Best Management Practices，BMPs）和英国的可持续排水系统（Sustainable Drainage Systems，SuDS）。SuDS 是一种通过平衡水量、水质、生物多样性和便利性来解决水问题的方法（Charlesworth，2010）。尽管近年来问题的解决取得了一些进展，但立法通常将这些问题分别处理，因此负责实施和执行这些问题的机构以及监管流程也可能有所不同。本章以一些国家为例对这些措施进行阐述，首先列举了许多发达国家的立法等级制度，然后总结德国的水资源管理机构，其中的主体部分内容为英格兰和苏格兰地表水管理的案例研究，最后简要强调了英国与其他国家复杂立法中的相似性。

3.2 立法层级

发达国家政府实施的国家法律通常不包含地表水立法，但会在国家、区域和地方各级采取一系列有关洪水和水质的监管措施。在美国、德国和澳大利亚等联邦政府的法律体系中，国家一级的法律规定高级别政策，并在州一级进行解释和实施，然后再进一步在区域和地方一级落实。如表 3.1 所示为立法层级的示例，说明了国家法律由更低层级的立法机构实施能够更好地考虑当地情况，并通过对德国地表水立法进行更详细的解释来说明这些层级之间的关系。

地表水质量立法层级示例 表 3.1

	国家立法	联邦 / 州示例	区域 / 当地示例
美国	《联邦水污染控制法（1972）》，一般称为《清洁水法案》（US Congress，2002）《水质量标准规定》（联邦法规，Code of Federal Regulation，CFR，第 131 部分第 40 篇）要求各州建立水质标准（US Government Publishing Office，2015）	《加州水法》（California State Legislature，2015）	九区水质控制委员会（California State Water Resources Control Board，2013）
澳大利亚	《水法（2007）》（澳大利亚政府，2015）；《国家水质量管理策略》》（Australian Dept. of the Environment，2015）	《新南威尔士水管理法》《New South Wales Government，2000）	《悉尼水法》（New South Wales Government，1994）
德国	《联邦水资源管理法（2009）》（German Federal Ministry of Justice and Consumer Protection，2014）	《北莱茵 - 威斯特伐利亚州水法（1995）》[Landeswassergesetz]（North - Rhine Westphalia State Office for Nature，Environment and Consumer Protection，2013）	市区及直辖市第 54 下级水务局 [untere Wasser behörden]（North - Rhine Westphalia Water Network，2008）解释和实施国家和联邦法律

3.2.1 德国水管理机构

《2009 年联邦水资源管理法》（German Federal Ministry of Justice and Consumer Protection，

2014）对欧洲水质和《洪水指令》（Floods Directive）的实施做了结合。《水框架指令》2000/60/
EC（the Water Framework Directive，WFD）（EU，2000）结合并更新了先前关于水质问题的指
令，同时《洪水指令》2007/60/EC（EU，2007）解决了过量水量的问题。在德国，州和地方
当局在考虑联邦政府立法的同时，有权根据具体情况对其进行修改和补充，例如解决为特定措
施提供资金的问题（Jekel 等，2013）和明确国家立法未规定的径流处理标准问题（Dierkes 等，
2015）。在德国的 16 个州，水资源管理通过三级（Jekel 等，2013）执行，包括：

- 最高权力机构，通常是执行法规的国家环境部；
- 在区域一级实施国家政策的中间机构；
- 下级主管部门，通常是负责详细信息管理和监控的地方城乡主管部门。

实际上，虽然每个州都任命了一个最高权力机构，但 16 个州的中下级权力机构数量并不
一致（表 3.2）。其中柏林、不来梅和汉堡占地面积相对较小，不需要多层次的组织结构。其中
较大的 7 个州已将中间层级的权力移交给区域当局，但还有 6 个州没有或只有一个中间层级机
构。这表明各州对于管理地表水所需的管理结构存在不同的观点，而中间级别具有最大的可
变性。

德国各州不同行政层级的水务局数量汇总（数据来源：Jekel 等，2013）   表 3.2

各级水务局数量	任命最高权力机构的州数量	任命中间机构的州数量	任命下级主管部门的州数量
无		5	2
一个	16	4	
几个		7	1
大量			13

3.3 案例研究——英国

本节以英国的地表水管理为例。英国的行政体制是君主立宪制，国家法律以及所有与英
国有关的法律都在伦敦进行颁布。在苏格兰、威尔士和北爱尔兰，国家立法机构日渐拥有了更
多的权力。在英国或其他的宪政国家，都没有覆盖全国范围的地表水战略。表 3.1 所示的层次
结构简化了不同层级政府的水管理机构，而现实往往更加复杂。英国与德国一样，政策和立法
都在多个层面上制定，先是从国际层面进行指导，然后在国家和区域层面对战略展开进一步的
指导和解释，再到地方一级进行实际执行和监管。通过对英国两个组成地区的地表水监管进行
比较，可以看出相同的初始立法驱动因素会由于政府的说服力和监管因素产生不同的解释。如
图 3.1 所示为英格兰和苏格兰政府地表水管理的立法层次，本节其余部分则对该结构进行
研究。

机构	角色	英格兰	苏格兰
欧盟理事会 &议会	定义国际政策	**国际层面** 水框架指令（2000/60/EC） 洪水指令（2007/60/EC）	**国际层面** 水框架指令（2000/60/EC） 洪水指令（2007/60/EC）
国家政府部门	定义国家政策	**国家层面** 水环境（WFD）条例（2003） 洪水风险条例（2009） 洪水和水管理法（2010） 国家规划政策框架（2012）	**国家层面** 水环境与水服务（苏格兰）法（2003） 洪水风险管理（苏格兰）法（2009） 水环境（受管制活动）（2013） 苏格兰规划框架（2014） 苏格兰规划政策（2014）
管理机构	定义国家策略	国家洪水和海岸侵蚀风险管理策略	SuDS 调节方法 08
管理机构	定义地区策略	**区域层面** 流域管理计划 流域洪水管理计划	**区域层面** 流域管理计划
地方当局	定义地方 政策和策略	**地方层面** 地方发展框架 当地洪水风险管理策略和计划 地表水管理计划 策略性洪水风险评估	**地方层面** 地方发展框架 当地洪水风险管理策略和计划 策略性洪水风险评估 规划建议说明
开发者	开发使用政策	**现场** 场地洪水风险评估	**现场** 场地洪水风险评估

图 3.1　英格兰和苏格兰地表水管理的战略和政策背景。机构的层级关系到他们在制定政策和战略的制度结构中的角色和层次，"机构"定义了负责在该层面制定政策/战略/计划的机构，并列举了与开发和地表水相关的关键政策和战略，"地方当局"一词简化表达了一级和二级县/区议会在英国的混合现象

3.3.1　国际政策和法规

近几十年来，英国的许多环境立法都是由欧盟政策而非国家政策推动的，而欧盟的水政策则是在 21 世纪通过两项关键指令得以实施：关于水质的《水框架指令》（WFD）以及解决水量过剩问题的《洪水指令》。WFD 主要致力于改善所有欧盟成员国的水质，包括地表水、地下水以及领海范围内的沿海水，这将通过定期监测水体和减少污染的措施方案来实现。《洪水指令》的目标是减少洪水对人类健康、活动和环境的潜在不利影响，它要求成员国记录历史上发生的洪水，并作为确定低、中、高概率洪水危险区域的依据，构建确定存在潜在影响的洪水风险地图，最后利用这些信息制定洪水风险管理计划。

3.3.2　国家法规

欧盟指令在每个成员国都会被转化为国家立法。表 3.3 列出了英国用于执行两项欧盟水资源指令的国家法案并通过列出将指令转化成国家法律所用的页数，以明确不同组成地区的侧重点。苏格兰在执行这两项指令的过程中加入了更多的细节，下文将对这些细节进行讨论。

将欧盟水资源指令转化为英国国家法律的有关法规　　　　　　　　　　表 3.3

地理位置	水质	洪泛
欧盟	《实地社区行动框架水资源政策》（2000/60/EC）[WFD] 共 72 页	《洪水风险评估与管理》（2007/60/EC）[洪水指令] 共 8 页

续表

地理位置	水质	洪泛
英格兰和威尔士	《水环境(水框架指令)(英格兰和威尔士)条例》(Act of Great Britain Parliament，2003)共12页	《洪水风险条例》(Act of Great Britain Parliament，2009a)共14页
苏格兰	《水环境和水服务(苏格兰)法》(Act of the Scottish Parliament，2003)共47页	《洪水风险管理(苏格兰)法》(Act of the Scottish Parliament，2009)共73页
北爱尔兰	《水环境(水框架指令)条例》(北方爱尔兰)(Act of Great Britain Parliament，2003)共12页	《水环境(洪水指令)条例》(北方爱尔兰)(Act of Great Britain Parliament，2009)共13页

2003年，英格兰、威尔士和北爱尔兰将WFD转化为国内法律，它们遵循了指令的具体技术要求，侧重于组织责任和实施机制，并概述了拟开展活动的规定时限和拟编写的文件，其目的是了解各国水质现状。苏格兰则采取了更加积极主动的方法解决水污染问题(Hendry & Reeves，2012)，它在2003年颁布的《水环境和水服务(苏格兰)法》[Water Environment and Water Services (Scotland) Act，WEWS]比英国其他组成地区的立法更具抱负，且重申了WFD的目标，即在实现可持续发展的框架下提供优质水源并防止污染。

英国于2009年颁布的由《洪水指令》转化而成的法律中也可发现类似的模式。在此之前，英国有大量不同角色和职责的机构处理洪水风险，因此组织之间的职责不够明确且缺乏协调(Douglas等，2010)。英国洪水风险条例(England Flood Risk Regulations)规定通过建立地方洪水管理局(Lead Local Flood Authority，LLFA)以在地方一级协调洪水应对工作，并规定了组织合作的义务来解决问题。然而，法律转换的重点仍然是如何直接实施执行风险定位、规划和评估的要求。《洪水风险管理(苏格兰)法》[Flood Risk Management(Scotland)Act，FRMA]重申了可持续性的愿景以及之前在WEWS法中所述的综合方法。FRMA包括了欧盟指令的基本要求，同时也考虑了更广泛的影响因素。例如要求对被确定为易受洪水影响的地区的排水系统进行评估，并审查加强湿地和洪泛区等现有自然特征，以降低洪水风险的可行性。对于可能导致更多建筑受到洪水危害的大型开发项目，FRMA还要求开发商提交一份洪水风险评估。在英国，这一要求已在25号规划政策(Planning Policy Statement 25)中提出：开发和洪水风险(Development and Flood Risk)(Department for Communities and Local Government，DCLG，2010)保留在替代国家规划的政策框架(DCLG，2012)中，这也许可以解释其在英国法律中缺失的原因。然而，苏格兰的FRMA则采取了一种更加透明、包容和集思广益的方法，即要求在地方级别建立洪水风险咨询小组，小组成员包括所有对洪水感兴趣的人员。对于这两项指令，苏格兰的立法似乎更多地涉及了立法的精神，而非仅停留在字面上。

3.3.3　事件驱动立法

立法也会因为提出了对一个特定国家重大事件的应对方案而被通过，如2007年英格兰发生了造成约40亿英镑损失的洪水(Environment Agency England，2007；ABI，2008)，这一后果使一项呼吁采取更为积极和协调的水管理方法的审查得到实施(Pitt，2008)，并最终使适用于英格兰和威尔士的《洪水和水资源管理法》（Flood and Water Management Act，FWMA，2010）得到通过。为了解决洪水风险管理缺乏协调的问题，FWMA 规定环境署（Environment Agency，EA）和英国环境监管机构除了需要管理主要河流和沿海洪水外，还须全面负责英国洪水风险管理战略。皮特（Pitt，2008）的审查报告确认了更加广泛地使用 SuDS 来解决地表水泛滥和水质问题的益处，因此 FWMA 在附表 3 中规定，英格兰和威尔士的新开发项目必须强制使用 SuDS。该法案通过设立将该任务分配给地方当局的新审批机构，解决了 SuDS 的建设和维护责任不明晰的问题，并通过制定一整套 SuDS 国家标准以及能力建设方案来解决地方政府缺乏相关知识和经验的困扰。然而，立法的具体要求有待政府进一步的补充完善；FWMA 的 SuDS 规定在 2015 年才最终得以实施，这使得英国在实现更可持续的地表水管理方面推迟了五年。表 3.4 列出了 2010 年 FWMA 中与 SuDS 直接相关的措施，而 2016 年它们的最终解释也表明最初的意图并非总是得以实现。

2010 年《洪水和水资源管理法》中有关 SuDS 的规定在 2016 年的实施情况　　表 3.4

条　款	在 FWMA（2010 年）的位置	在英格兰的当前（2016 年）状态
剥夺连接公共下水道的权利	第 42 部分	未执行
发布可持续排水设计、施工、维护和运行的国家标准	附表 3 第 5 点	非法定标准（2 页）
当局或县议会统一成立新的批准机构	附表 3 第 6 点	已通过现有计划流程批准
任何影响该土地吸收雨水能力的建筑物或构筑物的建造，都须获得该审批机关的批准	附表 3 第 7 点	与 LLFA 就至少 10 个物业的开发进行规划咨询
排水系统必须符合国家标准并经批准	附表 3 第 11 点	由规划部门决定
审批机构必须采用经批准的排水系统，除非它们排放在单一产权的土地或公共维护道路	附表 3 第 17-19 点	确保提案得到适当资助
采用的排水系统必须由批准机构按照国家标准进行维护	附表 3 第 22 点	确保维护资金充足

图 3.1 集中表现了地表水管理战略，但监管机构和地方当局必须考虑包括规划和建筑法、污染控制、应急规划、供水以及物种和栖息地保护等因素在内的更广泛的法规。例如，苏格兰《地表水管理规划指南》（Scottish Surface Water Management Planning Guidance）（Scottish Advisory and Implementation Forum for Flooding，2013）的附录 2 就强调了与地表水管理相关的广泛立法。感兴趣的读者也可以查阅埃利斯（Ellis，2009）等关于伯明翰（Birmingham）、英国的详细案例研究和贝蒂妮（Bettini，2015）等关于澳大利亚水治理复杂性的制度行为和潜在适应性的理论视角方面的研究。

3.3.4　国家法律的地方执行

在英国，开发规划的过程是根据规划法进行控制并适当发展的。新开发项目中的地表水管理是通过若干层面的政策和计划完成并由各种组织实施的（图 3.1）。因此，与地表水有关的政策和立法与房地产和场地的开发密切相关。本节阐述了如何在英格兰和苏格兰实现这一目标并对这两个体系进行了比较。

3.3.4.1 英格兰

《国家规划政策框架》（National Planning Policy Framework，NPPF）（DCLG，2012）中包含了英格兰新开发项目的监管规划指南，该框架优先考虑将 SuDS 用于地表水管理（第 103 点），并提供有关鼓励使用 SuDS 的洪水风险评估的常设建议（Environment Agency England，2015）。FWMA 认为除非 SuDS 被证明不适合被用在当地，否则应在所有较大的地表水管理开发中使用这项技术（DCLG，2014）。个别的地方规划当局（Individual Local Planning Authorities，LPAs）被赋予对 SuDS 适宜性的决定权，他们应重视 SuDS 的非法定技术标准（Department for Environment，Food and Rural Affairs，DEFA，2015），并牢记设计和施工成本不应超过传统系统（DCLG，2015）。这两页的技术标准体现了所允诺的国家标准，这些国家标准旨在解决地方当局对 SuDS 审批需要详细指导的担忧。此外，这些标准只涉及水量，而 SuDS 在解决其他地表水管理方面的目标（Charlesworth，2010）则被忽略。当地政府对 FWMA 的解释对 LPAs 在细节方面的影响尚待检验，因为显然政府在不同的地区有可能做出不同的解释。

由于历史原因，英国存在两种不同的地方当局结构，这一点增加了管理框架的复杂性。在某些地方，地方政府分为两级执行：下级区议会提供地方运营服务，而上级县议会负责协调。在其他地区，这两个层次的职能都由单一的权威机构执行。原则上，高层管理者定义政策，由下层管理者执行，尽管上层管理者可以并且确实将他们的一些职责委托给下层组织。在新的开发项目中，较低层级的机构也会制定规划政策来管理地表水。为了应对不同形式洪水而出台的一系列政策加剧了管理框架的复杂性。环境署管理主要河流和海岸的洪水，并具有国家协调作用。环境署（Environmental Agency，2015）通过采用一个流程来管理英国洪水风险长期建议的工作，即在低洪水风险区的小开发区提供在线指导，并通过规划系统对较大的开发区和高洪水风险区的大开发区提交的详细申请进行审查。

《洪水风险条例》（Act of Great Britain Parliament，2009a）将领导地方洪水管理局（Lead Local Flood Authority，LLFA）的责任分配给了统一的上层委员会。LLFA 的任务是制定和应用地方洪水风险管理战略（Local Flood Risk Management Strategy，LFRMS），以确定管理环境署范围外地表径流和小型水道的洪水风险管理的目标、方法和成本。

在 2007 年夏季，英格兰 2/3 的洪水是由地表水排水而非河流洪水造成的（Environment Agency England，2007）。因此，英国地方当局还负责制定《地表水管理计划》（Surface Water Management Plans，SWMPS），以使各组织之间能够长期合作并共同管理当地的地表水（Defra，2010）。"地表水"一词在当地的政策文件中有不同的解释，更为聚焦于"下水道、排水沟、地下水，以及由于强降雨而产生的土地、小型水道和沟渠的径流"（Defra，2010）。《地表水管理计划》旨在为洪水风险管理战略提供相关信息，并设想 SuDS 在更大范围内支持更具战略意义的地表水规划的方法（Defra，2010）。

环境署在英格兰主要负责解决水质问题，并利用许可证和环境允准制度来管理点源污染风险（Environment Agency England，2013）。NPPF 框架指出，规划系统应有助于防止水污染，而环境署应负责具体事务的管理和控制（DCLG，2012）。因此，对于英格兰的水质问题，地方规划层面的责任相对有限，这也从一定程度上体现了处理扩散污染的难度（Balmforth，2011）。

因此，英格兰的许多计划、政策、战略和组织都是在地方政府层面解决地表水管理问题，并将重点放在了地方当局对国家立法的定义与执行上。虽然这种方法考虑了当地的情况，但由于它不考虑规模经济，因此导致了重复性工作的出现。也正是由于英格兰仍将重点放在地方决策上，因此 2015 年 FWMA 中 SuDS 相关条款的实施并不太可能改善这种情况。议会中类似全党建筑环境卓越小组（All Party Group for Excellence in the Built Environment，2015）等组织对英格兰现行的 FWMA 中，SuDS 相关条款的实施能否在合理的时间范围内实现可持续的水资源管理持保留意见。

3.3.4.2 苏格兰

在苏格兰，新开发项目水管理的监管规划指南被包含在两个关键文件中：定义了土地开发和使用政策的《苏格兰规划政策》（Scottish Planning Policy，SPP）（Scottish Government，2014a）和详细介绍了长期基础设施战略的《第三个国家规划纲要》（Third National Planning Framework）（Scottish Government，2014b）。SPP 要求规划采用预防洪水风险的方法，明确将地表水洪水风险等同于洪泛洪水（即由于降水而产生的洪水），并赞同使用 SuDS 从源头管理洪水。然而，无论是在这两份文件还是在更为详细且更关注洪水风险的《地表水管理规划指南》文件（Scottish Advisory and Implementation Forum for Flooding，2013）中，都没有提到地表水的水质管理。

《水环境和水服务（苏格兰）法》[Water Environment and Water Services（Scotland）Act，WEWS]（第 20 节和附表 2）允许通过定期更新的《管制活动条例》（Controlled Activities Regulations，CAR）（Acts of the Scottish Parliament，2011、2013）中定义的一般约束规则（General Binding Rules，GBRs）对从水体中用水或蓄水而造成污染风险的"管控活动"进行监管。该条例认为应以苏格兰环境保护局（Scottish Environment Protection Agency，SEPA）即环境监管机构为首来发挥保护水环境的作用。例如，CAR（2011 年第 7 页）指出，"SEPA 必须施加其认为必要或有利的条件，以保护水环境"，从而表明这一职责的重要性。SEPA 利用 GBRs10 和 11 针对径流（扩散污染）和直接污染（点源污染）提供了使用 SuDS 来保护城市水质的法定指南。GBR10 规定，在 2007 年 4 月 1 日之后兴建的任何开发项目都要使用 SuDS，以防止受污染的地表水进入淡水水体。《监管方法 08》（Regulatory Method 08）（Scottish Environment Protection Agency，2014）中规定了包括住房、商业、公路和工业等用地所需的 SuDS 设施数量和类型。国家环境保护局通过对日益增加的污染风险进行分级审批，从而对所有潜在污染源需要的巨大工作量进行管理。GBRs 适用于特定的低风险活动，并通过规划体系进行监控；而中高风险活动则需要明确地进行登记和许可并对其收费。《监管方法 08》规定了所有类型及规模的发展项目所需的 SuDS 功能和数量，并提供了适合特定开发的特定类型设施的建议。除此之外，SEPA 还要求对 SuDS 进行长期维护。

3.3.5　英格兰和苏格兰的对比

英格兰和苏格兰对地表水的规定都将水质和水量的指南分开：洪水是由开发规划过程进行控制，而水质则由环境监管机构管理。与国际法相比，两国在地方当局层面对地表水的定义都较为狭窄，而在改善地表水管理方面采取了不同的途径。英格兰和苏格兰在地表水和 SuDS 立法之间的差异可能会影响两个管辖区内部的 SuDS 实施方式，表 3.5 给出了一些例子。

英格兰和苏格兰 SuDS 具体法规间的关键差异　　　　　　　　　　　表 3.5

因　素	英格兰	苏格兰
监管机构	各统一／上层地方当局水资源政策	苏格兰环境保护局（SEPA）
SuDS 的地表水管理要求	在合理可行的情况下	2007 年 3 月后，所有一处以上房产的开发项目均为强制性 SuDS 项目
设计指南	SuDS 国家标准对开发区的径流量和洪峰率提供了概要指导	苏格兰下水道和管理方法 08 详细说明了将采用的 SuDS 的具体类型及其设计特点
公共场合采用的 SuDS	SuDS 在至少 10 个房地产（properties）以及重大商业开发中应用	用于两个或多个场所的 SuDS，这些场所是位于公共开放空间的滞留池、滞留盆地或地下储存处，设计旨在使径流率降低到 30 年一遇
采用、运行和维护组织	在规划审批过程中达成一致的组织	苏格兰水务局、地方当局或公共机构

英格兰将大部分详细的解释都留给了地方当局，而苏格兰则为解释地表水管理立法提供了更详细的集中指导。在苏格兰，WEWS 法利用将 WFD 转变为苏格兰法律的机会，在新开发项目中强制使用 SuDS，以解决由于扩散污染导致的水质变差问题。相比之下，在英格兰，SuDS 的国家标准采用了"合理可行"的原则（Defra，2015），即限制对合规性的需求，规定 SuDS 建设不应比同等的传统排水设计更昂贵。

苏格兰能广泛实施地表水管理的一个关键原因是立法的时机，这使其在实施和管理 SuDS 方面比英格兰多 10 年的经验。苏格兰在规划、实施和监测过程中积累的长期经验为监管部门提供了依据。所以，与英格兰简短的 SuDS 国家标准相比，苏格兰在《监管方法 08》（SEPA，2014）中对 SuDS 规划审批提供了更详细和准确的指导。英格兰没有制定监测方案以确定修订 FWMA 中有关 SuDS 条款的有效性（Stephenson，2015），鉴于苏格兰在利用监测来通知立法变更的经验，因此这可能不会产生预期的长期效益。

苏格兰法律对 SuDS 的定义比英格兰的 FWMA 更精确。定义了苏格兰对水资源的职责和权力的《污水处理（苏格兰）法》[The Sewerage (Scotland) Act]（Acts of the Scottish Parliament，1968）经 WEWS 法修订，决定将 SuDS 纳入下水管道的范围之内。而在英格兰和威尔士，SuDS 则被视为一种与公共下水道不同的设施。WEWS 法（第 33 节）阐明了 SuDS 有助于减少、沉降或处理来自两个或多个场所的地表水。它列出了被认为是 SuDS 的特定设施：进水构筑物（inlet structures）、出水构筑物（outlet structures）、洼地（swales）、人工湿地（constructed wetlands）、池塘（ponds）、过滤沟（filter trenches）、消能池（attenuation tanks）和滞留池（detention basins），并阐明相关管道和设施也将作为系统的一部分进行处理。相比之下，英格兰的 FWMA 并未明确 SuDS 的含义，这就意味着需要精确的施工标准来定义什么可包含其中；但交付的 SuDS 技术标准（Defra，2015）仅概述了应采用的广泛意义上的功能标准，而希望通过地方标准来定义所需的内容。但苏格兰《监管方法 08》明确规定了详细标准，苏格兰下水道法则（Sewers for Scotland）（Scottish Water，2015）详细说明了供水和污水处理公司将采用的滞留池及其具体施工标准。

在英格兰，FWMA 将 SuDS 的批准权和未来的维护责任分配给一个经过规划流程批准的组织。虽然这种方法具有灵活性，但也可能导致不同规划当局的方法和标准不一致。总体而言，苏格兰的立法更为明确具体，并且将责任分配给了英格兰所提议的不同组织。英格兰的方法可能会带来前后矛盾和重复性的工作，而苏格兰的立法可以使得公众对综合地表水管理的看法更为一致。

3.4　英国与其他国家的方法对比

虽然英国的不同组成地区在地表水管理立法方面的差异之大可能令人惊讶，但该现象与国际上的调查结果较为相近（Brown & Farrelly，2009）。例如，在澳大利亚，每个州和主要城市在国家和地方政府的职责和领导方面都有不同的治理模式（Rijke 等，2013）。跨州的墨累达令（Murray-Darling）流域管理局（Australian Government，2015）的成立与 WFD 在欧盟中采用的流域规模方法相呼应，但这已经跨越了以往州级别的责任，因此受影响州的一系列机构（Connell & Grafton，2011）必须应对协调实施和监测方面的挑战。由于不同的治理结构和政治环境的变化，欧盟国家也确定了实施 WFD 的不同方法（Liefferink 等，2011；Thiel，2015）。苏格兰选择更加集中的途径，与丹麦的 WFD 实施计划相类似，而英国的责任下放可能跟瑞典一样导致缺乏协调性（Nielsen 等，2013）。在美国，国家、州和地方政府以及雨水管理资金的不同导致了全国范围内的显著差异（US Environmental Protection Agency，2011），这减缓了有效地表水管理的进展（Department of Trade and Industry，2006）。美国立法的等级性导致了各级在寻求改善地表水管理时的严格性并不相同，英格兰和苏格兰都存在着水量管理与水质管理的组织分离现象，这也对地表水的协调管理提出了挑战（National Research Council，2008）。

3.5　结论

发达国家通常从国际法到地方政府法规等多个层面上实施地表水管理的政策、立法和战略。由于当地情况及政府对相关法规的解读不同，即使在同一国家，国际和国家层面的法律也可以不同的方式加以实施。此外，许多发达国家的洪水风险和水质问题往往通过单独的立法加以解决。因而，全面并协调一致的地表水管理是一个有待实现的目标。

参考文献

ABI (2008) *The Summer Floods 2007*: *one year on and beyond*. Association of British Insurers, London.

Act of Great Britain Parliament (1968). *Sewerage (Scotland) Act 1968*. Office of Public Sector Information, London.

Act of Great Britain Parliament (2003a). *Statutory Instrument 2003 No 3242: The Water Environment (Water Framework Directive) (England and Wales) Regulations 2003*. Office of Public Sector Information, London.

Act of Great Britain Parliament (2003b). *The Water Environment (Water Framework Directive) Regulations (Northern Ireland) 2003*. Her Majesty's Stationery Office, London.

Act of Great Britain Parliament (2009a). *Statutory Instrument 2009 No 3042: The Flood Risk Regulations 2009*. Office of Public Sector Information, London.

Act of Great Britain Parliament (2009b). *The Water Environment (Floods Directive) Regulations (Northern Ireland) 2009*. Her Majesty's Stationery Office, London.

Act of the Scottish Parliament (2003). *Water Environment and Water Services (Scotland) Act 2003*. The Queen's Printer for Scotland, Edinburgh.

Act of the Scottish Parliament (2009). *Flood Risk Management (Scotland) Act 2009*. The Queen's Printer for Scotland, Edinburgh.

Act of the Scottish Parliament (2011). *The Water Environment (Controlled Activities) (Scotland) Regulations 2011*. The Queen's Printer for Scotland, Edinburgh.

Act of the Scottish Parliament (2013). *The Water Environment (Controlled Activities) (Scotland) Amendment Regulations 2013*. The Queen's Printer for Scotland, Edinburgh.

Agriculture and Resource Management Council of Australia and New Zealand (1998). *National Water Quality Management Strategy Implementation Guidelines*. Available at: http://tinyurl.com/zr9muwr.

All Party Group for Excellence in the Built Environment (2015). *Living with water. Report from the Commission of Inquiry into flood resilience of the future*. Available at: http://tinyurl.com/ h2j553z.

Australian Government (2015). *Water Act 2007 as amended, taking into account amendments up to National Water Commission (Abolition) Act 2015*. Available at: http://tinyurl.com/zuooufo.

Australian Dept. of the Environment (2015). *National Water Quality Management Strategy*. Available at: http://tinyurl.com/hrtnhe6.

Balmforth, D. (2011). *Comparing the arrangements for the management of surface water in England and Wales to arrangements in other countries.* Available at: http://tinyurl.com/zzdjcc9.

Bettini, Y., Brown, R.R. and De Haan, F. J. (2015). Exploring institutional adaptive capacity in practice: examining water governance adaptation in Australia. *Ecology and Society 20* (1), 47, doi. org/10.5751/ES - qwqw07291 - qwqw200147.

Brown, R.R. and Farrelly, M.A. (2009). Delivering sustainable urban water management: a review of the hurdles we face. *Water Science & Technology 59* (5), 839–846.

California State Legislature (2015). *California Water Code. Division 7. Water Quality.* Available at: http://tinyurl.com/jm9x847.

California State Water Resources Control Board (2013). *The Nine Regional Water Quality Control Boards in California.* Available at: http://tinyurl.com/7aq9jzh.

Charlesworth, S.M. (2010). A review of the adaptation and mitigation of global climate change using sustainable drainage in cities. *Journal of Water and Climate Change 1* (3), 165–180.

Connell, D. and Grafton, R.Q. (2011). Water reform in the Murray - Darling Basin. *Water Resources Research 47*, W00G03, doi:10.1029/2010WR009820.

DCLG (Department for Communities and Local Government) (2010). *Planning Policy Statement 25: Development and Flood Risk.* The Stationery Office, London.

DCLG (2012). *National Planning Policy Framework.* Available at: http://tinyurl.com/o5s4ydt.

DCLG (2014). *Written statement to Parliament. Sustainable drainage systems. 18 December 2014.* Available at: http://tinyurl.com/mdn32lz.

DCLG (2015). *Planning Practice Guidance–Flood Risk and Coastal Change.* Available at: http://tinyurl.com/nn2fscu.

Department for Environment, Food and Rural Affairs (Defra) (2010). *Surface Water Management Plan Technical Guidance.* Available at: http://tinyurl.com/nksw88e.

Defra (2015). *Sustainable Drainage Systems. Non-statutory technical standards for sustainable drain-age systems.* Available at: http://tinyurl.com/q4gqo8t.

Department of Trade and Industry (2006). *Sustainable drainage systems: a mission to the USA.* Available at: http://tinyurl.com/nf5l9sw.

Dierkes, C., Lucke, T. and Helmreich, B. (2015). General Technical Approvals for Decentralised Sustainable Urban Drainage Systems (SuDS)–The Current Situation in Germany. *Sustainability 7*, 3031–3051.

Douglas, I., Garvin, S., Lawson, N., Richards, J., Tippett, J. and White, I. (2010). Urban pluvial flooding: a qualitative case study of cause, effect and nonstructural mitigation. *Journal of Flood Risk Management 3*, 112–125.

Ellis, B., Scholes, L., Shutes, B. and Revitt, D.M. (2009). *Guidelines for the preparation of an institutional map for cities identifying areas which currently lack power and/or funding with regard to stormwater management.* Available at: http://tinyurl.com/znoujmt.

Environment Agency England (2007). *Review of 2007 summer floods.* Available at: http://tinyurl.com/jejs5ks.

Environment Agency England (2013). *Managing water for people, business, agriculture and the environment.* Available at: http://tinyurl.com/jduonl3.

Environment Agency England (2015). *Flood risk assessment: local planning authorities,* Available at: http://tinyurl.com/gmvldjb.

EU (European Union) (2000). Directive 2000/60/EC of the European Parliament and of the Council of 23 October 2000 establishing a framework for Community action in the field of water policy. Available at: http://tinyurl.com/gpfazrm.

EU (2007). *Directive 2007/60/EC of the European Parliament and of the Council of 23 October 2007 on the assessment and management of flood risks.* Available at: http://tinyurl.com/nhawk7o.

German Federal Ministry of Justice and Consumer Protection (2014). *Water Resource Management Act 2009 [Wasserhaushaltsgesetz],* Available: http://www.gesetze - im - internet.de/bundesrecht/whg_2009/gesamt.pdf [30 July 2015]. In German.

Hendry, S. and Reeves, A.D. (2012). The Regulation of Diffuse Pollution in the European Union: Science, Governance and Water Resources Management. International Journal of Rural Law and Policy Occasional Paper Series, 13 pp.

Jekel, H., Arle, J., Bartel, H., Baumgarten, C., Blondzik, K. et al. (2013). *Water Resource Management in Germany. Part 1–Fundamentals.* Available at: http://tinyurl.com/q5fa76w.

Liefferink, D., Wiering, M. and Uitenboogaart, Y. (2011). The EU Water Framework Directive: A multidimensional analysis of implementation and domestic impact. *Land Use Policy 28,* 712–722.

National Research Council (2008). Urban Stormwater Management in the United States. Available at: http://tinyurl.com/ooufo5b.

New South Wales Government (1994). Sydney Water Act 1994 No 88. Available at: http://tinyurl.com/ppdneq7.

New South Wales Government (2000). New South Wales Water Management Act 2000 No 92. Available at: http://tinyurl.com/jjqz766.

Nielsen, H.Ø., Frederiksen, P., Saarikoski, H., Rytkönen, A. - M. and Pedersen, A.B. (2013) How different institutional arrangements promote integrated river basin management. Evidence from the Baltic Sea Region. *Land Use Policy 30,* 437–445.

North - Rhine Westphalia State Office for Nature, Environment and Consumer Protection (2013). *State Water Act [Landeswassergesetz].* Available at: http://tinyurl.com/hhfssuu. In German.

North - Rhine Westphalia Water Network (2008). *Management Plan Chapter 13: Responsible Authorities.* Available at: http://tinyurl.com/o5ayxgd In German.

Pitt, M. (2008). *Learning lessons from the 2007 floods.* Available at: http://tinyurl.com/n6jwak8.

Rijke, J., Farrelly, M., Brown, R. and Zevenbergen, C. (2013). Configuring transformative governance to enhance resilient urban water systems. *Environmental Science & Policy 25*, 62–72.

Scottish Advisory and Implementation Forum for Flooding (2013). *Surface Water Management Planning Guidance.* Available at: http://tinyurl.com/zx2u5c2.

Scottish Environment Protection Agency (2014). *Regulatory Method (WAT-RM-08) Sustainable Urban Drainage Systems v5.2.* Available at: http://tinyurl.com/otdpkce.

Scottish Government (2014a). Scottish Planning Policy. The Scottish Government, Edinburgh.

Scottish Government (2014b). Scottish Planning Framework. The Scottish Government, Edinburgh.

Scottish Water (2015). *Sewers for Scotland – A technical specification for the design and construction of sewerage infrastructure.* Third edition. Available at: http://tinyurl.com/hdk3kry.

Stephenson, A. (2015). *New SuDS Regulations – Where Now for SuDS?* Available at: http:// tinyurl. com/zncjuuy.

Thiel, A. (2015). Constitutional state structure and scalar re - organization of natural resource governance: The transformation of polycentric water governance in Spain, Portugal and Germany. *Land Use Policy 45,* 176–188.

US Congress (2002). *Federal Water Pollution Control Act (33 U.S.C. 1251 et seq.).* Available at: http:// www.epw.senate.gov/water.pdf.

US Environmental Protection Agency (2011). *Summary of State Stormwater Standards.* Available at: http:// tinyurl.com/zdjstqw.

US Environmental Protection Agency (2013). *Vocabulary Catalog – Surface Water.* Available at: http:// tinyurl.com/hqnqn2g.

US Government Publishing Office (2015). *Electronic Code of Federal Regulations Title 40 – Protection of Environment.* Available at: http:// tinyurl.com/jtrzq95.

第 4 章　可持续排水系统运行和维护

尼尔·维克
Neil Berwick

4.1　导言

　　本章将讨论可持续城市排水系统（SuDS）的运行和维护问题。在许多国家，SuDS 已经从一种新技术转变为一种公认的技术。在过去的十年中，SuDS 的设计指南有了不少进步，人们对 SuDS 提供的多种好处有了更深入的了解。但是，与 SuDS 有关的详细操作和维护指南仍然存在不足。

　　现在对 SuDS 及其状况的关注比以往任何时候都要多，这一点在英国尤为显著。自 20 世纪 90 年代以来，SuDS 就已司空见惯，最近的立法修订规定所有新开发项目都要使用 SuDS，这进一步促进了 SuDS 的推行使用。在苏格兰，2006 年 4 月 1 日之后建造的所有新开发项目中，SuDS 都被列为排放地表径流的法定标准。类似的立法于 2015 年 4 月 1 日在英格兰生效。在这段时间内，人们对 SuDS 的认识发生了转变，例如在对英国第一个大型总体规划场地——邓弗姆林东部扩张（Dunfermline East Expansion，DEX）进行的初步研究中（SNIFFER，2005）可以发现，生活在 SuDS（池塘）附近的居民主要关注的是水安全问题。几年后，巴斯琴等（Bastien 等，2012）再次回顾该研究时指出，当地居民最关心的其实是 SuDS 的维护问题，这也说明了公众观点的转变。SuDS 可以提高房地产的价值，位于 SuDS 附近的房屋可以以更高的价格出售（SNIFFER，2005；CNT，2011）。特别是在洪水越来越受大家关注的情况下（Bryant，2006），SuDS 等可持续发展设施可以降低洪水风险正在成为一个更为公认的观点。但是，如果 SuDS 及其周围的公共区域没有得到较好的维护，那么它带来的积极影响就会有所降低。因此，对 SuDS 的维护不仅是出于美观需求，还必须确保它能持续提供水量（降低洪水风险）和水质（地表水排放到环境中）效益。

4.2　运行维护的定义与重要性

运行和维护是为了确保持续运行和防止 SuDS 故障而进行的活动过程。与所有排水系统一样，SuDS 应接受定期检查和组件维护，以确保运行效果良好（Bell 等，2015）、视觉美观，并有利于当地社区。

《牛津词典》（2015）将相关术语定义为：

运行：使功能发挥作用或使功能积极有效的事实。

维护：保持或使其保持某种状态的过程。

可以使用一系列与汇水区的限制和变量相匹配的 SuDS 技术（Woods Ballard 等，2015；Highways Agency，2015），这些限制和变量包括：位置、能见度、业主 / 维护主体和设计类型（如稳定水源、干衰减或地下结构）。所使用的 SuDS 类型将在维护和管理活动的类型和频率的制定中发挥关键作用。

必须进行充分的维护，以降低以下各项的风险：

水环境污染：大多数发达国家都有确保地表水和地下水质量的相关法律。在欧洲，《水框架指令》（WFD，2000）是一项根本大法，欧盟各国须依据该法律制定本国的国家法律。例如，《2011年水环境（管制活动）（苏格兰）条例》[the Water Environment（Controlled Activities）（Scotland）Regulations 2011]（经修订）（另称为 CAR）规定，将污染物、工业废水、油漆、油或任何其他污染物排放到地表水系统 [《一般约束力规则 10》（General Binding Rule 10）] 或从地表水系统排放到水环境中是违法行为 [《一般性约束规则 11》（General Binding Rule 11）（SEPA，2016）]。

洪水：SuDS 能暂时削弱径流并将其以可控的速度排出，从而在水利系统服务水平的限制下，大大降低地表水泛滥的可能性。

人身伤害：SuDS 会对公众和操作人员造成一系列危险，包括滑倒、绊倒、坠落和溺水，但定期检查和维护可以降低这些风险。

来自土地所有者 / 居民的投诉：对 SuDS 的投诉在住宅区中最为常见。这主要是由于 SuDS 靠近房屋和道路。

SuDS 的操作和维护不仅与设施管理者和景观承包商相关——在 SuDS 从前期设计到后期维护的所有阶段，都有相应的操作和维护知识。设计人员必须清楚地了解如何启用或禁止操作和维护。经过深思熟虑的设计将带来水量和水质效益，提供生态系统服务，并能实现安全维护。运行和维护设计与系统的生存年限之间存在一种公认的联系，如杰弗里斯等（Jefferies 等，2009）确定了 SuDS 实施过程中资产类型和所在位置之间的关系，以实现简单、经济和有效地维护，并降低故障检修的需求，从而延长运营寿命。

4.3　检修、报告和维护

操作和维护可分为两类：（1）检查和报告；（2）维护活动。

这些类别是密切相关的。设施检查员应充分了解现场维护制度，以便评估其有效性、适用性和执行的维护标准是否恰当。维修团队的技能培训可以提高维修水平，并且更容易在早期发现操作问题，并将其轻松且经济有效地解决。当主要设施的检查间隔较长时（例如每年），高水平的维修团队便更能突显其优势，而他们定期检查的结果就更显珍贵了。

4.3.1　SuDS 检查和报告

检查和报告活动应在施工阶段开始，并在整个过渡阶段进行，直至移交及移交后的善后工作阶段才算结束（图 4.1）。持续的检查将确保 SuDS 按照设计实施和维护，并使植物不受结构中径流的影响且得到维护，从而使植物能够良好生长。

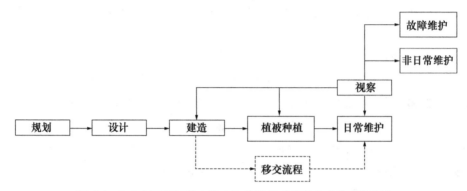

图 4.1　SuDS 开发过程中检查和维护活动的整合（作者绘制）

4.3.1.1　检查

应定期进行（例如每一个月或每两个月）施工和移交阶段的检查，以确保设施结构的有效性并使检查员和维护团队熟悉情况。过渡时期的检查活动还将关注初始维护计划中需要修订的部分。

应定期进行 SuDS 移交后的检查和报告。目前的 SuDS 指南是一种具有一般性且适用于英国的指南（Woods Ballard 等，2015），它建议在施工完成阶段和植被种植之后应经常检查资产。由于地理位置、天气（当地气候）、现场特定条件、业主 / 维护组织、规划协议等其他因素，实际检查频率可能会有所不同。

检查应由具有与检查类型相称的技能水平的人员进行（表 4.1）。维护团队可以在考察期间进行基本检查，理想情况下，操作人员应基本了解 SuDS 的设计组件：它们是什么、如何操作以及常见的操作问题。专家检查将涉及对 SuDS（包括地下附件）进行更详细的评估，并提供结构状况和运行报告。专家检查的时间间隔会比较长（通常是每年一次），并需要对当时的运行情况做简要说明。这可能使一些不常见的运行问题无法被识别，包括灰水交叉连接（一般来说，在间歇性的降雨后，问题的痕迹会被冲走）和出口的堵塞或部分堵塞。将专家检查和日常维护检查相结合是降低操作风险的最有效方法。

非技术观察员的意见不应被驳回。报告可以由对 SuDS 知之甚少或一无所知的人进行，房

检查技能水平说明［改编自《流域保护中心雨水池塘和湿地维护指南（2004）》　　**表 4.1**

（Centre for Watershed Protection Stormwater Pond and Wetland Maintenance Guidebook）]

技能水平	英 格 兰
1	无特殊技能或经验
2	具有 SuDS 技术经验的检查员、维护承包商或公民
3	具有丰富的 SuDS 维护经验的检查员或维护承包商
4	专业工程顾问 / 设施检查员

主通常是这方面很好的人选。他们向设施业主 / 维护者提出投诉，从而带来额外的检查或维修。苏格兰环境保护署（SEPA，2006）建议向新住户提供有关 SuDS 及其工作方式的书面信息，以增加非技术报告的发生率。

4.3.1.2　报告

报告是 SuDS 检查（和维护）结果的正式文件。现场调查记录提供了三个主要好处：

（1）尽职调查：审计跟踪，确认设施已得到适当维护和定期检查；尤其是在现场发生严重事件后，如局部洪水、污染或事故；

（2）收集可查询的维护数据，以便对维护制度进行相应修订；

（3）评估特定设计细节的操作风险，以指导未来的资产采用策略。

每次实地调查都应进行报告，通常以书面形式记录 SuDS 状况，并附上照片。记录可以采用标准形式（纸质或电子形式）、书面观察总结、标记问题的竣工图或以上三者的组合形式。

标准化形式的使用，尤其是该形式与关系数据库管理系统的结合使用，提供了一致的数据记录方法。形式设计应囊括限定的数据，通常可分为三大类：

（1）维护记录：详细说明在调查期间进行的维护活动，通常以简单的"勾选表"形式记录：清除垃圾、割草细节、清除设施上的小型淤泥；

（2）运行记录：SuDS 的状态和运行记录，包括出口和流量控制状态、水位变化；

（3）维护和运行状态记录：前两项的组合，通常在专家检查期间使用。

记录表应该采用一个简短、不复杂的文档形式，让用户可以快速轻松地看懂。如果维护表单冗长、复杂或使用了过多的技术用语，则收集的数据质量和一致性可能也会有所变化，并且存在将完成记录变成书面作业的风险。表单可以是适用于特定的 SuDS 类型或一系列 SuDS 技术的通用形式。为了简单起见，通常使用后者。

业主 / 维护机构或当地立法决定，提供有效和可用维护报告所需的技能水平为 2 级，年度技术检查 3 级或 4 级（表 4.1）。

4.3.2　SuDS 维护

SuDS 的维护涉及一系列活动，当按照要求的标准和适当的间隔进行，可确保设施的持续运行。SuDS 通常是硬质和软质设施（或景观）的组合，这二者对维护有不同的要求。兰普（Lampe，2005）和伍兹·巴拉德等（Woods Ballard 等，2007）确定了 SuDS 维护的三种形式：日常维护、非日常维护和故障维护。

日常维护任务通常是低规格且经常性的任务。根据现场维护计划（例如清除垃圾、割草和检查）和季节性维护（例如修剪、控制树叶垃圾和设施表层维护）而定。

非日常维护任务发生的频率高于每年一次，而且通常规模更大。此类活动是在预先确定的基础上进行的，但也可以由视察制度引发。非日常维护的例子包括管理池塘周边的新兴物种和清空淤泥。

故障维护任务是指维修、更换或修复现有结构 / 部件或重新设计规范，以确保 SuDS 的有效性。故障维护是临时进行的，通常由检查流程或发生运行事故后确定。

日常和（部分）非日常的维护任务通常由景观承包商执行；活动范围主要限于地面维护工作（园艺和小型维修，如围栏维修）和报告。景观承包商还可根据所属组织对 SuDS 进行专业检查和报告。更复杂（非常规）的工程通常需要专业承包商，例如更换或修复包括管道工程、流量控制、石笼和其他附属结构的工程项目。

4.3.2.1　维护等级

可根据不同的因素，包括所属 / 维护机构的维修政策、所处的位置和可见性以及本地 / 环境因素，为 SuDS 设计不同的维护等级。兰普（Lampe，2005）确定了 SuDS 的三个维护级别：低、中和高。

低级别：基本水平，用于维护 SuDS 的功能。定期进行维护和检查，典型的维护活动是清除垃圾和植被管理，用以最大限度地降低入口、出口结构堵塞的风险。检查制度可以延长时间间隔，用于确定为确保运行所需的额外工作。这种级别的维护通常不用于人流密集的公共区域的 SuDS、在主要通道处可见的 SuDS、主干道或高速公路排水系统。该级别的维护频率将低于可进入场地中 SuDS 的维护频率。

中等级别：确保 SuDS 的功能和外观所需的级别。这种级别的维护通常用于人流较多和高可见性区域的 SuDS，例如住宅开发区这种人们更关注视觉外观和舒适空间的地方。

高级别：加强外观和舒适性的维护活动。这种级别在人流较多的地区很常见，如商业区或人口密集的市区公共设施空间。这些地方的 SuDS 设计额外强调景观美化和种植规范以提供有吸引力的环境。

最重要的是，必须有足够的维护以确保 SuDS 按设计运行。如图 4.2 所示，所有高于或低于此水平的维护都要满足操作、外观、生物多样性或健康的要求。应该注意的是，对维护的感知和实际执行的维护之间可能存在差异。垃圾（或没有垃圾）通常被视为有效维护的一个指标（Bastien 等，2012），但情况未必真是如此：定期清理垃圾并不能保证设施得到维护或检查，尽管这能表明维护团队定期进行现场检查。另外，SuDS 也可能被过度维护，从而导致效率的降低、成本的提高以及栖息地多样性的发展受到限制（Graham 等，2012）。

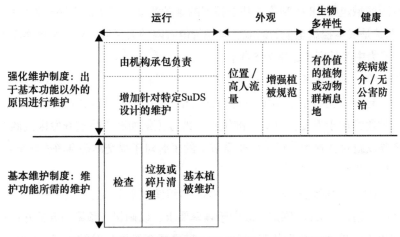

图 4.2　SuDS 的维护要求（改编自 Lampe，2005）

4.4　维护计划表

应在设计阶段编制 SuDS 的维护计划，包括软质景观区（soft landscaped areas）（如水池岸边、周围草地）和工程结构（如端墙、截污挂篮、流量控制设施）。维护计划通常只包括定期和不定期维护，并需要列出维护活动、规范和相关支持信息。设计顾问（土木工程师）应与景观设计师或对植物种类和园艺实践有详细了解的其他人员协商并编制进度表。硬质工程项目的维护制度应包括地面和地下的所有结构，包括管道（pipes）、端墙（headwalls）、筛网（screens）、流量消散（flow dissipation）设施和流量控制（flow controls）设施。软质景观的维护制度将视景观区的复杂程度（包括面积和种植规格）而定。从基本的植草结构和种植的荚果（例如，用于滞留池）到公园或市中心区域内的观赏植物，它们的维护制度都会有所不同。该维护时间表不仅应考虑如何维护 SuDS，还应考虑由谁来维护（Landscape Institute Technical Committee Water Working Group，2014）。

同时，维护制度也应考虑种植规范和硬质工程结构的详细情况。例如，如果 SuDS 区域／周围包括落叶树，那么应包括秋季和冬季的设施表面、进出入口和控制装置的额外维护。如果使用永久湿润的 SuDS（permanent water SuDS），那么用于边际种植的种植物类型（以及实施后的自种物种管理）可能会影响维护制度。例如，如果池塘周边的芦苇（如芦苇）是单一种植的，随着时间的推移，它们会妨碍检查的可达性并造成水面的视觉障碍（影响儿童安全）或侵入其他区域；因此需要对作物和苗木进行额外的维护。

在编制维护计划时，应考虑设施的最终用户（大多数情况下是指维护承包商），并且应使用非技术语言清楚地书写。

维护活动的计划表通常以频率或性能为基础（或两者的组合）进行，而检查活动应始终以频率为基础（除非由运行事故引发）。计划维护的类型和范围将取决于所属／维护组织。

基于频率的维护规定了承包商每年到现场的探查次数和具体维护活动的时间间隔，例如每年需要对设施区域进行 18 次割草。基于频率的维护活动可用于低水平维护区域（如主干道或工业区），尤其是成本控制至上的区域。景观价值有限的大区域一般采用该类型的维护方案，其合同期限一般为中等长度（通常为 5 年合同）。

基于性能的维护规定了承包商应遵循的标准（上限和下限）。舒适性草坪意味着 30-65mm 的规格容差，承包商最初将草的高度切割至 30mm，并在草皮高度超过 65mm 之前重新修剪。基于性能的维护通常用于需要持续高标准维护的地方（例如高级住宅开发区或商业区）。不同类型的维护经验以及对位置和气候（生长季节）的了解对于提交准确和符合实际的 SuDS 绩效维护投标文件是必要的。

维护按频率还是性能进行安排，通常由所属组织自行决定。伍兹·巴拉德等（Woods Ballard 等，2007）指出，SuDS 维护"倾向于频率要求，以确保可预见的养护并可在现场记录"而且这"为定价工作提供了合理的基础"。如果需要更高级别的维护（审美驱动），那么将基于频率和性能的维护进行组合通常更合适。在这种情况下，最典型的安排是，SuDS 的硬质工程部分使用频率维护方法，例如每年检查流量控制设施；而 SuDS（和周围）的植被 / 景观区域使用性能维护方法。这种结合方式确保了 SuDS 的持续运行（提供水利和污染物去除效益），而良好的维护和具有视觉吸引力的景观美化区域最大限度地提高了宜人性和生物多样性效益。

4.5　影响维护的其他因素

SuDS 计划的维护类型和规格将受到其他因素的影响，主要是涉及设计、所有权和土地类型等因素。

4.5.1　资产类型和维护设计

SuDS 技术的选择、设计和详细说明，都会对维护的类型、规格和成本产生影响。SuDS "处理列车"（treatment train）的概念是按顺序使用一系列 SuDS 来满足水质、水量和宜人性的要求。"处理列车"中所使用的 SuDS 的数量和类型与汇水区的风险平衡相关（Woods Ballard 等，2015）：

（1）土地类型（即住宅 / 商业 / 工业所增加的污染风险）；

（2）土地使用范围（如房屋数量或商业停车场数量）；

（3）受纳水体的生态敏感性。

如果按顺序使用多个 SuDS 技术，则所使用的技术及其在序列中的顺序都会影响维护要求。各个 SuDS 技术的维护要求都需被很好地记录下来（Woods Ballard 等，2015）。一般来说，与非永久性湿润（non-permanent water）（干）的 SuDS 相比，永久湿润（permanent water）（湿）SuDS 的维护活动范围更广。如果考虑维护的便利性和成本因素，那么最好使用干 SuDS。但是，如果按顺序使用多个 SuDS，则不容易了解其中的相互影响和维护要求，应设计"处理列车"以提高生存年限（即最大化操作寿命）。良好的设计实践是在湿 SuDS 上游使用干 SuDS 来管理沉积物（而不是专用的淤泥收集器或带有沉积物前池的独立池塘），使泥沙易于监测并被经济有效地管理，从而降低疏浚设施或抽取永久性水源的需要。

除此之外，结构因其细节将影响如何进行维护，所以也应被纳入考虑范围。这包括通道（对操作人员和设施而言）、细节的操作适用性（例如垂直边坡与斜向边坡，前者需要在秋季和冬季进行高频率维护）、关键项目是位于地面还是地下及其材料规格（为了美观还是为了防止被故意破坏）。

4.5.2　资本性支出（CAPEX）和运营支出（OPEX）的平衡

SuDS 的所有权解决方案可能因地区而异，并且可能会影响 SuDS 在其使用寿命期间的成本，这一概念称为全寿命成本（Whole Life Cost，WLC）。全寿命成本包括了在设计、实施和后期维护阶段的成本，并可分为两类：资本性支出（Capital Expenditure，CAPEX）和运营支出（Operational Expenditure，OPEX）。

资本性支出包括资产移交前发生的所有成本。这包括范围界定 / 可行性研究、总体 / 详细设计、土地征用、建设和景观建设等成本。运营成本是指设施在其使用寿命内的维护成本（即日常、非日常和故障维护），也可能包括停用成本。在 SuDS 正式采用之前，可能会有一个过渡期（或保修期），在此期间，开发商必须维护并修复运行和状况方面的任何问题。

如果 SuDS 只由一方设计、建造和维护，那么资本性支出和运营支出都由业主承担。然而，大多数 SuDS 通常由一个组织（即房屋建筑商）建造，而所有权和维护权则被转移给其他单位，如地方当局、水务公司或私人所有。从运营和维护的角度来看，在这种情况下资本性支出和运营支出之间的关系（平衡）是有意义的。SuDS 的设计和细节（即组件、建设方式、材料、路径通道）将直接影响维护的复杂性和成本。如果 SuDS 设计得非常详细，包括一系列硬质工程结构，虽然施工成本较高，但这会也使得维护更容易和经济有效。

在某些情况下，末端业主对设计细节的明确要求是非常有好处的，因为这可以使业主便于了解未来的维护要求及其成本，从而降低运营和财务风险。苏格兰的典型情况就是 SuDS 设计必须符合国家水管理局（National Water Authority）制定的苏格兰水资源的技术标准（Scottish Water and WRc plc，2015），从而方便效仿采用。技术标准包括实现成本效益维护的细节。例如，池塘边缘周围加固的车辆通道以及由混凝土加固的沉积前沿，因为知道可使用的维修机器的类型（和尺寸），所以这些措施确保有足够的空间进行故障检修，并且加强接入点和前池将最大限度地减少必须恢复的景观区域并降低风险。这些情况下将产生更高的前端建设成本——用于通道加固的额外土地征用，这些成本将由开发商承担，并将其传递给末端业主。

相反，设计标准的缺失会带来风险：如果对 SuDS 的细节缺少控制或关注度，施工成本会降低，但这可能会以末端业主的运营成本提高为代价。例如，如果池塘没有完善的排水机制，则清除淤泥的成本就会很高，有限或受限的通道可能需要使用较大的设施来执行纠正工作。

4.5.3　SuDS 的位置

场地和区域中的 SuDS 应位于公共开放空间内部的消极空间。如果 SuDS 和公共开放空间的周围区域由同一个机构所有和维护，这就为维护制度带来了规模经济效应。布雷（Bray，2015）提出被动式 SuDS（passive SuDS）的概念，是指那些可整合到开放空间景观的 SuDS，并遵循多功能空间的原则，类似于高性能景观（High Performance Landscapes，HPL）的概念，即"可以同时执行多种功能的景观"（Design Trust for Public Space and the New York City Department of Parks and Recreation，2010）。

将 SuDS 整合到公共开放空间可以实现经济高效的维护，并允许使用更大的设施（例如坐在割草机上而不是推着割草机）并减少机器设置的时间和成本。如果 SuDS 不作为公共开放空间的一部分或者它们由单独的机构（如自来水公司）所有或维护，那么成本效率提升的机会就会很有限。

4.6　结论

SuDS 的维护是一个必不可少的过程，不仅限于使用后的这个阶段。为了最大限度地延长 SuDS 的使用寿命，在设计阶段有必要了解维护知识并应告知设施结构的详细情况，以便对其进行安全和经济有效的维护。施工阶段的维护和检查是必要的，以确保 SuDS 按照设计建造并符合目标要求。通过提高维护人员和设施检查员的技能，可以促进高效维护制度的采用，并且还能在早期阶段识别运行问题并减轻风险（财务或声誉）。

维护制度受到一系列因素的影响，包括建设（所有）主体、位置、与其他景观空间的整合、可见性以及设计和种植规范。定期维护是维持运行所必需的，必须有足够的维护才能确保 SuDS 的持续运行。除此之外，维护还有其他原因，主要是出于美观还有保护生物多样性和发展栖息地的需求。

检查程序将对维护的适用性和（质量）标准进行评估，并提供必要的反馈以修改维护制度，再对检查和维护进行记录跟踪。

参考文献

Bastien, N.R.P., Arthur, S. and McLoughlin, M.J. (2012). Valuing amenity: public perceptions of sustainable drainage systems ponds. Water and Environment Journal 26.1 (2012), 19–29.

Bell, D., Ward, R., Kaye, G., Nowell, R. and Swales, P. (2015). South Yorkshire Interim Local Guidance for Sustainable Drainage Systems. Available from: http://tinyurl.com/h2woz7y.

Bray, R. (2015). SuDS behaving passively – designing for nominal maintenance. Paper presented at: SuDSnet International Conference, Coventry, 3–4 September 2015.

Bryant, I. (2006). *Sustainable urban drainage system (SuDS) – A new concept in total stormwater management solutions for new developments.* New South West Australia: ROCLA Water Quality Publication.

Center for Neighborhood Technology (CNT) (2011). *The Value of Green Infrastructure: A Guide to Recognizing its Economic, Environmental and Social Benefits.* Center for Neighborhood Technology. Available from: http://www.cnt.org/repository/gi - values - guide.pdf.

Center for Watershed Protection Stormwater Pond and Wetland Maintenance Guidebook (2004) .Available from: http://tinyurl.com/najws2j.

Design Trust for Public Space and the New York City Department of Parks and Recreation (2010). *High Performance Landscape Guidelines: 21st Century Parks for NYC.* New York: Design Trust for Public Space, Inc.

Graham, A., Day, J., Bray, B. and Mackenzie, S. (2012). *Sustainable Drainage Systems: Maximising the Potential for People and Wildlife (A guide for local authorities and developers).* Royal Society for the Protection of Birds and Wildfowl and Wetlands Trust.

Highways Agency (2015). Design Manual for Roads and Bridges: Volume 4 Geotechnics and Drainage. London: The Stationery Office.

Jefferies, C., Duffy, A., Berwick, N., McLean, N. and Hemmingway, A. (2009). Sustainable Urban Drainage Systems (SuDS) treatment train assessment tool. *Water Science and Technology. 60* (5) (2009).

Landscape Institute Technical Committee Water Working Group (2014). *Management and Maintenance of Sustainable Drainage Systems (SuDS) landscapes.* Interim Technical Guidance Note. Available from: http://tinyurl.com/qg3jcpw.

Lampe, L. (2005). *Performance and Whole Life Costs of Best Management Practices and Sustainable Urban Drainage Systems*: *Final Report 2005, WERF Project 01 - CTS - 21T.* Water Environment Research Foundation: Alexandria, Virginia.

Scottish Environment Protection Agency (SEPA) (2006). A Dos and Don'ts Guide for Planning and Designing Sustainable Urban Drainage Systems (SuDS).

Scottish Environment Protection Agency (SEPA) (2016). Regulatory Method (WAT - RM - 08) Sustainable Urban Drainage Systems (SuDS or SuDS Systems). Version: v6.

Scotland and Northern Ireland Forum for Environmental Research (SNIFFER) (2005). *Social impacts of stormwater management techniques: including river management and SuDS.*

Scottish Water and WRc plc. (2015). *Sewers for Scotland 3rd Ed.* Available from: http://tinyurl. com/ q652arp.

Woods Ballard, B., Kellagher, R., Martin, P., Jefferies, C., Bray, R. and Shaffer, P. (2007). *The SuDS manual (C697).* London: CIRIA.

第 3 篇

可持续排水系统功能

第 5 章　水量：暴雨峰值衰减

克雷格·拉什福德，苏珊娜·M. 查尔斯沃思，弗兰克·沃里克
Craig Lashford, Susanne M. Charlesworth and Frank Warwick

5.1　导言

　　自古以来，城市排水系统就建立在硬质基础设施的基础上，目的是尽快把水排出。如第 2 章所述，雨水收集技术在干旱区和半干旱区得到广泛应用；然而，随着青铜时代（Bronze Age）（Angelakis 等，2012）米诺斯时期管道的发展，现代社会逐渐形成不让地表水流经他们的城市，而宁愿将其藏在地下管道的情形。本章比较了两种能提高城市抗洪能力的水管理方法。由于全球气候变化可能会导致降雨状况的变化，城市需要适应并减轻已经发生的变化所带来的影响。查尔斯沃思（Charlesworth，2010）认为，SuDS 可以在缓解和适应气候变化方面提供多重益处，特别是有助于降低洪水风险；与此同时也提供了一种在干旱地区进行水资源收集的手段。以下几节比较了传统排水和 SuDS 解决这些问题的能力及优缺点。

5.2　传统排水的水流和水量

　　传统排水是基于管道和混凝土通道的设计，以便将径流从不透水区域迅速地输送到受纳水体（Kirby，2005）。下水道系统中的径流通常通过沟渠和管道输送到下水道（Stovin & Swan，2007；Charlesworth，2010），缩短了滞留时间和并增加了峰值流量并导致了洪水风险的增加（Qin 等，2013）。此外，传统的排水系统容易被垃圾"堵塞"而抑制了有效排水的潜力，导致系统积压，洪水风险加剧，2007 年英国夏季发生的洪灾就是一个明显的例子（Oliver，2009）。

　　如表 5.1 所示，根据欧洲标准 EN752（CEN，1996；CEN，1997），阐述了基于管道系统的设计暴雨重现期。所有位于市中心的排水系统都应该有能力应对 30 年一遇的暴雨。然而，在工业化发达国家，许多城市由于排水系统容量不足而面临洪水泛滥的风险；在欠发达国家，

由于排水规格较低，洪水泛滥的风险更加严重（Mark 等，2004）。

不同土地用途的传统排水暴雨设计（改编自 Schmitt 等，2004）   表 5.1

区　　位	设计暴雨重现期
农村地区	10 年一遇
住宅区	20 年一遇
居住小区	30 年一遇

传统的排水系统除了会在源头和排水口增加洪水风险这一主要问题外，还会导致水质问题（详见本篇第6章）。传统排水方法忽视了在进入河道之前改善径流水质（Charlesworth，2010），因此未经处理的径流夹杂了各种城市污染物（Zhang 等，2013），这对城市河流的生物多样性产生了影响（Charlesworth 等，2003）。

新建筑场地的管道排水一体化仍然是英格兰和威尔士典型设计的一部分，侧重于减少洪水的影响。然而，传统的排水系统往往无法管理河流泛滥所带来的洪水事件影响，因此需要其他策略相配合。

5.3　现有洪水管理

英国对洪水管理的需求是由城市扩张所推动的。城市覆盖率的增加产生了更多的不透水铺装面和洪泛区。洪水管理由英国环境署和英国环境、食品及农村事务部（Defra）共同控制和负责（Burton 等，2012），每年因洪水造成的损失约为11亿英镑（Bennett & Hartwell - Naguib，2014）。硬质基础设施洪水管理的重点是以工程方案降低周围地区的洪水风险，因此许多英国城镇和城市的河流要么被堵塞，要么是被砖砌起来，这使得在高降雨期间对这些结构产生了依赖性（Werritty，2006）。除了建造人工结构，英国和国际上都采用了一些强硬的消减措施来管理较高的径流量。这些措施将在下一章节中讨论。

在全球范围内，水坝是一种控制流量和降低洪水潜在威胁的方法（Higgins 等，2011）。虽然它们可以作为降低区域洪水风险的有效工具，但施工过程中造成的破坏会引起当地的环境和社会问题（Yu，2010）。水坝的建设通常是为了减轻1万年重现期内的所有暴雨事件带来的影响（Sordo - Ward 等，2013），但随着气候变化对降雨量的影响，水坝缓解暴雨的能力降低（Veijalainen & Vehviläinen，2008）。此外，由于水坝蓄水量大，倒塌会导致大规模洪水，有时还会造成人员伤亡（Bosa & Petti，2013）。

修建防洪堤是降低洪水风险的另一项硬质工程措施。然而，它们往往被过度设计以减轻气候变化的未知影响，有时需要经常增加高度以确保持续有效（Pitt，2008；Saito，2014）。凯尼恩（Kenyon，2007）在苏格兰进行了一项调查来确定公众对不同洪水管理方法的看法，发现防洪堤是最不受欢迎的选择。参与的公众表示不喜欢防洪堤对场地产生的视觉冲击，不喜欢重建的需要，也不喜欢为防止水溢出而在保护区内设置障碍。宋等（Song，2011）发现在新奥尔良的卡特里娜飓风（Hurricane Katrina）期间，防洪堤的侵蚀加剧了造成的破坏。

疏浚河流中淤积的泥沙可以增加河流的承载能力（Jeuken & Wang，2010），这一方法在20 世纪 80 年代的英国得到了广泛的应用。然而，这项工程造价昂贵且只能带来短期效益，泥沙的持续淤积还有可能增加下游的洪水风险，因此从 20 世纪 90 年代起，该工程仅限于城市河流使用（Pitt，2008）。事实上，国际上疏浚工程已日渐减少；例如，在印度尼西亚，它被认为是不合适和不可持续的（Hurford 等，2010），而在澳大利亚，它仅限于河口环境使用（Wheeler等，2010）。另外，由于需要清除栖息地和相关的水生生物群，疏浚工程对当地生态系统产生了显著的负面影响（Elliott 等，2007）。

硬质工程洪水管理方案需要大量的经济支出和持续不断的维护（Werritty，2006）。此外，许多战略只提供短期解决方案。由于气候变化可能对降雨模式的改变产生影响，未来需要一种更可持续的方法（Sayers 等，2014）。在英国，自 1998 年洪水发生以来，人们对排水的观念发生了转变，不再那么依赖于不可持续的硬质结构，而是更多地依赖于可持续技术（Werritty，2006；van den Hoek 等，2012）。与此同时，人们也意识到，绝对的防洪保护是不可能的，应该在建筑环境中更有效地利用水（Sayers 等，2014）。

在个别建筑物尺度上进行防洪的方案可行的，包括对现有的设施进行改造，以降低洪水风险水平（Saito，2014），通常包括两个重点：

（1）阻止水进入建筑物的"干燥洪水试验法"（dry flood proofing）；

（2）水进入建筑物后，管理公用设施的"潮湿洪水试验法"（wet flood proofing）（Hayes & Asce，2004）。

总的来说，尽管 20 世纪 80 年代以来，这种防洪措施就在美国的区域防洪计划中占有重要地位，但并未得到充分利用。在英国，皇家建筑建筑师协会（Royal Institute of Building Architects，RIBA）受到皮特（Pitt，2008）的质疑，被要求开发新的抗洪房屋。RIBA 的报告（RIBA，n.d.）概述了一些可用的结构措施，如提高出入水口，使用钢筋混凝土墙、耐磨地砖、抗洪家具和其他更合理廉价的材料。此外，还讨论了水陆两用建筑的潜在用途，可在洪水泛滥时漂浮于水面。除了防洪，皮特（Pitt，2008）还建议使用 SuDS 作为进一步的解决方案，以灵活地适应洪水的影响，特别是在未来可能由于气候变化而发生更强烈的暴雨事件的情况下。

5.4 水量

水量是 SuDS 三角模型的重要组成部分之一（详见第 1 章），三个角所代表的所有功能的重要性应该被同等重视（Charlesworth，2010），但在实践中却很难达到。利益相关者普遍认为减少水量是将 SuDS 纳入场地排水设计的主要因素（Chahar 等，2012），其次是水质的改善，而并不看重舒适宜人性或生物多样性（Kirby，2005；Zhou，2014；Jose 等，2015）。因此，更多的重点放在使场地恢复到"绿地径流率"的上，即让入渗率和流速达到开发前的状态

（Charlesworth & Warwick，2012），并达到承受百年一遇的 6h 暴雨。公认的 SuDS 抗洪能力是通过以下方式实现的：促进水的渗透并最终补充地下水；水的回收；控制峰值流量，减少对传统管道排水的依赖；减缓和滞留排水系统中的水（Charlesworth，2010；Bastien 等，2010）。

如表 5.1 所示，城市地区的排水系统被设计用于管理 30 年一遇的暴雨事件，皮特（Pitt，2008）认为，一些较老的系统只能处理较小的事件。另一方面，英国环境署（UK Environment Agency，2009）建议 SuDS 的设计应更为严格，最终达到百年一遇的暴雨重现期（由于气候变化额外增加 30% 的浮动）。SuDS 的成功也受到场地特征的限制影响，最显著的是渗透能力（Woods Ballard 等，2007），且 SuDS 的最佳实践案例有限，导致城市排水将继续依赖于传统的管道系统。

5.5 SuDS 的实施历史

施塔尔（Stahre，2008）认为，向更加可持续的排水形式的过渡始于 20 世纪 70 年代，当时人们意识到，传统排水方法需要解决水质问题，但直到 20 世纪 90 年代，城市雨水才被认为是一种更有用的资源而不是废物。如图 5.1 所示，到 90 年代中期，施塔尔（Stahre，2008）设想的 SuDS 三角模型的转变才正式形成。

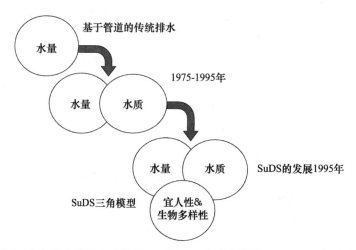

图 5.1　20 世纪 70 年代传统排水系统到 20 世纪 90 年代中期（Stahre，2008 年以后）的演变

巴特勒和帕金森（Butler & Parkinson，1997）质疑了传统排水系统在城市发展环境中所扮演的角色，他们建议注重长期效益的"不那么不可持续的方法"，而这并不是对常规排水方法的彻底改革。最早的 SuDS 侧重于源头控制：在建筑尺度内捕获和截留早期的地表水（Pompêo，1999）。因此，普拉特等（Pratt 等，1989）研究了透水路面系统（pervious pavement systems，PPS）在减少流量和污染方面的潜力，得出与传统的排水系统相比，PPS 更为有效的结论。由于排水理念的改变以及该学科知识的发展，谢弗和哈顿（Shaver & Hatton，1994）及 CIRIA（1992）分别就 SuDS 的设计及在美国、英格兰和威尔士实施影响提出了建议。

1994 年，美国环境保护署（United States Environmental Protection Agency，1994）为北弗吉尼亚州（Northern Virginia）制定了一项径流控制规划，该规划是最早使用 SuDS 的规划之一，它设置了开放的而不是以管道为基础的排水系统，并促进了该地区的雨水渗透。这些最佳管理实践目前仍在使用，并将继续管理北弗吉尼亚州的暴雨（British Water，2006）。

20 世纪 90 年代中期，欧洲也开始大规模实施 SuDS。1995 年，柏林对所有建筑物上的家庭雨水收集系统进行了翻新，减少了地面流量，并与灰水回收项目（GWR）合作，以减少家庭饮用水需求的方式降低家庭用水成本（Nolde，1999）。最终显示，厕所冲水的总用水量（约 15-55L/ 人 /d）可通过 GWR 予以取代。

由于对 SuDS 和 GWR 的好处有了更多的了解，英国设立了两个包括了不同设施的环境局示范点：牛津 M40 位置 8A 路口的惠特利高速公路服务区（Wheatley Motorway Service Area，Junction 8A on the M40，Oxford）（图 5.2）（Charlesworth，2010）和伍斯特郡布罗姆斯格罗夫 M42 路口处的霍普伍德高速公路服务区（Hopwood MSA，Junction 2 M42，Bromsgrove，Worcestershire）（图 5.3）（Heal 等，2009）。如表 5.2 所示，列出了使用的 SuDS 设施以及这两个地点的一些特性。

图 5.2　牛津的惠特利高速公路服务区

图 5.3　布罗姆斯格罗夫的霍普伍德高速公路服务区

惠特利和霍普伍德高速公路服务区 "管理列车" 的场地特征和 SuDS 装置　　　表 5.2

项　目	惠　特　尼	霍普伍德
在 "管理列车" 中所使用的 SuDS 设施	现场使用的 SuDS 设备	透水路面
	植草浅沟	排水滤管
	人工湿地	洼地
	平衡池	过滤带
	洼地	滞留池
	渗滤沟	湿地
场地总面积（hm²）	34	16.7
SuDS 总面积（m²）	9	4.2
重现期（设计暴雨）	25 年一遇	未知
径流设计	5 L/s/hm²	3L/s/hm²
建成年份（年）	1999	1997

　　这两个地点的 SuDS 的主要目的是管理洪水流量，同时提升途经该地点的径流水质（SUSdrain n.d.）。据作者所知，自建造以来，即使周围地区都被淹没，这两处都没有被淹没的迹象（B. Bray, Landscape Architect and SuDS management train designer, pers.comm.）。总的来说，无论是在提升水质方面，还是在财政方面，霍普伍德的 SuDS "管理列车（management train）"都是成功的。场地的年平均维护费用为 2500 英镑，而类似规模的传统排水场地则为 4000 英镑。到达流出口时，该场地的径流污染物总量也减少了 70%-90%（Heal 等，2009）。

　　自 20 世纪 80 年代末以来，SuDS 在斯堪的纳维亚半岛（Scandinavia）被广泛使用。例如，在瑞典马尔默（Malmö，Sweden）的一个新建开发项目中便使用了 SuDS，这些项目建造了明渠，然后将水引入，并让公众参与设计过程，以确保水量、水质和美观需求得到满足（Stahre，2002）。此外，在远离市中心的地方，现有的传统排水系统被引入新的地表渠道，以减少超载管道系统的水量。洼地、滞留池和绿色屋顶也被广泛使用（Forest Research n.d.）。到 2000 年，这种对 SuDS 的使用使得瑞典只有 15% 的城市人口使用下水道系统（Mikkelsen 等，2002）。

　　并不是每次使用 SuDS 都是为了减少水量，澳大利亚的水敏感城市设计（Water Sensitive Urban Design，简称 WSUD）使用了与 SuDS 类似的技术。由于干旱问题和水资源的稀缺，WSUD 更加关注水资源的有效利用（Morison & Brown，2011）。王（Wong，2007）强调了 WSUD 对水资源回收和利用的要求，从而促进了雨水收集系统（RwH）的使用。这样的系统已经在悉尼和墨尔本成功运用以确保水资源的有效使用。系统主要使用 RwH、洼地、生物滞留区和滞留池等设施获取和存储径流以便家庭和商业设施用（Landcom，2009）。

　　无论设施是在新建区进行改装还是安装，SuDS 都可以通过两种方式集成到系统中：作为独立的设施或作为更广泛的 SuDS "管理列车" 的一部分。虽然人们知道与传统排水系统相比，设计一套 SuDS "管理列车" 是更为可行的策略（Stovin & Swan，2007），但关于其处理大量径流能力的研究却很少。

5.6　"管理列车"

"管理列车"（management train）使用多种设施来降低径流的总体污染水平（Woods Ballard 等，2007），并通过"列车"（train）减少向下输送的水量，并进入受纳水体（图 5.4）。它将径流从一个设施传输到另一个设施，并在流动过程中进行逐步处理（Bastien 等，2010）。随着越来越多的设施开始使用，"管理列车"除了改善水质，还会提供额外的洪水弹性，从而保留了更多的水量（Bastien 等，2010）。此外，在一个地点使用一个大型设施并不总是可行的，因此在一个"管理列车"中使用一系列较小的设施更实用，并可以更好地融入城市景观（Charlesworth，2010）。

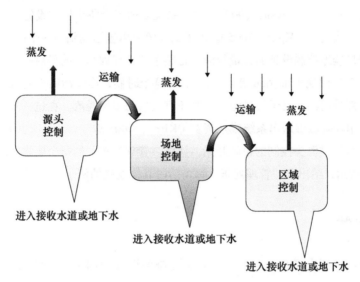

图 5.4　SuDS"管理列车"（改编自 Charlesworth，2010）

SuDS 设备及它们在"管理列车"中的作用、减少水量的效率和改进的潜力　　表 5.3
（Woods Ballard 等，2007）

装置	水源	区位	地区	运输工具	降低水质的有效性	改造潜力
雨水收集	×	×	—		低[*]	存在
透水路面	×	×	—		高	存在
过滤带	×		—		低 / 中等	存在
洼地	×	×		×	中等	有限的
池塘	—	×	×	—	中等 / 高[*]	不太可能
湿地		×	×	O	低 / 中等	不太可能
滞留池	—	×	×	—	高[*]	存在
渗水坑井	×	—	—		中等	存在
渗滤沟	×	×		O	中等 / 高	存在
渗透盆地	—	×	×	—	中等[*]	不存在

续表

装置	水源	区位	地区	运输工具	降低水质的有效性	改造潜力
生物滞留设施	×	×	—	—	高	存在
砂滤器	—	×	O	—	低	存在
绿色屋顶	×	—	—	—	中等 / 高	存在

注：＊取决于蓄水结构的大小；×＝最合适，O＝不太合适；——＝不可能。

　　成功的"管理列车"组成部分的开端为源头控制（图 5.4），即在降水后直接进行处理的
SuDS，例如可透水路面系统（Zakaria 等，2003）。径流通常在此时通过渗透进入地下水，或通
过蒸发进入上层大气，特别是在使用绿色基础设施的情况下。剩余的径流被运输到场地控制设
施，通常是洼地（Stovin & Swan，2007）。这类系统处理多个源头控制设施的大量径流，径流
通过渗透和蒸发再次流失（Kirby，2005）。剩下的径流可以被运输到另一个站点进行区域控制。
该站点可处理来自场地控制设施的大量径流，是整个"管理列车"的最后一环。区域控制装置
设施的一个例子是滞留池（Bastien 等，2010）。到这个时候，尽管污染去除水平一般，但"管
理列车"中的大部分的污染已经被过滤，同时还有大量的多余径流。在这一步之后，水要么缓
慢地释放到水体中，要么渗透出系统或是蒸发（Kirby，2005）。

　　以下各节将从提供源头控制的设施开始，评估"管理列车"的每个要素在减少水量方面的
潜力。如表 5.3 所示，给出了"管理列车"每个阶段具体设施的例子。

5.6.1　源头控制

　　如表 5.3 所示，给出了几个能够提供源头控制的设施的例子，包括 PPS，柯比（Kirby，
2005）和伍兹·巴拉德等（Woods Ballard 等，2007）都认为 PPS 在处理径流方面"非常有
效"。由于 PPS 的低负载能力，其最适合用于停车场或行人区域（Scholz 和 Grabiowiecki，
2007）。如图 5.5 所示，水通过渗透性表层渗透到地下蓄水层中，然后被缓慢地输送到水体中
（Woods Ballard 等，2007）。通过在不同的底基层和土工布层进行流动，水质得以改善（Scholz
& Grabiowiecki，2007；Charlesworth 等，2014）。

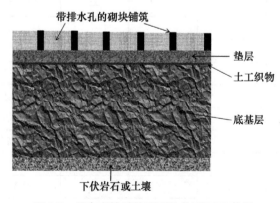

图 5.5　具有砌块铺筑面层的典型 PPS 截图

维亚瓦泰内等（Viavattene 等，2010）基于 150 个不同的暴雨场景计算得出，PPS 有潜力减少径流流量高达 75%，但这依赖于特定的环境，即渗透程度、PPS 的规模大小、深度和当地地形。

生物滞留池（图 5.6）也属于伍兹·巴拉德等（Woods Ballard 等，2007）所列的减少水量中的"高效"绿色基础设施。这些滞留池还利用土工布和细砾石的组合来减少污染物，改善出水水质（Woods Ballard 等，2007）。德巴斯克和温（Debusk & Wynn，2011）对一个长 4.6m、宽 7.6m、深 1.8m 的滞留池进行研究，证明其能够处理所有流入速率高达 12.5L/s 的径流。此外，该系统只允许降雨渗透到表土中，底土渗透受到限制，显示出在"管理列车"中安装的生物滞留设施的潜力。

图 5.6　安装在美国加利福尼亚州埃默里维尔（Emeryville, California, USA）中央保留地的生物蓄水系统（免费提供）

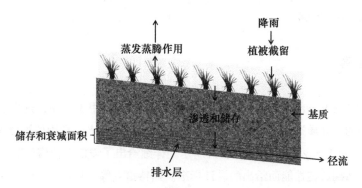

图 5.7　通过绿色屋顶的水流示意图（改编自 Stovin，2009）

绿化屋顶在减少水量方面的成效可分为"中/高"两个等级（表 5.3）。它们在城市环境中安装的主要好处之一是，除了建筑占地面积外，不需要占用额外土地（Stovin，2009）。根据用于模拟 PPS 效益的 150 个相同暴雨情景（见第 5.6.1 节）计算得出，一个绿色屋顶可以根据暴雨情况减少 45%-60% 的径流（Viavattene 等，2010）。绿色屋顶可通过植被拦截的方式减缓雨水到达流出口的时间（图 5.7）（Fioretti 等，2010）。根据暴雨强度的不同，未蒸发的降雨随后渗透到基质中，要么得到衰减，要么直接输送出设施之外（Stovin，2009）。但是，如果暴雨强度超过了入渗速度，就会产生地表径流，削弱绿色屋顶造成的影响。同样，如果绿色屋顶的坡度太陡，也会降低蓄水能力，促进径流的生成（Van Woert 等，2005）。在长时间的低强度持续降雨或短时暴雨的情况下，绿色屋顶也会达到一个饱和点。尽管屋顶的径流最终还是会发生，但屋顶可以减缓径流速度，减少水量。

5.6.2　场地控制

如表 5.3 所示，三种可以同时作为源头控制和场地控制的 SuDS 设施：生物滞留池、渗透沟和洼地，具体选择取决于它们的规模大小（Woods Ballard 等，2007）。在场地规模上减少径流的高效设施还包括了干蓄水池和湿蓄水池（van der Sterren，2009），其可以储存大量的水，并通过渗透补给地下水（Datry 等，2004）。斯特雷克等（Strecker 等，1999）估计，在"重大暴雨事件下"，滞留池和蓄水池能够减少 30% 的径流，但没有提供模型的更多细节。与此同时，应该注意的是，滞留池的滞留能力与它们的规模大小、下层土壤类型和入渗速率有关（Scholz，2004）。

5.6.3　区域控制

如表 5.3 所示，由于区域控制设施需要保留更多的水，所以此类规模的设施较少。正如范德斯特伦（Van der Sterren，2009）所指出的那样，滞留池对于区域控制是最有效的，它们可达到径流减少"高"标准。

蓄水池也是储存水并最终降低径流水平的有用设施，但与滞留池一样，蓄水池的能力取决于规模大小（Scholz，2004）。

5.6.4　运输工具

维亚瓦泰内等（Viavattene 等，2010）认为，洼地最适合用于运输，这也显示了它们在减少洪水流量方面的"介质"能力（表 5.3）。其通过模拟自然排水，利用植被覆盖的渠道等方式来输送水（图 5.8）（Kirby，2005）。如表 5.4 所示，详细给出了埃斯卡拉梅亚等（Escarameia 等，2006）为使洼地达到最佳性能而给出的设计标准。斯特雷克等（Strecker 等，1999）计算得出，在连续暴雨的情况下，洼地峰值流量减少了约 10%，但与滞留池相似，没有提供建模暴雨场景的细节。然而，这确实表明，在减少峰值流量方面，洼地并不是最成功的；它们的主要作用是在场地周围运输径流。其他可以考虑作为运输工具的设施包括渗透沟、湿地和雨水收集设备，但与洼地不同，运输并不是它们的主要作用（Woods Ballard 等，2007）。

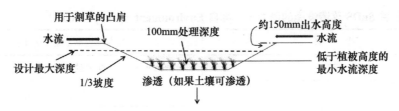

图 5.8 洼地示意图（改编自 Woods Ballard 等，2007）

洼地设计标准（Escarameia 等，2006）　　　　　　　　　　　　表 5.4

坡　　度	总深度	草坪高度	设计暴雨事件	速度	水力停留时间	最小长度
＜ 1：50 垂直角	300–500mm	100–200mm	5 年 /24h 最好达到：10 年 /24h	＜ 0.25m/s	8–10min	60m

　　虽然已经进行了一些研究检测不同 SuDS 设施的单独暴雨衰减能力（如 Strecker 等，1999；Ellis 等，2004；Kirby，2005；Duchemin & Hogue，2009；Viavattene 等，2010），但对"管理列车"的关注很少。麦克唐纳和杰弗里斯（MacDonald & Jefferies，2003）对苏格兰邓弗姆林东部扩张项目（Dunfermline Eastern Expansion，DEX）SuDS"列车"的 6 个池塘、湿地、相关的上游滞留池以及洼地进行了监测，发现该"列车"滞后了径流的到达时间，在霍普伍德高速公路服务区 SuDS"管理列车"的 EA 演示研究中（参见 5.5 节了解更多详细信息），麦克道尔等（Malcom 等，2003）表示，除最大暴雨事件以外，所有降雨的显著峰值流量减少。因此，正如查尔斯沃斯和沃里克（Charlesworth & Warwick，2012）所说，到 2040 年，英国 80% 的住房需求都已得到满足，如果要解决这些已建建筑的洪水问题，那么就需要考虑 SuDS 的改造。

5.7　设施的改造

　　现有开发项目的改造包括对传统排水系统的断接并将雨水引入 SuDS 设施（Stovin & Swan，2007）。该过程可减轻建成环境中的洪水影响（Moore 等，2012）。随着洪水日益成为城市环境所要面对的难题（Sharples & Young，2008；Priest 等，2011），需要使用一些设施来降低风险（Environment Agency，2007）。英国目前约有 520 万所房屋面临洪水风险（Committee on Climate Change，2012），其中新建筑占所有建筑的 1%。因此，处理新老建筑的综合策略对于管理洪水风险必不可少（Environment Agency，2007）。如表 5.5 所示，在英国实施各种设施改造的潜力。

　　巴姆福斯等（Balforth 等，2006）的研究表明，由于现有建筑、小径和道路限制了可用于开发的空间，将改造后的 SuDS 融入城市环境是一件麻烦事。然而，斯托文和斯旺（Stovin & Swan，2007）计算出，通过对 SuDS 进行改造，在系统的全生命周期范围内，建筑成本可得到有效降低。

各种 SuDS 改造设施的潜力（改编自 Environment Agency，2007）   表 5.5

技　　术	潜在覆盖率（保守估计）
PPS	50% 的硬铺道路
雨水收集	75% 的商业 / 工业地区
	50% 的公共建筑物
雨水罐	90% 的半独立式和独立式房屋
	40% 的排屋
洼地或渗透沟；排水过滤器	20% 的农村道路
	4% 的城市道路

在英国，改造 SuDS 的例子有限，斯托文和斯旺（Stovin & Swan，2007）认为这主要是由于改造 SuDS 的复杂性和干扰。然而，没有理由不把 SuDS 和传统排水系统结合起来，特别是在改造方面。这种对改造的看法并不仅限于英国，谢弗等（Shaver 等，2007）认为，由于城市环境中空间的缺乏及较高的土地价值，美国的设施改造也十分昂贵。因此，对 SuDS 进行改造以管理现有城市地区径流的例子有限（Hyder Consulting，2004；SNIFFER，2006；White & Alarcon，2009）。然而，在实施了成功的 SuDS 改造安装后，水质问题确实得到解决，这在苏格兰西洛锡安利文斯顿的休斯敦工业区（Livingston，West Lothian，Scotland）（RCEP，2007）和英国伍斯特郡（Worcestershire）两所学校（Atkins，2004；SNIFFER，2006）的改造项目上都有所体现。成功的改造通常是由一个有权实施解决方案的组织推动的（Stovin 等，2007）。

此外，还存在着一些国际改造项目的例子，例如巴克豪斯和弗里德（Backhaus & Fryd，2012）在丹麦哥本哈根设计的一个 15 平方米的大型 SuDS 改造项目，该设计方法可用于其他地方。他们强调了改造 SuDS 所面临的一系列挑战，包括在一系列尺度上设计项目以确保解决方案的可行性和有效性。在世界范围内，马尔默（瑞典）、波特兰（美国）、西雅图（美国）和东京（日本）等城市已经证明了改装 SuDS 的可行性和有效性（DTI，2006；SNIFFER，2006；Stahre，2008）。

在英国，斯托文等（Stovin 等，2013）对泰晤士潮汐汇水区（Thames Tideway Catchment）SuDS "管理列车"改造的潜力进行了评估，以降低修改现有传统排水计划的成本。研究提出了一个模型，并发现了存在的一些挑战：

■ 缺乏试点区来确定实施所面临的挑战；

■ 研究区面积庞大，对居民造成严重干扰；

■ 在 SuDS 系统的基础上，还需继续使用传统的排水系统。

如表 5.5 所示，从最适合用于改造安装的设施看，除渗透池外，所有设施都有可能被纳入改造设计中；然而，洼地、池塘和湿地则因其面积大小受限而较少被纳入改造计划（Woods Ballard 等，2007）。

5.8　新建设施

在新开发项目的设计中使用 SuDS 可以确保在增加不透水表面的同时，不会增加洪水风险。政府（Kellagher，2013）在对皮特（Pitt，2008）的回应中承认了这一点，即需要为不会对绿地径流率产生负面影响的新开发项目制定防洪措施（Charlesworth，2010；Charlesworth & Warwick，2012；见 5.4 节）。

当将 SuDS 集成到新的建设开发中时，源头和场地控制设施在很大程度上应该足以处理三十年一遇的暴雨重现期（Bastien 等，2010）。一旦超过这个值，就需要更大的衰减设施（如池塘）以确保能处理场地额外的径流。然而，由于房屋为场地提供利润，而池塘、湿地等设施减少了房屋的可用空间，这对于开发商而言是一个两难选择。因此，需要立法和指导以确保足够的 SuDS 得以实施，这已在第 3 章中进行讨论。

英国环境、食品及农村事务部（Defra，2015）规定了从已开发和"先前开发"的场地到绿地的径流控制目标。如果超过这个值，则必须采用某种方法进行截断，因此鼓励使用流量控制设施。

5.9　流量控制

流量控制设施可用于调节流经和流出排水系统的径流（Environment Agency，2007）。它们旨在限制通过预定点的水流流量，将超额的水回流到系统中（Environment Agency，2007），因此必须对此做出一系列规定（Woods Ballard 等，2007）。有多种设施可以用来控制整个 SuDS "管理列车"的流量，下面将对其中一些做出介绍。

5.9.1　水力限流器 ®

水力限流器 ® 通过使用垂直腔室的液压头进行控制，并产生涡旋限制流经设施的流量（Hydro - International，2006；Cataño - Lopera 等，2010）。它们是最常用的雨水衰减和流量控制设施（O'Sullivan 等，2012）。在场地效益方面，它们可将雨水储存的需求减少 30%，且由于垂直涡旋和出口的尺寸，减少了堵塞的可能性（Hydro - International，2011）。

5.9.2　堰堤

堰堤是垂直或平行于河道的溢流结构，其设计目的是限制水流通过某一点，从而降低下游洪水的风险（图 5.9）（Zahiri 等，2013；Tullis & Neilson，2008）。它们被广泛用于调节洪水流量，尽管在 SuDS "管理列车"中采用也是可行的，但它们仍然主要作用于河道（Graham 等，2012）。塞马德尼 - 戴维斯等（Semadeni - Davies，2008）展示了瑞典赫尔辛堡（Helsingborg，

Sweden）SuDS 实施如何缓解气候变化带来的降雨量增加的影响，并提出了利用堰堤来调节和控制整个场地流量的设计方法。

图 5.9   英国莱斯特郡汉密尔顿市（Hamilton & Leicester，UK）
SuDS "管理列车" 的堰堤

5.10   结论

综上所述，与传统的排水方法相比，SuDS 的优点包括（National SuDS Working Group，2004；Jones & Macdonald，2007；MacMullan & Reich，2007）：

■ 减少传统排水系统的总负荷；
■ 控制峰值流量，防止容量超载和下游洪水泛滥；
■ 消除面源污染；
■ 增加地下水补给；
■ 水的再利用；
■ 提供美学、生态及教育效益。

SuDS 可以降低洪水风险和改造传统污水基础设施的成本来满足更大的需求，并通过防止污染进入河道和在当地地下水库中储存水资源的方式进一步提供水文效益，减少水的运输需求。世界各地城市的新开发和改造项目都对 SuDS 设施有所要求，但大部分是针对单个设施的能力进行的，而较少关注 SuDS "管理列车" 可以提供的处理大型暴雨事件的额外的恢复能力和应对能力（Kirby，2005）。

参考文献

Atkins (2004). *Scottish Water SUDS Retrofit Research Project*. Available at: http://www.gov.scot/resource/doc/921/0004694.pdf.

Angelakis, A.N., Dialynas, M.G. and Despotakis, V. (2012). Evolution of Water Supply Technologies in Crete, Greece through the Centuries. *In Evolution of Water Supply throughout Millennia*; IWA Publishing: London, UK, Chapter 9, pp. 227–258.

Backhaus, A. and Fryd, O. (2012). 'Analyzing the First Loop Design Process for Large - Scale Sustainable Urban Drainage System Retrofits in Copenhagen, Denmark'. *Environment and Planning B: Planning and Design 39* (5), 820–837.

Balmforth, D., Digman, C., Kellagher, R. and Butler, D. (2006). Designing for Exceedance in Urban Drainage: Good Practice (C635). Available at: http://tinyurl.com/nk6vjka.

Bastien, N., Arthur, S., Wallis, S. and Scholz, M. (2010). 'The best management of SuDS treatment trains: a holistic approach'. *Water Science and technology, 61* (1) 263–272.

Bennett, O. and Hartwell - Naguib, S. (2014). Flood Defence Spending in England. Available at: http://tinyurl.com/o2uw6x3.

Bosa, S. and Petti, M. (2013). 'A numerical model of the wave that overtopped the Vajont Dam in 1963', *Water Resource Management, 27* (6), 1763–1779.

British Water (2006) Sustainable drainage systems: a mission to the USA. Available at: http://tinyurl.com/npvmwn5.

Burton, A., Maplesden, C. and Page, G. (2012). 'Flood Defence in an Urban Environment: The Lewes Cliffe Scheme, UK'. *Proceedings of the ICE – Urban Design and Planning 165* (4), 231–239.

Butler, D. and Parkinson, J. (1997) 'Towards sustainable urban drainage', *Water, Science and Technology, 35* (9) 53–63.

Cataño - Lopera, Y., Waratuke, A. and Garcia, M. (2010). 'Experimental Investigation of a Vortex - Flow Restrictor: Rain - Blocker Performance Tests' *Journal of Hydraulic Engineering, 136* (8) 528–533.

CEN (1997). Drain and sewer systems outside buildings – Part 4: Hydraulic design and environmental considerations, European Standard, European Committee for Standardization CEN, Brussels, Belgium 1997.

CEN (1996). Drain and sewer systems outside buildings – Part 2: Performance Requirements, European Standard, European Committee for Standardization CEN, Brussels, Belgium.

Chahar, B.R., Graillot, D. and Gaur, S. (2012). 'Stormwater Management through Infiltration Trenches'.*Journal of Irrigation and Drainage Engineering 138* (3), 274–281.

Charlesworth, S. (2010). 'A review of the adaption and mitigation of global climate using sustainable drainage cities', *Journal of Water and Climate Change, 1* (3) 165–180.

Charlesworth, S., Harker, E. and Rickard, S. (2003). 'A Review of Sustainable Drainage Systems (SuDS): A Soft Option for Hard Drainage Questions?'. *Geography 88* (2), 99–107.

Charlesworth, S. M., Lashford, C. and Mbanaso, F. (2014). Hard SUDS Infrastructure. *Review of Current Knowledge*, Foundation for Water Research.

Charlesworth, S. M. and Warwick, F. (2012). Adapting and mitigating floods using Sustainable Drainage (SuDS). In: *Flood Hazards, Impacts and Responses for the Built Environment*. Chapter 15, p 207–234.

J. Lamond, C. Booth, F. Hammond and D. Proverbs (eds), Taylor and Francis CRC press.

CIRIA (1992). Scope for control of urban runoff, Report 124, Vol 1–4, CIRIA, London.

Committee on Climate Change (2012). Climate change – is the UK preparing for flooding and water scarcity? Available at: http://tinyurl.com/odpdf43.

Datry, T., Malard, F. and Gibert, J. (2004). 'Dynamics of solutes and dissolved oxygen in shallow urban groundwater below a stormwater infiltration basin' *Science of the total environment, 329*, 215–229.

Debusk, K. and Wynn, T. (2011). 'Stormwater bioretention for runoff quality and quantity mitigation.' *Journal of Environmental Engineering, 137* (9) 800–808.

Defra (2015). Non - statutory technical standards for sustainable drainage. Available at: http://tinyurl.com/qem92y4.

DTI (2006). Sustainable drainage systems: a mission to the USA. *Global Watch Mission Report*. 148 pp. Available at: http://tinyurl.com/npvmwn5.

Duchemin, M. and Hogue, R. (2009). 'Reduction in agricultural non - point source pollution in the first year following establishment of an integrated grass/tree filter strip system in southern Quebec(Canada)' Agriculture, *Ecosystems and Environment, 131*, 85–97.

Elliott, M., Burdon, D., Hemingway, K.L. and Apitz, S.E. (2007). 'Estuarine, Coastal and Marine Ecosystem Restoration: Confusing Management and Science: A Revision of Concepts'. *Estuarine,Coastal and Shelf Science 74* (3), 349–366.

Ellis, J.D., Scholes, L., Revitt, D.M. and Oldham, J. (2004). 'Sustainable urban development and drainage'. *Municipal Engineer, 157*, 245–250.

Environment Agency (2009). Managing flood risk. Available at: http://tinyurl.com/plejuh3.

Environment Agency (2007). Cost–benefit of SUDS retrofit in urban areas. Available at: http://tinyurl.com/o3tj9ve.

Escarameia, M., Todd, A.J. and Watts, G.R.A. (2006). 'Pollutant removal ability of grassed surface water channels and swales: Literature review and identification of potential monitoring sites.' *Published Project Report PPR169*. TRL Limited. Available at: http://tinyurl.com/ns5l26c.

Fioretti, R., Palla, A., Lanza, L.G. and Principi, P. (2010). Green Roof Energy and Water Related Performance in the Mediterranean Climate. *Building and Environment 45* (8), 1890–1904.

Forest Research (n.d.). Sustainable drainage systems. Available at: http://tinyurl.com/7fvm6wb.

Graham, A., Day, J., Bray, B. and Mackenzie, S. (2012). Sustainable drainage systems: maximising the potential for people and wildlife. Available at: http://tinyurl.com/l78q44z.

Hayes, B.D. and Asce, A.M. (2004). 'Interdisciplinary Planning of Nonstructural Flood Hazard Mitigation' 130 (1), 15–26.

Heal, K.V., Bray, R., Willingale, S.A.J., Briers, M., Napier, F., Jefferies, C. and Fogg, P. (2009). 'Medium-Term performance and maintenance of SUDS: a case-study of Hopwood Park Motorway Service Area', UK. *Water, Science and Technology, 59* (12) 2485–2494.

Higgins, A.J., Bryan, B.A., Overton, I.C., Holland, K., Lester, R.E., King, D., Nolan, M. and Connor, J.D. (2011). 'Integrated modelling of cost - effective siting and operation of flow - control infrastructure for river ecosystem conservation', *Water Resources Research, 47* (5).

Hurford, a.P., Maksimović, C. and Leitão, J.P. (2010). 'Urban Pluvial Flooding in Jakarta: Applying State - of - the - art Technology in a Data Scarce Environment.' *Water Science and Technology: A Journal of the International Association on Water Pollution Research 62* (10), 2246–2255.

Hyder Consulting (UK) Ltd (2004). Retrofitting Sustainable Urban Drainage Systems: Case Study – Dunfermline. Report No NE02351/D1. Available at: http://www.gov.scot/resource/doc/1057/0004700.pdf.

Hydro - International (2011). Hydro - brake Flow Control: Superior vortex flow control. Available at:http://tinyurl.com/qg2l6us.

Hydro - International (2006). Hydro - brake Chamber User Manual. Available at: http://tinyurl.com/olggbub.

Jeuken, M.C.J.L. and Wang, Z.B. (2010). 'Impact of Dredging and Dumping on the Stability of Ebb - flood Channel Systems'. *Coastal Engineering 57* (6), 553–566.

Jones, P. and Macdonald, N. (2007). 'Making Space for Unruly Water: Sustainable Drainage Systems and the Disciplining of Surface Runoff '. *Geoforum 38* (3), 534–544.

Jose, R., Wade, R. and Jefferies, C. (2015). 'Smart SUDS: recognising the multiple - benefit potential of sustainable surface water management systems'. *Water, Science and Technology, 71* (2) 245–251.

Kellagher, R. (2013). Rainfall runoff management for developments. Report – SC030219. Available at:http://tinyurl.com/npvmwn5.

Kenyon, W. (2007). 'Evaluating flood risk management options in Scotland: a participant - led multi - cri-teria approach'. *Ecological Engineering, 64*, 70–81.

Kirby, A. (2005). SuDS – innovation or a tried and tested practice? *Municipal Engineer, 158*, 115–122.

Landcom (2009). Water Sensitive Urban Design Book 2: Planning and Development. Available at:http://tinyurl.com/z8wlfep.

MacDonald, K. and Jefferies, C. (2003). Performance and design details of SUDS. *National Hydrology Seminar*, 93–102. Available at: http://tinyurl.com/hqechpm.

MacMullan, E. and Reich, S. (2007). The Economics of Low Impact Development: A Literature Review. ECONorthwest, Eugene, OR. Available at: http://tinyurl.com/paz29mb.

Malcom, M., Woods Ballard, B., Weisgerber, A., Biggs, J. and Apostolaki, S. (2003). The hydraulic and water quality performance of sustainable drainage systems, and the application for new developments and urban river rehabilitation. *National Hydrology Seminar*. 83–92.

Mark, O., Weesakul, S., Apirumanekul, C., Aroonnet, S.B. and Djordjevic, S. (2004). 'Potential and limitations of 1D modelling of urban flooding', *Journal of Hydrology, 299*, 284–299.

Mikkelsen, P.S., Viklander, M., Linde, J.J. and Malmqvist, P. (2002). 'BMPs in Urban Stormwater Management in Denmark and Sweden', Linking Stormwater BMP designs and Performance to Receiving Water Impact Mitigation. 354–368.

Moore, S., Stovin, V., Wall, M. and Ashley, R. (2012). 'A GIS - based methodology for selecting stormwater disconnection opportunities' *Water Science and Technology, 66* (2) 275–283.

Morison, P. J., Brown, R.R. (2011). 'Understanding the Nature of Public and Local Policy Commitment to Water Sensitive Urban Design'. *Landscape and Urban Planning 99* (2), 83–92.

National SUDS Working Group (2004). Interim Code of Practice for Sustainable Drainage Systems. Available at: http://tinyurl.com/pda4l9f.

Nolde, E. (1999). 'Greywater Reuse Systems for Toilet flushing in Multi - Storey Buildings – Over Ten Years' Experience in Berlin'. *Urban Water, 1*, 275–284.

Oliver, R. (2009). The draft Flood and Water Management Bill. UKELA, 21 ELM. Available at: http://www.ukela.org/content/page/2273/06 - ELM - qwqw21 - qwqw3%20Oliver.pdf.

O'Sullivan, J., Bruen, M., Purcell, P. and Gebre, F. (2012). 'Urban drainage in Ireland – embracing sus-tainable systems'. *Water and Environment Journal, 26*, 241–251.

Pitt (2008). Learning lessons from the 2007 floods. Available at: http://tinyurl.com/4nt35s.

Pompêo, C A (1999). 'Development of a State Policy for Sustainable Urban Drainage'. *Urban Water 1* (2), 155–160.

Pratt, C. J., Mantle, J. D. G., Schofield, P. A. (1989). 'Urban stormwater reduction and quality improvements through the use of permeable pavements', *Water, Science and Technology, 21* (8) 769–768.

Priest, S. J., Parker, D. J., Hurford, A. P., Walker, J. and Evans, K. (2011). 'Assessing options for the development of surface water flood warning in England and Wales'. *Journal of Environmental Management, 92*, 3038–3048.

Qin, H., Li, Z., Fu, G. (2013). 'The Effects of Low Impact Development on Urban Flooding Under Different Rainfall Characteristics'. *Journal of Environmental Management 129*, 577–585.

RCEP (Royal Commission on Environmental Pollution) (2007). The Urban Environment.

Available at:http://tinyurl.com/p4zslan.

RIBA (n.d.) 'Climate Change Toolkit: 07 Designing for Flood Risk'. Available at: http://tinyurl.com/nfr2xn7.

Saito, N. (2014). 'Challenges for adapting Bangkok's flood management systems to climate change', *Urban Climate, 9*, 89–100.

Sayers, P., Galloway, G., Penning - Rowsell, E., Yuanyuan, L., Fuxin, S., Yiwei, C., Kang, W., Le Quesne, T. Wang, L. and Guan, Y. (2014). 'Strategic Flood Management: Ten Golden Rules to Guide a Sound Approach'. *International Journal of River Basin Management (June)*, 1–15.

Scholz, M. and Grabiowiecki, P. (2007). 'Review of permeable pavement systems'. *Building and Environment, 42*, 3830–3836.

Scholz, M. (2004). 'Case study: design, operation, maintenance and water quality management of sustainable stormwater ponds for roof runoff '. *Bioresource Technology, 95*, 269–279.

Schmitt, T., Thomas, M. and Ettrich, N. (2004). 'Analysis and modelling of flooding in urban drainage systems'. *Journal of Hydrology, 299*, 300–311.

Semademi - Davies, A., Hernebring, C., Svensson, G. and Gustafsson, L, (2008). The impacts of climate change and urbanisation on drainage in Helsingborg, Sweden: Suburban Stormwater. *Journal of Hydrology 350 (1 - 2)*, 114–125.

Sharples, D. and Young, S. (2008). 'It never rains but it pours: pluvial flooding as a planning consideration'. *Journal of Planning and Environmental Law, 8*, 1093–1097.

Shaver, E. and Hatton, C. (1994). 'Auckland Experience with BMPs Mitigating Adverse Impacts', in'Linking Stormwater BMP Designs and Performance to Receiving Water Impact Mitigation'. 387–402.

Shaver, E., Horner, R., Skupien, J., May, C. and Ridley, G. (2007). Fundamentals of Urban Runoff Management. Available at: http://tinyurl.com/q8uxd8c.

SNIFFER (Scotland and Northern Ireland Forum for Environmental Research) (2006). Retrofitting Sustainable Urban Water Solutions. Project UE3(05)UW5. Available at: http://retrofit - suds.group.shef.ac.uk/downloads/UE3(05)UW5%5B1%5D.pdf.

Song, C. R., Kim, J., Wang, G. and Cheng, A. H. D. (2011). 'Reducing erosion of earthen levees using engineered flood wall surface'. *Journal of Geotechnical Engineering*, 874–881.

Sordo - Ward, A., Garrote, L., Bejarano, M.D. and Castillo, L.G. (2013). 'Extreme Flood Abatement in Large Dams with Gate - Controlled Spillways'. *Journal of Hydrology 498*, 113–123.

Stahre, P. (2002). Recent Experiences in the use of BMPs in Malmö, Sweden, in 'Linking Stormwater BMP Designs and Performance to receiving water impact mitigation, *American Society of Civil Engineers Proceedings*. 225-235, doi: 10.1061/40602(263)16.

Stahre, P. (2008). Blue green fingerprints in the city of Malmö, Sweden. Available at: http://tinyurl.com/nc4soy5.

Stovin, V., Dunnett, N. and Hallam, A. (2007). Green roofs – getting sustainable drainage off the ground. Proceedings of the 6th Novatech Conference, June 2007, Lyon, France, *Conference Proceedings Vol 1*, 11–18.

Stovin, V.R., Moore, S.L., Wall, M. and Ashley, R.M. (2013). 'The Potential to Retrofit Sustainable Drainage Systems to Address Combined Sewer Overflow Discharges in the Thames Tideway Catchment'. *Water and Environment Journal 27 (2)*, 216–228.

Stovin, V.R. (2009). 'The potential of green roofs to manage urban stormwater'. *Water and Environment Journal, 24*, 192–199.

Stovin, V.R., Swan, A.D. (2007). 'Retrofit SuDS – cost estimates and decision – support tools' *Water Management, 160*, 207–214.

Strecker, E.W., Quigley, M.M., Urbonas, B. (1999). 'A reassessment of the expanded EPA/ ASCE national BMP database'. in Bisier, P. DeBarry, P. (ed.) Proceedings of the World Water and Environmental Congress 2003, held June 23–26 2003. SUS drain (n.d.) http://www.susdrain.org/.

Tullis, B. and Neilson, J. (2008). 'Performance of submerged ogee - crest weir head - discharge relationships'. *Journal of Hydraulic Engineering, 134 (4)* 486–491.

United States Environmental Protection Agency (1994). Developing Successful Runoff Programs for Urbanized Areas. Available at: http://tinyurl.com/q2rozxx.

Van den Hoek, R.E., Brugnach, M. and Hoekstra, Y. (2012). 'Shifting to Ecological Engineering in Flood Management: Introducing New Uncertainties in the Development of a Building with Nature Pilot Project'. *Environmental Science and Policy 22*, 85–99.

Van der Sterren, M., Rahman, A., Shrestha, S., Barker, G. and Ryan, G. (2009). 'An overview of on - site retention and detention policies for urban stormwater management in the Greater Western Sydney Region in Australia'. *Water International, 34 (3)* 362–373.

Van Woert, N.D., Rowe, D.B., Andresen, J.A., Rugh, C.L., Fernández, R.T. and Xiao, L. (2005). 'Green Roof Stormwater Retention: Effects of Roof Surface, Slope, and Media Depth.' *Journal of Environmental Quality 34* (3), 1036–1044.

Veijalainen, N. and Vehviläinen, B. (2008). 'The effect of climate change on design floods of high hazard dams in Finland'. *Hydrology Research, 39 (5)*, 465–477.

Viavattene, C., Ellis, B., Revitt, M., Seiker, H. and Peters, C. (2010). 'The Application of a GIS - Based BMP Selection Tool for the Evaluation of Hydrologic Performance and Storm Flow Reduction'. NovaTech 2010, 7th International Conference on 'Sustainable Techniques and Strategies in Urban Water Management' held 27 June – 1 July 2010, Lyon, France.

Werritty, A. (2006). 'Sustainable Flood Management: Oxymoron or New Paradigm?' Area 38 (1),16–23.

Wheeler, P.J., Peterson, J.A., Gordon - Brown, L.N. (2010). 'Channel Dredging Trials at Lakes Entrance, Australia: A GIS - Based Approach for Monitoring and Assessing Bathymetric Change'.

Journal of Coastal Research 26, 1085–1095.

White, I. and Alarcon, A. (2009). 'Planning Policy, Sustainable Drainage and Surface Water Management A Case Study of Greater Manchester' 35 (4).

Woods Ballard, B., Kellagher, R., Martin, P., Jefferies, C., Bray, R. and Shaffer, P. (2007). The SUDS Manual. Available at: http://tinyurl.com/od75lo3.

Wong, T.H.F. (2007). 'Water Sensitive Urban Design: the journey thus far', *Australian Journal of Water Resources, 110 (3),* 213–222.

Yu, C.F.W. (2010). Flooding and Eco - Build – strategies for the future: Dykes, Dams, SUDS and Floating Homes, *Indoor and Built Environment, 19 (6),* 595–598.

Zahiri, A., Azamathulla, H. and Bagheri, S. (2013). 'Discharge coefficient for compound sharp crested side weirs in subcritical flow conditions'. *Journal of Hydrology, 480,* 162–166.

Zakaria, N., Ghani, A., Abdullah, R., Sidek, L., Ainan, A. (2003). Bio - Ecological Drainage System (BIOECODS) for Water Quantity and Quality Control'. *International Journal of River Basin Management 1 (3),* 1–15.

Zhang, W., Zhang, X. and Liu, Y. (2013). 'Analysis and Simulation of Drainage Capacity of Urban Pipe Network'. *Research Journal of Applied Sciences, Engineering and Technology, 6 (3),* 387–392.

Zhou, Q. (2014). 'A Review of Sustainable Urban Drainage Systems Considering the Climate Change Urbanisation Impacts'. *Water, 6,* 976–992.

第6章 城市水体沉积物质量

利安·伦迪
Lian Lundy

6.1 导言

由于城市的扩张和发展所形成的大量建筑物、道路和其他不透水的表面，改变了自然水文循环、洪峰流量特征、径流量和水质（Revitt 等，2014）。当城市雨水在不透水的表面上流动时，会移动和输送在先前干旱时期由一系列土地利用活动所沉积的颗粒污染物。城市径流一旦进入河道，其水质和水量便会对受纳水体的生态、物理化学和水文地貌特征产生负面影响（Martínez-Santos 等，2015）。本章在此背景下概述了：

■ 城市径流中污染物的来源、输送和表现方式；

■ 城市径流对受纳水体水质和泥沙沉积物的影响；

■ 利用 SuDS 缓解城市径流；

■ SuDS 中沉积物质量。

6.2 城市径流污染源

城市的雨水排放是由不透水区域的径流产生的，不透水区域包括降雨和降雪期间的道路和屋顶以及压实或湿透的空地、公园、花园、道路边缘和建筑工地的地面等（Lundy 等，2011）。根据土地利用特征的差异（如高速公路、住宅、工业、公园等），地表径流可携带一系列污染物，包括金属、碳氢化合物、颗粒物和垃圾。如图 6.1 所示，确定了城市汇水区内污染物的主要来源及污染物类型，包括金属、有机物和营养物，这些污染物来自车辆的磨损和交通排放、屋顶、公路活动、建筑材料、商业活动、垃圾和植物 / 树叶碎片、溢出物和动物 / 鸟类排泄物以及大气沉积。建筑物的错接和下水道污染物的转化会加剧通过地表水排水口排放到受纳水体的污染物的"混合"现象。

如图 6.1 所示，说明了污染物转移的一些关键途径，它能表明最初的受体（如道路冲沟）随后也可以转变为污染物的来源地。污染物从这类"源"（sources）转变到"汇"（sink）所需的时间可能因情况而异，转移过程中的延迟可能导致大规模污染物转化的发生。在这种情况下，很难追踪和识别污染源，排放到受纳水体的径流的最终组成成分更能代表特定事件和排水系统的水流特征而非污染源的特征（Lundy 等，201 ）。

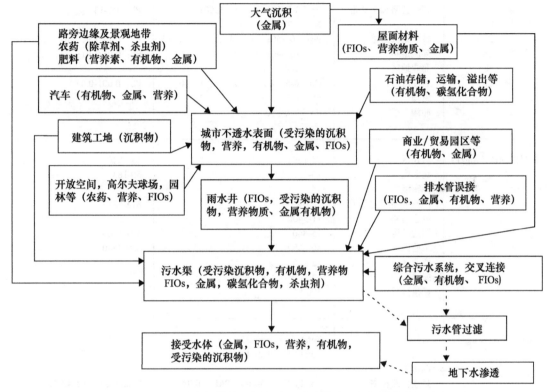

图 6.1　主要雨水污染物来源和类型（改编自 Revitt 等，2014 ）

6.3　不同土地利用类型的城市径流质量

如表 6.1 所示，确定了一系列有机和无机污染物的主要来源（这些污染物经常存在于城市径流报告），并根据土地利用状况和负荷数据（如有）确定污染物的平均浓度。虽然城市径流污染物可能存在溶解或颗粒物两种状态，但据报告可知，大多数城市的污染物是颗粒物状态（Bjorkland，2011 ；Selbig 等，2013 ）。

颗粒物的来源包括车辆和道路材料的磨损（例如车身、发动机、刹车和轮胎的磨损）、废气排放、路面和道路材料的摩擦辅助分解、街道设施的退化、建筑材料的排放（例如屋顶径流）、工业排放、街道垃圾和通过直接和间接沉积造成的土壤侵蚀（例如，短距离和长距离的空中输送和先前沉降颗粒的再悬浮）（Lundy & Wade，2013 ）。虽然人们还不甚了解城市面源污染对地下水的影响过程，但城市区域会对地下水造成的负面影响这一点已经众所周知（Lerner & Harris，2009）。在受交通严重影响的地区，直接沉积和随后的再悬浮过程中产生的污染物与工业排放产生的污染物相比，可能是主要城市扩散污染物更为重要的来源。

各种城市地表径流中确定的污染物浓度和负荷（摘自 Revitt 等，2014）　　　　表 6.1

污染物类型	源头	事件平均浓度	容纳负荷（kg/hm²/ 年）
金属（μg/1）* 铅（Pb） 镉（Cd） 锌（Zn） 镍（Ni） 铜（Cu）	高速公路和主干道 城市集散道路 郊区道路 商业地区 居住区 屋顶 冲沟	Pb：3-2410；Zn：53-3550； N：4-70；Cd：0.3-13 Pb：10-150；Zn：410；Cd：0.2-0.5 Pb：10-440；Zn：300 Ni：2-493 Cd：0-5；Zn：150；Pb：0-140 Pb：1-30 Pb：100-850	Pb：1.1-13 Pb：0.17-1.9；Zn：1.15 Pb：0.01-1.91；Zn：1.15 Pb：0.001-0.03
总悬浮固体（mg/1）	居住区 高密度 低密度 高速公路和主干道 城市道路 路边冲沟 工业区 商业区 屋顶 错接区域	55-1568 10-290 110-5700 11-5400 15-840 50-2582 12-270 12.3-216 300-511	130-840 50-183 815-6289 409-1700 620-2340
碳氢化合物（μg/1）	居住区 高密度 低密度 高速公路和主干道 城市道路 商业区 工业区	Total HC：0.67-25.0 Total HC：0.89-4.5 Total HC：7.5-400；PAH：0.03-6 Total HC：2.8-31；PAH：1-3.5 Total HC：3.3-22；PAH：0.35-0.6 Total HC：1.7-20	PAH：0.002 Total HC：1.8 Total HC：0.01-43.3； PAH：140 PAH：0.01-0.35 PAH：0.07
营养素（mg/1）	错接区域 居住区 高速公路和道路 商业区 工业区 屋顶 冲沟	Total P：39；NH₄：5 Total N：0-6；NH₄：0.4-3.8 Total N：0-4 NH₄：0.2-4.6 NH₄：0.2-1.1 NH₄：0.4-3.8 Total N：0.7-1.39	NH₄：7.2-25.1
大肠杆菌 （MPN/100ml）	错接区域 屋顶、道路和公园	10^3-10^6 40-10^6	1-4×10^8

注：*金属屋顶不包括在内。HC =碳氢化合物；PAH =多环芳香族碳氢化合物；Total P =总磷；Total N =总氮。

6.4　城市受纳水体中沉积物的质量和表现方式

大多数城市中的河流和水道通常要接受各种来源的污染物,如来自城市、公路和农业区的雨水径流和合流制排水口的污水,以及来自意外泄漏和污染事件等偶发性事件的污染物。众所周知,这些污染源中携带了大量悬浮固体,尤以在暴雨期间为甚(Martínez - Santos 等,2015)。当进入受纳河道时,随着时间和水文条件的变化,污染源输送的颗粒物逐渐沉降,这一过程可能导致大量泥沙堆积,且由于沉积物负荷的不断增加,河床基底很可能因此消失。

因此,由于细泥沙可能是再悬浮事件后微粒物质和河流混浊度的重要来源,无论是作为微生物、大型无脊椎动物和植被的栖息地,还是对于水生生态系统的未来环境质量而言,沉积物成为城市河流生态系统的一个重要环境因素。然而,尽管沉积物产生的浑浊度可能是河流环境状况的一个问题,但更大的环境问题是由颗粒物与各种污染物之间产生的反应造成的(Martínez - Santos 等,2015)。据报告,大部分污染物是通过沉积物,尤其是通过金属(Coulthard & Macklin,2003)输送的,且毒性反应也与城市沉积物(Selbig 等,2013)和径流样本有关(Marsalek 等,1999)。如表 6.2 所示,概述了一系列城市水环境中报告的金属浓度。

在城市内小溪和河流处测量的金属的最小和最大总浓度沉积物　　　　　表 6.2
(μg/g 干重)(Scholes 等,2008)

	n	镉(Cd)	铬(Cr)	铜(Cu)	镍(Ni)	铅(Pb)	锌(Zn)
Scholes 等,1999	45	**3.0-10**	3-**169**	17-**178**	22-187	**33-332**	21-**1035**
Rhoads 和 Cahill,1999	41		9-**328**	6-**55**	8-244	10-**225**	29-**528**
Wilson 和 Clark,2002	9			**440.6**	80.9		**407.0**
Filgueiras 等,2004[1]	33	0.37-0.41	**78-139**	30.5-**55.9**	32.5-60.7	**43.6-91.1**	
Tejeda 等,2006	32			9-165		12-64	38-**1467**
Thevenot 等,2007[2]		**1.70**	47	**31**		43	**140**
Samecka-Cymerman 和 Kempers(2007)	21	0.20-0.58	4.9-**28.5**	2.1-10.6	7.5-15.2	15-57	6.8-**458**
Walling 等,2003[3]	24	0.24-**1.72**	17-**85.2**	9.5-**43.7**	14.5-39.0	17-97	22.9-174
	51		8-17	**33-92**		**689-1471**	**775-1850**
	52		21-**181**	**118-198**		90-237	274-**580**
	17		65-313	141-235		199-343	397-**907**
Carpentier 等,2002	50[6]	< **0.8-6**	4-78	< **5-172**	< 5-30	< **5-278**	39-**563**

注:n =样品数量;粗体值表示超过表 3 中给出的 1 个或多个指导值;[1] =11 个地点的值范围;[2] =疏浚沉积物在 1995-2000 年期间的估计平均金属含量;[3] =反映三条不同河流样品上多个采样点的平均浓度值范围。大约每 2 个月一次,为期 12 个月;河流的位置靠近金属。

因为沉积物中的物理化学条件与水体中的物理化学条件有显著差异,污染物一旦与沉积物结合,可能产生一系列反应。因此,污染物可能不会保持其初始形态,而是通过各种物理、化学或生物过程转化并与不同的沉积物相关联。人们认识到就目前各种污染物的总浓度而言,对沉积物和污染物负荷的知识还不足以确定它们对接受水生态系统的全面影响(Stead-Dexter &

Ward，2004）。腐殖酸含量、离子强度、碱度、氨浓度和酸碱度等因素只是众多影响金属的迁移率和生物利用度因素的一小部分（Shafie 等，2014）。

此外，城市河道具有高度流动性的特征，因此沉积物极易受到进一步的再悬浮过程的影响（Old 等，2004）。沉积物可通过疏浚和河流流动过程（例如暴雨事件、洪水、地下水流入和生物扰动）进行移动，这可能会导致污染物重新进入上覆水体（the overlying water），并从原始源头向下游迁移很远（Turner 等，2008）。在这种动态条件下，物理化学条件的变化可能会导致先前结合的污染物重新释放到水体中。因此，不仅在城市溪流和河流中，各种物质（包括金属、碳氢化合物和粪便大肠杆菌）的浓度会升高（Chen 等，2004；Gasperi 等，2008；Martínez-Santos 等，2015），而且沉积结构中这些污染物的浓度在空间和时间尺度上都是高度可变的（Faulkner 等，2000）。因此，沉积物是许多物质的沉淀和来源，水和沉积物之间的相互作用对遵守欧盟《水框架指令》具有重大影响（EU WFD，2000）。尽管根据目前的欧盟 WFD 实施计划，沉积物质量发挥着相对较小的作用，但欧盟《环境质量标准指令》（EU Environmental Quality Standards Directive，2008）第 3 条规定可能会在未来制定沉积物的相关标准（除水和生物外）。欧盟呼吁对易在沉积物中积累的物质进行长期监测，并在政策层面上明确受污染沉积物可能是整个欧洲水质问题的来源这一认识。然而，目前任何成员国都还未制定《沉积物环境质量标准》（Environmental Quality Standards，EQSs）。

6.5   使用 SuDS 处理城市径流

欧洲各地城市地区的持续快速增长使得对城市雨水径流的控制变得越来越重要。然而，定义有效雨水管理的标准本身也在发生变化。新城区和已有城区的综合雨水管理计划不仅应解决水量和水质问题，还应考虑可持续发展需求（Revitt 等，2003）。此外，欧盟 WFD 的实施，使控制雨水特别是保护受纳水体的要求变得更加严格。为了满足这些不断变化的需求，需要一种新的雨水管理方法，这也使得人们对可持续排水系统（SuDS）的使用越来越感兴趣（也称为雨水最佳管理实践或 BMPs）。SuDS 包含广泛的解决方案，使雨水的规划、设计和管理能够从水文、环境和公共设施的角度得到全面解决（见第 5、7、8 章）。

如表 6.3 所示，概述了英国城市地区不同 SuDS 研究报告的污染物去除率范围。虽然大多数类型的 SuDS 的固体总去除率通常都是好的，但其他污染物参数有很大的变化，比如其中一部分去除能力表现就相当差。效率性能数据取决于流入和流出暴雨事件浓度之间的平均差异，当流入浓度较低时可能会产生误差。例如，如果一个蓄水池的进水中有 500mg/l 的总悬浮固体，而出水中有 100mg/l 的总悬浮固体，那么该蓄水池的污染物去除效率和一个进水和出水中分别有 100mg/l 和 20mg/l 的人工湿地是一样的。然而，后一种 SuDS 设施的水质明显更为优越，能够更有效地保护受纳水体（Revitt 等，2003）。去除率这一术语可能只适用于污染物输入浓度高的 SuDS 设施和场所。美国环保署国家雨水最佳管理实践数据库建议使用流入和流出污染物的事件平均浓度（Event Mean Concentrations，EMCs）的正态概率图，并将 EMCs 分布与设定

（或目标）的接受水质标准（或任何排放同意条件）相匹配。这将使得其性能能够用不同流动条件或重现期的目标标准的超越概率来描述。这种统计方法还可以识别异常结果（如明显的负效率），并确定少量的大型暴雨事件是否会使总体效率值产生偏差。

不同类型 SuDS 的性能效率（改编自 Revitt 等，2003）ND ＝无数据；　　表 6.3
TSS ＝总悬浮固体；TN ＝总氮；HC ＝碳氢化合物；TM ＝总金属

单独的 SuDS 装置	去除效率（%）				
	TSS	TN	细菌值	HC	TM
排水管过滤器	60-90	20-30	20-40	70-90	70-90
渗透池	60-90	20-50	70-80	70-90	70-90
洼地	10-40	10-35	30-60	60-75	70-90
沉淀池	50-85	10-20	45-80	60-90	60-90
滞留池	60-80	20-40	20-40	ND	40-55
滞留池（扩建）	30-60	5-20	10-35	30-50	20-50
蓄水池	80-90	20-40	40-60	30-40	35-50
湿地	70-95	30-50	75-95	50-85	40-75

很明显，目前对结构性 SuDS 方案性能的比较评估受到以下两方面的限制：一是数据；二是用于计算性能效率百分比的简化方法具有不确定性。此外，对于大多数湿地和蓄水系统，考虑到永久性水池流入与流出的动态性质，记录的流入和流出浓度通常不是同时发生的；也就是说，它们可能不是由同一暴雨事件产生的。因此，目前尚无法提出确切的满足特定的暴雨和汇水区特征的规定与性能要求，或满足特定的受纳水体标准和暴雨重现期的 SuDS 设计。

6.6　SuDS 中的污染物去除过程

生物、化学和物理污染物去除机制是将径流中的污染物去除并将其转移到 SuDS 中的沉积物中，这些机制包括沉降、吸附到基质、微生物降解、过滤、挥发、光解和植物吸收（Scholes 等，2008b；图 6.2）。这些过程在不同类型的 SuDS 中发生的可能性因系统而异，且受到许多因素的影响，这些影响包括从系统设计到运维制度、水力保持和排水时间、植被类型和微生物联合体、表面暴露时间、渗透潜力和有氧或厌氧条件。

基质的吸附是指污染物在人工基质（如过滤排水沟的砾石基质）、天然基质（如洼地的植被）或引入基质（如滞留池中沉积的底栖沉积物）上的物理化学黏附过程。雨水在通过如过滤排水沟（filter drains）、多孔铺面（porous paving）、地下水流（Sub - Surface Flow，SSF）人工湿地（constructed wetlands）、渗透池（infiltration basins）、渗水道（soakaways）和渗透沟（infiltration trenches）等相关渗透设施下渗时，会与基质表面紧密接触，这是 SuDS 重要的污染消除步骤。雨水在洼地、过滤带、地表水流（Surface Flow，SF）人工湿地、滞留池和延长的滞留池中通过的水力路径将导致其与可用基质的直接接触时间相对较短，因此吸附的可能性较小。沉降是指离散或凝聚的悬浮泥沙颗粒垂直移动到水体底部（Ellis 等，2004），而其移动程度依赖于 SuDS 系统中保持静止的水量。因此，它是蓄水池、渗透池和延长滞留池的一个重要机制。尽管两种类型的人工湿地中都存在有助于形成静态条件的大型植物，但茂密植被的存在降低了可发生沉降的静止水体的体积。SuDS 设施与传统水处理厂的砂过滤装置具有相同的过滤机制，即通过多孔基质或液压屏障等物理过滤方式去除颗粒污染物（Ellis 等，2004）。因此，由于过滤表面积较大，透水铺装和透水沥青可被认为是最有效的过滤方式（Revitt，2004）。雨水通过底下基地的通道包括渗透沟、渗透池、渗水道和 SSF 人工湿地，但是由于砾石空隙较大，这些通道的过滤效率相对较低。在过滤带中也有类似的过程，但雨水与草地表面之间的接触时间较短，导致过滤带的过滤可能性也相对较低。

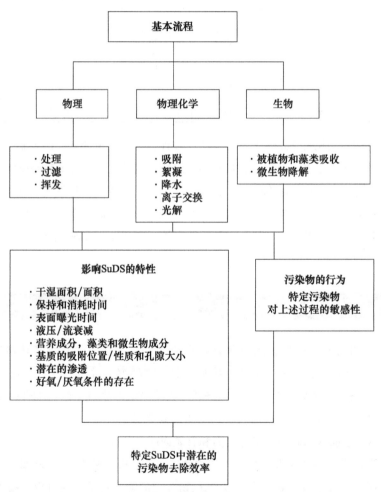

图 6.2　与 SuDS 特性和污染物行为相关的基本单元过程（改编自 Scholes 等，2008b）

SuDS 系统中的附着点和营养物质促进了微生物降解，而雨水和基质材料之间的高接触比增强了好氧和厌氧过程。因此，应在诸如 SSF 人工湿地（Ellis 等，2003）和渗透池等 SuDS 设施中促进微生物的降解作用。相比之下，对于滞留池（非永久性水体）、过滤带和洼地（停留时间较短），雨水与已确定的微生物群长时间接触的机会较少。陆生或水生植被的存在则为植物的吸收作用提供了可能。SSF 人工湿地因为增加了雨水和水生大型植物复杂根系之间的接触，植物吸收效率最高；其次是 SSF 湿地、洼地和过滤带（永久性植被结构）。

蒸发和光解过程都强烈依赖于表面暴露，但是光解需要直接暴露在阳光下，而蒸发可以在 SuDS 结构的开放空间中发生。由于雨水能快速融入 SuDS 结构，因此 SuDS（如过滤排水沟、透水铺装、渗水坑和渗透沟）中的光分解降解通常被认为是微不足道的。由于表面积和暴露时间增加，在过滤带、洼地、渗透池、蓄水池、滞留池和延长滞留池中发生光解的机会相对较高。在延长的滞留池、渗透池、SSF 人工湿地和洼地中，挥发作用是最明显的;因为在这些地方，雨水的暴露时间和暴露于风或环境压力差的表面积较大。

6.7　SuDS 中沉积物的质量和表现方式

如前所述，大部分城市污染物通过沉积物的方式被输送（Martínez-Santos 等，2015）。交通及其相关基础设施（道路材料和街道设施）经常被确定为是金属污染物的主要来源，因为金属污染物通常存在于车辆部件、轮胎、制动器和道路材料中;而杀菌剂则通常被用于路边边缘、公园以及一系列的建筑材料中（Donner 等，2010）。不同类型 SuDS 的静止状态促进了颗粒和相关污染物的沉降，导致了在同一地点沉积物的积累或集中以及污染水平的升高。SuDS 系统中沉积物的质量会随着 SuDS 的类型、设计、使用时间、运行和维护制度等一系列因素而发生变化。另一个重要的影响因素是周围汇水区的土地利用及人类活动的类型。例如，布局在工业区的 SuDS 可能含有相对较高水平的化学污染，而机场或其他交通设施内部的 SuDS 可能含有相对较高含量的碳氢化合物、清洁剂、除冰化学品等沉积物（Donner 等，2010）。

如表 6.4 所示，概述了位于美国和英国的一系列 SuDS 中采集的 565 个沉积物样品中的金属最大浓度（WERF，2005）。如表 6.4 所示，中还包括欧盟和美国定义的危险废弃物阈值。很明显，就所测定的金属而言，所有样品（苏格兰的一个运河沉积物样品除外）均大大低于两组规定的限值，因此无须归类为危险废弃物。在英国，这意味着疏浚后的沉积物可以在 SuDS 结构周围的河岸上进行处置，因此成了相对低成本的选择。

来自各种 SuDS 场所沉积物中金属的最大浓度（WERF，2005）　　表 6.4

场地结构	最大浓度（mg/kg）						
	砷（AS）	镉（Cd）	铜（Cu）	铅（Pb）	锌（Zn）	镍（Ni）	汞（Hg）
生物滞留带（美国）	2.9	1.2	60	144	337	13	0.05
水油分离器（美国）	5.0	1.7	106	189	702	27	0.07
砂滤器（美国）	0.76	0.3	11	11	70	3.4	0.04
砂滤器（美国）	1.2	0.3	8	25	61	3.1	0.04
堆肥过滤器（美国）	1.7	5.0	120	110	670	18	0.5

续表

场地结构	最大浓度（mg/kg）						
	砷（AS）	镉（Cd）	铜（Cu）	铅（Pb）	锌（Zn）	镍（Ni）	汞（Hg）
池塘（英国）	7.0	18	80	399	3718	175	2.0
平衡池（英国）	4.6	3.5	73		983	92	
平衡池（英国）	0.1	0.1	2.3		16	1.3	
运河（苏格兰）	98	21	451	8275	6671	114	2.7
工业径流	18	0.3	32	51	160	40	
石油工业径流	4.6	1.3	441	81	407	81	
欧盟危险废弃物阈值	30000	2500		2500		1000	2500
欧盟危险废弃物阈值	5000	1000	25000	5000	250000	20000	

　　尽管由于生物吸附和生物累积等过程的存在，金属可能会被微生物联合体间接吸附（Valls & De Lorenzo，2002），但由于金属不可被生物降解，因此从 SuDS 的水体中去除金属污染并不涉及任何生物降解过程（如好氧或厌氧消化）。据了解，SuDS 中的金属去除主要与吸附有关，其次是沉淀。马萨利克（Marsalek，1997）、法姆（Färm，2002），希尔等（Heal 等，2006）以及其他学者对池塘沉积物中金属含量的分析研究表明，随着时间的推移，即使在单独的 SuDS 中，金属污染沉积物也会有很大的变化。例如，希尔等（Heal 等，2006）表明，池塘入口附近的金属浓度往往较高。尽管 SuDS 的沉积物质量数据远较水质数据有限，但唐纳等（Donne 等，2010）的一项审查报告指出，在大多数情况下，决定 SuDS 沉积物去除时间的是沉积物的填充率和随后缩短的雨水保留时间，而非等到 SuDS 沉积物中的污染物累积到不可接受的水平（Donner 等，2010）。

参考文献

Bjorkland, K. (2011). Sources and fluxes of organic contaminants in urban runoff. PhD thesis. Chalmers University, Gothenburg, Sweden.

Chen, B., Xuan, X., Zhu, L., Wang, J., Gao, Y., Yang, K., Shen, X. and Lou, B. (2004) Distributions of polycyclic aromatic hydrocarbons in surface waters sediments and soils of Hangzhou City China. *Water Research 38* (*16*), 3558-3568.

Coulthard, T. J., Macklin, M. G. (2003). Modelling long - term contamination in river systems from historical metal mining. *Geology*, *31* (*5*), 451-454.

Donner, E., Seriki, K. and Revitt, D.M. (2010). Production, treatment and disposal of priority pollutant contaminated sludge. EU FP6 ScorePP Deliverable 5.5. Available from Middlesex University, The Burroughs, London, NW4 4BT.

Ellis, J.B., Chocat, B., Fujita, S., Rauch, W., Marsalek, J. (2004). *Urban Drainage: A Multilingual Glossary*. IWA Publishing, London, UK, 512 pp (ISBN: 190022206X).

Ellis, J.B., Shutes, R.B.E., Revitt, D.M. (2003). Constructed wetlands and links with sustainable drainage systems. Technical Report P2 - 159/TR1, Environment Agency, 178pp (ISBN 1857059182).

EU Environmental Quality Standards Directive (2008). Directive 2008/105/EC of the European Parliament and of the Council of 16 December 2008 on environmental quality standards in the field of water policy. Available at: http://eurlex.europa.eu/LexUriServ/LexUriServ.do?uri = OJ:L:2008:024:0008:0029:en:pdf.

EU WFD (2000). Directive 2000/60/EC of the European Parliament and of the Council establishing a framework for Community action in the field of water policy. Available at: http://eur - lex.europa.eu/ LexUriServ/LexUriServ.do?uri = CELEX:32000L0060:EN:HTML.

Färm, C. (2002). Evaluation of the accumulation of sediment and heavy metals in a stormwater detention pond. *Water Science and Technology 45 (7)*, 105-112.

Faulkner, H., Green, A., Edmonds - Brown, V. (2000). Problems of quality designation in diffusely polluted urban streams - the case of Pymme's Brook, N. London. *Environmental Pollution, 109*, 91-107.

Filgueiras, A.V., Lavilla, I., Bendicho, C. (2004). Evaluation of distribution, mobility and binding behavior of heavy metals in surfi cial sediments of Louro River (Galicia, Spain) using chemometric analysis: a case study. *The Science of the Total Environment, 330*, 115-129.

Gasperi, J., Garnaud, S., Rocher, V., Moilleron, R. (2008). Priority pollutants within heavily urbanized area: what about receiving waters and settleable sediments? Proceedings of the 11th International Conference on Urban Drainage, Edinburgh, Scotland, UK.

Heal, K.V., Hepburn, D.A. and Lunn, R.J. (2006). Sediment management in sustainable urban drainage (SUD) ponds. *Water Science and Technology, 53*, 219-227.

Lerner, D., Harris, B. (2009). The relationship between land use and groundwater resources and quality. *Land Use Policy 26*; 1, S265–S273.

Lundy, L., Ellis, J.B., Revitt, D.M. (2011). Risk prioritisation of stormwater pollutant sources. *Water Research, 46*, 6589–6600.

Lundy, L. and Wade, R. (2013). A critical review of methodologies to identify the sources and pathways of urban diffuse pollutants. Stage 1 contribution to: Wade, R. et al. (2013). *A Critical Review of Urban Diffuse Pollution Control: Methodologies to Identify Sources, Pathways and Mitigation Measures with Multiple Benefits*. CREW, The James Hutton Institute. Available on - line at: crew.ac.uk/publications.

Marsalek, J., Rochfort, Q., Brownlee, B., Mayer, T. and Servos, M. (1999) An exploratory study of urban runoff toxicity. *Water Science and Technology, 39 (12)*, 33–39.

Marsalek, J., Watt, W.E., Anderson, B.C. and Jaskot, C. (1997). Physical and chemical characteristics of sediments from a stormwater management pond. *Water Quality Research Journal of Canada 32*, 89–100.

Martínez - Santos, M., Probst, A., García - García, J. and Ruiz - Romera, E. (2015). Influence of anthropogenic inputs and a high - magnitude flood event on metal contamination pattern in surface bottom sediments from the Deba River urban catchment. *Science of the Total Environment 514*, 10–25.

Old, G.H., Leeks, G.J.L., Packman, J.C., Stokes, N., Williams, N.D., Smith, B.P.G., Hewitt, E.J. and Lewis, S. (2004). Dynamics of sediment - associated metals in a highly urbanised catchment: Bradford, West Yorkshire. *Water and Environment Journal, 18 (1)*, 11–16.

Revitt, D.M. (2004). Water pollution impacts of transport. In: Hester, R.E., Harrison, R.M. (eds), *Transport and the Environment*. Issues in *Environmental Science and Technology, vol. 20*, Royal Society of Chemistry, Cambridge, UK, pp. 81–109.

Revitt, D.M., Ellis, J.B. and Scholes, L. (2003). Day Water Deliverable 5.1. Review of the Use of Stormwater BMPs in Europe. Available from: Middlesex University, The Burroughs, Hendon, London, NW4 4BT.

Revitt, D.M., Lundy, L., Coulon, F. and Fairley, M. (2014). The sources, impact and management of car park runoff pollution. *Journal of Environmental Management, 146*, 552–567.

Rhoads, B.L. and Cahill, R.A. (1999). Geomorphological assessment of sediment contamination in an urban stream system. *Applied Geochemistry, 14*, 459–483.

Samecka - Cymerman, A.J. and Kempers, A. (2007). Heavy metals in aquatic macrophytes from two small rivers polluted by urban, agricultural and textile industry sewages SW Poland. Arch. *Environ. Contam. Toxicol. 53 (2)*, 198–206.

Scholes, L., Faulkner, H.P., Tapsell, S. and Downward, S. (2008a). Urban rivers as pollutant sinks and sources: a public health concern to recreational river users? *Water, Air and Soil Pollution Focus 8*, 5 - 6, 543–553.

Scholes, L., Revitt, D.M., Ellis, J.B. (2008b). A systematic approach for the comparative assessment of stormwater pollutant removal potentials. *Journal of Environmental Management 88 (3)*, 467–478.

Scholes, L.N.L., Shutes, R.B.E., Revitt, D.M., Purchase, D. and Forshaw, M. (1999). The removal of urban pollutants by constructed wetlands during wet weather. *Water Science and Technology. 40 (3)*, 333–340.

Selbig, W.R., Bannerman, R. and Corsi, S.R. (2013). From streets to streams: Assessing the toxicity potential of urban sediment by particle size, *Science of The Total Environment 444*, 381–391.

Shafie, N.A., Aris, A.Z. and Haris, H. (2014). Geoaccumulation and distribution of heavy metals in the urban river sediment. *International Journal of Sediment Research 29 (3)*, 368–377.

Stead - Dexter, K. and Ward, N.I. (2004). Mobility of heavy metals within freshwater sediments affected by motorway stormwater. *Science of the Total Environment 334 - 335*, 271–277.

Tejeda, S., Zarazúa - Ortega, G., Ávila - Pérez, P., García - Mejía, A., Carapia - Morales, L. and Díaz - Delgado, C. (2006). Major and trace elements in sediments of the upper course of Lerma River. *J. Radioanal. Nucl. Chem. 270*, 9–14.

Thevenot, D.R., Moilleron, R., Lestel, L., Gromaire, M.C., Rocher, V., Cambier, P., Bonte, P., Colin, J.L., de Ponteves, C. and Meybeck, M. (2007). *Critical budget of metal sources and pathways in the Seine river basin (1994–2003) for Cd, Cr, Cu, Hg, Ni, Pb and Zn, Sci. Total Environ.*, 375, 180–203.

Turner, J.N., Brewer, P.A. and Macklin, M.G. (2008). Fluvial - controlled metal and As mobilisation dispersal and storage in the Río Guadiamar SW Spain and its implications for long - term contaminant fluxes to the Doñana wetlands. *Science of The Total Environment, Volume 394, Issue 1, 1 May 2008*, pp. 144–161.

Valls, M. and de Lorenzo, V. (2002). Exploiting the genetic and biochemical capacities of bacteria for the remediation of heavy metal pollution. *FEMS Microbiology Reviews 26 (4)*, 3.

Walling, D. E., Owens, P. N., Cartera, J., Leeks, G. J. L., Lewis, S., Meharg A. A. and J. Wright (2003). Storage of sediment - associated nutrients and contaminants in river channel and floodplain systems. *Applied Geochemistry 18 (2)*, 195–220, 27–338.

WERF (2005). Post-Project Monitoring of BMPS/SUDS to Determine Performance and Whole-Life Costs. Water Environment Federation, Alexandria, Virginia, USA.

第7章 可持续排水系统：为人类和野生动物带来多重好处

安迪·格雷厄姆
Andy Graham

7.1 导言

长期以来，雨水一直被认为是应该先被迅速排入下水管道，然后再被尽可能快地排向大海的废弃物；但这一过程往往对人和野生动物造成灾难性后果。随着可持续排水系统（SuDS）的广泛使用，社会与降雨的关系得到了改变，人们慢慢将雨水视为能够改变环境并改善生活的宝贵资源，这一观念的转变对城市地区的发展尤其重要。

城市化进程的加快使得降雨渗入地下的机会减少，意味着传统的排水系统难以应对突然且剧烈的暴雨。排水管道很快就会被雨水淹没，并进一步导致洪水和河流污染。因此，传统排水系统对受纳河道和相关生境内的化学、水文、生物和生态的影响较为严重，影响范围较为广泛。物种丰富度下降，对污染物敏感的物种也随之减少，使得小溪和河流失去其舒适价值。与此同时，由于城市地区地下蓄水层渗透吸收的雨水较少，河流和溪流也因流量较少而受到不利影响；而硝酸盐和磷酸盐含量的增加还导致了藻类的大量繁殖。

传统的排水系统无法提供天然汇水区或 SuDS 所能提供的各种效益。一般来说，管道系统无法为野生动物创造栖息地，不能保护溪流和池塘的水环境、促进授粉、支持气候变化或减少能源的使用，也无法为人们创造更有吸引力的开放空间或更健康且更有凝聚力的社区，而经过精心设计和管理的 SuDS 则可以做到这些。

改变降雨管理方式的驱动因素十分明显。现在我们面临的挑战是如何用有限的资源管理地表水以降低洪涝风险并保护水质，同时提供上述的生态系统服务，为人类和野生动物提供更广泛的好处。SuDS 可以更加智能、多功能地利用城市空间，提供高质量的设计并改善环境。它们能为城镇带来湿地和其他对野生动物友好的空间，并与现有栖息地联系起来，创建了人和野生动物可以和谐相处的蓝绿走廊。设计和位置合理的 SuDS 可以保护下游水域（主要是指支持 WFD 目标的实施）、提供高质量栖息地并满足许多其他目标。

虽然 SuDS 在融合创造性思维、高质量的城市设计和社区效益、削弱洪涝风险、提供水质保护等方面都有成功的案例（参见第 7.7 节），但在 SuDS 完全发挥其改造生活空间和环境的潜力之前，还有很长的路要走。许多早期的 SuDS 开发计划的关注重点较为单——只注重地表水水量方面的管理，而忽视了对水质和舒适度方面的改善。排水系统看起来更像是被安全围栏和隔离标志包围的弹坑——这清楚地表明，舒适宜人性和野生动物价值都没有得到重视。

7.2 SuDS 的过人之处

7.2.1 通过 SuDS 实现政策和战略目标

使用 SuDS 为人类和野生动物带来广泛益处的方式得到了国际和国家政策与立法的支持。这些法规政策无疑将随着时间的推移而变化和发展，但核心始终是智能、多功能地利用空间；而 SuDS 是实现这些政策目标的关键手段。例如，《国家规划政策框架》（National Planning Policy Framework，NPPF，2012）明确指出，地方层面的规划应保护和改善自然环境，并采取政策措施以认识到生态系统服务更广泛的利益，以达到通过合理的土地利用实现多重效益（野生动物多样性、娱乐、削弱洪水风险和碳储存）的目的。显然，SuDS 在这方面发挥着核心作用。

SuDS 将使诸如英国（和其他地方）的特定保护行动所规定的一系列栖息地和物种（如芦苇床和水田鼠以及与湿地和栖息地相关的更多物种）受益。它们将有助于实现四项国家生物多样性战略（UK post 2012 Biodiversity Framework，http://jncc.defra.gov.uk/）中所包含的栖息地和物种优先的目标。具体举例而言，《2020 年生物多样性：英格兰野生生物和生态系统服务战略》（Biodiversity 2020: a strategy for England's wildlife and ecosystem services）旨在防止生物多样性的下降，支持生态系统良好运作，建立和谐的生态网络并为野生动物和人类提供更多更好的自然环境。同样，城市地区的 SuDS 也将实现这些目标。

WFD 是促进可持续水管理的关键推动政策，旨在改善整个欧盟水体的化学和生态状况。在英国，SuDS 被确定为实现这一宏伟目标所需的关键措施之一。在河流流域管理规划中，SuDS 也被视为实现 WFD 目标的宝贵工具。

7.2.2 可持续发展和宜居性——通过精心设计的 SuDS 来提高生活质量和幸福感

国家、区域和地方有关城市地区发展的政策和方案（包括 NPPF 和地方主义议程）都充分认识到生物多样性对可持续发展的贡献。"地方法"（Localism Act）引入了地方绿地规划（Local Green Space）和"邻里发展计划"（Neighbourhood Development Plans）作为新的自愿规划程序。这些新工具可以推动 SuDS 的使用，使野生动植物蓬勃生长。

英格兰在《"附近的自然"无障碍天然绿色空间指南（2010）》（"Nature Nearby" Accessible Natural Greenspace Guidance，2010）中明确指出，SuDS 可为城市地区创造新的绿色空间，并指出当与新的人行道、绿道和林地并入场地总体规划时，它们能为人们带来一系列的好处（如提供娱乐和休闲场所、儿童游乐区，带来城市更新，科普和居民的健康）。有关绿色空间（包括 SuDS）如何在英格兰带来健康益处的详细信息，请参阅 http://www.naturalengland.org.uk/ourwork/enjoying/linkingpeople/health/default.aspx，并参阅 http://www.snh.gov.uk/docs/A265734.pdf 了解苏格兰的经验。

7.2.3　绿色基础设施（GI）和蓝色走廊

在设计阶段，不应将 SuDS 视为城市环境中孤立的一部分，而是应将其置于现有或未来的栖息地网络中进行规划。它们可以作为连接栖息地的敲门砖或作为绿色走廊的一部分。SuDS 在城市地区格外有效，因为它既可以让野生动物穿越和进入农村环境，也可以以栖息地的形式维持和建立城市地区的生态功能。将地表水管理纳入当地的绿色基础设施战略（http://www.greeninfrastructurenw.co.uk/）可以为当地人民带来巨大的利益。同样，英国环境、食品和农村事务部（Defra，2001）的"蓝色走廊"（http://randd.defra.gov.uk/）研究表明，通过创造性的思考和良好的规划，SuDS 可以在提供更好的居住环境方面发挥重要作用。

7.3　SuDS 是如何支持生物多样性的

SuDS 试图以模拟自然过程的方式管理降雨——利用景观来控制地表水的流量，防止或减少开发区下游的污染并促进地下水资源的恢复。通过将水保持在地表并减缓其向下水道及河道的流动，可以创造性地构建栖息地（如湿地等）（图 7.1）。这些生境支持了生物多样性，通过将城市以及城乡之间的现有栖息地联系起来的方式，使物种得以迁移，并促成遗传基因的交换。既可以对现有的建筑和开放空间进行改造，也可将 SuDS 作为新开发项目的一部分。因为 SuDS 能够很容易地融入建筑物、私人和公共场所中，如公园、花园、道路交通岛、农场、指定的自然保护区、现有的蓝色和绿色空间、果园、运河、河流、溪流、湖泊和运输网络等，所以很少有无法创建富含野生动植物的 SuDS 的情况产生。事实上，地表水可以在任何建成区和农村环境中被全地输送和储存。

具体来说，使用 SuDS 将实现以下目标：

减少污染——地表水径流经常受到淤泥、石油和其他污染物的污染，这些污染物在排入河流时会对野生动植物和饮用水源造成危害。在强降雨期间，合流制下水道也会因水量过载而溢出。SuDS 可以通过自然过程收集、储存和处理这些污染物，并为下游使用提供更为干净的水源。

图 7.1　英国莱斯特郡北哈密尔顿（N.Hamilton，Leicestershire）的湿地和沼泽

减少洪水风险——传统的管道排水网络比起自然过程能更快地进行水的输送。河流对降雨直接进行输送的方式加剧了下游的洪水风险。在除河道外的住宅区等其他城市地区，例如花园和建筑物的扩建（通常称为"城市蔓延"）过程中也会产生洪水，并进一步增加了进入下水道的地表水量。SuDS 能够在地面对雨水进行滞留，并减缓雨水流向下游的排水沟和水道的速度，从而减少洪水的发生。

降低溪流和河流中的流量——管道式排水系统阻止了雨水自然渗透到地下水，从而增加了河流和湿地的水量；但通过模拟自然湿地过程的方式对地表水进行保留，可以使雨水补给含水层并支持溪流和河流的流动。

7.3.1　野生生物方面的益处

SuDS 在地表水管理方面拥有许多好处，但其最大的好处是允许雨水排入地下，从而提供蓄水层补给，并支持现有河流和湿地，打造栖息地。大多数 SuDS 都允许一部分的水渗透到地下，但地面上也需要保留一部分的水以产生湿地栖息地，并提供直接的生物多样性效益，这也是设计中最需要考虑的因素之一。

并非所有的 SuDS 都是永久湿润的，而是需要有一定的储水能力能使其在暴雨之后将水储存。降雨可以使栖息地更好地发展，这也意味着需要干燥的栖息地供其淹没。SuDS 混合了从长年潮湿到偶尔被淹没的栖息地，这为野生动物提供了更多的转移机会。潮湿的林地、芦苇床、沼泽、未经改善的干湿草地、灌丛和开阔水域对于 SuDS 功能效益的发挥及栖息地的供应方面都很有价值。然而，具体的功能和栖息地的价值在一定程度上取决于它们在系统中的位置（例如，位于系统顶部的池塘由于需要受纳更多的污水，可能比池塘或其他下游湿地所发挥的生物多样性的效力要低）。作为水质管理的一部分，SuDS 会从上游到下游逐步改善水质。

如上文所述，SuDS 栖息地将使植物、无脊椎动物、爬行动物、两栖动物、哺乳动物（例如蝙蝠和水鼠）受益；这不仅是由于在设施本身，还因为其间接改善了水质并控制了地表水排放。这些功能的有效实现取决于是否遵守下文所介绍的一些基础设计原则。

7.4　涉及人员

地方当局和其他利益相关者的合作，将非常利于最需要采取保护行动的栖息地和物种名单的确定。这也意味着可以根据当地情况设计 SuDS，最大限度地提高生物多样性效益。在设计阶段或更早的总体规划阶段就应进行此项合作。我们强烈建议在设计时寻求适当的生态意见，使野生动植物的保护取得积极成果。这将有助于提高拥有 SuDS 的当地社区对自然环境的重要性和价值的认识。

7.4.1　社区参与

负责开发和管理 SuDS 的人可以通过多种方式与当地社区联系。事实上，社区 SuDS 管理可能是让人们参与当地环境建设的最直接方法之一。通过良好的设计、有效的参与策略以及专家在生态方面的指导，SuDS 可以很容易就成为社区活动的焦点，如雨水花园的建造与改造（www.raingardens.info），以及社区草坪或湿地的播种和种植等活动。

适当的 SuDS 管理可以为学习、日常娱乐、支持性项目和其他社区活动提供更多可能性。它可以给人们带来社交及健康方面的益处、自豪感、责任感和对环境的归属感。对于 SuDS 项目的详细介绍、志愿服务机会、带领性游览和其他形式的参与拓宽了人们参与决策和管理的渠道，反过来也会激发公众对 SuDS 的支持，增进人们对湿地和自然环境的认识。

主要原则包括：

- 在"总体规划"的早期阶段，便让社区居民参与设计；
- 使社区居民参与 SuDS 的详细设计和管理；
- 无论是新方案还是改造方案中的 SuDS 设施，都将舒适性和生物多样性作为设计的优先事项；
- 为设计和长期管理分配足够的资源，并与当地社区一起制定 SuDS 管理计划；
- 考虑建立 SuDS 和相关野生动物栖息地的社区管理部门和方式。

7.5　以人和野生动物为本设计 SuDS

7.5.1　SuDS "管理列车"

SuDS "管理列车"是所有 SuDS 设计的基本原则。它由一系列的阶段组成，包括雨水从落到屋顶或其他硬质铺装再到流向湿地、溪流、河流或蓄水层等目的地的过程。SuDS 试图通过模拟自然水文过程，逐步减少污染、流量并降低流速。

从硬质铺装流出的径流往往伴随着泥沙颗粒、有机碎片和其他污染物。这种径流最重要的组成部分是泥沙，而它们往往又附着其他的污染物。"管理列车"旨在增加足够多的处理阶段以达到降低径流污染并改善下游水质的目的。例如，绿色屋顶和透水性铺装等 SuDS 设施的特点是在处理过程开始时捕获污染物，并通过水、植物和土壤中的自然生物和化学过程对其进行处理；这一过程称为生物修复。因此，水得到净化并排放至受纳水体，支持了野生动物的生存。

7.5.2　为人和野生动物设计

SuDS 是为处理污水而设计的，因此如何保持良好的水质供应是考虑的重点。在建立造福人类和野生动物、运作良好且能与更广泛的生态环境相联系的生境网络的过程中，需要遵守一些基本原则。此外，由于地理位置、土壤和设计的不同，SuDS 会表现出一系列不同的水文状况，从而影响种植计划的选择。某些 SuDS 在大部分时间内保持干燥，而在降雨期间和雨后则会被立即淹没（如雨水花园、洼地）。

7.5.2.1　设计原则

- 根据进水的强度和体积，设计足够的处理阶段，这一点对于需产生足够用于农业和生态用途的优质水的 SuDS 而言非常重要；
- 在设计中了解并考虑现有的生物多样性和其他规定；
- 进行适当的生物调查以便进行更好地设计；
- 保留现有的栖息地（如树篱和池塘）并纳入景观规划和管理范畴；
- 尽可能将新的 SuDS 放置在靠近半自然栖息地的地方，以促进本地原生物种的自然再迁徙；
- 构建包含不同的生态水文情况的栖息地（例如，创建一些不同深度和设计的相互连接且规模较小的滞留池）；
- 较浅且可供临时淹没的栖息地可能比常年积水的池塘拥有更丰富的野生动植物物种，暂时湿润和常年湿润的栖息地的混合将使栖息地效益最大化；
- 空间允许的情况下，既要构建水生栖息地，包括潮湿的草地和湿灌木丛 / 林地（稀缺的栖息地类型），也要构建较干燥的栖息地（如野花草地）；
- 通过对植物种植的精心设计和规划，确保 SuDS 周围明亮与阴暗环境的多样化；
- 应考虑如何对现场进行可持续的长效管理，小区域可以由地方当局甚至是当地社区团体进行管理，较大的场地则可以让其自然发展。这种管理方式通常更具成本效益，并且肯定会产生更自然的结果；
- SuDS 的设计必须能减缓并控制地表径流的流动速度，使水流慢慢渗入土壤，并对水中的污染物进行生物净化，同时为极端降雨事件提供储水空间；

- 对洁净水流的控制对于对野生动植物和舒适度具有高贡献度的 SuDS 的发展至关重要，较差的水质严重降低了构建珍贵野生动植物栖息地的可能性；
- 为了使设计最大限度地发挥 SuDS 对野生动植物和人类的益处，需要征询生态学家、规划师和景观设计师的专业意见；
- 应向专家寻求建议以更好地保护 SuDS 栖息地中受法律保护的物种；
- 应制定现场管理计划以加强对所有野生动物的保护，包括受法律保护的物种（如蝙蝠、繁殖季节的鸟类、水田鼠、大冠蝾螈），并在其中纳入当地居民的意见和需求。

7.5.2.2 其他需铭记的要点

- SuDS 的设计应使其便于维护，并控制和管理污染物使其不意外泄漏；
- 尽可能避免在第一个处理阶段之后直接进行管道连接；
- 管理计划是 SuDS 造福野生动物和人类的重要因素；
- 对参与 SuDS 管理的承包商和其他实际工作人员进行培训和监督至关重要；
- 如果无法保证得到的水流是干净的，现有的湿地就不应该被开发成 SuDS。例如，干净且未经处理的屋顶水可以被引入野生动物池塘，但未经处理的道路径流则不可以如此。

7.5.2.3 种植建议 / 原则

- 新 SuDS 的设计和种植计划应符合国家和地方的生物多样性保护需求；
- 应使用当地植物物种，并与当地土壤和水文条件相适应；
- 切勿引进外来入侵物种，如水蕨（Azolla filiculoides）或浮连草（Hydrocotyle ranunculoides）；
- 如有需要，寻求专家意见。

7.6 SuDS "管理列车" 的野生生物效益

7.6.1 源头控制

在源头（降雨到达地面或建筑物的地方）管理降雨是 SuDS 的一个基本概念。它降低了泥沙和污染物进入排水系统的可能，并控制了下游的水流和水质。所有的 SuDS 都应该保证能提供干净的水资源（水源处及附近的水），这是保障野生动物和人类利益的首要条件。

绿色屋顶需在合适的屋顶上设计而成。在野生动物栖息地有限的城市地区，这些屋顶非常重要（它们是宝贵的初级栖息地）。它们能拦截降雨，对于短时夏季强暴雨尤其有效。雨水被土壤中的植物吸收，径流率得到降低；它们可以拦截空气污染物，为鸟类提供高质量的无脊椎动物栖息地和觅食区（图 7.2）。

雨水花园是位于私人或公共区域的浅的、自由排水的洼地，通过落水管或不透水区域（不是指停车场）接收雨水。这个地方所种植的物种有很高的的野生物种价值，且能忍受短暂的淹没。它们可为鸟类提供无脊椎动物栖息地和觅食区（图 7.3）。

过滤带是指被植被覆盖的宽广、平坦或缓坡区域，可直接吸收雨水或从相邻的不透水区域（如停车场）接收雨水，这些雨水通常为地表径流。它们拦截泥沙和其他污染物，为下游地区提供更干净的水源。尽管这些设施可能仅是用较为普通的草类作为草皮，但它们可以用来构建野花丰富的草地；这对无脊椎动物、爬行动物和两栖动物有非常重要的价值。草丛或灌木丛能在增加野生物种价值的同时，保持 SuDS 的功能。

生物滞留池是正式或非正式的景观化浅洼地，它能接收来自道路和停车场的污染径流（图 7.4）。植物和土壤生物能够调节这些污染物，并使水渗入地面、蒸散或向下游移动。它们能为无脊椎动物提供栖息地，也能为鸟类提供觅食区，还可作为改善当地街道景的交通安抚措施。

图 7.2　考文垂大学的绿色屋顶

图 7.3　北安普敦（Northampton）雨水花园的植物（John Brewington STW）

图 7.4　莱斯特郡北哈密尔顿的工程生物保留区

7.6.2   场地控制

场地控制是指 SuDS 项目的第二或第三个处理阶段，包括了源头控制设施输送的径流储存（如从绿色屋顶输送至雨水花园），一般位于源头控制设施的下游。

滞洪盆地是指被植被覆盖的洼地，它只能起到暂时蓄水的作用，并使雨水缓慢流向另一个 SuDS 设施或渗入地面（图 7.5）。它在滞留过程中还会通过生物再处理方式去除污染物。在水质良好且栖息地多样性丰富的地方（如野花草原、临时游泳池、灌丛、湿林地），这种设施可以使无脊椎动物、两栖动物和鸟类受益，同时还能为公众带来舒适的游玩空间。

7.6.3   区域控制

区域控制是指雨水排放至受纳水体和大型汇水区之前的最后一个水处理阶段。当控制区无法容纳储存的径流时，可以将多余的水从控制区输送到公共开放空间中。在公共开放空间中，野生物种获得的效益和舒适宜人性将有可能达到最大程度。

区域控制设施是指滞洪盆地（使用天然或人工的浅盆地临时储存大量洁净水，图 7.5）、永久性开放水域（滞留池，包括湖泊）和其他湿地（包括季节性淹没的林地、草地生境、湿地、芦苇床和沼泽）。较长时间的滞留是雨水在被排放到大型汇水区之前，它进行的"抛光"（polishing）过程。区域控制设施将小型的 SuDS 设施和现有的栖息地与更广阔的景观联系起来。它们通常体量较大，且主要是混合栖息地（包括稳定水源）。同时，它们可以使植物、无脊椎动物、爬行动物、两栖动物、鱼类、蝙蝠和其他哺乳动物等更多物种受益。设计的保护目标应包括本地、区域物种和令人担忧的栖息地。

图 7.5   在英国考文垂，被称为"The Dip"的滞洪盆地，
当地的孩子们把它用作足球场和游戏区

7.6.4　输送设施

洼地是 SuDS 中最常见的较为简单的输送设施，为场地带来生态和舒适效益。另外，也可以通过其他硬质景观设施（图 7.6）输送水流，并通过适当的种植来增强输送能力。

这些输送设施一般表现为广袤的浅草地貌，可以减缓径流、截留沉积物并允许水分的渗透。它们还可能包含小型拦水坝等设施，用以将水积蓄在一系列浅水池中，从而为湿地植物的生长提供可能（图 7.7）。当需要干燥的表面的时候，它们可以耗尽所储存的水资源并在排水的同时进行过滤；同时，它们也可以变成常年湿润的场地以形成富含植物和无脊椎动物的湿地型栖息地（因为地表水流必须能以受控速率通向下游，所以应注意输送功能不受影响）。

城市设计采用多种形式的人工通道、梯级瀑布、小溪和运河来实现景观中水的输送。除了可除去泥沙和主要污染物，它们还可提供易被游客感知的视觉趣味，并且易于维护。虽然在本质上是人工建造的，但它们仍然可以为城市提供宝贵野生动物栖息地。

图 7.6　英国莱斯特郡北哈密尔顿通向小型湿地、洼地和过滤带（右）的小路（左）

图 7.7　英国牛津郡（Oxfordshire）的洼地，可渗漏的石坝形成了下游湿地区域（左）；横跨莱斯特郡北哈密尔敦且由木头和金属共同构成的堤坝（右）

7.7　由社区管理并拥有丰富野生动物的 SuDS 设施案例研究——格洛斯特郡斯特劳德的斯普林希尔合作住宅（Springhill Cohousing, Stroud, Gloucestershire）

7.7.1　概述

　　一家名为"共宅"（cohousing）的公司设计并建造了一处能为社区提供良好环境的住房，并将设计重点放在了社区建筑和共享的社会空间上。该地块内部的 SuDS 系统是由当地社区利益相关者、景观设计师、生态学家和规划人员共同参与设计的。他们自己也管理着这个系统，到目前为止，该区域还没有发生过洪涝事件。同时也有证据表明，下游社区的洪水发生情况也已减少。在整个开发过程中，SuDS 区域都有着较高的野生生物价值，人们在项目开发的每个阶段都可以更加接近野生动物。有关该开发的更多详细信息，请访问 Susdrain 网站（http://tinyurl.com/h9ywer）或设计师网站（http://robertbrayassociates.co.uk/projects/springhill-cohousing/）（也可以参阅 The Architecture Centre，2010 和 Graham 等，2012）。

7.7.2　SuDS 设计

　　场地使用的地表 SuDS 设施包括：
- 透水路面；
- 较为干燥的洼地；
- 梯级瀑布（surface cascade）；
- 植草浅沟（planted grass swale）；
- 明渠和细沟（rill）（在居民的前花园中）；
- 抬高的观赏水池（野生动物丰富，还有一个公共集会场所）；
- 植草滞洪盆地（grassed detention basin）（也用作儿童游乐场）。

水流从上层露台穿过陆地流至下层，再沿着步行街流向排水口，并在场地的东南角汇聚成了一个天然的水池。交通通道和停车场被确定为主要污染风险源。透水铺装将径流收集和储存至底下的雨水罐中。离开雨水罐的水与未经衰减的屋顶径流相混合，沿着挡土墙上悬挂的梯级瓷砖（tile-hung cascade）流向较低的水位。洼地内大部分干净的径流渗入地下，多余的径流则流向社区房屋前面的一个水池中。来自柏油路面和相邻屋顶的径流大部分沿着步行街流入较低一侧的细沟。细沟和池塘的额外溢流直接流至蓄水"游乐池"（play basin），这个池子在大部分时间可被当成游乐场，但在暴雨期间可以蓄存 300mm 深的雨水。

7.7.3　管理

为了便于更好地维护和保养，应该尽可能快地处理 SuDS 设施表面的水。社区负责维护所有的地面设施并使其不会发生系统故障。事实上，当附近发生大型洪涝事件时，这个场地也没有受到任何影响，大约有 150mm 的水被安全地储存在滞留池或"游玩"池中。

7.7.4　舒适宜人性和使用价值

对透水铺装和地下储存设施的综合使用可以充分利用空间以收集、清洁、储存和释放流速受控的干净水流，以满足舒适性和生物多样性的要求。通过场地的地表径流从 T 形陶土管入口流向悬挂的梯级瓷砖，这是一种成本效益高、视觉上壮观的传统落水管口替代方案。较浅的植草洼地和通道与社区建筑前面一个高起的水池相连接，这从视觉上有助于社区空间的营造。细沟系统为水提供收集和流动的线路，并将私人和公共空间分隔开。每个户主都了解 SuDS 设施的工作原理，并负责管理分属于他们的部分。社区居民表明，暴雨过后，偶尔会有滞留池或"游玩"池积水；但很短时间之后，它又再次化身为公共游乐场。

7.7.5　生物多样性价值

干净的水是提升水生生物多样性的重要因素，斯普林希尔通过对主要风险区域进行源头控制处理（包括上层停车场的透水路面和一系列"管理列车"）确保了这一点。植被覆盖的洼地、细沟和沟渠为野生动物提供了栖息地之间的连通性，而池塘除了是一个可供人游玩的景点之外也具有重要的价值。社区在加强生物多样性方面非常谨慎，并以一种较为轻松的方式维护SuDS，使野生动物在这个相对密集的城市中有最大的生存机会。在 SuDS 中发现的物种包括青蛙、蝾螈、蜻蜓、豆娘、其他水生无脊椎动物和一系列本地湿地。

参考文献

Graham, A., Day, J., Bray, R. and Mackenzie, S. (2012). *Sustainable Drainage Systems–Maximising the potential for people and wildlife: A guide for local authorities and developers*. WWT and RSPB. Available at: http://tinyurl.com/hrp8hsb.

The Architecture Centre (2010). *Springhill Co-housing Stroud, Gloucestershire*. Available at: http://www.architecturecentre.co.uk /assets/files/case-studies/Springhill_March_2010.pdf.

第8章 宜人性：为社会提供价值

斯特拉·阿波斯托拉基，艾莉森·达菲
Stella Apostolaki and Alison Duffy

"当一件事趋向于保持生物群落的完整性、稳定性和美感时，它就是正确的，否则就是错误的。"

Aldo Leopold，A Sand County Almanac，1968 年

8.1 导言

根据诸多学者的观点（如 Rendell，2006），当今的景观建筑是一种包含了各种趋势的当代艺术，它将当前的设计、开发和基础设施的理念结合在一起。设计新的景观时，需要满足生态、历史、情感和视觉功能方面的社会需求，即开放的城市空间通过在生态、美学、文化、地理之间建立强有力的联系，在改变文化美学方面发挥着作用。当代设计师承担着包括表达该地区自然景观和恢复自然环境的任务。由于水是生命的基本元素和价值之一，雨水管理正朝着用创新的雨水管理系统（SuDS）取代传统的排水工程形式的方向演变，而这可以很好地解决宜人性的问题。

目前雨水管理在宜人性方面的趋势，旨在利用自然功能促进美学价值的发展，让更有益的技术取代有害的技术，这也是可持续发展概念的核心（Johnson，1997）。这种景观设计和规划也寻求减少工业化影响的方法，从而将能源消耗和自然资源的消耗最小化（Laurie，1997）。

设计中的宜人性与场所提供的服务、美学、自然和生物多样性密切相关。重建自然和可持续的环境，就等于创造一种美学，为城市带来美。在自然环境中呼唤保护自然功能是美学的要求（Ministry of the Environment of New Zealand，1991）。尽管自然景观并不总是那么干净整洁，但设计师必须想办法让它们变得美丽，这样人们才会珍惜和保护它们。这种规划方式确保了公众不仅会接受城市的可持续解决方案，而且会认识到可持续的重要性，并寻求将可持续要素纳入城市设计的方法。

一个区域要被认为是一个具有高舒适价值的区域，人与自然之间的平衡感和互动是至关重要的（Taylor，1998）。可持续设计必须在自然和城市居民之间建立一种强有力的关系。虽然以

人类为中心的景观仍然存在，但规划设计应该鼓励创造促进环境管理和支持环境意识的景观。实现这一目标的方法是促进当地社区参与景观创造和维护（Dalton，1994）。

提高景观宜人性的主要目的之一是创造一个人们喜欢并接受的宜居环境（Taylor，1998）。然而，由于个人兴趣、审美、文化遗产和当代趋势的不同，人们对宜人和景观的看法也有所不同。对许多人来说，自然景观具有最高的审美价值，而另一些人则更喜欢人工建造的有组织的景观。后者的景观场景，通常需要改变常规看法，尽可能减少干预，以便欣赏到自然的纯粹美。另一方面，荒野保护的支持者反对任何没有价值的建筑景观，包括装饰性的花园或引入该地区的外来物种，尽管这些景观多年来被成功地用于城市地区的自然探索（Jamieson，2001）。在某种程度上，支持保护自然及美学的荒野观念，被认为是根植在宜人性的概念之中的。根据1964 年的《荒野法》（the Wilderness Act），荒野地区是未受社会及其活动影响，保留着原始特征的地区。只有在没有明显的人类影响的地方，自然力量的影响才会显现。荒野的概念包括所有"自然的"或近似于"自然的"特征，比如自从人们发现土地并绘制地图以来，那些作为原始记忆保存在人们脑海中的特征。而如今，"自然"的概念更多指的是一种被视为自然的东西，而不是一种真正不受社会影响的东西。人们会受文化、教育和思想背景所影响。自然的概念在实践中往往是脆弱模糊的，但在想象中却是持久的。"自然"一词的社会建构性在尼亚加拉大瀑布（Niagara Falls）的例子中得到了清晰的描述。自 19 世纪 60 年代以来，在"浪漫主义"运动的影响下，尼亚加拉大瀑布不断被重建，以恢复因电力和工业用水改道而失去的自然奇观（Cronon，1995），并重新获得宜人的景观元素。众所周知，尼亚加拉大瀑布为了保存荒野的概念和吸引游客，经历了许多变化，但对许多人来说，它已经成为荒野的缩影，是一种强大的自然力量，具有很高的美学价值。对另一些人来说，它是一个历史性的里程碑，也是能源产生的源泉（Cronon，1995）。

浪漫主义运动清晰地描绘了一场尊重自然的运动（Jamieson，2001），并将宜人性作为城市景观中自然保护的重要组成部分加以优先考虑，这启发了 19 世纪城市开放空间的规划师和建筑师。英国对观赏性花园的偏爱和"田园城市运动"是这一趋势的两个例子（Parsons & Schuyler，2004）。

田园城市运动源于埃比尼泽·霍华德（Ebenezer Howard）的想法（详情参见 TCPA，2011），是一种"宜居性"的新形势。这场运动旨在融合城市的经济、文化优势和乡村生活的特点，将土地所有权归属于社区，同时抑制城市扩张和工业集中化。"田园城市"以圆形的方式，以中央公园为中心，突出水的存在，并将绿色区域整合到居民区（Hall & Ward，1998）。霍华德的想法对英国的规划理论产生了深远的影响，最令人印象深刻的应用是 1944 年的大伦敦规划，1946 年《新市镇法》（New Towns Act，1946）通过后，伦敦绿带的建立。苏格兰格拉斯哥的凯特琳湖（Loch Katrine）是 19 世纪公共工程计划的另一个例子，已逐渐发展成为自然爱好者和浪漫主义者的舒适好去处。该湖的供水工程一直把保护自然和宜人性放在首位，通过植树和引入堤防，逐步恢复天然林地，以尽量减少噪声和降低视觉影响（Water Technology Net，2006；Scottish water，2008）。

8.2 建成环境中的宜人性、娱乐性和生物多样性

8.2.1 城市对公共开放空间的需求

现代城市景观能够顺应自然过程，同时具有提供野生动物栖息地、雨水保持效益和改善水质的功能（Bradshaw & Chadwick，1980）。这种方法可以在城市中心创造美丽和宜居的环境，这些地方具有自豪感、场所感，历史感、安全感、良好的住房、友好的公园和开放空间的场所。因此，城市景观是期望、回应和记忆的集合（Johnson，1997）。

近年来，发展绿色网络、保护或增强自然资源、创造具有高休闲价值的开放城市空间等理念在建筑设计中得到越来越多的应用。城市林业和社区森林——例如，芝加哥城市森林倡议（Nowak 等，2009），以及目前在城市发展中变得越来越普遍的城市景观改造，都对可持续发展的实际应用作出了重大贡献（Blowers，1993）。目前，社会对环境退化的关注影响了规划师对城市设计的看法。可持续发展规划包括加强景观和自然环境保护以及优化野生动物栖息地的土地利用。因此，有必要把环境规划视为一个围绕可持续性理念的综合过程。由于对完整的可持续生态系统和美丽的风景的兴趣，大量的游客被吸引到公园和开放绿地。

目前，景观建筑实践和生态保护在"城市绿地"中得到推广和保障，且生态修复理念在城市景观设计中起着核心作用。在这种背景下，规划师之间流行的建筑趋势——"新模范村"的发展，使规划师认识到城市居民需要更接近自然，因此更倾向于发展"可持续社区"（Kim & Kaplan，2004）。新模范村通常位于郊区，并试图重建农村场景，包括小池塘（通常与 SuDS 有关）、溪流或丰富的树木和花卉植被，这种趋势与 19 世纪的田园城市运动有相通之处（Parsons & Daniel，2002）。这些发展可满足社区的实际需要，例如排水和提供休憩用地。

8.2.2 城市开放空间设计

新的城市设计方法在城市环境中融入了绿色开放空间，提出了一种自然伦理理论，特别是关注了道德概念，如尊重、同情、关心、关心、同情、感激、友谊和责任（Van De Veer，1998；Jamieson，2001）。基于这些想法，城市为世界提供能源，而人们推动了自然资源向人造产品的转变。传统和当代伦理理论的内涵可以扩展到动物、植物和无生命的自然物品（Gunn & Vesilind，1986）。现代市民在人工"自然外观"的购物中心或露天市场购买"自然产品"，与此同时，"自然"区域则等同于城市或郊区的公园、池塘、溪流或河流，以及现有的植被和野生动物，而这些往往与该区域的特征无关，根本不能被视为"自然"（Van De Veer，1998）。

为了提高公众对新开发的包括不同类型排水设施的人工开阔水域的接受程度，例如城市环境中的池塘或洼地，使其与自然景观相似是至关重要的。可持续发展的概念包括与野生动物息息相关的景观湖泊。尽管 SuDS 为平衡功能性和舒适性，采取"采光"或开放城市河流的方法，但植被的存在仍是支持野生动物的基础。因此，专家建议根据该地区的地形变化和特征修改水

体，并在这些水体中建立岛屿，以支持生物降解的自然处理过程。植物物种的引入，例如结合芦苇滩等可以生物降解有机物，将碳氢化合物作为营养来源，并捕获受污染的微粒，从而提供生物水处理（见本卷第 9 章；Heal，2014）。

湿地植被和野生动物是城市水体设计和建设的关键。大多数景观设计师认为，本土植物更适合野生动物生存，并且比外来植物更容易生长（Watkins & Charlesworth，2014）。无论如何，重点应放在人类控制最少的生态系统，以及植物和野生动物（包括本地和外来的）一旦被引进，就可以自由交流的区域。

人类对城市景观的影响是压倒性的，这一事实导致了特定的植物和动物群落的形成。城市景观中存在的大多数动植物都是外来物种，这往往被许多生态学家和景观设计师忽视或低估。事实上，据估计，60%-70% 的城市植被是故意引入的，这种情况导致城市景观风格从半自然到异域风情不等（Fitzgerald，2003；Forbes & Kendle，2013）。因为当地居民并不具有专业生态学家的偏见，所以无论城市的动植物风格多么不自然，通常都会受欢迎。居住区往往热情开放地接受色彩鲜艳的外来植物和有吸引力的野生物种。场地的气候和地质条件对城市开放空间中"外来"物种的引入起着非常重要的作用。

福布斯和凯特琳（Forbes & Kendle，2013）将自然主义或生态主义景观设计风格的特征描述为：低成本和可持续；具有较高的区域内在价值；与装饰设计风格形成对比；维护需求较低；具有很高的保护、教育和娱乐价值。

对自然主义景观建筑来说，一个比较敏感的问题是大多数人工城市景观都是建立在相对不成熟的社区基础上的，而景观开发应考虑良好的长期管理，如新住宅开发项目中的 SuDS 和 / 或河流修复计划。与自然景观相比，这种人工景观的主要优点之一是设置适当的地点和通过适当的设计，方便公众进入，以期最大限度地增加人类与自然接触的机会。众所周知，人们更喜欢在他们居住的乡村进行娱乐活动，并希望这样的"景点"得到保护（Cullingworth & Nadin，2006）。然而，不同国家的公众对景观和绿色开放空间设计的态度不同。例如在英国，人们欣赏风景的全景，如小山、森林、湖泊；而在日本，人们乐于注意树木和花朵等细节（Anderson & Meaton，2000）。

8.2.3　城市多功能开放空间的 SuDS 设计

人们对公共景观的普遍态度是，拥有多重文化背景的人更喜欢自然环境，而不是建成或那些对人类影响非常明显的环境。自然景观对人的影响遵循景观偏好进化理论（Ulrich，1993），景观偏好受几个因素的影响，如年龄（Balling & Falk，1982；Lyons，1983；Zube 等，1983）、教育水平与职业兴趣（Yu，1995）。

人们对特定景观表现出偏好并希望保护它们的原因各不相同。景观可以满足人类的需求，也具有很高的生态价值。综合起来，这两个因素可以促使人们保护景观，或者影响他们对更自然的景观的偏好（Kaltenborn & Bjerke，2002）。

将生态退化的城市景观重新转变为更自然的景观还具有以下几个功能：

- 概念——建立城市化和自然之间的联系;
- 文化——自然文化遗产在景观设计和人们对地方的评价中起着非常重要的作用;
- 生态——将自然重新引入城市景观;
- 社会——促进社会互动,城市公园是"当场"(on the ground)实施民主的地方;
- 心理健康——提高生活质量,营造宽松环境,对人们的身心健康产生直接的积极影响;
- 美学——营造公众高度重视的愉快美丽的环境(Tress 等,2001)。

韦尔斯和埃文斯(Wells & Evans,2003)强调了在城市环境中与自然和舒适性事物接触所起的心理作用,即经常接触宜人环境的儿童的心理困扰症状显著减少。格罗奈维根等(Groenewegen 等,2006)提到,由于"维生素 G"的作用,绿色空间对人类健康具有积极影响,如减轻压力和获得更好的精神及身体健康。

景观设计中的"风景"与"生态"美学之间存在着广泛的争论,生态美学对景观规划师的作用越来越重要。根据生态美学的观点,生物多样性、可持续性等生态原则是设计新的城市景观时所必须考虑的主要价值因素。在风景美学方面,主要的问题是审美偏好削弱了生态效益的重要性,这导致许多人创造了与野生动物无关的较为浅薄的景观。对于生态美学的倡导者来说,风景美学在道德上是低下的(Parsons & Daniel,2002)。

然而,生态景观的概念不仅受到美学和感受的影响,还受到生态系统健康和可持续性的间接影响。浪漫的风景与生态原始、不受人类影响的风景之间的冲突一直是人类社会的一个问题(Appleton,1975)。

在"城市主义者"和"乡村主义者"之间存在着一致的分歧,但是美学和宜人性的问题往往被更大的环境问题掩盖。目前,美学和实用性与可持续发展的理念联系在一起。20 世纪70 年代和 80 年代流行的生态学方法声称,人类在与丰富生物多样性的自然景观的接触中获得心理和社会方面的好处,这种方法现在变得越来越流行,特别是在可持续性的概念方面。如图8.1 所示,清晰地描述了这一趋势,表明了环境、社会和审美价值之间的相互关系,并与 SuDS三角模型中的三个可持续要素相符合:水质(环境因素,如污染控制)、水量(经济因素,如防洪)和宜人性(社会因素,如休闲和野生动物效益)。

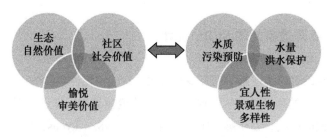

图 8.1　三个价值区域的概念重叠:生态、社区、愉悦(Thompson,2002)和
SuDS 的水质、水量、宜人性(Charlesworth,2010)

该联合明确强调了 SuDS 在以下方面的多功能作用:

(1)提供支持其内部和周围植被的环境效益;

(2)增加对野生动物的吸引力;

（3）提供聚会、社交及康乐用地等社区福利；

（4）通过提供自然景观环境，为该地区和当地居民带来美学效益，常受到公众的高度赞赏。

8.3　SuDS 的宜人性和可持续发展

可持续发展的目标是为了与生活和福祉的所有相关领域提供一个全面的方法。它追求某些目标，包括保护自然资源，维护可持续的建成环境、实现地点和世代之间的社会公平以及政治参与方式，从而改变价值观念、态度和行为（Blowers，1993）。

按照可持续性的方针，绿化政策是反映公众态度和体现公众参与必不可少的一部分。公众教育和社区参与是环境战略的基本组成部分。例如，SuDS 池塘和河流修复都具有潜在的可持续性，因为它们具有明显的环境和社会效益，而其高的自我维护能力是经济效率的组成部分。尽管关于 SuDS 的可持续性因素仍存在着很大的争议（如 Heal 等，2004），但人们普遍认为，虽然 SuDS 可能不是完全可持续的，但它的应用仍然是一种更"可持续"的方法，比传统的排水系统包含更多的可持续发展概念和要素。SuDS 被认为是有益于环境和社会的，其建设成本与传统排水系统相比相同或更低，同时它们运营成本和维护成本也较低。（Gordon - Walker 等，2007；Bray，2015）。

SuDS 提供雨水管理以减少流量，从而降低洪水风险，同时满足城市环境和城市居民的生物多样性与宜人性的需要。SuDS 通常被认为是新开发项目的排水解决方案，代表了景观建筑和城市设计新趋势的一部分（Watkins & Charlesworth，2014）。

8.4　公众对宜人性和 SuDS 概念的认识述评

宜人性问题研究的主要难点是如何定量。宜人性包括在城市景观中增加绿化，回归自然，为公众提供有用或愉快的服务，鼓励休闲活动、社会互动和民主等方面（Woods Ballard 等，2015）。然而，对这些方面的评估问题重重，主要的困难是如何根据单独的绿地或 SuDS 设施的宜人性的"质量"对其进行分类。评估宜人性的方法之一是定期视察，确定 SuDS 在保养、美观、生物多样性和公众使用等方面的表现。但是，由于这类观察往往受到个人偏见、维护预算和主管当局的影响，结果并不客观。另一种确定 SuDS 宜人性的方法是收集和分析公众意见，使宜人性评估更加定性而非定量。

英国公众在对 SuDS 池塘和湿地的感知调查（Apostolaki 等，2001，2002）中发现，景观中城市水体的设计需要考虑宜人性因素。同时通过调查进一步发现，设计开放水域和自然景观的场所是为了加强休闲和娱乐功能，因此开放水域在景观中的存在受到公众和专业人士的高度赞赏。具体来说，这些调查的参与者表示，他们更喜欢具有生物多样性的高审美价值的 SuDS。他们把 SuDS 的宜人性与场地的自然吸引力，提供游憩服务的能力以及通过防洪工程改善市民日常生活的功能联系起来。在雅典（希腊）进行的一项调查表明，"宜人"一词在一定程度上包括改善视觉和生境；保护野生动物和生物多样性；为市民提供休憩、游憩及康乐的市区公园环境；缓解压力服务和其他社会服务；提供教育；提供较高的审美价值等概念。在设计良好的池塘中，与城市开放水体相关的安全问题也得到了缓解。相反，在宜人价值较低的地点，人们更加担忧安全问题（Apostolaki & Jefferies，2009）。邓弗姆林东部扩张项目进行的一项后续调查中也发现了类似的结果，随着 SuDS 池建立过程中宜人性价值的提高，人们对安全的担忧略有降低（Shan Quek，2010）。人们对 SuDS 的看法似乎取决于争论的平衡点在哪里，是防洪、美化环境还是改善水质？因此，SuDS 的设计成为影响人们对宜人的看法的一个关键因素。这可以解释为，公众通常认为景观设计中的宜人性会减少城市化对城市的影响，更能引入可持续设计，用更有益和可持续的技术取代有害的技术。这样就可以最大限度地减少自然资源的消耗，最大限度地保护环境（Johnson，1997；Laurie，1997）。

8.5 结论

将 SuDS 场所改造成舒适宜人的娱乐场所对当地社区越来越重要。目前 SuDS 规划建设的趋势是朝"新模范村"或"可持续社区"发展，而房产开发则越来越靠近水塘或其他邻近宜人价值高的河道。

SuDS 的宜人性价值，还与生物多样性息息相关，这也是公众十分重视的议题。与可持续性相关的宜人价值包括社会和环境效益，而具有较高宜人性价值的方案可以减少新建筑中自然功能的丧失，改善城市设计。

当提到 SuDS 设计时，一个令人关注的问题是如何更好地设计宜人性。进行的公众意见调查和研究确定了 SuDS 在这方面的若干改进。其中大部分与改善系统的美观性和自然性有关：增加植被；科普和保护现有的野生动物；引入自然屏障作为安全措施；引入长椅、野餐桌和儿童游乐园等休闲设施；可以连接 SuDS 功能的人行道和通道；在建筑物上引入绿色屋顶和花园；进行安全设计；为社会诚信进行设计；促进市政认识的提高和教育。最重要的是，不应该忘记宜人的设计是以人为本的。

参考文献

Anderson, M. and Meaton, J. (2000). Confrontation of consensus? A new methodology for public participation in land use planning. In: Miller D. and de Roo G. *Resolving Urban Environmental and Spatial Conflicts*. Groningen, GeoPress.

Apostolaki, S. and Jefferies, C. (2009). *The social dimension of stormwater management practices in urban areas – Application of Sustainable Urban Drainage Systems (SuDS) and River Management options*. VDM Verlag Dr. Müller e.K. ISBN 978 - 3 - 639 - 17692 - 6, Paperback, 224 pp.

Apostolaki, S., Jefferies, C., Smith, M. and Woods Ballard, B. (2002). Social acceptability of Sustainable Urban Drainage Systems. Fifth Symposium of the International Urban Planning and Environmental Association on *Creating Sustainable Urban Environments: Future Forms for City Living*, Christ Church, Oxford.

Apostolaki, S., Jefferies, C. and Souter, N. (2001). Assessing the public perception of SuDS at two locations in Eastern Scotland. First National Conference on SuDS, Coventry University, June 2001.

Appleton, I. (1975). *The experience of landscape*. John Wiley and Sons, New York.

Balling, J.D. and Falk, J.H. (1982). Development of visual preference for natural environments. *Environment and Behavior. 14*, 1, 5–28.

Blowers, A. (1993). *Planning for a sustainable environment: A report by the Town and County Planning Association*, London, Earthscan.

Bradshaw, A.D. and Chadwick, M.J. (1980). *The Restoration of Land: The Ecology and Reclamation of Derelict and Degraded Land*. Oxford, Blackwell Scientific Publications.

Bray, B. (2015). SuDS behaving passively – designing for nominal maintenance. *SuDSnet International Conference*, Coventry University, UK. http://tinyurl.com/hcfcezd.

Charlesworth, S. (2010). A review of the adaptation and mitigation of Global Climate Change using Sustainable Drainage in cities. *J. Water and Climate Change. 1*, 3. 165–180.

Cronon, W. (1995). *Uncommon Ground – Toward Reinventing Nature*. New York, W.W. Norton Company Ltd.

Cullingworth, B. and Nadin, V. (2006). *Town and Country Planning in the UK*. Routledge. 624 pp.

Dalton, R.J. (1994). *The Green Rainbow – Environmental Groups in Western Europe*, New Haven and London, Yale University Press.

Fitzgerald, F. (2003). Plant and Animal Communities in Urban Green Spaces. *Design Center for American Urban Landscape Design Brief, No 5*. http://www.china - up.com:8080/international/case/case/287.pdf.

Forbes, S. and Kendle, T. (2013). *Urban Nature Conservation: Landscape Management in the Urban Countryside*. Taylor and Francis, Architecture, 368 pp.

Gordon - Walker, S., Harle, T. and Naismith, I. (2007). *Cost-benefit of SuDS retrofit in urban areas*. Science Report – SC060024. Environment Agency.

Groenewegen, P.P., van den Berg, A.E., de Vries, S. and Verheij, R.A. (2006). Vitamin G: effects of green space on health, wellbeing, and social safety. *BMC Public Health 2006*, 6:149. http://tinyurl.com/mlw9vbg.

Gunn, A.S. and Vesilind, P.A. (1986). *Environmental ethics for engineers*. Lewis Publishers – Business and Economics – 153 pp.

Hall, P. and Ward, C. (1998). *Sociable Cities: the Legacy of Ebenezer Howard*. Wiley, Chichester, 229 pp.

Heal, K. (2014). Constructed wetlands for wastewater management. In: Booth, C. and Charlesworth S.M. (eds) (2014). *Water Resources in the Built Environment – Management Issues and Solutions*. Wiley Blackwell Publishing.

Heal, K., McLean, N. and D'Arcy, B. (2004). SuDS and Sustainability. *Proceedings 26th Meeting of the Standing Conf. on Stormwater Source Control*, Dunfermline, September 2004. At: http://tinyurl.com/or6ww2j.

Jamieson, D. (2001). *A companion to Environmental Philosophy*. Blackwell Publishers, Oxford.

Johnson, M. (1997). Ecology and the urban aesthetic. In: Thompson G.F. and Steiner F.R. *Ecological Design and Planning*. Canada, Wiley and Sons Inc.

Kaltenborn, B.T. and Bjerke, T. (2002). Associations between environmental value orientations and landscape preferences. *Landscape and Urban Planning, 59*, 1, 1–11.

Kim, J. and Kaplan, R. (2004). Physical and psychological factors in sense of community: new urbanist Kentlands and nearby Orchard Village. *Environment and Behavior. 36*, (3), 313–340.

Laurie, M. (1997). Landscape architecture and the changing city. In: Thompson G.F. and Steiner F.R. *Ecological Design and Planning*. Canada, Wiley and Sons Inc.

Leopold, A. (1968). The Land Ethic. In: *A Sand County Almanac, Essay on Conservation from Round River*. New York, Oxford University Press. 286 pp.

Lyons, E. (1983). Demographic correlates of landscape preference. *Environmental Behaviour, 15*, 4, 487–511.

Ministry of the Environment of New Zealand. (1991). 'Resource Management Act'. http://www.legislation.govt.nz/act/public/1991/0069/latest/DLM230265.html.

Nowak, D.J., Hoehn III, R.E., Crane, D.E., Stevens, J.C. and Fisher, S.L. (2009). Assessing Urban Forests, Effects and Values: Chicago's Urban Forest. Northern Research Station, Resource Bulletin NRS - 37 United States Department of Agriculture Forest Service. At: http://tinyurl.com/pqranyu.

Parsons, R. and Daniel, T.C. (2002). Good looking: in defence of scenic landscape aesthetics. *Landscape and Urban Planning, 60*, 1, 43–56.

Parsons, K.C. and Schuyler, D. (2004). From Garden City to Green City. The Legacy of Ebenezer Howard. *Utopian Studies. 15*, 2, 265–270.

Rendell, J. (2006). *Art and Architecture: A Place Between*. I.B. Tauris, London. 212pp.

Scottish Water (2008). *Katrine Water Project*. Water Treatment and Supply. http://tinyurl.com/zuwvxk2.

Shan Quek, B. (2010). *Public perception and amenity of SuDS retention ponds: a case study at Dunfermline Eastern Expansion area, Fife, Scotland*. Unpublished MSc thesis, University of Abertay.

Taylor, N. (1998). *Urban planning theory since 1945*. Sage Publications Ltd, London.

Thompson, I.H. (2002). Ecology, community and delight: a trivalent approach to landscape education. *Landscape and Urban Planning, 60*, 81–93.

Town and Country Planning Association (TCPA) (2011). *Re-imagining garden cities for the 21st century: benefits and lessons in bringing forward comprehensively planned new communities*. http://tinyurl.com/qeboobw.

Tress, B., Tress, G., Décamps, H. and d'Hauteserre, A. - M. (2001). Bridging human and natural sciences in landscape research. *Landscape and Urban Planning, 57*, 137–141.

Ulrich, R.S. (1993). Biophilia, biophobia, and natural landscapes. In: Kellert, S.R., Wilson, E.O. (Eds) *The Biophilia Hypothesis*. Washington, DC, Island Press.

Van De Veer, D. (1998). *The Environmental Ethics and Policy Book*. 2nd edition, Wadsworth Publishing Company.

Water Technology Net (2006). *Katrine, water treatment project, Glasgow, United Kingdom*. http://www.water - technology.net/projects/katrine/.

Watkins, S. and Charlesworth, S.M. (2014). Sustainable Drainage Design. In: *Water Resources in the Built Environment – Management Issues and Solutions*. Booth, C.A. and Charlesworth S.M. (eds) Wiley Blackwell.

Wells, N. and Evans, G. (2003). Nearby Nature: A Buffer of Life Stress among Rural Children. *Environment and Behaviour, 35*, 3, 311–330.

Wilderness Act (1964). *Public Law 88–577* (16 U.S. C. 1131–1136) 88th Congress, Second Session September 3, 1964.

Woods Ballard, B., Wilson, S., Udale - Clarke, H., Illman, S., Scott, T., Ashley, R. and Kellagher, R. (2015). The SuDS Manual. CIRIA, London, 968pp.

Yu, K. (1995). Cultural variations in landscape preference: comparisons among Chinese sub - groups and Western design experts. *Landscape and Urban Planning, 32*, 2, 107–126.

Zube, E.H., Pitt, D.G. and Evans, G.W. (1983). A lifespan developmental study of landscape assessment. *Journal of Environmental Psychology, 3*, 2, 115–128.

第9章 绿色基础设施生物降解作用

艾伦 P. 纽曼，斯蒂芬 J. 库普
Alan P. Newman and Stephen J. Coupe

9.1 导言

人们普遍认为，可持续的排水设施产生的流出物在关键污染物方面的质量要优于进入的雨水。虽然情况并非总是如此，但是，如果可持续排水系统（SuDS）要完成规划使命，并继续实现减少污染的预期目标，就要解决污染物随时间累积的问题。令人担忧的是，这些污染物会使系统饱和，导致使用后期无法承担的污染物损失，系统的阻塞（造成液压故障），或在设施中产生宜人性、生态价值降低的问题。人们普遍认为有机污染物在系统中是可生物降解的，但在许多 SuDS 系统中，生物降解的作用在一定程度上是理论假定的，而不是经由研究确定的。

"绿色 SuDS"和"硬质 SuDS"的分类是一种生硬的划分，因为处理环境排水问题的最佳方法是开发一个"处理列车"（treatment train），在该系统中污水从一个设施流入另一个设施，并经过了若干级的处理。在这种情况下，硬质 SuDS（如透水路面或过滤排水道）向绿色 SuDS（如洼地）注入水，再由这些绿色 SuDS 提供初始雨水处理，并为如湿地或（通常干燥的）渗透盆地等下游设施提供保护。基于源头控制原则，应尽可能在接近源头的区域处理大部分污染物。生物降解既发生在大多数绿色 SuDS（平衡池、洼地、雨水花园等）中，也发生在一些硬质 SuDS（特别是透水路面）中。虽然在绿色 SuDS 和硬质 SuDS 中，生物降解的微生物和化学性质基本相同，但是后者往往有更大的机会让设计者进行生物降解的优化。本篇第 10 章将更详细地介绍硬质 SuDS。

本章首先简单介绍了一般的生物降解过程和特别的 SuDS 中的生物降解；接着讨论了生物降解和养分动力学在绿色 SuDS 中发挥的作用和在该领域已做出的研究努力，而一些特殊的原因使得研究绿色 SuDS 的生物降解比在容易受控制的硬质 SuDS 中更具挑战性；最后讨论了一些应用于 SuDS 的创新方法，并就如何将新的研究方法集成到 SuDS 从而使其形成作为一门独立的学科以及如何促进研究领域的发展提供进一步的多学科建议。

在一定程度上，大多数 SuDS 会对有机污染物的生物降解有所贡献。研究表明，在 SuDS "处理列车"中，沉积物中会积累足够的石油衍生碳氢化合物，使维护过程中的污泥处理成为问题（如 durand 等，2004）。这并不意味着生物降解没有发生，但另一方面它确实意味着，无论是在设计期间，还是在系统所需的维护周期内，生物降解的速度都不足以防止污染物进一步积累。这一问题的严重程度因污染物、设施和周围环境而异。一些 SuDS 设施提供了非常适合生物降解的条件，其中一部分经过初步开发并确认为污水处理三级处理流程的重要组成部分，应用于地表水排水。最好的例子是人工湿地，它们可能具有自然生态系统的表面外观，但实际上它们与硬质地表面设施一样，是工程和设计的产物。

9.2　生物降解的环境条件和要求

生物降解将污染物以生物介导的方式分解为更简单的物质，如果生物降解完全以及不可逆，那么最终产品应该为营养循环的气态成分。因此，如果污染物是有机化合物，理想的分解产品应该包括二氧化碳和水。这一过程使得其他类型的气态副产品污染物转化成为有机或无机氮化合物，最终以 N_2 的形式从系统中去除，但污染物副产品几乎总是含有不太理想的氧氮化物，特别是 N_2O（一种强效温室气体）（Richardson 等，2009）。就本章而言，这些过程涵盖在生物降解的定义中。在生物降解过程中，过滤被认为发生在植物系统（如洼地和草滤带）的茎和叶上。气态污染物被吸附到生物膜涂层介质的固体表面，并参与沉淀过程。这些过程可能涉及生物介导的化学变化，但不会产生消除污染物的气相变化。这些变化所需的条件常常受到 SuDS 设施环境的影响，生物降解也因此在 SuDS 系统中进行。例如，在人工湿地中，金属硫化物的沉淀依赖于被截留的有机物生物降解所产生的厌氧条件，这些有机物最初可能是进水污染负荷的一部分，或者是湿地中产生的死植物材料的组成部分。虽然生物降解本身必须针对可降解物质，但其他过程可以帮助清除无机污染物和不易生物降解的有机材料。在后一种情况下，要么在生物降解过程留下所谓的"死端代谢物"（如 Andersson & Henrysson，1996），要么污染物是相关化合物（如烃类馏分）的混合物，而持久存在的化合物则难以被降解。

正如前面提到的，SuDS 设施通常是"处理列车"的形式，其中的下游设施增加了污染衰减过程的有效性，但下游设施往往依赖上游的雨水保留，以确保在更为脆弱的生态系统中，污染物不会超载。同样的方法通常也适用于具有多级处理的单个设施。在这些设施中，系统上游部分的截留保护了生物活性更高的下游部分。将垃圾过滤器和水油分离器集成到雨水砂滤器的设计中便是这方面的一个好例子（USEPA，2014）。

从高度复杂的化合物和混合物（如多环芳烃、润滑油和燃料）到一些非常简单的化合物（如甲醇和乙二醇），雨水中的种种污染物都挑战着 SuDS 系统的生物降解能力。雨水中的污染物还可能包括含氮化合物，从结构复杂的蛋白质和核酸到简单的有机化合物（如尿素、尿酸到氨、硝酸盐或亚硝酸盐）。

生物降解的主要要求通常如下所示：

■ 微生物（适合于目标材料和环境）；

■ 碳和能源的来源物（可能是、也可能不是目标材料）；

■ 无机营养素（有时也包括有机微量营养素）；

■ 合适的水源；

■ 与氧（或另一个电子受体）有关的适宜环境。

生物降解的研究（Coupe 等，2003）通常包括合适的基质或平台，微生物可以在其上生长并与目标材料接触。然而，SuDS 文献中很少强调的一个因素是目标材料和微生物之间需要足够的接触时间。这意味着，要想成功地进行生物降解，污染物本身需要优先于水保留。当污染物形成分离的相，且快速的物理过程在生物降解过程中成为第一步时，这一点更容易实现，但当污染物混在溶液中时，生物降解就不容易进行。例如，机动车引起的碳氢化合物（如燃料和润滑油），如果作为一个独立的相，生物降解一般非常缓慢（一般周期是数月而不是数天），主要是因为它们的溶解度有限，可用率低，一些成分还具有毒性。这种缓慢的降解速度往往由于温度或水的可用性在某些时候严重限制生物降解。

进行生物降解的 SuDS 系统全年积累污染物，并且在条件最优时，必须足够快地对污染物进行生物降解，以确保降解在系统的设计寿命内不致超载。对于 SuDS 中的许多有机污染物而言，"实时"生物降解的重要性不及截留、储存和生物降解模型，这一事实也表明，当环境发生变化时必须考虑迁移。例如，埃利斯等（Ellis 等，2003）强调，在人工湿地中，包括有机污染物在内的负迁移效率可能会在大量流动或长期干旱后冲洗掉与沉积物相关的污染物，从而将湿地变成污染源。这意味着在这类系统中，生物降解速率不超过累积速率，最终诸如泥沙等无机沉积物的处理将因未降解有机污染物的累积而复杂化。所有 SuDS 的设计者和操作者都必须认识到，生物降解的目的是延长资产的寿命或 SuDS 系统维护活动之间的间隔，而不是将污染物完全降解。

9.3　生物膜（Biofilms）的概念及作用机理

在绿色 SuDS 体系中，生物膜的形成是污染物生物降解和滞留最重要的一个方面（图 9.1）。生物膜是单一物种或多种微生物种群的集合，它们通过细胞外聚合物（extracellular polymeric substances，EPS）分泌附着在细胞表面。在生物降解环境中，通常存在细菌、真菌、原生动物（Charlesworth 等，2012）和藻类（Singh 等，2006）的混合物。作为生物膜的一部分或在系统中自由生活的细菌和真菌（包括多细胞生物）的掠食者的作用不应被忽视。食草真核生物（包括原生动物）在维持和控制生物膜、保持水通道畅通和循环过程中发挥着重要作用（Griffiths，1995）。

辛格等（Singh 等，2006）指出，生物膜表面附着的细胞同生物体浮游阶段的细胞所表达的基因不同，而这种基因表达的转换是调控生物膜形成和发育所必需的。生物膜被描述为"由微生物建造的城市"（Lewandowski，2000）。众所周知，生物膜比同等数量的浮游生物更快地转化物质（de Beer 等，1993）。生物修复还可以通过增强生物膜生物之间的基因转移和化学趋化，使降解污染物的生物利用度增加（Singh 等，2006）。EPS 的主要成分包括多糖、蛋白质、某些情况下的脂类、少量的核酸及其他生物聚合物（Flemming & Wingender，2001）。弗莱明和温根德（Flemming & Wingender，2001）进一步指出，生物膜生物可以建立稳定的排列，并作为协同微团在多细胞中发挥作用。细胞在形成过程中投入了大量外酶、细胞碎片和遗传物质，有利于许多复杂物质的保留和循环。EPS 还鼓励对供应短缺的材料进行回收，避免它们从系统中丢失。重要的是，弗莱明和温根德（Flemming & Wingender，2001）指出 ESP 从溶液中隔离物质的过程对于流经系统的相关溶解污染物的截留至关重要。

在没有形成表面的情况下，生物膜生物体通常形成浮游或浮游生物膜团（Güde，1982）。以这种方式形成的絮状物是构成附着生物膜的第二好的方法，它表明对于大多数生物，生物膜是其存在的常态，浮游只是当生物膜无法形成时，生物体被迫进入的一种生长模式。虽然生物膜可能对生物体有利，但可能会导致堵塞和水流限制，对 SuDS 的设施性能产生负面影响。因此，在支持生物降解的 SuDS 设计中，应提供条件以鼓励附着生物膜的发展，并将降解材料集中在最容易维持生物膜的地方。

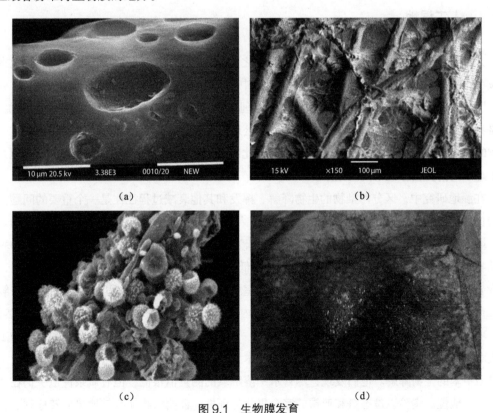

图 9.1　生物膜发育

（a）土工布纤维的表面显示生物膜开始生长的凹坑；（b）垂直的土工布纤维与交织生物膜；
（c）单一的土工布纤维与微生物附着；（d）表面生长生物膜的土工布片

9.4　绿色 SuDS 中的生物降解

与硬质 SuDS 不同，绿色 SuDS 不能轻易地使用基于实验室的微观世界来研究单个化合物或相关化合物组的降解。与透水路面等硬质 SuDS 相比，在实验室中创建足以反映现场情况的系统存在更大的困难（尽管不是无法克服的困难）。在某种程度上，这是规模所造成的问题，规模大小在降解过程中起着重要的的作用。在绿色 SuDS 的实验室模型中，维持生态系统的措施包括提供光线和合适的昼夜节律，以及消除积聚的热量。然而实验室模型最大的问题是，在生物降解研究中不可能确保某种特定有机污染物是能源和碳的唯一来源。绿色 SuDS 不可避免地含有大量潜在的可降解碳，特别是在建立"基线"活性水平方面，不能仅通过简单地监测二氧化碳的产生来研究活性。光合作用增加了研究的复杂性，因为无论是以前由光合作用产生的还是自然于生长介质中的非目标物质的显著氧化，都会释放出高含量的二氧化碳。在实地和实验室条件下，研究绿色 SuDS 的生物降解涉及其他间接的方法，例如识别和量化已知可降解目标化合物的微生物种类（Kampfer 等，1993；Zarda 等，1998）。识别特定基因的分子方法也很有用（Rakoczy 等，2011）。就污染物的输入和输出（包括挥发）之间的总体平衡而言，绿色 SuDS 也是许多研究的主题，但最近最成功的研究是一个使用同位素的研究。

9.4.1　人工湿地

人工湿地是研究得最多的绿色 SuDS 元素之一。肖尔茨（Scholz，2010）对人工湿地在控制城市径流方面的作用进行了介绍。人工湿地中对特定化合物降解的研究很少与 SuDS "处理列车"相关联，更多的是针对废水和地下水处理系统的研究（如 Wallace & Davis，2009）。一些研究针对的系统运行方式不太可能包括在"处理列车"中，比如通过强制曝气的方式增强化合物的降解（如 Wallace & Kadlec，2005）。因此，虽然这些研究可以提供有用的资料，但是需要注意不同情况会导致不同的结果。

在湿地研究中，区分污染物的生物降解、挥发和其他衰减过程往往是一个重要的问题。基于同位素进行的研究相对较新，但寻求平衡投入、产出和积累的传统方法已被广泛应用。例如，埃克和肖尔茨（Eke & Scholz，2008）以苯为模型，研究了采用不同分层结构构造的垂直流动实验湿地（6 个室内和 6 个室外实验）中低分子量石油组分的去除。研究结果表明，室内设备（受控环境）的清除效率高于室外。室外设备的苯平均去除率为 85%，化学需氧量（chemical oxygen demand，COD）为 70%，室内实验的去除效率分别为 95% 和 80%。然而，另一项实验发现，苯的去除主要依靠挥发。这一结论与拉科齐等（Rakoczy 等，2011）的工作形成对比，拉科齐等结合同位素研究和分子技术（旨在检测功能基因）研究了 370 天内人工湿地模型中苯的生物降解。他们发现，尽管水中溶解氧的测量值很低，但有氧条件似乎仍在系统中占主导地位。实验以铵态氮和亚铁的完全氧化为证据，证明植物能有效地将氧转移到沉积物中，且在第 231 天之后苯的去除率超过了 98%。实验还采用化合物特异性同位素分析方法研究了苯的原位降解，结果表明苯的降解主要是通过单羟基化途径进行的。此外，沉积物和根样品中苯系物（BTEX）单氧合酶基因 tmoA 的检测也支持了这一观点。他们根据同位素标记的方式计算出生物降解的程度，并证明至少 85% 的苯是通过这种方式降解的，只有一小部分的降解过程没有微生物参与。需要强调的一点是，他们的结论与埃克和肖尔茨（Eke & Scholz，2008）的结论之间存在差异，可能是由于在确定生物降解程度之前，系统已经开发了较长的时间。在奥地利，瓦青格等（Watzinger 等，2014）正进行类似的同位素研究，重点是柴油碳氢化合物（在这里指的是受污染的地下水）的降解。然而，从迄今为止获得的极少信息看，同位素研究似乎局限于尺度非常小的微观世界。

在人工湿地微生物群落中，微生物、基质和植物之间的关系非常复杂。它们在氧气进入根部传导过程中的作用并没有得到科学家的普遍认可。福尔韦特等（Faulwetter 等，2009）综述了微生物对处理湿地性能的影响，并基于对污水处理系统和天然湿地中已知过程的推断，认为微生物的这种影响仍存在疑问。他们利用间接证据证实一些基本假设，但主要依靠水化学的变化进行推断，没有考虑潜在的生物过程。

虽然学术界仍缺乏特定微生物群对湿地性能作用的直接证据，但分子方法已被用于研究人工湿地，其显著提高了证据的有效性。特鲁（Truu，2009）和福尔韦特等（Faulwetter 等，2009）综述了研究人工湿地微生物生物量、活性和群落组成的方法，包括利用从湿地生物群落中提取的脂肪酸甲酯（fatty acid methyl esters，FAMES）进行的生物多样性生化测量（Weavera 等，2012）和分子指纹技术。分子方法包括 "末端限制片段长度多态性"（terminal restriction fragment length polymorphism，TRF）（Sleytr 等，2009）和变性梯度凝胶电泳（denaturing gradient gel electrophoresis，DGGE）。这些技术通常跟着克隆技术，以产生细菌库，其可以通过注入扩增核糖体 DNA 限制分析（ARDRA）等技术进行更详细的研究。例如伊贝奎等（Ibekwe 等，2007）研究了植物覆盖和多样性之间的关系。其得出的结论是，植物覆盖度为 50% 的样品微生物多样性指数始终高于植物覆盖度为 100% 的样品，其克隆文库优势群细菌属于未进行分类的类群。

目前利用微生物多样性研究人工湿地生物降解的实验还没有转化为城市地表水处理湿地的研究。安西翁等（Ancion 等，2014）通过监测系统中多个位置的生物膜细菌群落组成的变化，研究了雨水处理列车（包括雨水花园、草甸洼地、雨水过滤器和湿地）的有效性。他们通过自动核糖体基因间的间隔分析（ARISA）对这些变化进行评估，发现当细菌群落组成形态变为与接收流相似时，细菌群落的存在形式出现显著差异，且雨水的处理排放似乎对接收河流中的群落影响甚微。

9.4.2　其他 SuDS 设施的生物降解

目前对其他绿色 SuDS 生物降解的研究较少，且并没有使用同位素方法。查尔斯沃斯等（Charlesworth 等，2012）研究堆肥的使用是否对洼地的保油性和生物降解功能的提高有所影响。该研究的关键成果是，深入了解应该如何改良植草沟设计及可供使用的更为优化的材料，特别是如何对堆肥的重要特征加以利用（作为有机物添加到洼地中，进行污染物处理和生物播种）。这项研究部分采用了更传统的培养、分离、显微镜检查/染色和生化/生理测试技术来研究包括石油降解菌和真菌在内的微生物的多样性和数量。但该研究也只考虑了能在好氧条件下生长的物种。传统方法的局限性在于，它们只能确定在实验室条件下可培养的微生物对多样性的影响。适当使用分子生物学方法可以克服这一困难。例如，勒费夫尔等（LeFevre 等，2012）对 58 个不同年龄、流域的雨水花园的微生物（分子方法）和总石油烃含量进行了研究。研究结果表明，种植深根植物的雨水花园，其土壤中降解石油的微生物数量要高于只有草坪的雨水花园。勒费夫尔等（LeFevre 等，2012）关于雨水花园土壤的另一项研究表明，萘的初始降解速率可能与细菌 16S rRNA 基因的数量有关。

9.5 绿色 SuDS 中的氮循环

氮可以以多种形式进入 SuDS，包括还原形式（NH_4^+），氧化无机氮（NO_3^- 和 NO_2^-）和溶解或微粒形式的有机氮。无机形式和有机形式的相对重要性可以根据土地利用的不同而变化（Collins 等，2010）。弗林特和戴维斯（Flint & Davis，2007）提出，在高度城市化地区，雨水径流的第一次冲刷中就存在大量的有机氮。如前所述，有机氮可以以复杂大分子的形式存在（如蛋白质或核酸），也可以以更简单的化合物形式存在（如尿素、尿酸和简单胺）。

在好氧环境中，NH_4^+ 可以通过两步微生物过程硝化至 NO_3^-，有机氮也可以氨化至 NH_4^+ 或硝化至 NO_3^-。这些微生物过程会转化氮（除非 pH 值很高，否则它们不会去除氮），导致氨流失到大气中。这是一个不受欢迎的结果，因为会产生当地和全球环境问题。因此，当雨水径流通过 SuDS 时，可以通过植物和微生物的吸收、吸附和微生物的介导的反硝化过程来将氮去除。氮吸收和吸附只是暂时移除氮元素，不属于生物降解，但微生物的反硝化作用会以气态的形式永久去除系统中的硝酸盐（如 N_2O 或 N^2），因此可以满足之前讨论的生物降解的定义。在反硝化的最后一步，微生物利用硝酸盐作为代替氧气作为最终的电子受体，因此需要相对缺氧的条件。氨必须被氧化以提供反硝化步骤中所需要的硝酸盐，因此好氧过程必须存在于 SuDS 装置本身（在时间或速度上与厌氧步骤分离）或"处理列车"的前期步骤。

研究表明，改变绿色 SuDS 的设计有时可以提高氮的去除效率，但必须考虑水文滞留时间，因为它可能是反硝化的关键步骤（Kaushal 等，2008；Klocker 等，2009）。柯林斯等（Collins 等，2010）对改变绿色 SuDS 的设计可能带来的负面后果提出了警告，这些变化可能会导致宜人性或生态价值的丧失。例如，为了达到缺氧阶段，需要进行保水、减缓渗透和排水时间的改变，而这些设计都需要额外的存储空间，以使系统能够在设施或"处理列车"的前期步骤中进行容量处理。如果拟定的改变包括电子供体的修改，例如对有机物和元素硫的修改（Sutton - Grier 等，2011），可能会产生例如生物需氧量下降，强效温室气体甲烷释放量增加等负面环境影响，甚至还有可能产生其他意想不到的后果，比如磷和重金属的排放。值得注意的是，该系统在很大程度上更倾向于将氮释放为 N_2，而不是非常强效温室气体 N_2O。

在 SuDS 脱氮的研究中，由于反硝化是系统中唯一永久去除氮的过程，所以必须区分反硝化和固定化的脱氮机理。在植物吸收和微生物进行固定情况下，氮仍然存在于有机体中，并且在未来有可能以各种有机和无机形式从系统中输出。为了解决这些问题，研究必须跳脱出氮元素输入和输出的分析方法，量化 SuDS 中氮循环和去除过程，并跨几个季节和安装类型进行分析。地面设施中氮矿化和硝化的定量方法已经建立（如 Hart 等，1994；Robertson 等，1999）。正如格罗夫曼等（Groffman 等，2005）所指出的那样，反硝化作用更为复杂，这是因为在需氧和厌氧条件之间波动的地面设施中，反硝化的精确定量方法尚未完全建立，并且目前的所有方法在不同的时间、位置以及条件下都具有显著的缺点。

研究者通过检测特定的反硝化酶活性测量绿色 SuDS 的反硝化潜力（Bettez & Groffman，2012）。他们比较了美国马里兰州巴尔的摩市（Baltimore，Maryland，USA）5 种类型的 SuDS（湿池、干蓄水池、干延长蓄水池、渗透盆地和过滤系统）和森林与草本河岸地区的潜在反硝化作用，发现在 SuDS 中的反硝化活性大约是河岸地区的三倍。

稳定同位素技术很可能成为定量反硝化和同化作用的首选方法。佩恩等（Payne 等，2014）提出使用柱状微生态系统研究 $^{15}NO_3$ 在生物同化和反硝化之间的分配。他们发现，与预期相反，同化是典型暴雨水浓度（1-2mgN/l）下去除 NO_3^- 的主要方法，在含最有效的植物种类的柱中，平均贡献了 89%-99% 的 $^{15}NO_3$ 周转率，只有 0%-3% 被反硝化，0%-8% 残留在孔隙水中。反硝化作用对含效价较低的组分列起较大的作用，能处理高达 8% 的 $^{15}NO_3^-$ 中，且处理效率随硝酸盐的增加而增强。佩恩等（Payne 等，2014）指出，实验结果需要在实地条件下，通过氮的长时间跟踪变化进行验证。季节效应（特别是在温带）将是今后研究的一个重要课题。无论如何，上述发现是绿色 SuDS 中氮过程的识别和量化所迈出的第一步，因此，佩恩等（Payne 等，2014）认为上述发现"代表了迄今为止以黑匣子为主的研究方法的重要进展"。

9.6 结论

最近的研究在针对绿色 SuDS 的营养关系的同时，还努力增进了对天然土壤、水中营养和污染物动态的了解。只有通过实验室和实地试验，确定研究的化合物在适当时间段内的衰减和释放，才能使绿色 SuDS 更好地遵循环境保护原则。研究者将分子技术和稳定同位素等应用于 SuDS 的新方法结合起来，揭示与转化过程有关的有机体，以及由此导致的水、植物、微生物和土壤中营养物质的分配。

SuDS 实验室和实地试验能对土壤过程和环境污染中一些最重要的问题提供思路。在此过程中有可能产生新的、专门设计的实验性 SuDS 系规划可以将其作为排水方案的一部分，以便于研究者控制流量和体积的输入，快速观察和记录污染情况，并在排水设施中安装监测设备。使用 SuDS 设施研究基础问题的其他优势在于，此类系统的所有权以及监视站点的许可相对容易获得。正如本章所提到的，研究在比较过程和总体的有效性时必须小心谨慎（比如自然湿地和构造湿地），虽然它们潜在的许多科学原理相似，但不应假定 SuDS 设施无法代表更广泛的环境。

对绿色 SuDS 的土壤和水中生物过程的详细分析是进一步研究的主要方向，特别是考虑到植物、土壤微生物（细菌、原生动物和后生动物，如线虫）和土壤养分流动之间的已知联系。如前所述，微生物在生物膜中的缔合趋势、根际微生物的丰富度与土壤通气、养分吸收、化合物的分配和循环之间的联系，都对绿色 SuDS 的有效性产生积极影响。因此，后续研究必须更充分地理解这些问题，将微生物作为一系列过程中的重要环节和运作整体的重要部分，以便克服复杂动态系统运作中的困难，并能够解锁未知。

参考文献

Ancion, P.Y., Lear, G., Neale, M., Roberts, K. and Lewis, G.D. (2014). Using biofilm as a novel approach to assess stormwater treatment efficacy. *Water Research, 49*, 406–15.

Andersson, B.E. and Henrysson, T. (1996). Accumulation and degradation of dead - end metabolites during treatment of soil contaminated with polyaromatic hydrocarbons with five strains of white rot fungi. *Applied Microbiology and Biotechnology, 46*, 647–652.

Bettez, N.D. and Groffman, P.M. (2012). Denitrification Potential in Stormwater Control Structures and Natural Riparian Zones in an Urban Landscape. *Environmental Science and Technology, 46*,10909-10917. Available at: http://pubs.acs.org/doi/abs/10.1021/es301409z.

Charlesworth, S.M., Nnadi, E.O., Oyelola, O., Bennett, J., Warwick, F., Jackson, R.H. and Lawson, D.(2012). Laboratory based experiments to assess the use of green and food based compost to improve water quality in a sustainable drainage (SuDS) device such as a swale. *Science of the Total Environment, 424*, 337–343.

Collins, K.A., Lawrence, T.J., Stander, E.K., Jontos, R.J., Kaushal, S.S., Newcomer, T.A., Grimm, N.B. and Ekberg, M.L.C. (2010). Opportunities and challenges for managing nitrogen in urban stormwater: A review and synthesis. *Ecological Engineering, 36* (11), 1507–1519.

Coupe, S.J., Smith, H.G., Newman, A.P. and Puehmeier, T. (2003). Biodegradation and microbial diver-sity within permeable pavements. *European Journal of Protistology, 39*, 495–498.

de Beer, D., van den Heuvel, J.C. and Ottengraf, S.P.P. (1993). Microelectrode measurements of the activity distribution in nitrifying bacterial aggregates. *Applied and Environmental Microbiology, 59*, 573–579.

Durand, C., Ruban, V. and Oudot, J. (2004). Characterization of the organic matter of sludge: determination of lipids, hydrocarbons and PAHs from road retention/infiltration ponds in France. *Environmental Pollution, 132*, 375–384.

Eke, P.E. and Scholz, M. (2008). Benzene removal with vertical - flow constructed treatment wetlands. *Journal of Chemical Technology and Biotechnology, 83* (1), 55–63.

Ellis, J.B., Shutes, B.E.R. and Revitt, M.D. (2003). *Constructed wetlands and links with sustainable drainage systems*. Environment Agency. ISBN 1857059182. Available at: https://eprints. mdx.ac.uk/6076/1/SP2–159 - TR1 - e - p.pdf.

Faulwetter, J.L., Gagnon, B.V., Sundberg, C., Chazaren, C.F., Burr, M.D., Brisson, B.J., Camper, A.K. and Steina, O.R. (2009). Microbial processes influencing performance of treatment wetlands: A review. *Ecological Engineering, 35*, 987–1004.

Flemming, H.C. and Wingender, J. (2001). Relevance of microbial extracellular polymeric substances (EPSs) – Part I: Structural and ecological aspects. *Water Science and Technology, 43*, 1–8.

Flint, K.R. and Davis, A.P. (2007). Pollutant mass flushing characterization of highway stormwater runoff from an ultra - urban area. *Journal of Environmental Engineering, 133*, 616–626. doi:10.1061/(ASCE)0733 - 9372(2007)133:6(616).

Groffman, P.M., Dorsey, A.M. and Mayer, P.M. (2005). Nitrogen processing within geomorphic features in urban streams. *Journal of the North American Benthological Society, 24*, 613–625.

Griffiths, B.S. (1995). *Soil nutrient flow*. In: Darbyshire, J.F. (ed.), Soil Protozoa. CAB International, Guildford.

Güde, H. (1982). Interactions between floc - forming and non floc - forming bacterial populations from activated sludge. *Current Microbiology, 7* (6), 347–350.

Hart, S.C., Stark, J.M., Davidson, E.A. and Firestone, M.K. (1994). *Nitrogen mineralisation, immobilisation and nitrification* In: Weaver R.W., Angle L.S., Bottomley, P.J., Bezdicek D.F., Smith (eds) *Methods of soil analysis Part 2 Microbiological and chemical processes*. Soil Science Society of America. Madison, Wisconsin, 986–1018.

Ibekwe, A.M., Lyon, S.R., Leddy, M. and and Jacobson - Meyers, M. (2007). Impact of plant density and microbial composition on water quality from a free water surface constructed wetland. *Journal of Applied Microbiology, 102* (4), 921–936.

Kämpfer, P., Steiof, M., Becker, P.M. and Dott, W. (1993). Characterisation of chemoheterotrophic bacteria associated with the in situ bioremediation of a waste oil contaminated site. *Microbial Ecology, 26*, 161–188.

Kaushal, S.S., Groffman, P.M., Mayer, P.M., Striz, E., Doheny, E.J. and Gold, A.J. (2008). Effects of stream restoration on denitrification in an urbanizing watershed. *Ecological Applications, 18*, 789–804.

Klocker, C.A., Kaushal, S.S., Groffman, P.M., Mayer, P.M. and Morgan, R.P. (2009). Nitrogen uptake and denitrification in restored and unrestored streams in urban Maryland, USA. *Aquatic Sciences, 71*, 411–424.

LeFevre, G.H., Hozalski, R.M. and Novak, P.J. (2012). The role of biodegradation in limiting the accumulation of petroleum hydrocarbons in raingarden soils. *Water Research, 46* (20), 6753–6762.

Lewandowski, Z. (2000). *Structure and Function of Biofilms*. In: Biofilms: Recent Advances in Their Study and Control, L.V. Evans (ed.), 2000 Harwood Academic Publishers. pp 1–17. ISBN 3-093-7.

Payne, E.G.I., Fletcher, T.D., Russell, D.G., Grace, M.R., Cavagnaro, T.R., Evrard, V., Deletic, A., Hatt, B.E. and Perran, L.M. (2014). Temporary Storage or Permanent Removal? The Division of Nitrogen between Biotic Assimilation and Denitrification in: Stormwater Biofiltration Systems. *PLoS ONE 9*: 3. e90890. doi:10.1371/journal.pone.0090890.

Rakoczy, J., Remy, B., Vogt, C. and Richnow, H.H. (2011). A bench - scale constructed wetland as a model to characterize benzene biodegradation processes in freshwater wetlands. *Environmental Science and Technology*, 45: 23, 10036–44. doi: 10.1021/es2026196.

Richardson, D., Felgate, H., Watmough, N., Thomson, A. and Baggs, E. (2009). Mitigating release of the potent greenhouse gas N_2O from the nitrogen cycle – could enzymic regulation hold the key? *Trends in Biotechnology, 27* (7), 388–97.

Robertson, G.P., Wedin, D., Groffman, P.M., Blair, J.M., Holland, E.A., Nadelhoffer, K.J. and Harris, D. (1999). *Soil carbon and nitrogen availability: nitrogen mineralization, nitrification and carbon turnover*. In: Robertson, G.P., *et al.* (eds) *Standard Soil Methods for Long - Term Ecological Research*. Oxford University Press, New York. 258–271. Available at: http://tinyurl.com/ogjbukd.

Scholz, M. (2010). *Wetland Systems*. Springer. ISBN - 13: 9781849964586.

Singh, R., Paul, D. and Jain, R.K. (2006). Biofilms: implications in bioremediation. *Trends in Microbiology, 14* (9), 389–397.

Sleytr, K., Tietz, A., Langergraber, G., Haberl, R. and Sessitsch, A. (2009). Diversity of abundant bacteria in subsurface vertical flowconstructed wetland. *Ecological Engineering, 35*, 1021–1025.

Sutton - Grier, A.E., Keller, J.K., Koch, R., Gilmour, G.J. and Megonigal, P. (2011). Electron donors and acceptors influence anaerobic soil organic matter mineralization in tidal marshes. *Soil Biology and Biochemistry, 43* (7), 1576–1583.

Truu, M., Truu, J. and Heinsoo, K. (2009). Changes in soil microbial community under willow coppice: the effect of irrigation with secondary - treated municipal wastewater. *Ecological Engineering, 35*, 1011–1020.

USEPA (2014). *Sand and Organic Filters*. USEPA. Available at: http://www.epa.gov/npdes.

Wallace, S. and Davis, B.M. (2009). *Engineered Wetland Design and Applications for On-Site Bioremediation of PHC Groundwater and Wastewater*. Society of Petroleum Engineers. 4, 01, 1–8. doi:10.2118/111515 - PA.

Wallace, S. and Kadlec, R. (2005). BTEX degradation in a cold - climate wetland system. *Water Science and Technology, 51* (9), 165–171.

Watzinger, A., Kinner, P., Hager, M., Gorfer, M. and Reichenauer, T.G. (2014). Removal of diesel hydrocarbons by constructed wetlands – Isotope methods to describe degradation. In - situ Remediation '14 Conference, London, UK, 2nd - 4th September 2014. Available at: http://theadvocateproject.eu/conference/presentations.html.

Weavera, M.A., Zablotowicza, R.M., Jason - Krutza, L.J., Brysona, C.T. and Lockeb, M.A.

(2012). Microbial and vegetative changes associated with development of a constructed wetland. *Ecological Indicators*, *13*, 37–45.

Zarda, B., Mattison, G., Hess, A., Di Hahn, D., Höhener, P. and Zeyer, J. (1998). Analysis of bacterial and protozoan communities in an aquifer contaminated with monoaromatic hydrocarbons. *FEMS Microbiology Ecology*, *27*, 141–152.

第10章 硬质基础设施中的烃类生物降解

斯蒂芬·J.库普，艾伦·P.纽曼，路易斯·安杰尔·萨努多·丰塔内达
Stephen J. Coupe, Alan P. Newman and Luis Angel Sañudo
Fontaneda

10.1 导言

本章讨论的是"硬质"SuDS设施，而不是植物、绿色或其他"软质"SuDS基础设施；后者的结构、功能及相关的生物膜（biofilms）在前一章有所介绍。生物降解是可持续排水设施的一个重要功能，设计师可以对系统进行优化以加强这方面的作用。从本质上讲，硬质基础设施包括过滤排水管、透水路面系统和其他类似设施，它们通常位于地下，且具有一层或多层生物膜。在英国与其他欧洲国家，过滤排水管与主要道路是平行设置的。顾名思义，过滤排水管的主要作用是排出不透水路面上多余的地表水，并在将其输送至接受水道之前先对其进行过滤。在防洪中，它们对道路使用者的安全具有重要作用并能通过清除雨水来保护路面。PPS还能通过渗透的方式去除多余的水，但通常被安装在交通量较小的区域或停车场和步行区。更多关于PPS结构和功能的详细信息，请参见查尔斯沃思等（Charlesworth等，2014）的研究。

本章涉及的污染物仅限于包括燃料和润滑油在内的碳氢化合物，因为这些污染物可被当作生物膜中微生物的养分来源。此外，人们早已明白这种碳氢污染物在城市环境中很常见（Whipple & Hunter，1979），并且其含量与城市化、交通和工业化的发展有关。

10.2 硬质SuDS结构、设计及相关技术

与绿色SuDS相比，PPS或过滤器的实验室模型建立相对容易；该模型包括通过监测二氧化碳的产生量来测定呼吸速率，从而确定生物膜的活性。在硬质SuDS中不存在需要光照的大型植物，将碳氢污染物作为唯一重要的碳源是十分合理的。因此，对于实验研究而言，这种"黑匣子"（black box）方法比对绿色SuDS进行实测更合理；但是对于全尺寸的室外模型和带

电装置的研究来说，二氧化碳通量的测量存在相当大的问题。相对于基于截留且较为简单的衰减机制来说，使用质量平衡的方法确定生物降解对污染物的衰减比率面临着巨大的困难。因为在实际情况下，还会存在测量地表污染输入的问题。作者们并未意识到在硬质 SuDS 中使用稳定同位素的研究，已被证明与第 9 章所述的对人工湿地的研究一样成功。

这里存在一个误解，即制造商和销售方通常认为带石底基层的 PPS 能够媲美在污水处理中使用的滴滤池（trickling filter）。虽然销售方和商业组织为了方便交流，正试图简化这件事，但同样的误解也存在于学界中。虽然 PPS 和滴滤池之间存在诸多相似之处，特别是它们都具有很好的碳氢化合物降解功能，但这也只是纯粹的表面现象。与滴滤池不同的是，PPS 只能间歇地供应水和碳氢污染物。因此，除非设计的系统能够长时间保留碳氢化合物，否则开发石油降解生物膜的机会就会减少。它们之间的另外一处不同点是，PPS 的温度和污染物负荷条件是高度可变的。滴滤池会接收沉淀的污水，但硬质 SuDS 中的氮和磷含量相对较低（尽管它们的营养物去除能力通常被质疑）。同样重要的一点是，最大质量的碳氢化合物是以分离相的形式进入 PPS 的，这通常是一层薄薄的彩虹色薄膜，但在灾难性事件中，它可以以相对干净的燃料或润滑油的形式出现。在污水处理厂中，操作人员将尽一切努力排除包括游离相油和油脂在内的悬浮物，这些悬浮物将在初沉（或在前面的步骤）中被有效分离。最后，与控制进水率以确保系统得以控制并不会淹没的滴滤池不同，PPS 的空隙被设计为一种储存空间，以便在大多数重大降雨事件中实现含水饱和度的可变性。路面在最大设计暴雨期达到设计暴雨的最大值时，可能会出现直至铺筑层底部，含水率都为饱和的情况。所以雨量如果超过路面的设计暴雨，可能出现地面洪水。这与滴滤池中的情况非常不同，在滴滤池中做的所有努力都是为了使一层非常薄的液体与颗粒介质保持紧密接触。因此，PPS 中的环境是非常不同的，当雨水滴落在石层中时会发生显著的生物降解，但除了那些很容易发生生物降解的化合物之外，其他物质能否发生降解这一点是存在疑问的。物理包容、吸附和随后的降雨事件之间的生物降解都必须成为主要机理。与 PPS 性能相关的一个重要因素是，生物膜会降低路面积水在雨水事件之间溶解碳氢化合物的能力，从而减缓第一次冲洗时释放溶解碳氢化合物的趋势。然而，如果免费产品发布，这一点的重要性将变得无关紧要，而这将严重依赖于 PPS 的设计。

如图 10.1 所示为最典型的透水路面设计的横截面，值得仔细检查以确定最适合生物降解的条件。虽然混凝土块的表面层很容易吸收油，但它们会在很长一段时间内由于干燥得太快而不能进行显著的生物降解过程；并且在太阳的照射下，其表面温度高到可以杀死微生物。这意味着当条件合适时，块表面上的任何降解油的生物膜都需要被重新建立，因此这里的生物降解程度不如系统的其他部分重要。然而，光降解和蒸发可能会在污染物去除中起到重要作用，并引起被捕获的污染物产生化学变化。同样重要的是，还需要以不超过下层生物降解能力的速率，将油储存在块体材料表面或材料中，以便释放。如图 10.2 所示，在以 $10ml/m^2$ 的速率装载油后数月，实验停车场中砌块的油污，而块之间的渗透间隙可以形成非常好的生物降解位点。渗透通道（infiltration channels）的下游能长时间保持相对潮湿，砾石铺设（gavel laying）过程也是如此。

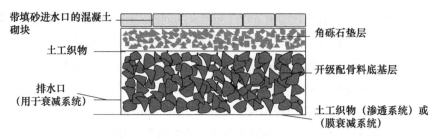

图 10.1　理想化透水路面系统中的各层剖面图，总深通常为 450mm

图 10.2　受污染的停车场，图中展示了渗透性块体和砾石垫层上的油污（改编自 Tim Puehmeier）

　　块之间的渗透通道以及填充砂砾的间隙能够促进杂草生长的趋势表明，水关系可以非常良好并且更细颗粒的积累可以用于滞留从表面进入的无机营养物。然而，当合适的土工合成材料覆盖 10mm 的铺设层时，土工合成材料可以最有效地进行最初的石油滞留（Bond，1999）。第 11 章将详细介绍土工合成材料在 PPS 中的作用。

　　虽然生物降解肯定发生在底基层中，但是大部分分离相的油被存储在结构中更高的位置，并且相对大的空隙率将使较少的油作为光泽通过系统而不是 10mm 的屏障铺设层，这在暴雨事件中尤为重要。然而，石材表面确实会长期保持潮湿，并且通常表明能够维持有氧条件（Pratt 等，1999）。这很可能是在长期干旱期间，石油降解微生物存活时间最长的区域；而且底基层（sub-base）可能会形成一个有机体库并能够使那些因干旱而死亡的地区恢复生机。

10.3　硬质 SuDS 中生物降解的证据

　　尽管早在 20 世纪 70 年代，西伦（Thelen）和豪（Howe）（1978）在多孔沥青研究中提出了多孔路面在生物降解方面的潜力，但这似乎主要是基于假设。邦德（Bond，1999）首次在实验室内对实际常规添加的石油在透水路面模型（模拟接近合理的非灾难性输入）中的保留和生物降解作用进行了控制变量研究。实验预计使用的装油率为英国停车场正常日装载率的

10 倍左右。在实验室条件下，在从环境中输入的这些营养素将为零的基础上，使用市售的微生物和人工施用的无机营养素混合物来接种模型试验台。因此，应用包膜肥料缓释肥料颗粒（Osmocote slow release fertiliser granules）的结果表明（Pratt 等，1999），升高的二氧化碳水平可以维持超过 400 天而不需要何进一步添加的缓释营养素（图 10.3）。

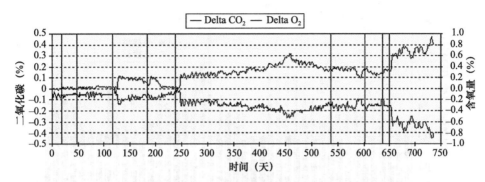

图 10.3 750 天内模型 PPS 的二氧化碳演变和耗氧量（改编自 Bond，1999）

研究使用较小的试验台进行近似质量平衡，并通过研究系统动力学证明一次性使用的石油降解似乎遵循一级动力学。研究发现，降解率并不特别高但却相当可观，最佳半衰期约为 6 个月。在低技术、低投入、长期的水资源管理和污染解决方案的背景下（Bond，1999），建立硬质 SuDS 作为多重效益技术方面取得了令人鼓舞的进展。

纽曼等（Newman 等，2002）的报告显示，尽管在未来 4 年内使用了石油，但该系统仍然运行良好，并且能在保持营养和水同时继续进行生物降解。当然，该模型在长达 200 天内使营养素逐渐减少这方面受到了质疑，因为这导致了呼吸率下降。但呼吸率的下降会在 48 小时内得到迅速逆转，而且一旦使用新鲜无机营养素，模型会在 75 天的干旱期后出现类似的快速恢复。

在确定了 PPS 具有长期保持石油降解生物膜的能力后，需要回答的一个重要问题是，生物降解过程是否需要在开始时通过添加石油降解微生物群来启动，或者说微生物是否可以在短时间内从路面材料本身或外部环境中被利用。邦德（Bond，1999）之前使用的商业混合物是否最适用于 PPS 环境（Newman 等，2002b）这一点也尚未可知。为了研究这一点，他将变性梯度凝胶电泳与聚合酶链反应（Polymerase Chain Reaction，PCR）结合使用，从试验台流出的细胞和初始接种物中提取了部分 16S 核糖体 RNA 基因。结果表明，从长期 PPS 模型和初始接种物中分别提取的生物体具有明显不同的带状模式。这证实了随着时间的推移，多孔路面中的种群发生了变化，并且来自环境中的生物体似乎淘汰了初始接种物（Newman 等，2002b）。

库普（Coupe，2004）的一项平行研究监测了由荧光素二乙酸酯（fluorescein diacetate）水解率指示的实验台废水中的微生物活性（Lundgren，1981；Schnurer & Rosswall，1982），其结果表明，接种和未接种的实验台在大约 20 周后显示出相同的活性（图 10.4）。

研究结束时，在接种和未接种系统中，废水的活菌数约为 $10.4ml^{-1}$；而钻井材料上保留了类似数量的油。矿物油是该系统中唯一的碳源，在这两个处理过程中已经建立了一个丰富多样的原生动物和后生动物群落。如图 10.4 所示，最初接种的实验台中的活性几乎是未接种的实验台的 2 倍，说明了在 PPS 设施的生命早期适当进行接种的潜在益处，有利于在有限时间的研究中快速建立生物膜。然而，后来有证据表明，在接种了适合的接种物后，原生食肉动物特别是大型悬浮取食纤毛虫的数量增加了。这就解释了部分 DGGE 结果中接种菌消失的原因，当然这也可能与荧光素二乙酸酯（fluorescein diacetate asay，FDA）活动模式的初始差异有关。

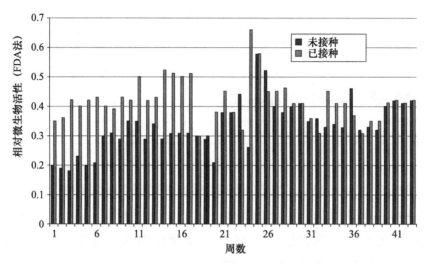

图 10.4　测定 PPS 系统活性的 FDA 分析结果，比较接种和未接种模型（改编自 Coupe，2004）

10.4　硬质 SuDS 中的微生物和生物膜

对碳氢化合物降解生物的研究已经存在很多年了，起因主要与海洋和陆地环境中的重大石油泄漏事件有关。在 20 世纪 50 年代之前，研究就已经发现了可以降解碳氢化合物的 100多种细菌、酵母和霉菌（Puehmeier，2009）。从那时起，就有许多其他物种被发现。最常见的分离细菌依次为假单胞菌属、无色杆菌属、黄杆菌属、诺卡氏菌属、红球菌属、节杆菌属、棒状杆菌属、酸杆菌属、芽孢杆菌属、微球菌属、短杆菌属、分枝杆菌属、碱性杆菌属和气单胞菌属（Atlas，1978、1981、1995；Leahy & Colwell，1990；Kämpfer 等，1991；Atlas & Bartha，1992；Riser-Roberts，1992、1998；Arino 等，1996；Singh & Ward，2004）。在被石油污染的 PPS 中能够检测到许多已被记录的物种和在受污染地点发现的未命名生物的 DNA 序列（Puehmeier，2009）。

尽管相关研究者的相对贡献有所不同，但他们都有规律地发现并记录了碳氢降解真菌（如曲霉、青霉、木霉菌）（Leahy & Colwell，1990；Riser-Roberts，1992、1998；Andersson & Henrysson，1996）。宋等（Song 等，1986）研究表明，沙质壤土中正十六烷的矿化过程有 82%归因于细菌，而只有 13% 归因于真菌，但这可能因系统而异。当然，真菌菌丝和子实体经常出现在石油降解透水路面上，并可经由分子方法（Puehmeier，2009）和生化标记（磷脂脂肪酸）法被检测。但它们在某些条件下似乎不存在，其原因尚未真正确定。有一理论认为在一些石油降解系统中不存在真菌的原因可能只是时间问题：细菌能在几天内形成覆盖表面的生物膜，而真菌所需要的时间通常比细菌长得多。此外，与其他微生物群相比，真菌不容易从流动系统中排出和洗脱，这可能解释了它们在某些取样场合数量较低的现象。辛格和沃德（Singh & Ward，2004）提出了关于对碳氢化合物生物降解机理的一般性介绍的一些建议。

了解 PPS 中石油降解生物膜的结构和排列也是很重要的一项内容，因此光学和电子显微镜都已被用于监测生物膜的发展。

如图 10.5a 所示为扫描电子显微镜（Scanning Electron Microscopy，SEM）中的生物膜图像。如图 10.5b 所示为受油污较严重的 PPS 土工合成材料中细菌的透射电子显微照片（Transmission Electron Micrograph，TEM）。显而易见的是，在扩大的细胞液泡中存在油滴，这与卡莫特拉和辛格（Cameotra & Singh，2009）在暴露于油的假单胞菌物种中观察到的结构相似。他们发现细胞通过许多纤维投射物相互连接，并且这些纤维投射物集中在细胞外分泌形成的网络区域中。当它们以葡萄糖为碳源生长时，所有这些结构都不存在。有人认为，纤维状网络可能是碳氢化合物和表面活性剂结合形成的复合物，并且这种复合物可能为将碳氢化合物输送到细胞表面进行吸收提供了一种方式。

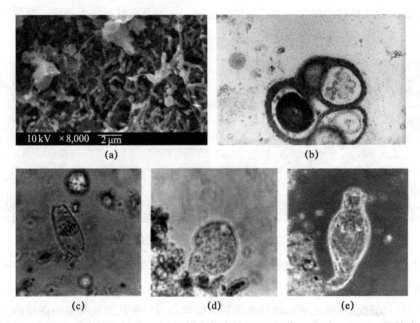

图 10.5 （a）扫描电镜生物膜；（b）排出物中的 TEM 细菌；（c）colpoda 属的分支；
（d）测试阿米巴属的真草甘膦；（e）轮虫（转载自 Newman，A.P.，Pratt，C.J.，
Coupe，S.J. & Cresswell，N.，2002；Oil bio-degradation in permeable
pavements by microbial communities. *Water Science & Technology*，
经版权所有者许可，IWA 出版）

虽然他们认为原生动物和其他非石油降解真核生物（图 10.5c ～图 10.5e）对石油降解生态系统的健康非常重要，但它们本身并不能对石油进行降解，而只是一种利用石油作为碳和能源的微生物。捕食者对细菌和真菌生物膜的调节作用尤为重要，而原生动物在保持颗粒系统中水流通道畅通方面也起了很重要的作用（Mattison & Harayama，2002）。在原生动物和后生动物群落形成密集、物种丰富的种群时，它们可能会刺激生物降解过程。库普等（Coupe 等，

2003）已经通过使用适当的抗生素证明了细菌或真菌也能促进类似程度的生物降解，而包含原生动物但不受抗生素抑制的完整微生物群落能降解最大数量的油脂。卡勒特（Kahlert，1999）和鲍恩斯高（Baunsgaard，1999）曾指出，原生动物的捕食过程对无机营养物的循环利用具有非常重要的促进作用。

10.5　标准硬质 SuDS 的多样化设计

PPS 是一种利用塑料而非石头作为底基层替换单元的设施。与石头底基层系统相比，PPS 可以形成的生物膜和通过表面涂抹得以物理性地滞留石油的可用表面积要小得多。为了弥补这一点，普迈尔等（Puehmeier 等，2005）设计了一种浮垫装置，该装置提供了一种可以吸收油并且可供微生物在上面生长的表面。在原型中，浮垫最初是通过将土工合成材料附着到由聚丙烯制成的网格上而产生的。该网格伴发泡剂从而得以在结构中产生气泡，后来的设计则将浮力元件直接与土工合成材料相结合。电子显微镜显示，土工合成材料层上形成了非常致密和高度结构化的生物膜（图 10.6）。

图 10.6　PPS 中油污染的漂浮垫上生长的细菌生物膜的扫描电子显微照片

最初的实验是在小规模的试验室中进行的（Puehmeier 等，2005），当营养条件不同时，可以发现在垫子上生长的生物膜在结构和密度方面存在相当大的差异。在低营养条件下，如果不添加无机肥料，仍然会形成几乎连续的生物膜，但生物膜只能从油的降解中获得能量。在水面上方的顶部空间所进行的二氧化碳测量表明，在低营养条件下，位于浮垫上的油的降解率比在水体上自由漂浮的油更高（Puehmeier 等，2005）。在生物膜种群的研究中应用了分子方法（DGGE），其结果表明，与其他细菌相比，低营养漂浮垫室内的细菌群落更为多样。在高营养条件下，漂浮生物膜上的物种与水体中的物种非常相似；而在低营养条件下则有显著差异。

这些浮垫也适用于具有离散隔油渗透点的宏观透水路面，从而将雨水引入结构点的地下透水底基层（Neman 等，2013）（图 10.7）。

在这些装置中，可在浮垫（floating mats）、垂直土工合成材料过滤器（vertical geotextile filter）和石头底基层（stone sub-base）上获得生物膜形成的表面；但大部分碳氢化合物都被保留在通道收集器中，并且收集器中含有的碳氢化合物的浓度是流出物中的数千倍（Newman 等，2013）。

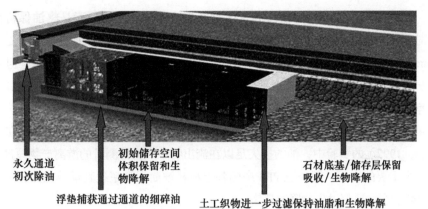

永久通道
初次除油

浮垫捕获通过通道的细碎油

初始储存空间
体积保留和生
物降解

土工织物进一步过滤保持油脂和生物降解

石材底基/储存层保留
吸收/生物降解

图 10.7　穿过透水路面的拦截、储存和处理区域剖面图（经 SEL 环境许可）

10.6　其他硬质 SuDS 的生物降解研究

在西班牙，贝恩等（Bayón 等，2005）使用电子显微镜研究土工合成材料上的生物膜，并且能够证明一种旨在减少从底层蒸发的新型土工合成材料在保持油降解生物膜方面与当时最常用的两种生物膜一样好（Gomez-Ullate 等，2010）。后来他们将工作扩展到西班牙北部 PPS 停车场进行实地研究，在那里他们能够通过增加亚基地大气中的二氧化碳来检测生物降解（Sañudo-Fontaneda 等，2014）。

肖尔茨（Scholz，2009）、格拉比奥维奇（Grabiowiecki，2009）和格拉比奥维奇（Grabiowiecki，2010）提出使用 PPS 来利用地源热泵回收能量，并且已经证明可以使用沟壑水作为有机污染物负荷的来源（可能含有一些矿物油），尽管它将路面用作热交换器，但仍可以检测系统中的生物降解。托塔-马哈拉吉等（Tota-Maharaj 等，2010）也将 DGGE 和其他分子方法应用于他们的研究。

10.7　针对灾难性污染事件的设计优化

为了在 PPS 中成功进行生物降解，需要重要优化两个方面：一是在非常重的油负荷下提高保留率；二是提供无机营养。事实已经证明，园艺缓释肥料是长期提供所需无机营养素的有效物质（Bond，1999；Pratt 等，1999）。然而，纳那迪等（Nnadi 等，2013）随后证实了对营养物质过量释放的担忧是有必要的——营养物质的过量释放可能导致受纳水体的富营养化。他们在微生物需要的土工合成材料纤维中加入缓释营养添加剂方面已经做了一些工作（Spicer 等，2006；Newman 等，2011）。然而，目前尚未对这些土工合成材料进行商业化运作，并且在 PPS 的整个生命周期内，无机营养素的供应仍然是可以对生物降解速率进行大幅改进的领域。

然而，如本文所讨论的，与增强 PPS 生物降解相关的最重要因素是将油保留在系统中足够长的时间来进行生物降解，以提供有效的补救措施，特别是在灾难性损失之后。虽然邦德（Bond，1999）首先研究了 PPS 系统在常规小油添加下的生物降解作用，但布朗斯坦（Brownstein，1997）研究了油污染水平并模拟了汽车油底壳失效时的一次性油泄露。系统中油的滞留率是显著的（高达 90%）（Pratt 等，1996）；但琼斯等（Jones 等，2008）发现，如果输出浓度仍超过可接受的环境标准，则 SuDS 装置中污染物的保留率有限。在布朗斯坦（Brownstein，1997）的实验中，油的损失足以在流出物中产生可测量的游离产物厚度。因此我们获得了一个重要的启示，即一旦 PPS 中的各层材料被油污染超过其承载能力，从结构中释放的碳氢化合物会远远超过生物降解速率。

纽曼等（Newman 等，2004）通过效果显著的现场实验，进一步说明了 PPS 中碳氢化合物的快速流失。他们使用一个实验停车场来模拟大型汽车油底壳的总油泄露，然后模拟了两次 13mm 降雨事件。约 22h 后，流出物中的油浓度超过 8000mg/l。很明显，PPS 滞留石油的能力已经得到了实现，并且已明确在重大污染事件中，该案例可作为用于滞留可能释放的油的方法。目前已经采用了两种修改 PPS 本身结构的方法。第一种方法是利用改进的土工合成材料（Puehmeier & Newman，2008）在系统的上层增加额外的滞留能力；或者采用如堆肥等天然材料（Bentarzi 等，2010，2013）；又或是采用人工截取介质，如开孔 SuDS（Lowe，2006）。

第二种方法是利用路面中的浅层重力分离器处理碳氢化合物的大量泄露，并且可以使用传统的石底基层或底基层替换单元来构筑这些结构。其原理是，系统中低速的水会使任何通过一级滞留层的自由产物静止并漂浮在永久性水池中。如图 10.8 所示（Wilson 等，2003）的配备有底基更换件的系统，能够表明该系统的功能在接触用于清洁机动车的洗涤剂后受到了限制。这对这些系统的管理有着重要的影响，特别是在重大石油泄漏之后。该系统的一个重要优势是：在发生重大漏油事故后，使用沟状吸盘等底基层替换盒能够快速疏散几乎全部液体。此过程将留下一个可管理的残留污染体，而该污染体可以经由生物降解来处理。

图 10.8   存在于带有底基层更换件 PPS 中的油 [Wilson, S., Newman, A.P., Puehmeier, T. and Shuttleworth, A. (2003) Performance of an oil interceptor incorpo-rated into a pervious pavement, ICE Proc: *Engineering Sustainability*, 156, (ES 1), pp. 51－58. Figure 7. ICE Publishing)]

　　在实验室中，对 PPS 模型的微生物进行的 4 个月的研究后发现，添加无机营养素后，石油降解细菌的数量从 10^4/ml 增加到 10^{12}/ml（图 10.9）。从模型中采集的样本可以发现，细菌群中扩增了 DNA 序列，这表明了油降解过程的存在（Newman 等，2004b）。在其他的研究中，与传统的 PPS 一样，大多数的细菌群都是从被石油、煤焦油和多环芳烃等污染物污染过的地方提取的。通过去除大部分的分离相油，然后堵塞出口并提高水位，从而将少量剩余的游离油重新沉积到土工合成材料和颗粒铺设层上，这将有利于生物降解。

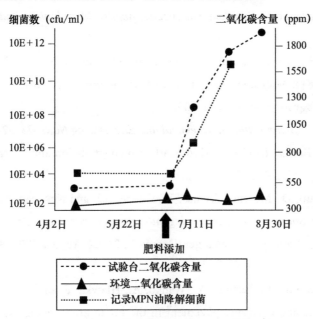

图 10.9　急性油污染对实地的 PPS 中细菌数量和 CO_2
释放的影响（改编自 Newman 等，2004b）

10.8　结论

　　多年的研究表明，周围环境中的微生物广泛地聚居在硬质 SuDS 中。硬质 SuDS 的表面为污染物的沉积提供了一个理想的平台，并为水体在排放前进行的可察觉的、无须维护的生物降解和净化提供了必要的时间和条件。调整硬质 SuDS 的物理结构以满足场地的特定需求，可以使设计符合所需目的，并可以处理慢性低水平污染和点源泄漏等问题，这些问题可能会使降解能力低的系统受到淹没。因此，污染固定化是关键的一步，它能为有氧微生物最终将有机污染转化为葡萄糖、二氧化碳和水提供必要的时间。

　　透水铺装（Pervious paving）是一项既有的水管理和污染防治的技术。对环境工程、化学和生物学的深入研究强化了对环保硬质 SuDS 的性能和优化的知识基础。特别是在生物处理、资源保护（如雨水收集）和新出现的污染物方面，应继续研究支持这项技术的基础科学。硬质 SuDS 现在已成为城市景观的一个特征，它可以很好地应对极端天气，并能在充满变化和不确定性的未来，保护下游环境。

参考文献

Andersson, B.E. and Henrysson, T. (1996). Accumulation and degradation of dead - end metabolites during treatment of soil contaminated with polyaromatic hydrocarbons with five strains of white rot fungi. *Applied Microbiology and Biotechnology, 46* (5-6). 647-652.

Arino, S., Marchal, R. and Vandecasteele, J.P. (1996). Identification and production of a rhamnolipidic biosurfactant by a *Pseudomonas* species. *Applied Microbiology and Biotechnology, 45*: 162-168.

Atlas, R.M. (1978). Microorganisms and petroleum pollutants. *BioScience, 28*: 387–391.

Atlas, R.M. (1981). Microbial degradation of petroleum hydrocarbons: An environmental perspective. *Microbiology Reviews, 45,* 180–209.

Atlas, R.M. (1995). *Bioremediation. Chemical and Engineering News, 73,* 32–42.

Atlas, R.M. and Bartha, R. (1992). Hydrocarbon biodegradation and oil spill bioremediation. *Adv. Microbial Ecology, 12,* 287–338.

Bayón, J.R., Castro, D., Moreno - Ventas, X., Coupe, S.J. and Newman, A.P. (2005). *Pervious pavement research in Spain: Hydrocarbon degrading microorganisms.* Proc. 10th International Conference on Urban Drainage, Copenhagen/Denmark, 21–26 August 2005. Available at: http://tinyurl.com/zfpkh5y.

Bentarzi, Y., Ghenaim, A., Terfous, A., Wanko, A., Hlawka, F. and Poulet, J.B. (2010). New material for permeable and purifying pavement in the urban areas: estimation of hydrodynamic characteristics (in French). *8th International Conference on Sustainable Techniques and Strategies in Urban Water Management.* Novatech, Lyon, France. Available at: http://tinyurl.com/zjynz6g.

Bentarzi, Y., Ghenaim, A., Terfous, A., Wanko, A., Hlawka, F. and Poulet, J.B. (2013). Hydrodynamic characteristics of a new permeable pavement material produced from recycled concrete and organic matter. *Urban Water Journal, 10* (4), 260–267.

Bond, P.C. (1999). *Mineral Oil Biodegradation within Permeable Pavements: Long-Term Observations.* Unpublished PhD thesis, Coventry University, UK.

Brownstein, J. (1997). *An investigation of the potential for the bio-degradation of motor oil within a model permeable pavement structure.* Unpublished PhD thesis, Coventry University, UK.

Cameotra, S.S. and Singh, P. (2009). Synthesis of rhamnolipid biosurfactant and mode of hexadecane uptake by *Pseudomonas* species*, Microbial Cell Factories, 8,* 16, 1–7. Available at: http://tinyurl. com/z429fto.

Charlesworth, S.M., Lashford, C. and Mbanaso, F. (2014). Hard SUDS Infrastructure. Review of Current Knowledge, Foundation for Water Research.

Coupe, S.J. (2004). *Oil Biodegradation and Microbial Ecology within Permeable Pavements.* Unpublished PhD Thesis. Coventry University, UK.

Coupe, S.J., Smith, H.G., Newman, A.P. and Puehmeier, T. (2003). Biodegradation and Microbial Diversity within Permeable Pavements, *European Journal of Protistology*, 39, 1–4.

Gomez - Ullate, E., Bayón, J.R., Coupe, S. and Castro - Fresno, D. (2010). Performance of pervious pavement parking bays storing rainwater in the north of Spain. *Water Science and Technology, 62* (3), 615–621.

Grabiowiecki, P. (2010). Combined Permeable Pavement and Ground Source Heat Pump Systems.Unpublished PhD Thesis. University of Edinburgh. Available at: http://tinyurl.com/hverbt4.

Jones, J., Clary, J., Strecker, E. and Quigley, M. (2008). 15 reasons you should think twice before using percent removal to assess BMP performance. *Stormwater Magazine* Jan/Feb 2008. p. 10.

Kahlert, M. and Baunsgaard, M.T. (1999). Nutrient recycling – a strategy of a grazer community to overcome nutrient limitation. *Journal of the North American Benthological. Society.* 18: 363–369.

Kämpfer, P., Steiof, M. and Dott, W. (1991). Microbiological characterization of a fuel - oil contaminated site including numerical identification of heterotrophic water and soil bacteria. *Microbial Ecology, 21*, 227–251.

Leahy, J.G. and Colwell, R.R. (1990). Microbial degradation of hydrocarbons in the environment. *Microbiology Review, 54* (3), 305–315.

Lowe, T.R. (2006). Paving System, UK Patent Application No. CA2595539 A1 (US Application Number US8104990 B2: Published 2012).

Lundgren, B. (1981). Fluorescein Diacetate as a Stain of Metabolically Active Bacteria in Soil. *Oikos, 36* (1), 17–22.

Mattison, R.G.H. and Harayama, S. (2002). The Bacterivorous Soil Flagellate *Heteromita globosa* reduces bacterial clogging under denitrifying conditions in sand - filled aquifer columns. *Applied Environmental Microbiology, 68* (9), 4539–4545.

Newman, A.P., Pratt, C.J. and Coupe, S. (2002a). Mineral oil bio - degradation within a permeable pavement: microbiological mechanisms. *Water Science and Technology, 45* (7), 51–56.

Newman, A.P., Coupe, S., Puehmeier, T., Morgan, J.A., Henderson, J. and Pratt, C.J. (2002b). *Microbial ecology of oil degrading porous pavement structures; global solutions for urban drainage.* Proceedings of the 9th International Conference on Urban Drainage, Portland OR, USA, 8–13 Sept 2002.

Newman, A.P., Duckers, L., Nnadi, E.O., and Cobley, A.J. (2011). Self fertilising geotextiles for use in pervious pavements: A review of progress and further developments. *Water Science & Technology, 64* (6), 1333–1339.

Newman, A.P., Puehmeier, T., Kwok, V., Lam, M., Coupe, S.J., Shuttleworth, A. and Pratt, C.J. (2004a). Protecting groundwater with oil retaining pervious pavements: historical perspectives, limitations and recent developments, *Quarterly Journal of Engineering Geology, 37* (4), 283–291.

Newman, A.P., Puehmeier, T., Schwermer, C., Shuttleworth, A., Wilson, S., Todorovic, Z. and Baker, R. (2004b). The next generation of oil trapping porous pavement systems. 5th int. conf.

Sustainable techniques and strategies in urban water management, Lyon, France, Groupe de Recherche Rhone - Alpes sur les Infrastructures et l' Eau. Novatech, 2004, pp. 803–810.

Newman, A.P., Aitken, D. and Antizar - Ladislao, B. (2013). Stormwater quality performance of a macro - pervious pavement car park installation equipped with channel drain based oil and silt retention devices. *Water Research, 47* (2), 7327–7336.

Nnadi, E.O., Newman, A.P. and Coupe, S.J. (2013). Geotextile incorporated permeable pavement system as potential source of irrigation water: effects of re - used water on the soil, plant growth and development. *CLEAN – Soil Air Water, 42*, 2, 125–132.

Pratt, C.J., Newman, A.P. and Bond, P.C. (1999). Mineral oil bio - degradation within a permeable pavement: long term observations. *Water Science and Technology, 29* (2), 103–109.

Pratt, C.J., Newman, A.P. and Brownstein, J. (1996). Use of porous pavements to reduce pollution from car parking surfaces – some preliminary observations. *Proceedings 7th International Conference on Urban Storm Drainage.* Hanover, Germany. Available at: http://tinyurl.com/no2ljeu.

Puehmeier, T. (2009). *Understanding and optimising pervious pavement systems and source control devices used in sustainable urban drainage.* Unpublished PhD. Coventry University, UK.

Puehmeier, T. and Newman, A.P. (2008). Oil retaining and treating geotextile for pavement applications, Proc. 11th International Conference on Urban Drainage, Edinburgh, UK. Available at: http://tinyurl. com/zauu7x6.

Puehmeier, T., De Dreu, D., Morgan, J.A.W., Shuttleworth, A. and Newman, A.P. (2005). Enhancement of oil retention and biodegradation in stormwater infiltration systems, Proc.10th *International Conference on Urban Drainage*, Copenhagen/Denmark. Available at: http://tinyurl.com/ nqwjdtn.

Riser - Roberts, E. (1992). *Bioremediation of Petroleum Contaminated Sites.* CRC Press, Boca Raton, FL.

Riser - Roberts, E. (1998). *Remediation of Petroleum Contaminated Soil: Biological, Physical, and Chemical Processes.* Lewis Publishers, Boca.

Sañudo - Fontaneda, L.A., Charlesworth, S., Castro - Fresno, D., Andrés - Valeri, V.C.A. and Rodríguez - Hernández, J. (2014). Water quality and quantity assessment of pervious pavements performance in experimental car park areas. *Water Science and Technology, 69* (7), 1526–1533.

Schnurer, J. and Rosswall, T. (1982). Fluorescein diacetate hydrolysis as a measure of total microbial activity in soil and litter. *Applied and Environment Microbiology, 43* (6), 1256–1261.

Scholz, M. and Grabiowiecki, P. (2009). Combined permeable pavement and ground source heat pump systems to treat urban runoff. *Journal of Chemical Technology and Biotechnology, 84* (3), 405–413.

Singh, A. and Ward, O.P. (2004). *Biodegradation and Bioremediation.* Springer Science & Business Media.

Song, H.G., Pedersen, T.A. and Bartha, R. (1986). Hydrocarbon mineralization in soil: relative bacterial and fungal contribution. *Soil Biology and Biochemistry*, *18*, 109–111.

Spicer G.E., Lynch D.E. and Coupe S.J. (2006). The development of geotextiles incorporating slowrelease phosphate beads for the maintenance of oil degrading bacteria in permeable pavements. *Water Sci. Technol, 54* (6 - 7), 273–280.

Thelen, E. and Howe, L.F. (1978). *Porous Pavement*. Franklin Institute Press, Philadelphia.

Tota - Maharaj, K., Scholz, M., Ahmed, T., French, C. and Pagaling, E. (2010). The synergy of permeable pavements and geothermal heat pumps for stormwater treatment and reuse. *Environmental Technology, 31* (14), 1517–1531.

Wilson, S., Newman, A.P., Puehmeier, T. and Shuttleworth, A. (2003). Performance of an oil interceptor incorporated into a pervious pavement, *ICE Proc: Engineering Sustainability*, 156: 1. 51–58.

Whipple, Jr, W. and Hunter, J.V. (1979). Petroleum hydrocarbons in urban runoff. *Journal of the American Water Resources Association, 15*, 1096–1105.

第11章 土工合成材料在可持续排水中的应用

路易斯·安杰尔·萨努多·丰塔内达，艾琳娜·布兰科－费尔南德斯，斯蒂芬·J.库普，杰米·卡皮奥，艾伦·P.纽曼，丹尼尔·卡斯特罗－弗雷斯诺
Luis Angel Sañudo Fontaneda, Elena Blanco - Fernández, Stephen J. Coupe, Jaime Carpio, Alan P. Newman and Daniel Castro - Fresno

11.1 土工合成材料的介绍

根据国际标准 ISO10318-1（2006），土工合成材料是一个描述产品的"通用术语"，该产品至少其中一种成分由合成或天然聚合物制成，呈片状、带状或三维结构，在岩土工程和土木工程用于与土壤或其他材料接触。这个定义十分笼统，它可能包括一些传统意义上不被视为土工合成材料的建筑材料，例如屋顶毡。不过在这一领域开发的各种产品并不需要非常精确的定义，而是宽泛的描述。吉鲁德（Giroud，1977）在国际岩土工程合成材料使用会议（the International Conference on the Use of Fabrics in Geotechnics）、第一届土工合成材料国际会议（the first International Conference on Geosynthetics）以及创立国际土工合成材料协会（the foundation of the International Geosynthetics Society）时提出的，该协会致力于扩大这些材料的使用范围并教育工程师正确使用它们。

就其历史而言，用于加固土壤的纤维材料已经使用了很长时间。在土壤的水力分离、物理分离或排水等应用中，传统使用的材料分别是黏土和砾石，而在 20 世纪上半叶之前未使用过合成材料。土工合成材料在历史上有一些重要的里程碑，例如 1926 年南卡罗来纳州（South Carolina，USA）使用了棉织物加固道路（Koerner，2012）和在 20 世纪 50 年代荷兰将织物和塑料用于沿海保护（Van Santvoort,1994）。从那时起，以下促进了土工合成材料使用量的激增：

- 产品质量高，在工厂受到很好的控制；
- 优秀的设计；
- 完善的技术标准；
- 成本优势，安装快捷方便；
- 由于自然资源利用率和碳足迹低，环境绩效较佳。

尽管 2012 年出现了世界经济危机，但全球仍使用了 34 亿 m^2 的土工合成材料，这意味着

产生超过 60 亿美元的经济价值。预计 2017 年需求将超过 50 亿 m²（Geosynthetics Magazine，2014）。

11.2　土工合成材料分类、功能及应用

如前所述，市场上的土工合成材料种类繁多，分类标准也各不相同。如图 11.1 所示为一些常见类型示例。

如表 11.1 所述，土工合成材料通常根据其渗透性进行分类，分为可渗透、不可渗透和土工复合材料（geocomposite）。

其他分类标准中，有一些仅适用于特定的土工合成材料组，包括（Koerner，2012）：

- 聚合材料：可以是聚烯烃（polyolefins）、聚酰胺（polyamides）和聚酯（polyesters），而在土工膜中，橡胶也是重要的分类标准；
- 用于生产土工合成材料的纤维长度：短、长或连续；
- 面料风格：编织、无纺布或针织。

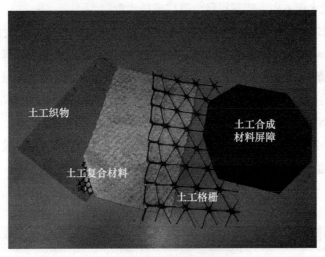

图 11.1　土工合成材料示例

根据渗透性对土工合成材料的分类（ISO，2006）	表 11.1
可渗透	土工织物：在岩土工程和土木工程应用中与土壤和 / 或其他材料接触的平面的、可渗透的聚合（合成或天然）纺织材料，它们可以是无纺布、针织或编织的 土工布相关产品：平面的、可渗透、聚合（合成或天然）材料等不符合土工布定义的材料 它们可以是土工格栅（geogrids）、土工网（geonets）、土工模型（geomats）、土工加筋带（geostrips）、土工格室（geocells）等
不可渗透 （土工合成材料屏障）	聚合的：土工合成材料的工厂组装结构，以薄板的形式作为屏障；屏障功能是由聚合物提供，它们通常被称为土工膜（geomembranes） 黏土屏障：工厂组装的土工合成材料结构，以薄板形式用作屏障；屏障功能由黏土提供 沥青：土工合成材料的工厂组装结构，以薄板的形式作为屏障；屏障功能是由沥青提供

土工复合材料	在组件中使用至少一种土工合成材料产品的制造材料，最著名的例子是排水土工复合材料，在两种其他土工合成材料（通常为无纺布）之间加上土工网组成，现在这种材料几乎是 SuDS 中一个必不可少的成分

然而，按功能分类比按形状分类更重要，因为它将定义每个特定产品在实际条件下的最终性能。此外，根据每个产品所需的功能，需要特定的设计方法。国际土工合成材料协会（Geosynthetic Society，2015）和 CE 标志条例（European Commission，1996）认为主要功能有以下七项：

- 两种不同粒度土壤物质的分离；
- 加固土，土壤或其他颗粒状物质；
- 侵蚀控制：保持土壤，避免被径流、河流、波浪等冲走；
- 土壤或其他土工合成材料的保护：土工织物可以保护土工膜免受直接接触的尖锐集料刺穿；
- 不透水屏障：为了避免不必要的泄漏；
- 过滤：特别是土工织物，可以让水渗透并保留细密集料；
- 排水：改变水流方向，表现得像沙砾层或排水管。

除了这些应用之外，土工织物还有许多专业应用，包括通过毛细作用传输水［一般称作"芯吸土工织物"（wicking geotextiles）］，以及对特定污染物精心保留或降解（包括增强碳氢化合物滞留和生物降解）其他土工织物。一般通过载有营养物的土工织物和插入塑料空隙形成结构的浮力装置来增强降解功能，并且该结构可以用作碎石基底的替代物（Newman 等，2004；Puehmeier 等，2005）。

在应用方面，土工合成材料广泛用于道路、铁路、地基、挡土墙、斜坡、隧道、渠道、水库、垃圾填埋场。当然，它们也广泛应用于 SuDS 和各种排水系统中。

11.3　SuDS 中土工织物的应用

土工织物在 SuDS 中有许多应用，有许多关于在透水路面系统（PPS）（Castro Fresno 等，2005；Gomez-Ullate 等，2011a；Sañudo-Fontaneda 等，2014c）和过滤排水管（Filter Drains，FD）（Andrés-Valeri 等，2014；Coupe 等，2015）中应用的叙述。SuDS 中土工织物的主要目的是在 PPS 中作为基层和底基层骨料之间的分离层，并且可以作为 PPS（Coupe 等，2006；Gomez-Ullate 等，2010；Castro-Fresno 等 2013；Sañudo-Fontaneda 等，2013；Sañudo-Fontaneda 等，2014a）和 FD（Andrés-Valeri 等，2013；Coupe 等，2015）地表径流的过滤层。在 SuDS 中使用土工织物的目标——加固排水系统的结构完整性（Pratt，2003；Castro Fresno 等，2005）。因此，有关人员已经对土工织物的水力和结构性能等方面进行了监测。有时，土工织物可以作为过滤排水管中的包裹层（National SuDS Working Group，2003；Newman 等，2015），也

可以作为不透水层以允许在 PPS 中储水（Gomez-ullate 等，2010，2011；Castro-Fresno 等，2013；Sañudo-fontaneda 等，2013；Sañudofontaneda，2014）。

11.3.1　土工织物在改善水质中的作用

　　除了上面解释的工程特性外，土工织物还可作为污染物去除层发挥重要作用（见第 9 章）。世界各地的研究已经广泛证明，土工织物确实对 PPS 中的储水水质产生了影响（Rodríguez 等，2005；Coupe 等，2006；Sañudo-Fontaneda 等，2014b）。因此，他们在实验室和实地对水质和微生物特性进行了监测。然而，土工织物层也被认为是最可能与 PPS 表层一起堵塞的部分，这可能与污染物截留有关（Legret 等，1996；Rommel 等，2001；Gomez-Ullate 等，2011；Sañudo-Fontaneda 等，2013；SañudoFontaneda，2014；Sañudo-Fontaneda 等，2014a）。

　　研究者们在实验室尺度进行了许多研究，但很少有人能够实地验证这些结果，除了戈麦斯·乌拉特·富恩特（Gomez-Ullate Fuente，2010），戈麦斯·乌拉特等（Gomez-Ullate 等，2010）、萨努多·丰塔内达等（Sañudo-Fontaneda 等，2014b）在西班牙桑坦德（Santander）的坎塔布里亚大学拉斯拉马斯停车场（Las Llamas car park，the University of Cantabria）进行过实地监测。这个停车场拥有 45 个独立的坦克停车位，在其 2006 年开放时，被认为是世界上最大的全监控 PPS 停车场。该项目的主要目的是，研究具备或不具备土工织物层的几种不同表面类型的 PPS 性能（用混凝土单元加固的草坪、用塑料单元加固的草坪、多孔沥青、多孔混凝土和具有渗透性接缝的不透水混凝土块），以及在 PPS 结构中使用不同种类的土工织物的影响（硬质合金，单向，复合材料，Polyfelt TS30 和达诺菲特 PY150）。该项目还包括为生物膜生长开发量身定制的、优化的土工织物，研究它们对渗入水体水质的理化和生物性影响，以及在较大规模上的集水潜力（Gomez-Ullate，2010）。此外，还研究了土工织物作为生物膜支撑层对 PPS 结构中碳氢化合物降解的影响，包括蒸发效果（Gomez-Ullate Fuente，2010；Gomez-Ullate 等，2010；Gomez-Ullate 等，2011a；Castro-Fresno 等，2013；Sañudo-Fontaneda 等，2014b）。这项工作的主要结论总结如下：

- 径流污染处理：PPS 表面可分为性质相似的三大类：开放、封闭和绿色表面（Gomez-Ullate 等，2011a；Castro-Fresno 等，2013）；
- 渗透能力：地表类型的影响比土工织物类型更为显著，且 PPS 显示了底基层具有较高的储水能力（Gomez-Ullate 等，2011b）；
- 雨水再利用：戈麦斯·乌拉特等（Gomez-Ullate 等，2011b）表明，根据西班牙法律［España（Spain），2007］，经过一年的储存后，保留在 PPS 基底中的水具有足够高的质量，可重新用于绿化区的灌溉以及 / 或道路清洁。

　　卡斯特罗·弗雷斯诺等（Castro - Fresno 等，2013）和安德烈斯·瓦莱里等（Andrés - Valeri 等，2014）开展了一项研究，比较了传统排水（混凝土沟渠）与两个可持续线排水系统（洼地和过滤排水管）的水质性能。两个可持续线系统的剖面中都有土工织物用作分离、过滤和处理层（Andrés - Valeri 等，2014）。为了完成这项研究，研究者们在西班牙阿斯图里亚斯奥维耶多市（Oviedo，Asturias，Spain）附近的埃尔卡斯蒂略·德拉索雷达酒店外的路边停车场设计并建造了 3 段 20m 长的路段。在分析每个排水系统的出水水质后，安德烈斯·瓦莱里等（Andrés - Valeri 等，2014）得出结论，两个可持续线排水系统的水质明显优于传统排水系统（混凝土沟）的水质。在两个可持续排水系统中，过滤排水在降低 TSS 和浑浊度方面有更好的表现（Andrés - Valeri 等，2014），过滤排水管使出水能够在某些应用中重复使用，如根据《西班牙皇家法令 1620/2007》（Spanish Royal Decree 1620/2007）（España，Spain，2007）进行灌溉。

费尔南德斯·巴雷拉（Fernández Barrera，2009）探索另一种使用土工织物层处理不透水表面的径流污染物处理的方法。集水、预处理和处理系统（System for Catchment，Pre - treatment and Treatment，SCPT）的概念已成功开发，并在卡斯特罗·弗雷斯诺等（Castro-Fresno，2009）、费尔南德斯·巴雷拉等（Fernández-Barrera 等，2010）、罗德里格斯·埃尔南德斯等（Rodríguez-Hernández 等，2010）和费尔南德斯·巴雷拉等（Fernández Barrera 等，2011）的文章中发表。此外，费尔南德斯·巴雷拉等（Fernández Barrera 等，2009）在 SCPT 内部发生生物降解的土工织物过滤器中，建立了 SCPT 在石油降解和水力传导率方面的长期运行行为。随着连续降雨事件的发生，土工织物的导水率缓慢下降（Fernández-Barrera 等，2011），而连续 14 次模拟降雨事件后悬浮固体和油降解效率却得到了提高，固体含量减少 80%，油脂减少 90%（Rodríguez-Hernández 等，2010）。

后来，由西班牙科学与创新部（Spanish Ministry of Science and Innovation）（BIA2009-08272）资助的项目"利用停车场中的多孔人行道，用于地热低焓能量的非饮用水使用，开发存储雨水系统的集水区"，由萨努多·丰塔内达等（Sañudo-Fontaneda 等，2010，2011 & 2012）总结出版，进一步确认了土工织物在西班牙 PPS 结构的重要作用，提出了可持续城市建设的概念和理念。该项目还讨论了能量收集的问题，探索了在低热值地热能源系统中储存水以及将收集的雨水用于灌溉和清洁的目的的可能性。萨努多·丰塔内达（Sañudo Fontaneda，2014）强调了土工织物层在减少强降雨事件峰值流量方面的好处，并为当前土工织物层结构的水力性能研究提供了基础。

纽曼等（Newman 等，2011）的研究表明，鼓励使用土工织物作为碳氢化合物生物降解层最重要的因素是：

■ 可以保证氧气和水；

■ 可作为截留油脂和供微生物生长的合适的表面可保证适宜的微生物和无机营养素。

纽曼等（Newman 等，2002）进行的电子显微镜研究很好地说明了土工织物聚合物作为微生物生长表面的适用性。这后来被戈麦斯·乌拉特等（Gomez-Ullate 等，2011）、萨努多·丰塔内达等（Sañudo-Fontaneda 等，2014b）、巴扬等（Bayón 等，2015）所支持，随后普迈尔和纽曼（Puehmeier & Newman，2008）在处理过的聚酯织物（polyester fabrics）方面的研究补充了纽曼等（Newman 等，2010，2011）关于自施肥或添加营养剂的土织物的相关工作。

库普（Coupe，2004）和詹金斯（Jenkins，2002）监测了英国一个仍在使用的停车场，发现通过该系统的氮气量足以形成生物膜，但磷是限制其形成的营养因子。后来由纽曼等

（Newman 等，2011）提出，动物排泄物、落叶、汽车轮胎中的材料和汽车尾气中的氮氧化物，构成了系统中的总氮量。天然存在的固氮细菌（例如根瘤菌）也可以增加 PPS 中的总氮量。当詹金斯（Jenkins，2002）把包膜肥料的缓释肥料颗粒应用于室外停车场时，纽曼等（Newman 等，2011）发现，从系统中释放的无机营养素的数量远远高于邦德（Bond，1999）报告的数据，后者已表明，在首次使用缓释肥料颗粒后的 12 个月内，产生了较高的生物降解率。詹金斯（Jenkins，2002）首先提出，这些颗粒是被车辆摇动被刷过的透水块而被压碎，造成了令人无法接受的释放率。然而，随后纳那迪（Nnadi，2009）的研究清楚地表明这是不正确的，并且可能只是人工实验结果（Newman 等，2010）。因此，除 PPS 废水被截留并重新用于灌溉的情况外，不应鼓励在 PPS 应用中使用缓释肥料颗粒。

姆巴纳索等（Mbanaso 等，2013）、查尔斯沃思等（Charlesworth 等，2013）和姆巴纳索等（Mbanaso 等，2014）最近的研究表明，将除草剂应用到 PPS 实验台上，比如含有草甘膦（GCH）的试验台，对 PPS 中土工织物的水质改善效益有重大影响。他们发现生物膜中微生物群落的多样性降低，因此其功能受损。根据施用的 GCH 浓度不同会释放出部分碳氢化合物，与没有施用除草剂的实验台相比，铅、铜和锌等金属会以更高的浓度释放。通过这种方式，他们在受到污染的城市环境中对微生物多样性、分类和生态学进行了长期的基础研究。

纽曼等（Newman 等，2003）和普迈尔等（Puehmeier 等，2005）开发了一种浮垫装置，通过将土工织物缝合到一个浮力塑料网格上实现漂浮，该网格经过激光切割以承载空隙成型器，因此会因雨水进入而上升和下降（Puehmeier 等，2005）。其目的是与所有漂浮的碳氢化合物薄膜相互作用，并在薄膜上保持足够长的时间以便进行生物降解。它最初旨在使用塑料制孔机时，取代石头底基层 PPS 上的大面积表面。在商业生产的版本中，浮力塑料网格被取消，取而代之的是一层模切土工织物。它由一种聚合物组成，在纺丝前经过处理，在纤维基质中可产生浮力气泡。该系统构成了大型透水路面的组成部分，2012—2013 年，该路面进行了广泛的现场试验（Newman 等，2013），在实验的整个期间都可以观察到碳氢化合物保持在可接受的范围内。

11.3.2　土工织物中营养素的添加

斯派塞等（Spice 等，2006）报道了其他实地研究，在这些研究中，通过有机液滴将添加剂直接掺入 PPS 中的土工织物，满足了油降解微生物的无机营养需求。虽然液滴成功地提供了所需的营养，但由于纤维机械性能差，它们的实施成本高并且掺入难度大（Newman 等，2010）。随后人们开发出了一种商用添加剂，称为 PM957（AddMaster UK Ltd.，Stafford，UK）。

如图 11.2 所示为纽曼等（Newman 等，2011）研究的实验结果，该实验每两周监测一次密封模型微观结构中的生物降解。该模型将 10mm 的豌豆砾石层铺在土工织物支撑的塑料孔隙单元的顶部，一组三个模型（土工织物中有添加剂），另一组作为对照，也是三个模型（无添加剂），并且使用二氧化碳产量测量活性（每次测量后用清洁空气替换模型大气。如图 11.2 所示，结果以时间序列的形式显示，显著事件以数字点突出显示）。

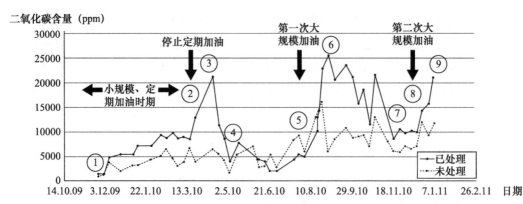

图 11.2　纽曼等学者（Newman 等，2011）研究中两组模型的二氧化碳监测图

　　两组模型均注入了另一个透水路面模型的污水。如图 11.2 所示为"野生型"PPS 微生物（即未经预适应的商用细菌和真菌菌株）可通过在实际模拟中部署定量土工织物来提供无机营养。在图上的第 1 点和第 2 点之间（停止每两周添加 1.4mL 油），与未处理的对照组相比，添加营养丰富的土工织物的模型显示出更高的油降解性能。在处理过的合成材料上，石油降解生物的数量在第 1 点和第 2 点之间几乎呈指数增长，但在对照组中，二氧化碳产量的增长趋势要慢得多。纽曼等（Newman 等，2011）解释称这是由于石油降解剂的增长受到可用磷量的限制，磷主要由添加的石油提供，只有较小一部分由模拟雨水输入中的杂质提供。

　　在图中的第 2 点至第 3 点之间停止常规小油输入后，处理后的织物模型中的 CO_2 浓度持续增加，并且由于系统中剩余的油使得降解油的有机体继续生长。由于对照组之前的降解率比处理后的织物低得多，所以仍然有大量的油可供使用。在第 3 点和第 4 点之间，由于剩余油中最容易降解的部分被耗尽，有机物需要将其代谢方式转换为利用程度较高的、可降解程度较低的部分，因此处理后织物的 CO_2 产量迅速下降。在第 4 点和第 5 点第一次大量加油（14ml）之间，两组模型中的生物体似乎都处于低活性、半休眠状态。添加 14ml 油后，处理后模型的 CO_2 生成率迅速增加，对照模型也表现出类似的初始反应。然而，在后一种情况下，反应并没有持续很长时间，到了第 6 点，生成率已经大幅度下降。在第 6 点和第 7 点之间，随着油的消耗，碳逐渐减少，可以发现经过处理的模型在性能上明显优于对照组，但由于石油利用率较低，对照组的活动时间更长。第 8 点对第二次大脉冲油的响应似乎与第 5 点早期加油时相同。

　　与未经处理的织物相比，经过处理的织物上的生物膜是可见的，并且被真菌大量覆盖。虽然库普（Coupe，2004）（通过脂肪酸甲酯研究）和普迈尔（Puehmeier，2009）（通过微生物 DNA 研究）都称真菌是模型中微生物菌种的组成部分，但与之前奥妙肥颗粒（Osmocote pellet）的织物中观察到的程度不同。

　　如图 11.3 所示，是在处理过的土工织物上生长的一种真菌菌丝上子实体的电子显微照片。这是纽曼等提出的（Newman，2011）对饥饿后施加大脉冲油后，处理模型快速响应的可能解释。这表明真菌孢子很容易在模型甚至在以前没有被石油污染的地区中分布，因为真菌孢子在没有现成碳源的时期具有相对耐性，而一旦碳源被重新建立，它们会作出快速的反应。纽曼等（Newman 等，2011）还称，在含有处理过的织物模型中，真菌菌丝在织物和砾石层之间架起了桥梁，尽管这些区域并没有与现成的磷源直接接触，但明显已经受到了石油污染。

前一章强调了长期保留碳氢化合物，以便为生物降解过程留出时间的必要性。显然，保留能力越大，路面在没有突破风险的情况下受到碳氢化合物污染的压力也越大。普迈尔和纽曼（Puehmeier & Newman，2008）描述了一种可变土工织物，在实验室测试条件下，其显示出比标准无纺织物高许多倍的保留碳氢化合物的能力。经过改进的系统能够在模拟 50ml/h 降雨事件的情况下，每平方米污水中的碳氢化合物含量不超过 6mg/l，而每平方米可储油达到 600ml，大大提升了相同条件下生产 100mg/l 以上的标准土工织物的效率。迄今为止，研究者们还没有尝试将营养物释放能力与油保留性的增强相结合，尽管在双层结构中可以容易地实现这一点。

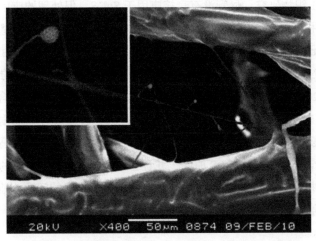

图 11.3　在磷酸盐处理的土工织物上的真菌生长情况

11.4　城市用水的二次利用

前几节已经表明，土工织物是一种可以集成到 SuDS 方法中的多功能工具，并有助于下游的环境保护。虽然 PPS 中土工织物的初始功能与岩土工程应用中分离、控制水力和稳定颗粒材料所需的功能非常相似，但学者们意识到土工织物可以提供额外的水力效益，例如控制排放率，减少损失，一定程度上起到了水质改善的效果（如 Pratt 等，1995；Andersen 等，1999）。研究发现，由于土工织物的疏水性，应在土工织物的上表面形成一个浅而重要的临时储存区，从而建立一个液压头同时促进了渗透和水中污染物的分离（Brownstei，1999；Bond，1999）。研究表明，土工织物不仅是 PPS 中碳氢化合物和沉积物聚集的主要场所（Pratt 等，1999；Pratt，2004），而且存储的材料被固定在高湿度的环境中（部分原因是液压头和混凝土块下的位置可直接暴晒），并有可能添加营养物质以降解滞留的碳氢化合物。PPS 的内部结构和土工织物的位置是好氧生物降解的理想条件，布朗斯坦和邦德（Brownstein & Bond，1999）的早期模拟研究证实了 PPS 在多种城市污染事件中的这一功能，并解释了土工织物作为保留结构和生物反应器的作用程度，哪种非生物条件有助于或阻碍去污效果以及作用过程可以维持多久。

纳那迪（Nnadi，2009）通过植物生长实验证明，储存的水可以用于灌溉而非饮用，此类情况特别适用于那些通常将自来水用于花园浇水的发达国家。此外，还存在其他好处，譬如在雨水灌溉的土壤中种植水果和蔬菜，这样做不仅不存在土壤盐碱化的风险，而且进一步增强了污染物的"滞留和处理"过程的可信度。土工织物可以提高硬质 SuDS 的整体可持续性，并将废物转化为有价值的资源（Nnadi，2009；Nnadi 等，2014，2015）。

SuDS 设施中储存的水将直接用于向颗粒基质供水，无论其目的是支持植物，或者只是为了蒸发水以减少径流（或两者结合），又或是出于其他原因保持表面潮湿，使用具有芯吸能力的土工织物都是更好的选择。阿兹维多和佐恩伯格（Azevedo & Zornberg，2013）报告了一些具有芯吸特性的土工织物研究，尽管没有直接应用于 SuDS，但处理的应用是十分相关的。芯吸土工织物已经应用于 SuDS，最常见于绿色屋顶，其中水被部分储存在基材下面的塑料空隙形成单元中（Voeten，2014；Voeten 等，2016）。在这种情况下，毛细作用可以完全由土工织物提供，也可以通过将土工织物和纤维毛细圆柱插入塑料空隙形成装置的中空承载柱中来实现（Anon，2014，2015）。更为特殊的应用是将运动场表面与 SuDS 相结合（例如 Wilson 等，2015）。在这些应用中，最引人注目的例子是2012年伦敦奥运会期间格林尼治公园（Greenwich Park）使用的马术场地（Pennington，2014）。为了保护历史公园的表面，马术场必须在临时钢制平台上建造，设计时必须牢记 SuDS 原则，并且在不排放到现有下水道的情况下，能够处理百年一遇的降雨事件。该系统还必须能处理只有有限的可用供水的问题。地下平台集水系统与芯吸土工织物的组合对实现节水目标起到了重要作用。

11.5　结论

PPS 工作中的一些进展可以看作是从关注结构是否有用（例如 PPS 和部件在材料和结构上是否足以满足岩土工程需求，或者 PPS 及其部件是否能够截留污染物以达到所需标准）到它们如何作用的转变。这些问题可能包括在不同输入体积、速度和悬浮荷载作用下，水通过 SuDS 的具体细节、PPS 中的微生物多样性调查和 PPS 内分类单元（分解、竞争、消费者、掠食者）和富含能量的可分解物质（如碳氢化合物污染）之间的相互作用。

值得注意的是，"是否有用"或"如何作用"问题之间的区别与特定学科或研究领域无关，因为微生物学研究完全有可能将重点放在合规性问题上，例如考虑存储的雨水中的微生物安全性，如果怀疑有军团菌（Legionnaires）存在的话。同样，在 PPS 材料（包括土工织物的规格）设计改变方面，需要在证明所观察到的基本原理的基础上，探索其物理特性和性能。相似地，多年来在模拟 SuDS 降雨和排放污水的化学分析（Nnadi，2009）中发展起来的能力，也用于进一步确定强降雨时，硬质 SuDS 的防洪特性和渗透率（Nnadi 等，2012）。对这类实证研究的长期整体观点表明，环境和生态工程等新兴的和具有挑战性的领域能够轻松的同时考虑基础和应用研究问题，从而提供更好的答案。

参考文献

Andersen, C.T., Foster, I.D.L. and Pratt, C.J. (1999). Role of urban surfaces (permeable pavements) in regulating drainage and evaporation: Development of a laboratory simulation experiment. *Hydrological Processes, 13* (4), 597–609.

Andrés - Valeri, V.C., Castro - Fresno, D., Sañudo - Fontaneda, L.A. and Rodríguez-Hernández, J. (2014). Comparative analysis of the outflow water quality of two sustainable linear drainage systems. *Water Science and Technology, 70* (8), 1341–1347.

Anon (2014). Permavoid System: Passive Capillary Irrigation, *Permavoid System Technical Bulletin* Issue No: 5. Available from : http://www.polypipe.com/cms/toolbox/PCL_14_224_Permavoid_Technical_Bulletin_Issue_5a_V2.pdf.

Anon (2015). Permavoid in the Urban Environment – Urban Streetscapes. Available from: Permavoid System Technical Bulletin Issue No: 6 May - 2015 p1 http://www.polypipe.com/cms/toolbox/PCL_15_293_Permavoid_Technical_Bulletin_Issue_6_V2_LR.pdf.

Azevedo, M. and Zornberg, J.G. (2013). Capillary barrier dissipation by new wicking geotextile Advances in Unsaturated Soils – Proc. 1st Pan-American Conference on Unsaturated Soils organised in Cartagena de Indias, Colombia, February 2013. pp 559-566, Caicedo B, Murillo C, Hoyos L., Esteban Colmenares J., Rafael Berdugo I.(eds), CRC/Taylor & Francis Group, London, ISBN 978-0-415-62095-6.

Bayón, J.R., Jato - Espino, D., Blanco - Fernández, E. and Castro - Fresno, D. (2015). Behaviour of geotextiles designed for pervious pavements as a support for biofilm development. *Geotextiles and Geomembranes, 43* (2), 139–147.

Bond, P.C. (1999). *Mineral Oil Biodegradation within Permeable Pavements: Long-Term Observations.* Unpublished PhD thesis, Coventry University, UK.

Brownstein, J. (1999). *An investigation of the potential for the biodegradation of motor oil within a model permeable pavement structure.* Unpublished PhD thesis, Coventry University, UK.

Castro - Fresno, D., Rodríguez - Bayón, J., Rodríguez - Hernández, J. and Ballester - Muñoz, F. (2005). Sistemas urbanos de drenaje sostenible (SuDS) (Sustainable urban drainage systems, SuDS), *Interciencia, 30* (5), 255–260.

Castro - Fresno, D., Rodríguez - Hernández, J., Fernández - Barrera, A.H. and Calzada - Pérez, M.A. (2009). Runoff pollution treatment using an up - flow equipment with limestone and geotextile filtration media. *WSEAS Transactions on Environment and Development, 5* (4), 341–350.

Castro - Fresno, D., Andrés - Valeri, V.C., Sañudo - Fontaneda, L.A. and Rodríguez - Hernández, J. (2013). Sustainable drainage practices in Spain, specially focused on pervious pavements. *Water (Switzerland), 5* (1), 67–93.

Charlesworth, S.M., Mbanaso, F.U., Coupe, S.J. and Nnadi, E.O. (2013). Utilization of glyphosate - containing herbicides on pervious paving systems: laboratory - based experiments to determine impacts on effluent water quality. *CLEAN – Soil, Air, Water, 42* (2), 133–138.

Coupe, S.J. (2004). *Oil Biodegradation and Microbial Ecology within Permeable Pavements.* Unpublished: PhD Thesis, Coventry University, UK.

Coupe, S.J., Sañudo - Fontaneda, L.A., Charlesworth, S.M. and Rowlands, E.G. (2015). *Research on novel highway filter drain designs for the protection of downstream environments.* SUDSnet International Conference 2015. SUDSnet. September 2015. Coventry, UK.

Coupe, S.J., Newman, A.P., Davies, J.W. and Robinson, K. (2006). *Permeable pavements for water recycling and reuse: initial results and future prospects.* 8th International Conference on Concrete Block Paving. November 6–8, 2006. San Francisco, California, USA.

España (Spain) (2007). Real Decreto 1620/2007, de 7 de diciembre, por el que se establece el régimen jurídico de la reutilisación de las aguas depuradas [Royal Decree 1620/2007 of 7 December, that establish the legal status of the reutilisation of depurated water]. Boletín Oficial del Estado (BOE) 294, 08/12/2007, 50639 - 50661.

European Commission (1996). *Commission Decision 96/581/EC.* Available from: http://tinyurl.com/o8kcqdu.

Fernández - Barrera, A.H., Castro - Fresno, D., Rodríguez - Hernández, J. and Vega - Zamanillo, Á. (2011). Long - term analysis of clogging and oil bio - degradation in a system of catchment, pre - treatment and treatment (SCPT). *Journal of Hazardous Materials, 185* (2–3), 1221–1227.

Fernández - Barrera, A.H., Rodríguez - Hernández, J., Castro - Fresno, D. and Vega - Zamanillo, A. (2010). Laboratory analysis of a system for catchment, pre - treatment and treatment (SCPT) of runoff from impervious pavements. *Water Science and Technology, 61* (7), 1845–1852.

Fernández - Barrera, A.H. (2009). *Desarrollo de un sistema de tratamiento del agua de escorrentía superficial procedente de aparcamientos impermeables usando flujo ascendente y geotextiles.* Published PhD thesis. University of Cantabria. Spain. Available from: http://tinyurl.com/p25u3aq.

Geosynthetics Magazine (2014). *World geosynthetics demand to surpass 5 billion square meters in 2017.* Available from: http://tinyurl.com/zcydtws.

Geosynthetic Society (2015). *Geosynthetics Functions.* Available from: http://tinyurl.com/ov2b3ka.

Giroud, J.P. (1977). *Commentaires sur l'utilisation des geotextiles et les spécifications.* Proceedings of the International Conference on the Use of Fabrics in Geotechnics, Volume III. April 1977. Paris, France.

Gomez - Ullate Fuente, E. (2010). *Study of an experimental pervious pavement parking area to improve sustainable urban water management through the storage and re-use of rainwater.* Published PhD thesis. University of Cantabria, Spain. Available from: http://tinyurl.com/ozwsfwg.

Gomez - Ullate, E., Novo, A.V., Bayón, J.R., Rodríguez - Hernández, J. and Castro - Fresno, D. (2010). *Design and Construction of an Experimental Pervious Paved Parking Area to Harvest Reuseable Rainwater.* In Proceedings of the 7th International Conference on Sustainable Techniques and Strategies in Urban Water Management (Novatech 2010). Novatech. 27 June – 1 July 2010. Lyon, France.

Gomez - Ullate, E., Castillo - Lopez, E., Castro - Fresno, D. and Bayón, J.R. (2011a). Analysis and Contrast of Different Pervious Pavements for Management of Stormwater in a Parking Area in Northern Spain. *Water Resources Management, 25* (6), 1525–1535.

Gomez - Ullate, E., Novo, A.V., Bayón, J.R., Hernández, J.R. and Castro - Fresno, D. (2011b). Design and construction of an experimental pervious paved parking area to harvest reusable rainwater. *Water Science and Technology, 64*, 1942–1950.

Koerner, R.M. (2012). *Designing with Geosynthetics.* 6th Edition. XLibris. USA. Chapter 1. Standard ISO 10318:2006. Geosynthetics – Part 1: Terms and definitions. General information.

Jenkins, M.S.B. (2002). *A study on the release of inorganic nutrients from an experimental permeable pavement structure and the development of a flow proportionate sampler for PPS runoff studies,* Unpublished BSc thesis, Coventry University, Coventry, UK.

Legret, M., Colandini, V. and Le Marc, C. (1996). Effects of a porous pavement with reservoir structure on the quality of runoff water and soil. *Science of the Total Environment, 189* (190), 335–340.

Mbanaso, F.U., Coupe, S.J., Charlesworth, S.M. and Nnadi, E.O. (2013). Laboratory - based experiments to investigate the impact of glyphosate - containing herbicide on pollution attenuation and biodegradation in a model pervious paving system. *Chemosphere, 90*, 737–746.

Mbanaso, F.U., Charlesworth, S.M., Coupe, S.J., Nnadi, E.O. and Ifelebuegu, A.O. (2014). Potential microbial toxicity and non - target impact of different concentrations of glyphosate - containing herbicide in a model pervious paving system. *Chemosphere, 100* (34), 34–41.

National SUDS Working Group (2003). *Framework for Sustainable Drainage Systems (SUDS) in England and Wales.* TH - 5/03 - 3k - C - BHEY.

Newman, A.P., Pratt, C.J., Coupe, S.J. and Cresswell, N. (2002). Oil bio - degradation in permeable pavements by microbial communities. *Water Science and Technology, 45* (7), 51–56.

Newman, A.P. (2003). Liquid Storage Module with a Buoyant Element, Patent GB 29 399 567A.

Newman, A.P., Puehmeier, T., Kwok, V., Lam, M., Coupe, S.J., Shuttleworth, A. and Pratt, C.J. (2004). Protecting groundwater with oil retaining pervious pavements: historical perspectives, limitations and recent developments, *Quarterly Journal of Engineering Geology, 37* (4), 283–291.

Newman, A.P., Nnadi, E.O., Duckers, L.J. and Cobley, A.J. (2010). Self fertilising geotextiles for use in pervious pavements: A review of progress and further developments, 8th Int. Conf. SustainableTechniques and Strategies in Urban Water Management, Lyon, France, Groupe de Recherche Rhone - Alpes sur les Infrastructures et l'Eau. Novatech, 2010, CD - ROM.

Newman, A.P., Nnadi, E.O., Duckers, L.J. and Cobley, A.J. (2011). Further developments in self - fertilising geotextiles for use in pervious pavements. *Water Science and Technology.* 64. 1333–1339.

Newman, A.P., Aitken, D. and Antizar - Ladislao, B. (2013). Stormwater quality performance of a macro - pervious pavement car park installation equipped with channel drain based oil and silt retention devices. *Water Resources, 47* (20), 7327–7336.

Newman, A., Nnadi, E.O. and Mbanaso, F.U. (2015). Evaluation of the effectiveness of wrapping filter drain pipes in geotextile for pollution prevention in response to relatively large oil releases, Proc. World Environmental and Water Resources Congress 2015, Floods Droughts and Ecosystems, May 17–21 2015 Austin, Texas. pp. 2014–2023.

Nnadi, E.O. (2009). An evaluation of modified pervious pavements for water harvesting for irrigation. Unpublished PhD thesis, Coventry University, UK.

Nnadi, E., Newman, A., Duckers, L., Coupe, S. and Charlesworth, S. (2012). Design and validation of a test rig to simulate high rainfall events for infiltration studies of permeable pavement systems. *Journal Irrigation and Drainage Engineering, 138* (6), 553–557.

Nnadi, E.O., Coupe, S.J., Sañudo - Fontaneda, L.A. and Rodríguez - Hernández, J. (2014). An evaluation of an enhanced geotextile layer in permeable pavement design to improve water quantity and quality. *International Journal of Pavement Engineering, 15* (10), 925–932.

Nnadi, E.O., Newman, A.P., Coupe, S.J. and Mbanaso, F.U. (2015). Stormwater harvesting for irrigation purposes: An investigation of chemical quality of water recycled in pervious pavement systems. *Journal of Environmental Management, 147*, 246–256.

Pennington, P. (2014). London 2012 legacy: design and reuse of temporary equestrian platforms. *Proc. ICE – Civil Engineering,* Civil Engineering Special Issue, 167 (CE6) pp. 33–39.

Pratt, C.J. (2003). *Application of geosynthetics in sustainable drainage systems.* 1st UK National Geosynthetics Symposium. Geosynthetics Society. June 2003. Loughborough, UK.

Pratt, C.J. (2004). *A Review of Published Material on the Performance of Various SUDS Components.* UK Environment Agency report. Available from: http://tinyurl.com/qhx64jt.

Pratt, C.J., Mantle, J.D.G. and Schofield, P.A. (1995). UK research into the performance of permeable pavement, reservoir structures in controlling stormwater discharge quantity and quality. *Water Science and Technology, 32* (1), 63–69.

Pratt, C.J., Newman, A.P. and Bond, P.C. (1999). Mineral oil bio - degradation within a permeable pavement: long term observations. *Water Science and Technology, 29* (2), 103–109.

Puehmeier, T., de Dreu, D., Morgan, J.A.W., Shuttleworth, A. and Newman, A.P. (2005). Enhancement of oil retention and biodegradation in stormwater infiltration systems, Proc.10th International Conference on Urban Drainage, Copenhagen/Denmark, 21–26 August 2005. CD - ROM.

Puehmeier, T. and Newman, A.P. (2008). Oil retaining and treating geotextile for pavement applications, *Proc. 11th International Conference on Urban Drainage,* Edinburgh, UK, 31 Aug – 5

Sept 2008, CD - ROM.

Puehmeier, T. (2009). *Understanding and Optimising Pervious Pavement Systems and Source Control Devices Used in Sustainable Urban Drainage.* Unpublished PhD thesis, Coventry University, UK.

Rodríguez, J., Castro, D., Calzada, M.A. and Davies, J.W. (2005). *Pervious pavement research in Spain:structural and hydraulic issues.* 10th International Conference on Urban Drainage (ICUD). August 2005. Copenhagen, Denmark.

Rodríguez - Hernández, J., Fernández - Barrera, A.H., Castro - Fresno, D. and Vega - Zamanillo, A. (2010). Long - term simulation of a system for catchment, pre - treatment, and treatment of polluted runoff water. *Journal of Environmental Engineering, 136* (12), 1442–1446.

Rommel, M., Rus, M., Argue, J., Johnston, L. and Pezzaniti, D. (2001). *Car park with 1 to 1 (impervious/permeable) paving: performance of formpave blocks.* 4th International Conference Novatech:Sustainable techniques and strategies in urban water management. Novatech. June 2001. Lyon, France.

Sañudo - Fontaneda, L.A. (2014). *The analysis of rainwater infiltration into permeable pavements, with concrete blocks and porous mixtures, for the source control of flooding.* Published PhD Thesis. University of Cantabria, Spain. Available from: http://tinyurl.com/zf8rxmb.

Sañudo - Fontaneda, L.A., Rodríguez - Hernández, J., Calzada - Pérez, M.A. and Castro - Fresno, D. (2014a). Infiltration behaviour of polymer - modified porous concrete and porous asphalt surfaces used in SuDS techniques. *Clean – Soil, Air, Water, 42* (2), 139–145.

Sañudo - Fontaneda, L.A., Charlesworth, S., Castro - Fresno, D., Andrés - Valeri, V.C.A. and Rodríguez - Hernández, J. (2014b). Water quality and quantity assessment of pervious pavements performancein experimental car park areas. *Water Science and Technology, 69* (7), 1526–1533.

Sañudo - Fontaneda, L.A., Andrés - Valeri, V.C.A., Rodríguez - Hernández, J. and Castro - Fresno, D. (2014c). Field study of the reduction of the infiltration capacity of porous mixtures surfaces tests. *Water (Switzerland), 6* (3), 661–669.

Sañudo - Fontaneda, L.A., Rodríguez - Hernández, J., Vega - Zamanillo, A. and Castro - Fresno, D. (2013). Laboratory analysis of the infiltration capacity of interlocking concrete block pavements in car parks. *Water Science and Technology, 67* (3), 675–681.

Sañudo - Fontaneda, L.A., Castro - Fresno, D. and Rodríguez - Hernández, J. (2012). *Investigación y desarrollo de firmes permeables para la mitigación de inundaciones y la 'Valorización Energética del Agua de lluvia (VEA)'.* VI Congreso Nacional de la Ingeniería Civil. Retos de la Ingeniería Civil. February 2012. Valencia, Spain.

Sañudo - Fontaneda, L.A., Castro - Fresno, D., Rodríguez - Hernández, J. and Borinaga - Treviño, R. (2011). *Comparison of the infiltration capacity of permeable surfaces for Rainwater Energy Valorisation.* 12th International Conference on Urban Drainage (ICUD). September 2011. Porto Alegre (Rio Grande do Sul), Brazil.

Sañudo - Fontaneda, L.A., Castro - Fresno, D., Rodríguez - Hernández, J. and Ballester - Muñoz, F. (2010). *Rainwater energy valorization through the use of permeable pavements in urban areas.* 37th IAHS World Congress on Housing Science. Design, Technology, Refurbishment and Management of Buildings. October 2010. Santander, Spain.

Spicer, G.E., Lynch, D.E. and Coupe, S.J. (2006). The development of geotextiles incorporating slowrelease phosphate beads for the maintenance of oil degrading bacteria in permeable pavements. *Water Sci. Technol, 54* (6 - 7), 273–280.

Van Santvoort, G.P.T.M. (1994). *Geotextiles and Geomembranes in Civil Engineering.* 2nd Edition. AA. Balkema/Rotterdam/Brookfield. Rotterdam, The Netherlands. Cap. 3.

Voeten, J.G.W.F. (2014). Vertical capillary water transport from drainage to green roof, Proc. 12th Annual Green Roof and Green Wall Conference, Nashville, Nov 12–16 2014. Available from: http://www.greenroofs.org/index.php/component/content/category/8 - mainmenupages (including audio/visual recording of all presentations).

Voeten, J.G.W.F., van de Werken, L. and Newman, A.P. (2016). Demonstrating the use of below - substrate water storage as a means of maintaining green roofs – Performance data and a novel approach to achieving public understanding. Paper accepted for presentation at World Environmental and Water Resources Congress, 2016, May 21–26, Palm Beach FL. USA.

Wilson, S., Culleton, P.D., Van Raam, C.H., Shuttleworth, A.B. and Andrews, D.G. (2015). Areas for equestrian activities using structural modules. Patent US 8657695 B2 CA2753344A1, EP2401435 A1, US20120040767, WO2010097579A1.

第4篇 可持续排水系统的多重效益

第12章 自然洪水风险管理（NFRM）及其在自然过程中的作用

汤姆·莱弗斯，苏珊娜·M·查尔斯沃思
Tom Lavers and Susanne M. Charlesworth

12.1 导言

本章考虑了"自然洪水风险管理"（Natural Flood Risk Management，NFRM）这一新兴研究领域发展的重要性，并整理了现有适应气候变化影响的自然洪水风险管理国际和国家政策资料。然而，在不断变化的政治和经济环境下，这一创新领域在实际应用、满足更广泛的利益相关者和财政支持方面挑战重重。

12.2 自然洪水风险管理（NFRM）的定义

NFRM 在本书中被定义为改变、恢复或使用景观特征，以便与基于流域的自然过程密切合作以减轻洪水风险的管理方法（改编自 POST，2011）。近十年来，对 NFRM 的研究主要出现在英格兰、威尔士、苏格兰和欧洲大陆。

与自然过程协同合作的 NFRM 可以减轻当前和未来的洪水风险。2007 年夏季英国洪水发生后，皮特（Pitt，2008）得出的结论是，无论在城市和农村地区建立多高、多长和多笨重的防御系统，都无法完全管理多种来源的洪水。该报告提出，正如 27 号议案所强调的，应将"与自然过程合作"作为应对洪水和海岸侵蚀的一部分。NFRM 针对这一点在农村环境中实施措施，作为目前的洪水风险管理（flood risk management，FRM）所提出要求的应对（Doak，2008）。

NFRM 是 FRM 的其中一种理念（Freitag 等，2009），其考虑了整个流域的水流状态，同时发展了由西克等（Thieken 等，2014）定义的更大范围的抗洪社区的概念——社区需要了解当前所需面对的洪水风险，并能够适应未来不断变化的洪水风险带来的影响。虽然相关机构和组织越来越支持这方面的研究，但现在还局限于理论阶段。作为一种理念方法，NFRM 提出了与恢复和改造方法的相关范式（表 12.1）（WWF，2007）。

自然洪水风险管理的两种主要方法（WWF，2007）　　　　　　表 12.1

方法	描　述
恢复	将现有系统恢复为更自然的系统的过程（例如，重新蜿蜒化和恢复断开的洪泛区、上游网格阻塞、恢复原生集水林地、恢复河岸林地和重新调整海岸）
改造（包括改善）	是以洪水风险管理为目的对现有功能的改进或增强，包括部分恢复或自然过程的工程以及软质工程，例如提高洪泛区蓄水能力（河漫滩），增加河道粗糙度

虽然自然过程系统意味着恢复或改变现有做法以达到模拟自然过程的目的，但环境署工作组在对皮特报告的回应中（Defra，2009）承认，与自然过程合作管理洪水风险可能涉及大量的人为干预，也就是说，这是不自然的。然而，NFRM 应该尽可能自然且尽可能少地进行人为干预（Johnstonova，2009）。

恢复和改造方法并非 NFRM 独有，并已被纳入环境署的《农村 SuDS 指南》（Environment Agency Rural SuDS Guidance）和《自然过程工作指南》（Environment Agency Guidance for Working with Natural Processes）（Environment Agency，2014；Avery，2012）。与 NFRM 一样，《农村 SuDS 指南》（Avery，2012）认识到"与自然水文形态过程合作"的重要性，但关键在于两者应用的方法不同。NFRM 的方法是特殊的，它可以与农村 SuDS 结合并作为汇水区 FRM 整体方法的一部分。为了实现这些方法的抗洪能力，需要了解流域的水文状况和在洪水缓解方面实现两个目标——"上游思维"（upstream thinking）和"流量去同步"（flow desynchronisation）（即延迟洪峰）的可能性（POST，2014）。

流量去同步是指洪水在到达某一流域之前终端洪峰，而上游思维相似地在河流上游应用了 FRM 方法。这通过解决水源水量的方式探讨了《农村 SuDS 指南》中的水源 - 途径 - 受体关系（Avery，2012）和径流调度特征（runoff attenuation features，RAFs）的有关信息，并确定了在较大地域范围内处理水源、途径和受体三个要素的重要性（Blanc 等，2012）。

国际上公认流域下游更易受洪水风险影响。随着人口的增加，降雨量增加和海平面上升的区域影响（Feyen 等，2012），这种情况只会越来越糟。毛奇和泽勒（Mauch & Zeller，2009）认识到河流在人类定居历史上的重要性——低洼洪泛区的肥沃吸引产生了早期文明。因此，上游思维是指拦截和保留可能会导致洪水的水流，以防它们影响流域内较为脆弱的低洼社区。

上游思维是由西国河信托基金（Westcountry Rivers Trust）和康沃尔野生动物信托基金（Cornwall Wildlife Trust，2015）创造的一个术语，源于康沃尔流域一个应用 NFRM 措施的改善流域水道生态水质状况的项目（Couldrick 等，2014）。第二个例子是在威尔士的庞特布伦（Pontbren），一群关注土地保水改善措施的农民发现上游农业用地的洪水改善措施可以缓解下游的洪水影响（Wheater 等，2008）。大部分用于养羊的农田之前也都已经加强了排水系统的修建（包括地下排水设施的安装）（Ballard 等，2010）。然而，有研究发现已经采用的树木防护带等较为细微的农业实践（包括牛群饮水的适当位置）并不是直接为 FRM 带来好处，而是为下游社区提供了抗洪能力（Wheater 等，2008）。虽然并非所有 NFRM 措施都是为流域上游河段设计的，但其理念仍然是相关的。因为这些措施可在以前被认为在土地管理变化方面不具任何价值的地区提供多重好处，特别是那些被确定为会对洪水提供大量径流的地区（Morris & Wheater，2006）。

据流量去同步化所产生的作用可以发现，流域内土地利用所造成的水利传导系数（hydraulic conductivity）变化会对城市洪水造成影响。在小尺度层面，水利传导系数是指水在单位压力梯度下的流动速度，通常用于土壤或其他多孔介质的测量（Mc Intyre & Thorne，2013）。新兴研究已逐渐发现，乡村环境中的土地管理做法可能会影响流域内的水力传导系数。洪水和农业风险矩阵（Floods and Agriculture Risk Matrix，FARM）（Wilkinson 等，2013）赞同了这一观点，并开发了一个决策支持工具以帮助当地农民在更大范围内实现其影响。重要的是，这一过程认识到土地管理者实行正确的工程建设的重要性。这一点将在第 12.3.2 节和第 12.3.3.4 节中进一步讨论。

因此，在管理洪水来源和路径方面，NFRM 可以被认为是替代"硬质工程"的更可持续的方法。韦里蒂（Werritty，2006）认为这是一种更能适应气候变化的"新范式"，尤其是在发生大洪水灾害，而农村则处于孤立和长期被迫迁徙的背景下（Lane 等，2006）。这一点在英国坎布里亚郡（Cumbrian）2015 年 12 月发生的洪灾中很明显，反常的强降雨切断了整个湖区的主要交通。虽然现有防御措施在一定程度上有效，但同时提出了一个问题，即"流域系统工程"综合方法是否真的能通过降低洪水风险来适应气候变化（Wilkinson 等，2014）。

生态系统服务的新兴理论研究表明，这些措施还可以提供比降低洪水风险更广泛的效益，比如改善水质、提供当地娱乐场所和丰富生物多样性（Cob 等，2012）。尽管如此，目前（表 12.2）主要是基于测绘和建模的理论研究，而对这些措施的有效性监测十分有限。这将在下一节进一步讨论。

考虑了汇水区具体情况（CEH，2009）的 NFRM 研究相关信息（改编自 **表 12.2** IACOB 等，2012；Environment Agency，2014），除西班牙波约（Poyo）和奥地利坎普（Kamp）外，FEH 流域描述适用于英国地区

流域和 NFRM 措施	国家	FEH 流域描述符（FEH catchment descriptors）					方法与参考文献
		面积（km²）	BFIHOST	FARL	SAAR（mm）	SPRHOST（%）	
上游绿化（河岸、漫滩、宽流域）							
波约（Poyo）	西班牙	380	—	—	—	—	一维建模—Francés 等（2008）
坎普（Kamp）	奥地利	600	—	—	—	—	一维建模—Francés 等（2008）
帕雷特（Parrett）	英格兰	1675	0.447	0.987	860	43.3	一维／二维建模—Park 等（2006）
帕雷特（Parrett）	威尔士	12	0.464	0.966	1659	37.3	一维／二维建模—Wheater 等（2008）
皮克林贝克（Pickering Beck）	英格兰	66	0.688	1.000	838	20.1	一维／二维建模—Odoni 等（2010）

续表

流域和 NFRM 措施	国家	FEH 流域描述符（FEH catchment descriptors）					方法与参考文献
		面积（km²）	BFIHOST	FARL	SAAR（mm）	SPRHOST（%）	
上游排水（RAFs 和 SuDS）							
里彭（Ripon）	英格兰	120	0.421	0.970	901	40.2	一维/二维建模—JBA（2007）
布莱克洛莫斯（Blacklaw Moss）	苏格兰	0.07	0.348	1.000	1543	50.1	监测—Robertson 等（1968）
兰布林迈尔（Llanbrynmair）	威尔士	3	0.456	1.000	1587	38.3	监测 —Leeks 和 Robertson（1987）
贝尔福德（Belford）	英格兰	10	0.329	0.997	677	41.5	机会分布图，一维/二维建模，监测—Quinn 等（2013）
达伦河（River Darent）	英格兰	7	0.771	0.981	768	20.8	机会分布图与接合—Evans 等（2014）
湿地和漫滩改造							
查韦尔（Cherwell）	英格兰	135	0.386	0.958	669	43.7	一维建模—Acreman（1985）
夸格（Quaggy）	英格兰	1	0.520	1.000	646	30.6	监测—Potter（2006）
辛德兰（Sinderland）	英格兰	2	0.662	1.000	822	22.7	监测—Defra 等（2010）
综合措施							
埃德尔顿水（Eddleston Water）	苏格兰	37	0.501	0.994	900	36.2	监测—SEPA（2011）
拉韦尔河（River Laver）	英格兰	79	0.420	0.982	912	39.9	一维/二维建模—Nisbet 和 Thomas（2008）

12.3　NFRM 研究案例

对 NFRM 试点进行的有限研究已经查明了，是通过改变或加强不同流域的土地利用实践理论上所获得的收益（表12.2）。虽然本章将这一过程称为 NFRM，并主要讨论与 NFRM 案例相关的洪水风险降低潜力，但在满足其他议程（包括减少土壤侵蚀、改善水质、碳吸收和生物多样性）方面也具有很大的效力。在洪水问题方面，CEP（Collingwood Environmental Planning，2010）讨论了一些可能对当地洪水风险产生有利影响的土地利用变化方案。奥多尼（Odoni，2014）发现，较小的汇水区规模（小于50km²）更容易被监测和确定测量误差，这主要是由于将效益扩展到较大的汇水区范围后，使用定量方法的复杂性会有所增加（Blanc 等，2012）。

如表12.2所示，受到数据收集的可行性影响，监测研究通常以较小的规模进行。然而，POST（Parliamentary Offices of Science and Technology，2011）指出，现有的理论基础可以确定 NFRM 措施与不同汇水区之间的有效性关系，并证明 NFRM 可以为其他生态系统服务提供更大利益。如图12.1所示为汇水区内的变量关系（包括了土地管理和土地利用的变化），它们在汇水区的上游变化最明显，而在下游湿地的表现最不明显。

如图 12.1 所示，虽然其给出了变量关系的概述，但必须考虑汇水区的具体情况。由于降雨、地形、土壤类型、地质和土地利用的变化，对两个汇水区之间变量关系的概述毫无意义，所有因素都会影响 NFRM 措施需要解决的流动力学问题（SEPA 2016）。这反映在洪水估算手册（Flood Estimation Handbook，FEH）的流域描述符（CEH，2009）中，该手册根据表 12.3 所示的原则将这些值进行了确定。

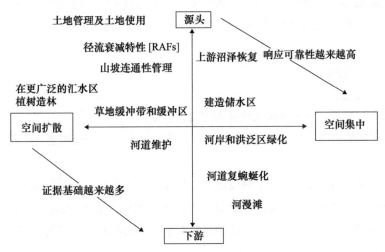

图 12.1　NFRM 措施的流域规模分类（改编自 Thorne 等，2007；POST，2011）

FEH 流域描述符 　　　　　　　　　　　　　　　　　　　　表 12.3

流域的描述符	定　义
面积（km²）	汇水区或子汇水区的排水面积
土壤类型水文基础流量指数（Base flow index of hydrology of soil types，BFIHOST）	基础流量指数是汇水区响应性的一种度量，参考 Boorman 等（Boorman，1995）确定的 29 级土壤类型水文（hydrology of soil types，HOST）分类
水库和湖泊的洪水衰减作用（Flood attenuation by reservoirs and lakes，FARL）	汇水区内的任何水库或湖泊都会对洪水响应产生影响，但最有可能影响洪水衰减的是那些与河道网络直接相连的水库或湖泊；指数接近 1.0，表示湖泊和水库没有衰减影响，而指数低于 0.8 则表示对洪水响应有很大影响
年平均降雨量（Standard average annual rainfall，SAAR）（mm）	1961-1990 年的年平均降雨量（mm）
土壤类型水文标准径流百分比（Standard percentage runoff of hydrology of soil types，SPRHOST）	标准径流百分比（%）与不同土壤类别的 HOST 相关；这可用于在导出汇水区的 SPRHOST；SPRHOST 可以从河道流量数据（如果可用）中得到

虽然如图 12.1 所示中的关系看起来很简单，但汇水区是降雨和径流之间的复杂接口。随着规模的扩大，物质和社会因素的复杂性也在增加。首先，拦截降雨事件的区域变得更大，因此径流的响应方式具有更大的不确定性。更大的汇水区也可能有更多的子汇水区，这使得流动特征的确定更加复杂（Wainwright & Mulligan，2004）。奎因等（Quinn 等，2013）将这一思想称为"汇水区系统工程"，认识到洪水事件是暴雨事件的象征，并通过不同体积范围的汇水区

加以说明。

降雨事件本身也会产生不确定性，没有两个完全一样的暴雨，更大的汇水区更容易受到降雨变化的影响（Shaw等，2011）。目前的监测研究（表12.3）说明了如今用于分析NFRM措施如何应对年度超额概率（annual exceedance probability，AEP）事件的数据有限。不过人们发现，NFRM减轻收益的规模可能会随着回报间隔年超越概率（AEP）的增加而减小（Carter，2014）。为了获得更高的精确度，需要对过去两年超过重现期的降雨事件进行长期监测（称为洪水指数）（Lambe等，2009）。大型汇水区的土壤、水文地质和土地利用变化也会影响响应关系（如渗透和径流率），从而产生不同的水文状况（O'Connell等，2004）。

12.3.1 NFRM措施

在恢复和改造层面，NFRM可大致分为三类，包括：

（1）在汇水区的上游（如一些可辨别的河岸、洪泛区等）进行植树造林工程以减缓洪水风险（Sharp，2014）；

（2）改变排水规划，包括径流衰减设施和农村SuDS改造（Quinn等，2013）；

（3）基于汇水区系统工程的湿地和洪泛区改造（汇水区下游），通常由一系列措施组合而成（包括第1点和第2点），这些措施被认为是在汇水区层面实施NFRM的最有效方法（Spense & Sisson，2015）。

以下章节对上述NFRM方法作了进一步描述，并阐述了它们的防洪潜力。

12.3.1.1 上游绿化

迄今为止的研究表明，在洪泛区以外的径流拦截地区，有针对性地进行植树造林可能会对当地的洪水风险产生影响（Chisholm，2014），径流的渗透率可能会增加至草坪等用地类型的60倍。惠特等（Wheater等，2010）认为这种方法主要带来三个方面的影响：

（1）树木会截留和蒸发水分，尽管在强降雨期间不太可能超过总体积的10%；

（2）有助于根系发育（尤其成熟树木），并增加渗透能力（Armbruster等，2006）；

（3）增加地表覆盖率将增加地表径流的曼宁"n"值，降低流速和减少悬浮固体（也因此保持了河道输送量/容量），更重要的是，它使洪水流量不同步。这主要依赖于良好的管理/维护计划，以确保随着时间发展，树冠不会阻碍地被植物的生长。然而，缺乏地被植物可能会损害曼宁"n"粗糙度值，并可能因为表土流失和排放率的增加而降低水质的改善效率（Nisbet & Thomas，2008）。

然而，目前还缺乏可以量化暴雨事件产生的地表径流的物理监测手段（McIntyre & Thorne，2013）。此外，由于大型汇水区的复杂性，建模研究主要基于小型汇水区（小于50km²）。不过也有一个例外，布罗德梅多等（Broadmeadow等，2013）利用空间数据集开发了一种工具，对流域内种植新林地以减少降雨径流的区域进行了定位。根据SuDS指南，这些数据鼓励将植树造林作为"农村SuDS"的一部分（McBain等，2010；Avery，2012）。

12.3.1.2　上游排水改造

上游排水措施是根据集水区进行分类，不仅需要了解集水区的特征，而且还需要准确理解基流（base flow），以便知晓通过排水阻塞等措施的流量去同步化行为是否会在别处产生不必要的较大峰值（JBA，2007）。上游排水主要基于两种方法：在线（on-line）和离线储存。在线是指通过特定的 NFRM 措施截留或储存的输水通道系统；离线是输水通道系统内水资源的转移（Wilkinson 等，2014）。

在线储存的例子包括一个位于格洛斯特郡斯特劳德的大型木质物残体（large woody debris，LWD），如图 12.2 所示。LWD 是直接中断高流量通道的通道内部措施，截留了上游 0.2-0.5 km 的水（Nisbet 等，2011）。LWD 一词可适用于直径大于 0.1m、长度大于 1.0m 的枯木，以及集聚在水流路径的根状河岸林地系统（Linstead & Gurnell，1998；Thomas & Nisbet，2012）。

图 12.2　格洛斯特郡斯特劳德附近的 LWD，红色箭头表示高流量通道中断

有两种将 LWD 引入河道或河流系统的方式：连续或偶发地投入（Faustini & Jones，2003）。连续投入的方法指由于自然树木死亡或河岸逐渐侵蚀而定期引入木材（图 12.2）。这种方式一般会在较频繁的时间间隔内添加少量木材。相比之下，发生严重洪水事件所带来的树木偶发性输入的发生频率较低，但可能会给河道网络添加大量的木桩。相比之下，离线存储会截获水流路径并将其引导出主要的河道内输送系统，如图 12.3 所示（Wilkinson 等，2014；Cotswolds Honeydale Farm，2015）。

这些措施包括离线储存池，它们可以通过监测来调节排放水平，并借助可渗漏的大坝结构释放，以达到洪水流量的去同步化目的，也被称为"洪水溢出"（Wilkinson 等，2014）。然而，对此类措施进行定量监测具有挑战性，因为传统的建模技术更适合于确定一维通道传输情况（Thomas & Nisbet，2012）。这是因为为了表示摩擦阻力，必须为通道外的特征指定曼宁"n"粗糙度的二维值（Rose，2011）。这在第 12.3.3.2 节中作了进一步的讨论。

图 12.3　霍尼代尔农场（Honeydale Farm）的离线储存池

12.3.1.3　湿地和洪泛区改造

与前两种通常在上游使用的方法不同（Hess 等，2010），湿地和洪泛区通常被认为更适合在汇水区下游进行运用（图 12.1）。在设计管理列车时，湿地和洪泛区改造措施通常与规模比其他 NFRM 措施大得多的大型区域蓄水池结合使用（Avery，2012）。约翰斯托诺娃（Johnstonova，2007）承认这些地区对于缓解汇水区洪水的重要性，并注意到苏格兰斯特拉斯佩（Strathspey）RSPB 自然保护区（英国最大和最自然的洪泛区）的多重好处。自然保护区长达 8km，容纳了斯比河（River Spey）的岸外流量以及地表径流和支流。该洪泛区的重新自然化，增加了可供鸟类迁徙的栖息地，并使各种各样的繁殖涉禽（超过 1000 对）、野禽（超过50% 的英国金边鸟种群）、斑点箭嘴、越冬大天鹅、雌鹬种群和其他植物以及无脊椎动物得以生存（Davies，2004）。作为 NFRM 措施，在冬春季融雪和强降水期间，可以容纳 10km² 的洪水（Doak，2008）。然而，尽管这些措施有可能提供洪水缓解和其他好处，但在实际应用方面存在障碍，如下文所述。

12.3.2　实际应用

在 NFRM 措施的实施结果方面，已有少数文献（Fitton 等，2015；Holstead 等，2015）开始调查社会、利益相关者和政策干预在其采纳过程中所发挥的重要作用。可以看出，NFRM 支持生态系统服务之间的互联互通，并在"重新连接人与景观"方面发挥作用（Nicholson 等，2012）。

霍尔斯特德等（Holstead 等，2015）发现，NFRM 的使用在苏格兰边境地区是一个多方面的敏感问题（图 12.4）。因为农民往往是土地利用变更实践中的关键决策者，所以这项研究主要关注影响农民的措施。按照环境署的指导意见（Avery，2012），汇水区层面的 NFRM 实施将需要相关合作伙伴（包括土地所有者和农民）的参与，以支持包括农村管理和汇水区农业补助细节在内的交付机制的实施。

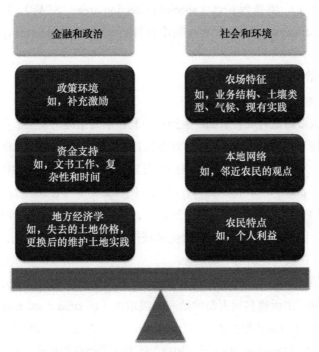

图 12.4　影响农民对 NFRM 功能实施决策的因素（改编自 Holstead 等，2015），
说明了农民参与和支持的所有因素之间的平衡

12.3.3　研究方法的重要性

如表 12.3 所示，确定或分析 NFRM 作用一般使用以下四个方法之间的一个或多个：测绘、建模、较小程度的监测和公众参与。四种方法都认识到 NFRM 选址的重要性，并加以利用以提供最大利益。对于完全"可持续"的洪水风险管理方法而言，措施必须是可证明的"无悔"投资（Werritty，2006）。以下各节介绍了 NFRM 研究中的每一种方法以及它们所作出的贡献。

12.3.3.1　测绘

测绘研究利用了地理信息系统技术，这些技术考虑了实施措施的可能性，其中一个例子是林业研究会（Forestry Research）绘制的全国林地种植和衰减区域图。布罗德梅多等（Broadmeadow 等，2013）首先侧重于消除不适合 NFRM 措施的区域，称之为"限制区域"。其中包括：

- 国防部土地；
- 泥石流滩地；
- 城市中心周围的洪泛缓冲区（通常指城镇和村庄周围 500m，公路沿线 300m 的范围内）；
- 拉姆萨尔遗址（Ramsar sites）；
- 自然美景区（areas of natural beauty，AONBs）、特殊科学景点（sights of special scientific interest，SSSIs）、特殊保护区（special protection areas，SPAs）、特殊保育区（special areas of conservation，SACs）和生物多样性行动计划（biodiversity action plan，BAP）区域；
- 国家公园和战场；
- 一级农业用地。

限制区域的设立可防止对现有景观产生潜在不利影响的措施的发生。其他地理信息系统技术已被用于告知安装 NFRMS 的合适区域，比如使用激光雷达形式的卫星图绘制地表径流路径（SNIFFER，2011）。人们普遍认为，这些路径可以显著提高汇水区的水力传导率，使峰值的大小和频率超过阈值（peaks over thresholds，POTs）（Wilkinson 等，2013）。这一点在布尔曼等（Boorman 等，1995）的土壤类型水文中有所说明，该分类反映了土壤和水之间的相互作用。但这些数据存在一个重要问题，即尽管可以免费获得，但分辨率可能很低，导致在确定水量和特定汇水区特征时存在很大程度的不确定性。

包括英国环境署、英格兰自然（Natural England）和地方当局在内的公共机构拥有大量有助于理解基流的数据。出版物包括更新的地表水洪水图（updated flood maps for surface water，uFMfSW）、当前土地利用实践和农业土地分类（agricultural land classification，ALC）数据。林业委员会林业研究小组（Broadmeadow 等，2013）还发布了潜在新林地（potential new woodland，PNW）的综合数据，比如河岸、洪泛区或更大范围的汇水区。

12.3.3.2　建模

建模有助于建立一个可视化的统计数据库，在某种程度上可用于支持初步绘图过程。以往的研究通常侧重于在洪泛区 / 河道内进行干预，而在这之中看对建模方法有更全面的了解（Acreman，1985）。然而，如激光雷达（LiDAR）数据所示，更大流域范围的地表径流也会对汇水区的洪水风险产生作用，因此需要更为准确的建模（McIntyre & Thorne，2013）。这需要考虑河道输送机制（一维）和详细高程网格（二维）下的洪泛区水流，即一维—二维水力模型。二维高程网格考虑了洪泛区的本身特征，罗斯（Rose，2011）根据二维网格的土地利用分类定义了曼宁"n"粗糙度值。这些值可根据现有特征进行修改。例如，林地种植增加了对流水的摩擦阻力，需要比牧场更大的"n"值（Nisbet & Thomas，2008）。最近的许多研究（表 12.2）都采用了这种评估方法，但洪水流量的准确计算还需要大量的河道动态和地面调查数据（Shaw 等，2011）。所以大多数研究地点仅在小流域规模（小于 50km^2）下进行。

位于北约克郡的皮克林（Pickering，North Yorkshire）研究采用了由达勒姆大学（Durham University）开发的名为 OVERFLOW 的耦合水文—水力模型（Odoni 等，2010；Odoni &

Lane，2010）。该模型使用了流量积累和路径算法来计算落在汇水区的雨水经过系统的流线，并根据"曼宁粗糙度图"将流量转换为深度。与其他二维模型一样，"曼宁粗糙度图"被修改，以仿制植被类型的变化。有效建模的另一个好处是确定了"回水"效应或上游的影响（Odoni 等，2010）。虽然地理信息系统缓冲区图已经考虑了这一点，但根据现有数据的质量，建模还可以确定拦截雨水对上游的影响程度。这一点很重要，因为诸如大型木质残体等措施可以延长回水长达 0.2-0.5km（Nisbet & Thomas，2008）。这一定量证据可以使研究注意到子汇水区内暴雨水文曲线图之间的关系，以反映 NFRM 措施对水力传导率的影响和汇水区下游峰值同步的可能性。

12.3.3.3　监测

本章提及的监测仅考虑汇水区系统工程中的水力传导率。阿迪等（Addy，n.d.）利用实验数据说明了 NFRM 对苏格兰水文、水质和生态的影响。他们对博蒙特汇水区（Bowmont catchment）42 种不同规模的措施进行检测，并使用延时摄像头记录 NFRM 实施后的地貌变化。扬等（Young，2015）指出，延时摄像头提供了高分辨率远程监控实施 NFRM 的下游区域流量的可能。

现有的监测研究（表 12.2）无法确定 NFRM 措施在降低洪峰和使大于 QMED 返回间隔或年最大流量中位数（年超额概率为 50% 或重现期的流量）的汇水区流量去同步化的有效性（Shaw 等，2011）。因此，阿迪等（Addy *et al.* n.d.）认为这些方法反映出有必要了解 NFRM 措施对流量的影响，以及获得更广泛生态系统服务的潜力。

12.3.3.4　公共参与

社区参与对于 FRM 的成功至关重要。因为利益相关者的成功参与可以协助决策的制定，所以被认为是需要改进的关键领域（Cornell，2006；Pitt，2008；POST，2011）。例如，埃文斯等（Evans 等，2014）在英国肯特郡达伦特河（River Darent，Kent，UK）流域实施 NFRM 措施时与土地所有者和农民进行密切合作，尽管延了时间，但这使得整个过程更加公开。SEPA（2011）与苏格兰阿伦流域（Allan Water catchment）的农民和土地所有者合作，提高了公民的科学认识。流域的广泛参与也是影响苏格兰边境地区采用 NFRM 的关键因素（Howgate & Kenyon，2009）。

12.4　NFRM 在会议政策议程中的意义

FRM 及推动其发展的相关政策被公认为是促进利益相关者遵守这些政策的关键要素（Johnson & Pristor，2008）。这同样适用于 NFRM，在不同层面制定促进其实施的政策议程是当务之急。近年来，正如《洪水和水资源管理法》（Flood and Water Management Act，2010）中提出的，英国已将管理重点转向流域洪水风险，该法规定根据欧盟关于洪水评估和管理的指令 2007/60/EC 交付 FRM 计划（Ball，2008）。

《水框架指令》（WFD，2000）的目标是，在 2027 年达到"良好的生态状态"，并认识到令人"无悔"的可改善水质的 FRM 的重要性。其主要通过财政激励措施（如农村管理和汇水区农业补助）进行支持。未能实现这些目标可能会导致欧盟的巨额罚款，而对河道的最大污染物则被认为是农业面源污染（RGS，2012；POST，2014）。因此，尽管本章主要讨论了防洪问题，但 NFRM 在农村环境中的其他方面也发挥着作用。

2007 年洪水发生后，皮特（Pitt，2008，recommendation 27）建议，环境署和英格兰自然应在全国范围内与合作伙伴协作，根据汇水区洪水管理计划和海岸线管理计划制定方案，以实现更好的自然过程。作为降低洪水风险的一种方法，它已通过流域管理计划（river basin management plans，RBMPS）和《洪水和水资源管理法（2010）》等政策得到推广，其目的是在"可能的情况下"维持或恢复自然过程，并允许在控制风险的前提下保持自然特征（POST，2011）。苏格兰的情况同样如此，《洪水风险管理（苏格兰）法（2009）》规定了苏格兰政府在洪水管理方面的长期目标，即促进"储水空间和减缓洪水风险的农村与城市景观"的打造。

除政策外，NFRM 还得到了"为水腾出空间"（Defra，2004）等项目的强有力支持。该项目超越传统的工程解决方案，在源头上对自然汇水区的径流和洪水进行控制。总而言之，政府和政府间议程已经认识到 NFRM 在提升抗洪能力方面发挥着重要作用，但正如第 12.3 节所建议的，他们需要更深入地了解 NFRM 在防洪中发挥的关键作用并对气候变化的潜在影响进行预测。这些影响在《气候变化法》（Climate Change Act，2008）中得到了承认，国家适应方案（National Adaptation Programme，Section 58）也已将"适应"纳入要求。而当涉及洪水风险时，政府尤其建议采取适应措施。2009 年英国气候预测（UK Climate Projections，UKCp09）（Murphy 等，2010）和英国气候变化风险评估（UK Climate Change Risk Assessment，UKCrA，HM Government，2012）都表明，越来越多的人担心极端事件发生的频率和强度会更高，可能需要超过旨在应对百年一遇的防御措施（Wilby 等，2007；Crooks 等，2009）。因此，NFRM 可以作为气候变化导致 AEP 恶化的适应性做法。

12.5　结论

尽管 NFRM 的实施过程和带来的益处在其他类似概念（如农村 SuDS）中得到了运用，但它仍旧是一种全新的 FRM 方法。与自然过程合作有多种好处，包括提高抗洪能力、提供广泛的生态系统服务、应对气候变化的挑战以及满足国家和国际政策（如 WFD 目标、洪水指令和政策）。到目前为止，研究的重点大多集中在实施 NFRM 所获得的理论效益上，因此为了需要进一步支持方法广泛运用的科学数据，并改进本章所载的现有内容。这一点还反映在交付机制的支持上（如资助倡议），包括可能支持这种证据基础的农村管理机制等。

参考文献

Acreman, M. (1985). The effects of afforestation on the flood hydrology of the upper Ettrick valley. *Scottish Forestry, 39*, 89–99.

Addy, S., Wilkinson, M., Watson, H. and Stutter, M. (n.d.) *Implementation and Monitoring of Natural Flood Management in Scottish Upland Catchments.* The James Hutton Institute. Available at: http://tinyurl.com/oh36faq.

Armbruster, J., Muley - Fritze, A., Pfarr, U., Rhodius, R., Siepmann - Schinker, D., Sittler, B., Spath, V., Tremolieres, M., Rennenberg, H. and Kreuzwieser, J. (2006). *FOWARA: Forested Water Retention Areas, guideline for decision-makers, forest managers and land owners.* The FOWARA - project.

Avery, D. (2012). *Rural Sustainable Drainage Systems.* Environment Agency, Bristol.

Ball, T. (2008). Management approaches to floodplain restoration and stakeholder engagement in the UK: a survey *Ecohydrology and Hydrobiology, 2-4*, Elsevier BV, UK, pp 273–280.

Ballard, C., McIntyre, N. and Wheater, H. (2010). Peatland drain blocking: Can it reduce peak flood flows? *Proc. BHS Third Int. Symp., Managing Consequences of a Changing Global Environment, Newcastle*, 698–702.

Blanc, J., Wright, G. and Arthur, S. (2012). *Natural Flood Management knowledge system: Part 2 – The effect of NFM features on the desynchronising of flood peaks at a catchment scale.* CREW report. Available at: http://www.crew.ac.uk/projects/naturalflood - management.

Boorman, D.B., Hollis, J.M. and Lilly, A. (1995). *Hydrology of Soil Types: A Hydrologically - based Classification of the Soils of the United Kingdom.* IH Report No 126. Institute of Hydrology, Wallingford.

Broadmeadow, S., Thomas, H. and Nisbet, T. (2013). *Midlands Woodland for Water Project.* The Research Agency of the Forestry Commission.

Carter, V. (2014). *Catching the flood. Chartered Forester/Flood Planning.* Spring 2014, pp. 14–16.

Centre for Ecology and Hydrology (CEH) (2009). *The Flood Estimation Handbook.* HR Wallingford.

Chisholm, A. (2014). *A mature oak will drink 50 gallons of water a day.* Sylva. Spring/Summer.

Collingwood Environmental Planning (CEP) (2010). *Farming and water for the future in the Trent catchment – Innovative solution for local flood risk management.* Department for Environment, Food and Rural Affairs.

Cornell, S. (2006). *Improving Stakeholder Engagement in Flood Risk Management Decision Making and Delivery.* Environment Agency and Defra R&D Technical Report SC040033/SR2.

Cotswolds Honeydale Farm (2015). *Natural Flood Management.* Available at: http://cotswoldhoneydale. blogspot.co.uk/ 2015/07/natural - flood - management - other - news.html.

Couldrick, L.B., Granger, S., Blake, W., Collins, A. and Browning, S. (2014). WFD and the catchment based approach – going from data to evidence, in the Proc. of River Restoration Centre 5th Annual Network Conference 7th and 8th May 2014.

Crooks, S.M., Kay, A.L. and Reynard, N.S. (2009). *Regionalised Impacts of Climate Change on Flood Flows: Hydrological Models, Catchments and Calibrations.* Joint Defra/Environment Agency Flood and Coastal Erosion Risk Management R&D Programme (FD2020).

Davies, C. (2004). *Go with the Flow: The Natural Approach to Sustainable Flood Management in Scotland.* RSPB Scotland.

Defra (2004). *Making Space for Water: Developing a new Government strategy for flood and coastal erosion risk management in England.* Defra, London.

Defra (2009). *The Government's Response to Sir Michael Pitt's Review of the Summer 2007 Floods.* Defra, London.

Defra, RSPB and Hedgecott, S. (2010). *Working with natural processes to manage flood and coastal erosion risk.* Environment Agency, Peterborough, 21–22.

Doak, G. (2008). *The Way Forward for Natural Flood Management in Scotland.* Scottish Environment LINK.

Environment Agency (2014). Working with natural processes to reduce flood risk: a research and development framework. Available at: https://www.gov.uk/government/publications/working - with - natural - processes - to - reduce - flood - risk - a - research - and - development - framework.

Evans, L., Davies, B., Brown, D. and Smith, L. (2014). *Using local community accounts and topo-graphic analyses to identify optimal locations for natural flood management techniques in the Upper River Darent Catchment, Kent.* At: http://www.therrc.co.uk/sites/default/files/files /Conference/ 2015/Outputs/posters/bella_davies.pdf.

Faustini, J.M. and Jones, J.A. (2003). Influence of large woody debris on channel morphology and dynamics in steep, boulder - rich mountain streams, Western Cascades, Oregon. *Journal of Geomorphology, 51,* 187–205.

Feyen, L., Dankers, R., Bódis, K., Salamon, P. and Barredo, J.I. (2012). Fluvial flood risk in Europe in present and future climates. *Climatic Change, 1,* 47–62.

Fitton, S., Moncaster, A. and Guthrie, P. (2015). Investigating the social value of the Ripon rivers flood alleviation scheme. *Journal of Flood Risk Management.* DOI: 10.1111/jfr3.12176.At: http://on - linelibrary.wiley.com/doi/10.1111/jfr3.12176/pdf.

Francés, F., García - Bartual, R., Ortiz, E., Salazar, S., Miralles, J., Blöschl, G., Komma, J., Habereder, C., Bronstert, A. and Blume, T. (2008). *Efficiency of non-structural flood mitigation measures: 'room for the river' and 'retaining water in the landscape'.* CRUE Research Report No I - 6 London. 172–213.

Freitag, B., Bolton, S., Westerland, F. and Clark, J. (2009). *Floodplain Management: A new*

Approach for a New Era. The University of Chicago Press, 137.

Hess, T.M., Holman, I.P., Rose, S.C., Rosolova, Z. and Parrott, A. (2010). Estimating the impact of rural land management changes on catchment runoff generations in England and Wales. *Journal of Hydrological Processes*, 24 (10), 1357–1368.

HM Government (2012). *UK Climate Change Risk Assessment (CCRA): Government Report*. London: The Stationery Office.

Holstead, K.L., Waylen, K.A., Hopkins, J. and Colley, K. (2015). *The Challenges of Doing Something New: Barriers to Natural Flood Management*. Presentation at XVth IWRA World Water Congress, Edinburgh, 25–29 May 2015.

Howgate, O.R. and Kenyon, W. (2009). Community cooperation with natural flood management: a case study in the Scottish Borders Area, *Royal Geographical Society, 41* (3), 329–340.

Iacob, O., Rowan, J., Brown, I. and Ellis, C. (2012). *Natural flood management as a climate change adaptation option assessed using an ecosystem services approach*. PhD thesis, Centre for Environmental Change and Human Resilience, University of Dundee, UK.

JBA (2007). *Ripon land management project – Final report*. Department for Environment, Food and Rural Affairs.

Johnson, C.L. and Priest, S.J. (2008). Flood risk management in England: a changing landscape of risk responsibility, *Water Resources Development, 24*, 513–525.

Johnstonova, A. (2009). *Meeting the challenges of implementing the Flood Risk Management (Scotland) Act 2009*. A report by RSPB Scotland.

Lambe, R., Faulkner, D.S. and Zaidman, M.D. (2009). *Fluvial Design Guide* Chapter 2. Environment Agency. Available at: http://tinyurl.com/z5ed7pj.

Lane, S.N., Morris, J., O' Connell, P.E. and Quinn, P.E. (2006). Managing the rural landscape. In: Thorne, C (2006) *Future Flood and Coastal Erosion Risk*, Publisher: Thomas Telford Ltd.

Leeks, G. and Roberts, G. (1987). The effects of forestry on upland streams – with special reference to water quality and sediment transport. In: *Environmental Aspects of Plantation Forestry in Wales*, Good, J. (ed.). Institute of Terrestrial Ecology Symposium, 9–24.

Linstead, C. and Gurnell, A.M. (1998). *Large woody debris in British headwater rivers: Physical habitat and management guidelines*. R&D Technical Report W185, School of Geography and Environmental Sciences, University of Birmingham, UK. Management 2010 Conference, the International Centre, Telford, 29 June – 1 July 2010, 10 pp.

Mauch, C. and Zeller, T. (2009). *Rivers in History: Perspectives on Waterways in Europe and North America*. University of Pittsburgh Press.

McBain, W., Wilkes, D. and Retter, M. (2010). Flood resilience and resistance for critical infrastructure. *CIRIA SuDS training*.

McIntyre, N. and Thorne, C. (2013). *Land Use Management Effects on Flood Flows and*

Sediments-Guidance on Prediction. CIRIA, London.

Morris, J. and Wheater, H. (2006). Catchment Land Use, in Thorne, C. (2006) *Future Flood and Coastal Erosion Risk*, Thomas Telford.

Murphy, J., Sexton, D., Jenkins, G., Boorman, J., Booth, B., Brown, K., Clark, R., Collins, M., Harris, G. and Kendon, L. (2010). *UK Climate Projections science report: Climate change projections.* Meteorological Office Hadley Centre.

National River Flow Archive (NRFA) (2015). *Catchment Spatial Data: FEH Catchment Descriptors.* Available at: http://nrfa.ceh.ac.uk/feh - catchment - descriptors.

Nicholson, A.R., Wilkinson, M.E., O'Donnell, G.M. and Quinn, P.F. (2012). Runoff attenuation features: a sustainable flood mitigation strategy in the Belford catchment, UK. *Area.* 463–469.

Nisbet, T.R. and Thomas, H. (2008). Project SLD2316: *Restoring Floodplain Woodland for Flood Alleviation.* Department for Environment, Food and Rural Affairs.

Nisbet, T.R., Marrington, S., Thomas, H., Broadmeadow, S. and Valatin, G. (2011). *Project RMP5455: Slowing the Flow at Pickering.* Department for Environment, Flood and Rural Affairs.

O'Connell, P.E., Beven, K.J., Carney, J.N., Clements, R.O., Ewen, J., Hollis, J., Morris, J., O'Donnell, G.M., Packman, J.C., Parkin, A., Quinn, P.F., Rose, S.F. and Shepherd, M. (2004). *Review of Impacts of Rural Land Use and Management on Flood Generation. Part B: Research Plan.* R&D Technical Report FD2114/TR, Defra, London, UK.

Odoni, N. (2014). Can we plant our way out of flooding? *Sylva.* Spring/Summer 2014, 19–20.

Odoni, N.A. and Lane, S.N. (2010). *Assessment of the impact of upstream land management measures on flood flows in Pickering beck using OVERFLOW.* Durham University, UK.

Odoni, N.A., Nisbet, T.R., Broadmeadow, S.B., Lane, S.N., Huckson, L.V., Pacey, J. and Marrington, S. (2010). *Evaluating the effects of riparian woodland and large woody debris dams on peak flows in Pickering Beck, North Yorkshire.* In: Proceedings of the Flood and Coastal.

Park, J., Cluckie, I. and King, P. (2006). *The Parrett Catchment Project (PCP): Technical Report on the Whole Catchment Modelling Project.* The University of Nottingham, Nottingham, 69–84.

Pitt, M. (2008). *The Pitt review: learning lessons from the 2007 floods.*

POST (2011). *Natural Flood Management,* Postnote 396, Parliamentary Offices of Science and Technology, London.

POST (2014). *Diffuse Pollution of Water by Agriculture.* Postnote 478, Parliamentary Offices of Science and Technology, London.

Potter, K.M. (2006). *Where's the Space for Water? – How Floodplain Restoration Projects Succeed.* Unpublished MSc Thesis, Liverpool University, UK.

Quinn, P., O'Donnell, G., Nicholson, A., Wilkinson, M., Owen, G., Jonczyk, J., Barber, N., Hardwick, M. and Davies, G. (2013). *Potential use of runoff attenuation features in small rural catchments for flood mitigation: evidence from Belford, Powburn and Hepscott.* Joint Newcastle

University, Royal Haskoning and Environment Agency Report, UK.

Robertson, R.A., Nicholson, I.A. and Hughes, R. (1968). *Runoff studies on a peat catchment.* Proc. 2nd International Peat Congress, HMSO, London. 161–166.

Rose, S.F. (2011). Natural Flood Management: Measures and Multiple Benefits. *The River Restoration Centre.*

Royal Geographical Society (with IBG) (2012). *Water policy in the UK: The challenges.* RGS - IBG Policy Briefing.

Scottish Environment Protection Agency (SEPA) (2011). The Eddleston Water Project, *The Tweed Forum.* Available at: http://www.tweedforum.org/projects/current - projects/eddleston.

Scottish Environment Protection Agency (SEPA) (2011). *Allan Water Natural Flood Management Techniques and Scoping Study.* Halcrow Group Ltd.

Scottish Environment Protection Agency (SEPA) (2016). The Natural Flood Management Handbook. Available at: http://www.sepa.org.uk/media/163560/sepa - natural - flood - management - handbook1.pdf.

Sharp, R. (2014). *Investigating hillslope afforestation as a potential natural flood management strategy in the Eddleston Water catchment, Scottish Borders.* Unpublished MSc Thesis, University of Edinburgh, UK.

Shaw, E.M., Beven, K.J., Chappell, N.A. and Lamb, R. (2011). *Hydrology in Practice.* CRC Press.

SNIFFER (2011). *Understanding the opportunities and constraints for implementation of natural flood management features by farmers.* Project FRM21, Edinburgh, Scotland.

Spence, C. and Sisson, J. (2015). River Elwy Catchment: emulating nature for flood risk management – methods for analysis and monitoring the River Elwy catchment, North Wales. *The UK Water Projects.*

Thieken, A.H., Mariana, S., Longfield, S. and Vanneuville, W. (2014). Flood resilient communities – managing the consequences of flooding. *Natural Hazards and Earth System Sciences, 14,* 33–39.

Thomas, H. and Nisbet, T. (2012). Modelling the hydraulic impact of reintroducing large woody debris into watercourses *Journal of Flood Risk Management, 5,* 164–174.

Thorne, C.R., Evans, E.P. and Penning - Rowsell, E.C. (2007). *Future flooding and coastal erosion risks.* Thomas Telford.

Wainwright, J. and Mulligan, M. (2004). *Environmental Modelling: Finding Simplicity in Complexity,* John Wiley and Sons.

Werritty, A. (2006). 'Sustainable flood management: oxymoron or new paradigm' *Royal Geographical Society, 38* (1), 16–23.

Westcountry Rivers Trust (2015). *Upstream Thinking.* available online: http://wrt.org.uk/project/

upstream - thinking/.

Wheater, H., Reynolds, B., McIntyre, N., Marshall, M., Jackson, B., Forgbrook, Z., Solloway, I., Francis, O. and Chell, J. (2008). *Impacts of upland management on flood risk: Multi-scale modelling methodology and results from the Pont Bren experiment.* Flood Risk Management Research Consortium.

Wilby, R.L., Beven, K.J. and Reynard, N.S. (2007). Climate change and fluvial flood risk in the UK: more of the same? *Journal of Hydrological Processes*, *22* (14), 2511–2523.

Wilkinson, M.E., Quinn, P.F. and Hewett, C.J.M. (2013). The Floods and Agriculture Risk Matrix (FARM): a decision support tool for effectively communicating flood risk from farmed landscapes. *The International Journal of River Basin Management*, *11*, 237–252.

Wilkinson, M.E., Quinn, P.F., Barber, N.J. and Jonczyk, J. (2014). A framework for managing runoff and pollution in the rural landscape using a catchment systems engineering approach. *Science of the Total Environment,* 468–469, 1245–1254.

World Wildlife Fund (WWF) (2007). *Flood planner*: *A manual for the natural management of River floods.* WWF Scotland.

Young, D.S., Hart, J.K. and Martinez, K. (2015). Image analysis techniques to estimate river discharge using time - lapse cameras in remote locations. *Computers & Geosciences, 76*, 1–10.

法规政策

European Union Water Framework Directive, 2000

European Union Floods Directive, 2007 (c. 22)

Flood and Water Management Act 2010 (c. 29)

Flood Risk Management (Scotland) Act 2009 (c. 6)

The EU Green Infrastructure Strategy, 2013

The Climate Change Act, 2008 (c. 58)

第13章 可持续排水系统的能源再生和节能效应

阿迈勒·法拉吉－劳埃德，苏珊娜·M.查尔斯沃思，斯蒂芬·J.库普
Amal Faraj‐Lloyd, Susanne M. Charlesworth and Stephen J. Coupe

13.1 导言

在全球范围内，未来人类对能源的需求只会不断上升。能源的产生主要依赖于化石燃料（煤、石油和天然气）的燃烧。然而，这些化石燃料是储量有限的不可再生资源，其储量将不断减少；除此之外，它们在燃烧时还会释放二氧化碳（CO_2）等温室气体（Greenhouse Gases, GHG）。从1970—2004年，这些温室气体的排放量增加了约80%。德伯克等（De Boeck等，2015）预测，2005—2050年期间，温室气体排放量还将有52%的增长。在英国，能源消耗所产生的二氧化碳占二氧化碳总排放量的47%，而这其中75%的能源用于供暖和制冷（POST，2010）。英国的二氧化碳排放问题可以通过建立高效的可再生能源（Renewable Energy, RE）系统来解决，该系统可用于建筑供暖和制冷，减少温室气体的排放，并减轻气候变化带来的影响（HM Government，2009；Song等，2015）。许多国家政府逐渐开始鼓励可再生能源的使用，如欧洲议会（European Parliament）计划在2020年之前将成员国的可再生能源消耗比例提高到27%。沙菲和萨利姆（Shafiei & Salim，2014）认为，投资可再生能源在总体上可减少以二氧化碳为主的温室气体的排放。

余（Yu等，2001）、德勒提克和弗莱彻（Deletic & Fletcher，2006）、阿卜杜拉和阿尔谢里夫（Abdulla & Al‐Shareef，2009）、查尔斯沃思（Charlesworth等，2012）、卡齐米（Kazemi等，2011）、布雷西（Bressy等，2014）等学者的一系列研究证明了SuDS在减少径流量及改善水质方面的效果。与此同时，伦德（Lund等，2004）、柯蒂斯（Curtis等，2005）、黄（Hwang等，2009）、萨纳（Saner等，2010）、王（Wang等，2015）和雷沃雷多（Reboredo，2015）等学者也发表了关于可再生能源的研究成果，他们认为可再生资源作为一种已被成功开发的自然资源，能够为人类提供更为舒适的室温环境。查尔斯沃思（Charlesworth，2010）则综述了SuDS在缓解和适应全球气候变化方面的多重益处。

本章重点介绍与能源的获取和节约相关的两个方面：首先，概述了将 SuDS 以及能源的获取整合到同一个基础设施中的可行性，该基础设施既可用于减少径流，又可产生能源以可持续地为建筑物供暖和制冷；其次，综述了蓝绿基础设施在减少建筑供暖和制冷所需的能源方面的应用。

SuDS 的作用过程及其效力和效率已在其他章节有所介绍，因而在此不作赘述。下文各节讨论了地热能（Ground Source Heat，GSH）的获取与 SuDS 中的 PPS 的结合方式，以打造一个既能解决洪涝灾害问题，又能在建筑尺度上提供可再生能源的综合系统。

13.2　地热能的采集

地热能是一种丰富且相对容易获取的可再生能源（Self 等，2013），这种能量的开采和收集是通过地源热泵（GSH pumps，GSHP）实现的。GSHP 是一项即可用于供暖，又可用于制冷的"高效可再生能源技术"（Omer，2008）。地热能的初始温度相对较低，但一旦被集聚起来（Omer，2008；Self 等，2013），这种能源"在环境保护和成本控制方面都是极为卓越的"（Self 等，2013）。GSHP 适用于全球范围内多种类型的建筑物，且主要应用于这些建筑物内部的地暖系统（Omer，2008）。此外，对地热能的采集及利用可减少二氧化碳的排放量，从而减轻气候变化带来的影响（Bayer 等，2002）。虽然拜尔等学者（Bayer 等，2002）认为，较之传统供暖方式，该技术的普遍应用可使欧洲有效减少 30% 的温室气体排放量，但这要取决于泵的效率、电气混合物和替代热量。节能的潜力则取决于国家的技术市场饱和度，以及可为 GSHP 提供动力的可再生能源（如太阳能或风能）的使用程度。使用空间的有限是在密集的城市居民区中应用该技术所面临的问题之一，因此为了功能的多样性以及应用的灵活性，需要探索将该技术与其他技术相结合的方式。

通过在人行道、停车场和交通量较小的车行道上铺设透水路面的方式，可以很好将地热能采集技术（Ground Source Heat Extraction，GSHE）融入住区、商店及工厂等建成环境中。下一节概述了透水路面的类型、在径流削减方面的作用以及在施工过程中与 GSHP 的整合方式。

13.3　透水路面系统

根据渗透方式的不同，可以将透水路面系统（Pervious Paving Systems，PPS）分为两类："多孔型"（Porous）透水路面和"渗透型"（Permeable）透水路面。前者的整个表面部分皆可渗透雨水，后者则是通过不透水铺装之间的间隙来渗透雨水（Charlesworth 等，2014）。

由于"不透水"（Sealed）的车道会加剧城市内涝问题，英国政府便规定屋主们不得在自家门前的车道上铺设超过 50m^2 的不透水路面（Wright，2010）。PPS 等渗透表层的应用将对雨水径流总量和径流污染可以较好地进行了削减作用。在进行 PPS 的铺设时，可以将地热能的采集系统置于沟渠底部，并利用"弹簧"（Slinky）线圈收集热量。如图 13.1 所示为 PPS 的一般结构，其表面层为两两之间存在着垂直间隙的混凝土砌块，占总表面积的 8%-20%。砌块间的垂直间隙中填充尺寸为 2-4mm 的砾石，可以使水从表面层渗入其中。ASTM（American Society for Testing and Materials，2001）C936 规范规定，根据不同用途，砌块的厚度至少为 60mm，抗压强度至少为 55MPa。砌块的底部是土工织物，其功能在第 11 章已有详细介绍，便不在此做赘述。

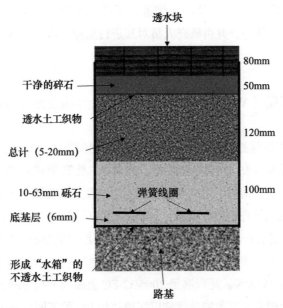

图 13.1　PPS 的垂直结构（图中表明了可用于获取地热能的弹簧线圈位置）

　　土工织物下面是由干净的碎石、砾石或混凝土构成并经过压实的底基层，因其中间有储水空间，有时也被称为含水饱和带或储水层。底基层的深度视具体的场地条件而有所不同，有时为了控制渗透速率，会设置两层底基层。底基层的总储水量取决于深度、（可制作混凝土及修路的）骨料的尺寸和孔隙率。在设计和施工过程无误的情况下，PPS 可入渗大量雨水，从而有效削减径流峰值和径流总量（Andersen 等，1999；SanSalone & Teng，2005；SanSalone 等，2008）。如前所述，只含一层土工织物的 PPS 往往被称为渗透性路面。如果 PPS 的整体结构皆被封闭在一个不渗透膜中，它便变成了"储水罐"，此时它也被称为罐式或衰减系统，这个"储水罐"可以对渗入 PPS 中的雨水进行收集并用于花园浇水、洗车或冲厕等。

　　冬季的地面温度高于上层空气，此时 PPS 储存的雨水可用于供暖；相反，夏季的地面温度低于上层空气，此时 PPS 收集的雨水可用于散热（Healy & Ugursal，1997；Heppasli，2005；Ozgener & Heppasli，2007；Singh 等，2010）。

　　对 PPS 及 GSHE 技术的单独使用由来已久。但在应对全球气候变化方面，PPS 和可再生能源系统的结合使用似乎很有潜力，因为这两个系统的结合能使地表水得到充分利用，避免地表水的浪费。托塔·马哈拉吉和保罗（Tota - Maharaj & Paul，2015）将融入 GSHE 的 PPS 称为"第二代 PPS"。已有相关测试机构在经过实验研究后，证实了这种组合系统所具有的潜力。他们发现安装在 PPS 底部的热交换器并不会影响系统的水质改善能力（Tota - Maharaj 等，2009、2010），亦不会促进潜在的有毒微生物生长（Coupe 等，2009；Scholz 等，2012）。另有研究人员在监测了 PPS 中的热量分布（Novo 等，2010、2013 ；Del Castillo - Garcìa，2013）后，发现底基层的蒸发和表面层的热特性是在设计 PPS/GSHP 时所需考虑的最重要因素。托塔·马哈拉吉等（Tota - Maharaj 等，2011）在对组合系统中的温度和能量平衡进行建模后，确定了最佳的弹簧线圈尺寸、能源效率和储水罐容积，并以此优化了系统设计。许多相关研究都是在实验室中进行的，但下文对两个实际案例进行了详细介绍。在这两个实际案例中，PPS 和 GSHE 组合安置在建筑单体中，并由研究人员对其进行监测，以评估该组合系统在住房和办公楼中的供热能力。

13.3.1 英国沃特福德（Watford）建筑研究所设计的汉森（Hanson）生态屋

生态屋是由预制构件建造而成，这些构件包括预制混凝土地板、预制空心砖墙（2.4m×9m）以及传统建筑材料（黏土砌块和混凝土砌块），最终形成一个寻常大小的家庭住宅（图 13.2）。生态屋的墙板上预留了用以安装高性能门窗及三层充氩气玻璃的洞口。成品墙的关键性能包括砖和砌块的高抗弯强度、高纵向强度（约为传统砌体的 2 倍），以及因连续的砂浆接缝而增强的抗雨水渗透性；其中，最后一个性能使得建筑的气密性优于传统的砖石结构。材料的热损失率被称为 U 值：U 值越低，材料的隔热性越好。生态屋内壁的 U 值为 0.18W/m²K，外墙的 U 值为 0.15–0.27W/m²K，足以满足 2006/32/EC 能源服务指令的要求。这表明，欧盟国家必须通过使用新能源服务和其他能效措施以实现每年 9% 的节能目标（2008-2016）（Inforse，2010）。生态屋的屋顶为隔热钢架锥形屋顶，其 U 值为 0.15–0.18W/m²K ；而三层玻璃窗的 U 值达到了 0.8W/m²K。生态屋每年的热损失总量为 6.6kWh/m²（其中织物热损失为 77.9W/K，通风热损失为 62.12W/K）（Hanson customer services，pers.comm.，2013）。根据建设情况及 PPS 和 GSHE 的应用，生态屋在《可持续住宅规范》（Code for Sustainable Homes）的评估中达到了 4 级。如图 13.2 所示，生态屋呈"倒立式"结构，内部总建筑面积为 143m²，楼下有三间卧室和两间浴室，上层有一个较大的开敞式空间，厨房、餐厅和生活区都位于上面。

图 13.2 生态屋及透水路面的位置

13.3.2　透水路面 / 地源热泵组合系统（PPS/GSHP）

落在路面上的雨水和周围建筑物屋顶的径流被集中在一个深度为 350mm，面积为 65m² 的地下水箱中。通常的做法是将水平放置的 GSHE 埋在约 1m 深的沟渠中（Energy Saving Trust，2004），但生态屋的地面条件决定了沟渠的埋设位置不能太深。PPS/GSHP 的设计与上文所述类似，并在 PPS 的储存罐内添加了弹簧线圈（图 13.1）。

为了监测生态屋内部 4 个基点以及 PPS/GSHP 的储水罐内部和上方的温度，在地块内安装了 15 个传感器；为了监测室内和室外的温度，9 个康铜（铜 / 镍合金）热敏电阻传感器被嵌入在内部和外部的面板中，它们分别位于生态屋的东南西北四个侧面和一楼隔墙的内部；此外，为了监测 PPS 罐内的温度，在距离地面 60mm、130mm、220mm 和 350mm 的 PPS/GSHP 的罐内也分别安装了传感器。还有一个传感器安装在高出路面 1300mm 的护柱上，监测环境空气温度。

经监测得到的数据通过光纤连接被发送到社区数字管理中心的数据记录器上，再以 DOS 格式被下载到电脑上。本研究中的数据记录器被设置为三年内（2008-2010 年）每 10 分钟收集一次数据，共有 130 多万次监测记录。

13.4　生态屋的监测结果

13.4.1　栖息地空间

将 PPS 表面上方 1300mm 处每日的气温与生态屋内每日的温度进行对比，如图 13.3 所示，为供暖期间室内和室外温度的变化情况。图中的数值代表组合系统供暖的时间，数据中的空白部分表示生态屋在由电力进行供暖，或者是组合系统发生了某些故障。

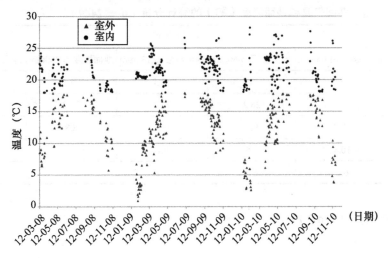

图 13.3　生态屋在供暖日的室内外温度（n = 702）

在供暖期间，室外平均温度为 12.0℃，最低温和最高温分别为 0.9℃和 17.9℃；而室内平均温度为 21.5℃，最低温和最高温分别为 18.0℃和 28.2℃。生态屋室内的平均温度相对来说是比较舒适；但图 13.3 也表明，与 CIBSE（CIBSE，2006）所界定的"舒适温度"范围（冬季为19.5±0.5℃，夏季为 21±1℃）相比，生态屋的室内温度较不稳定，有时会太热或太冷。

13.4.2　透水路面 / 地源热泵组合系统（The PPS/GSHP）

为研究热能作用于室内的机制，本次研究监测了气温和四个位置的地面温度，结果如图13.4 所示，并在如表 13.1 所示中作了总结。这些数据表明，不同位置的地面温度最小值都低于 0℃（此时储存的雨水处于冻结状态），最接近地表的地面位置（60mm 深）囊括了所有最高温度中的最高值和所有最低温度的最低值，且该特征随着深度的增大而减弱。如图 13.4 所示还表明，不同深度的地面位置的平均温度差异极小，四个不同深度的地面位置的日平均温度与日平均气温也无显著差异（$t = 3.931$；4.718；8.074；10.541；$p < 0001$）。

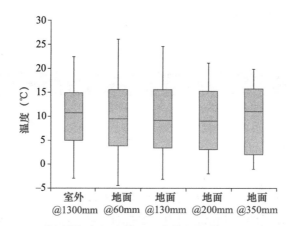

图 13.4　监测期间气温和地面温度的主要特征（n = 2449）

监测期间气温和地面温度（℃）的统计分析（n = 2449）　　　　　　表 13.1

	监测温度				
	室外气温 @1300mm	地面温度 @60mm	地面温度 @130mm	地面温度 @200mm	地面温度 @350mm
最低温度（℃）	−3	−4.4	−3.1	−1.9	−1.1
最高温度（℃）	22.5	26.2	24.7	21.2	20.0
平均数（℃）	10.0	9.7	9.5	8.8	9.6
中位数（℃）	10.8	9.5	9.2	9.1	11.0
标准差（℃）	6.0	6.9	6.9	6.6	6.7

13.4.3　性能系数（CoP）

研究利用性能系数（coefficient of performance，CoP）来表示建筑空间的吸热效率。CoP

值为 3 代表热泵的输出值是输入值的 3 倍，即效率为 300%。地热系统的 CoP 值通常在 3-5 之间浮动，偶尔会出现值为 6 的情况（Lund 等，2003；O'Connell & Cassidy，2003）。研究通过对 PPS/GSHP 内部的储水罐每日的温度进行记录，发现热泵的 CoP 平均值在 2.3（范围在 4.8-1.0 之间）。欧盟在 2009 年颁布的可再生能源指令规定：合格的可再生能源，其 CoP 值应至少为 2.875；因此，该系统不能被视为令人满意的可再生能源。当地面温度低于 1℃（在 -1.1-0.9 之间浮动）时，CoP 的值为 1.0 或更低，表明此时生态屋的主要供热来源为输电干线而非地热能。在由组合系统进行供暖且地面温度大于 1.9℃的情况下，CoP 值在 1.1-3.8 之间浮动，甚至在某日达到了 4.8。较低的热负荷和较高的水温能够产生较高的 CoP：CoP 的最高值是在室内温度为 19.4℃，地面温度为 15.3℃的情况下实现的；CoP 的最低值 1.1（这是在排除了原 CoP 最低值后产生的最低值）是在地面温度为 1.9℃，室内温度为 21.8℃时出现的。

13.5　案例：位于英国贝德福德郡的汉森斯图尔特比办公室（The Hanson Stewartby Office，Bedford，UK）

在生态屋应用了 PPS/GSHP 后，位于英国贝德福德郡图尔特比（Stewartby，Bedford，UK）的三层办公楼也将该组合系统作为能源解决方案（图 13.5）。

图 13.5　位于英国贝德福德郡斯图尔特比的
三层办公楼的 PPS/GSHP

带有 5 台 130kW 机组的集供暖和制冷于一体的 PPS/GSHP 系统被安装在一个有 285 个停车位（6500m²）的停车场，并用于服务占地面积为 7000m² 的办公大楼。该系统包括一条长度为 8.4km 的细长管道，管道每隔一米便嵌入尺寸为 200mm 且表面湿润的石块；为确保所有线圈都能被水覆盖，管道的底部必须做到平整。任何潜在的溢流都会直接流入附近的一个湖泊。从位于沃特福德的生态屋中获得的经验表明，与挖掘深度约为 300mm 的典型停车场所不同的是——为确保不会被冻结，GSHP 的螺旋管铺设深度应为 700mm。这 5 台 GSHP 能够在 45℃ 的最佳效果下，通过地板下供暖的方式提供能源，满足整个建筑的需求。为有效地分配收集到的热量，建筑的上层采用了面积较大的地热专用散热器。这 5 个 GSHP 串联作业，在实现目标温度后，可利用建筑内部的恒温器，根据需要关闭个别的 GSHP。比如说在办公室可能需要供暖而健身房可能需要制冷的情况下，可以利用滑动集管阀在建筑内的不同区域同时实现供暖与制冷。该建筑的能源利用效率比普通的新建建筑高 30%，每年排放的二氧化碳量为 35kg/m²，较之每年二氧化碳排放量为 50kg/m² 的普通新建建筑更为环保。据估计，该系统的投资回报期在 5-6 年。

为提供舒适的环境并增强生物多样性，该项目还包括如湿地和池塘等去污类 SuDS。这些去污类 SuDS，连同 PPS/GSHP，最大限度地提高了建筑的能源利用效率，并使其在英国建筑研究院环境评估方法（BREEAM）中的等级达到了"优秀"并得到了 B 级能源绩效证书（http//www.layseles.co.uk）。托塔·马哈拉吉等（Tota - Maharaj，2012）认为水池和湿地等设施亦可与地表水热泵相结合，并用实验室人工湿地试验装置中测试了这项技术，该装置种植了芦苇（一般的芦苇）且水流为垂直方向。他们在往装置内添加城市污水后，发现该装置可去除 75% 以上的固体悬浮物，减少 50% 的化学需氧量、50%-60% 的氨氮和硝态氮以及 40% 的正磷酸盐磷。因此，在合适的 SuDS 设施中安置 GSHP，从而以清洁和可持续的方式收集能源是有可能实现的。

13.6   减少能源使用：蓝绿基础设施在建筑中的应用

前几节通过将获取可再生能源作为可持续能源供应方式，说明了 SuDS 设施的适用性；本节则将展示 SuDS 设施在减少建筑供暖和制冷能源需求方面的多重作用。这些功能的结合，将充分发挥 SuDS 与建筑环境相融合的潜力，使其不仅能减轻洪涝灾害，还提高能源弹性。根据 Refahi 和 Talkhabi（Refahi & Talkhabi，2015）的研究，全球用于住宅和商业建筑供暖和制冷的能源消耗量占到了总消耗量的 40%，因而此问题的解决迫在眉睫。世界各地的相关研究者们正在进行在不同的气候条件和季节下，不同类型的 SuDS 设施特性的研究。例如，已经有关于在温带（Virk 等，2015）、地中海（Fioretti 等，2010）（图 13.6）、半干旱（Issa 等，2015）和亚热带（Yang 等，2015）气候条件下，绿色屋顶在能源需求方面所带来的好处的研究。尽管部分研究的结果并不十分乐观，但这些研究都表明，绿色屋顶能减少建筑的能源消耗量；即使在冬季特别寒冷的地区，绿色屋顶也能在夏季发挥很好的作用（Coma 等，2016）。例如，西蒙斯等（Simmons 等，2008）在对潮湿的亚热带地区内六种绿色屋顶的比较研究中发现，所有绿色屋顶都能降低在温暖天气下的室内温度，但不同绿色屋顶之间并没有表现出明显的差异，绿色屋顶在寒冷天气下的作用也并不明显。

图 13.6　位于西班牙巴伦西亚市的绿色屋顶

哈希米等（Hashemi 等，2015）在关于绿色屋顶性能的文献综述中指出，密集型和开敞型绿色屋顶均有减少建筑供暖和制冷的能源需求这一关键作用。绿色屋顶可以使建筑隔热以防止热量散失，或者降低建筑内的气温，从而提高暖气和空调的能源利用率。维克等（Virk 等，2015）指出，绿色屋顶主要通过"两个主要机制"和"一个相关影响"来实现能源利用率的提高：

（1）表面温度的变化和隔热效果使屋顶有直接的热流变化；

（2）作为一种可为居住者提供新鲜空气的途径，可以使进入建筑内的空气产生间接的温度变化；

（3）在上述两种机制的作用下，贯穿整个建筑结构的热传递的边界条件受到影响。

绿色屋顶可以对建筑上方的空气进行降温，减少空调的使用，缓解城市热岛效应，因而也可以被称作绿色基础设施（Charlesworth，2010；Costanzo 等，2015）。如果美国纽约一半的公寓屋顶都被改造成绿色屋顶，那么超高温指数可以降低 0.8℃（Rosenzweig 等，2006）。雷法希和塔尔哈比（Refahi & Talkhabi，2015）通过对伊朗三种不同气候地区的绿色屋顶进行研究后得出，绿色屋顶能使建筑的能源消耗量减少 6.6%-9.2%；能带来多项费用的降低，若仅考虑能源费用这一因素，绿色屋顶的投资回报期为 25-57 年。

绿色墙面虽然不像绿色屋顶那么常见，但它能在寒冷天气保持建筑内部的温度并在炎热时期对建筑进行散热，这与绿色屋顶的功能较为相似。叶等学者（Ip 等，2010）发表了一项关于英国内部"垂直落叶攀缘植物冠层"的研究，他们发现由于植被的遮阴效果，建筑物的内部温度降低了 4-6℃，这说明绿色墙面具有明显的季节效益；而当植物在秋天落叶时，太阳辐射又能透过窗户进入建筑并提供温暖。

城市中的树木可以通过对落在树叶、茎干和树干上的雨水进行拦截以削减洪峰径流量。除此之外，树木还能通过植物组织来吸收水分，储存容量甚至能达到 380L。据估计，城市内部

的树木每年可减少 2%-7% 的径流量。而对单体建筑来说，由于树荫的影响，树木的节能效果
相当可观。已有众多相关研究表明，树木遮蔽可以减少进入建筑的太阳辐射，实现节能的目的
（Simpson，2002）。例如，阿克巴里等（Akbari 等，1997）通过在两处住宅周边种植 16 棵遮阴
树并监测树木对住宅的影响，发现树木削减了 30% 用于建筑制冷的能源，日平均节能量分别
为 3.6kWh 和 4.8kWh；高峰用电需求量分别降低了 0.6kWh 和 0.8kWh，即两处住宅的节能率
分别为 27% 和 42%。如图 13.7 所示为如何通过行道树来缓解城市热岛效应，从而降低室外温
度并间接减少对空调的使用。阿克巴里等（Akbari 等，2001）发现，当气温高于 15-20℃的阈
值时，气温每升高 1℃，城市的高峰用电需求量就会上升 2%-4%；因此，在由于城市热岛而
提高了 3-4℃的温差下，空调的使用将使城市的高峰用电需求量增加 6%-16%，这还是在没有
考虑全球气候变化影响下得到的数值。

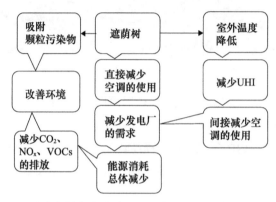

图 13.7　城市内树木的特性与环境改善和节能效果之间的关系
（改编自 Akbari，2002）；UHI 为城市热岛效应

　　城市内的树木可以通过吸附污染颗粒来改善空气质量，并能减少污染、削减洪峰径流、降
低能源需求。树木的这些生态价值能降低各项成本费用（Donovan & Butry，2009）。例如，潘
迪特和拉班德（Pandit & Laband，2010）通过计算得出，如果一处住宅有近 20% 的遮光，那
么该屋主能节省 9.3% 的电费；若住宅在夏季有 50% 的遮光，那么该屋主将节省多达 14.4% 的
电费。当然，这些计算结果取决于树木类型、房屋结构和朝向、气候条件、闲置空间大小、土
地价格、改造可能性等众多因素（Donovan & Butry，2009）。

　　这些 SuDS 设施不仅能通过隔热实现建筑的制冷，而且能通过蒸发实现降温（Robitu 等，
2006）——当水分从湿润的表层蒸发到空气中时，便能起到降温作用。蒸发过程能释放出潜热，
因而具有显著的冷却效果；该过程不仅与植被的生物特性有关，而且与水池表面和多孔路面的
特征密切相关（Asaeda & CA，2000）。PPS 能以蒸发的方式降低建筑周边的气温；而通过在建
筑屋顶上建造水池也能够对建筑内部进行制冷，从而减少对空调的需求。Robitu 等学者（Robitu
等，2006）建议通过建造水池来提高建筑内部的热舒适性，并通过监测发现在阳光充足的午后，
水池与路面之间热力学温度的差值为 29K（Robitu 等，2004）。吉沃尼（Givoni，1998）通过
监测屋顶带水池的建筑物的内部温度，发现位于水池底部的天花板与室内天花板之间的温差在
2-3℃，这说明水池对建筑的降温作用是十分有效的。

13.7　结论

任何对环境的干预措施都必须具有多重效益以及充分的灵活性和适应性，才能使我们赖以生存的环境在面对这个瞬息万变的世界时保持足够的弹性。事实证明，SuDS 在这几方面都具有优势，它能将 PPS 在减轻洪涝灾害以及改善水质方面的能力与 GSHE 所具有的可持续能源采集功能相结合，并成功应用于小型住宅或大型办公楼。英国的成功案例为我们提供了宝贵经验，使我们相信 SuDS 不仅能起到节能和减少碳排放的作用，还能以可持续的方式获取可再生能源。

相关研究还表明，SuDS 设施还可以通过绿色屋顶和墙面、行道树和屋顶水池等城市中的蓝绿基础设施来减少能源消耗，降低城市环境温度，增强建筑的隔热性并提升整体环境质量。

如果能在城市中精心规划这些设施，城市内部的能源消耗量将大大减小，可再生能源的利用率将大大提高；城市得益于这些设施所提供的多重生态系统服务，将节省大量的资金费用。

参考文献

Abdulla, F.A. and Al - Shareef, A.W. (2009). Roof rainwater harvesting systems for household water supply in Jordan. *Desalination, 243*(1-3), 195–207.

Akbari, D.M., Kurn, H., Bretz, S.E. and Hanford, J.W. (1997). Peak power and cooling energy savings of shade trees. *Energy and Buildings, 25*, 139–148.

Akbari, H., Pomerantz, M. and Taha, H. (2001). Cool surfaces and shade trees to reduce energy use and improve air quality in urban areas. *Solar Energy, 70*, 3, 295–310.

Andersen, C.T., Foster, I.D.L. and Pratt, C.J. (1999). The role of urban surfaces (permeable pavements) in regulating drainage and evaporation: Development of a laboratory simulation experiment. *Hydrological Processes, 13* (4), 597–609.

Asaeda, T. and Ca, V.T. (2000). Characteristics of permeable pavement during hot summer weather and impact on the thermal environment. *Build. Environ, 35*, 363–375.

ASTM, 2001. Standard specification for solid concrete interlocking paving units. ASTM C936, West Conshohocken, Pa. American Society for Testing and Materials (ASTM).

Bayer, P., Saner, D., Bolay, S., Rybach, L. and Blum, P. (2002). Greenhouse gas emission savings of ground source heat pump systems in Europe: A review. *Renewable and Sustainable Energy Reviews, 16* (2), 1256–1267.

Bressy, A., Gromaire, M., Lorgeoux, C., Saad, M., Leroy, F. and Chebbo, G. (2014). Efficiency of source control systems for reducing runoff pollutant loads: Feedback on experimental catchments within Paris conurbation. *Water Research, 57*, 234–246.

Charlesworth, S. (2010). A review of the adaptation and mitigation of global climate change using sustainable drainage in cities. *Journal of Water Climate Change, 1* (3), 165–180.

Charlesworth, S.M., Nnadi, E., Oyelola, O., Bennett, J., Warwick, F., Jackson, R. and Lawson, D. (2012). Laboratory based experiments to assess the use of green and food based compost to improve water quality in a sustainable drainage (SUDS) device such as a swale. *Science of The Total Environment, 424*, 337–343.

Charlesworth, S.M., Lashford, C. and Mbanaso, F. (2014). Hard SUDS Infrastructure. Review of Current Knowledge, Foundation for Water Research.

CIBSE (2006). Guide A: environmental design, heating, air conditioning and refrigeration, 7th edition. Chartered Institute of Building Services Engineers. Available at: http://tinyurl.com/oll2w8a accessed 1 November 2015.

Coma, J., Perez, G., Sole, C., Castell, A. and Cabeza, L.F. (2016). Thermal assessment of extensive green roofs as passive tool for energy savings in buildings. *Renewable Energy, 85*, 1106–1115.

Coupe, S., Tota - Maharaj, K., Scholz, M. and Grabiowiecki, P. (2009). Water stored within permeable paving and the effect of ground source heat pump applications on water quality. Proceedings 9th International Conference on Concrete Block Paving. Buenos Aires, Argentina, 18–21 Oct 2009. Available at: http://tinyurl.com/pbpt2oh Accessed 30/11/15.

Curtis, R., Lund, J., Sanner, B., Rybach, L. and Hellström, G. (2005). Ground source heat pumps- geothermal energy for anyone, anywhere: Current worldwide activity. World Geothermal Congress Antalya, Turkey, 24-29 April 2005.

De Boeck, L., Verbeke, S., Audenaert, A. and De Mesmaeker, L. (2015). Improving the energy performance of residential buildings: A literature review. *Renewable and Sustainable Energy Reviews*, 52: 960–975 (in progress).

Del Castillo - Garcìa G., Borinaga - Treviño R., Sañudo - Fontaneda L.A. and Pascual - Muñoz P. (2013). Influence of pervious pavement systems on heat dissipation from a horizontal geothermal system. *European Journal of Environmental and Civil Engineering, 17* (10), 956–967.

Deletic, A. and Fletcher, T. (2006). Performance of grass filters used for stormwater treatment – a field and modelling study. *Journal of Hydrology, 317*, 261–275.

Donovan, G.H. and Butry, D.T. (2009). The value of shade: Estimating the effect of urban trees on summertime electricity use. *Energy and Buildings, 41*, 662–668.

Energy Saving Trust (2004). Energy efficiency best practice in housing: Domestic ground source heat pumps: Design and installation of closed - loop systems. Available from: http://www.gshp.org.uk/documents/CE82 - DomesticGroundSourceHeatPumps.pdf.

Fioretti, R., Palla, A., Lanza, L.G. and Principi, P. (2010). Green roof energy and water related performance in the Mediterranean climate. *Building and Environment* 45, 1890–1904.

Givoni, B. (1998). *Climate Considerations in Building and Urban Design*. Wiley, New York.

Government, H.M. (2009). The UK Renewable Energy Strategy, Cm 7686, Stationery Office,

July 2009 [on - line]. Available at: http://tinyurl.com/nlvmbst Accessed 30/11/15

Hashemi, S.S.G., Bin Mahmud, H. and Ashraf, M.A. (2015). Performance of green roofs with respect to water quality and reduction of energy consumption in tropics: a review. *Renewable and Sustainable Energy Reviews, 52,* 669–679.

Healy, P.F. and Ugursal, V.I. (1997). Performance and economic feasibility of ground source heat pumps in cold climate. *International Journal of Energy Research*, *21*, 10, 857–870.

Hepbasli, A. (2005). Thermodynamic analysis of a ground - source heat pump system for district heating. *International Journal of Energy Research*, 29, 671–687.

Hwang, Y., Lee, J., Jeong, Y., Koo, K., Lee, D., Kim, I., Jin, S. and Kim, S.H. (2009). Cooling perfor-mance of a vertical ground - coupled heat pump system installed in a school building. *Renewable Energy*, *34*, 578–582.

INFORSE, 2010. EU Directive on Energy End - use Efficiency and Energy Services. International Network for Sustainable Energy (INFORSE). [on - line] Available at: http://tinyurl.com/pmht3v6 Accessed 30/11/15.

Ip, K., Lam, M. and Miller, A. (2010). Shading performance of a vertical deciduous climbing plant canopy. *Build. Environment*, *45* (1), 81–88.

Issa, R.J., Leitch, K. and Chang, B. (2015). Experimental heat transfer study on green roofs in a semiarid climate during summer. *Journal of Construction Engineering*. Article ID 960538, 15 pages. 10.1155/2015/960538.

Kazemi, F., Beecham, S. and Gibbs, J. (2011). Streetscape biodiversity and the role of bioretention swales in an Australian urban environment. *Landscape and Urban Planning, 101* (2), 139–148.

Lund, J., Sanner, B., Rybach, L., Curtis, R. and Hellströmm, G. (2004). Geothermal (ground - source) heat pumps, a world overview. GHC Bulletin 1–10.

Lund, J., Sanner, B., Rybach, L., Curtis, R. and Hellströmm, G. (2003). Geothermal (ground - source) heat pumps a world overview. *Renewable Energy World*, *6* (4), 218–227.

Novo, A.V., Bayón, J.B., Castro - Fresno, D. and Rodríguez - Hernández, J. (2013). Temperature performance of different pervious pavements: rainwater harvesting for energy recovery purposes. *Water Resour. Manag.*, *27*: 5003–5016.

Novo, A., Gomez - Ullate, E., Bayón, J.B., Castro - Fresno, D. and Rodríguez - Hernández, J. (2010). Monitoring and evaluation of thermal behaviour of permeable pavement under northern Spain climate. Proceedings: Sustainable Techniques and Strategies in Urban Water Management. 7th International Conference Novatech, Lyons, France. Available at: http://tinyurl.com/q68azxz Accessed 1 November 2015.

O'Connell, S. and Cassidy, S.F. (2003). Recent large scale ground source heat pump installations in Ireland. Proceedings: International Geothermal Conference, Reykjavik, Iceland.

Available at: http://tinyurl.com/o6yxkj3 accessed 1 November 2015.

Omer, A.M. (2008). Ground - source heat pumps systems and applications. *Renewable and Sustainable Energy Reviews*, *12* (2): 344–371.

Ozgener, O. and Hepbasli, A. (2007). Modelling and performance evaluation of ground source (geothermal) heat pump systems. *Energy and Buildings, 39* (1), 66–75.

Pandit, R. and Laband, D.N. (2010). Energy savings from tree shade. *Ecological Economics*, *69*, 1324–1329.

POST (Parliamentary Office of Science and Technology) (2010). Renewable Heating. London

Reboredo, J.C. (2015). Renewable energy contribution to the energy supply: Is there convergence across countries? *Renewable and Sustainable Energy Reviews*, *45*, 290–295.

Refahi, A.H. and Talkhabi, H. (2015). Investigating the effective factors on the reduction of energy consumption in residential buildings with green roofs. *Renewable Energy*, *80*, 595–603.

Robitu, M., Inard, C., Groleau, D. and Musy, M. (2004). Energy balance study of water ponds and its influence on building energy consumption. *Build. Services Eng. Res. Technol. 25*, 171–182.

Robitu, M., Musy, M., Inard, C. and Groleau, D. (2006). Modeling the influence of vegetation and water pond on urban microclimate. *Sol. Energy, 80*, 435–447.

Rosenzweig, C., Gaffin, S. and Parshall, L. (2006). Green Roofs in the New York Metropolitan Region. Executive Summary. Colombia University Centre for Climate Systems Research. NASA Goddard Institute for Space Studies, New York.

Saner, D., Juraske, R., Kübert, M., Blum, P., Hellweg, S. and Bayer, P. (2010). Is it only CO_2 that matters? A life cycle perspective on shallow geothermal systems. *Renewable and Sustainable Energy Reviews*, *14*, 7, 1798–1813.

Sansalone, J., Kuang, X. and Ranieri, V. (2008). Permeable pavement as a hydraulic and filtration interface for urban drainage. *Urban Storm-Water Management*, *134*, 5, 666–674.

Sansalone, J. and Teng, Z. (2005). Transient rainfall - runoff loadings to a partial exfiltration system: implications for urban water quantity and quality. *Environmental Engineering-ASCE*, *131*, 8, 1155–1167.

Scholz, M., Tota - Maharaj, K. and Grabiowiecki, P. (2012). Modelling of retrofitted combined permeable pavement and ground source heat pump systems. Retrofit Conference, University of Salford, Manchester. Available at: http://tinyurl.com/nmohxwj Accessed 30/11/15.

Self, S.J., Reddy, B.V. and Rosen, M.A. (2013). Geothermal heat pump systems: Status review and comparison with other heating options. *Applied Energy*, *101*, 341–348.

Shafiei, S. and Salim, R.A. (2014). Non - renewable and renewable energy consumption and CO_2 emissions in OECD countries: A comparative analysis. *Energy Policy*, *66*, 547–556.

Simpson, J.R. (2002). Improved estimates of tree - shade reductions on residential energy use. *Energy and Buildings*, *34*, 1067–1076.

Singh, H., Muetze, A. and Eames, P.C. (2010). Factors influencing the uptake of heat pump technology by the UK domestic sector. *Renewable Energy, 35* (4), 873–878.

Song, J., Yang, W., Higano, Y. and Wang, X. (2015). Introducing renewable energy and industrial restructuring to reduce GHG emission: Application of a dynamic simulation model. *Energy Conversion and Management, 96,* 625–636.

Tota - Maharaj, K. and Paul, P. (2015). Sustainable approaches for stormwater quality improvements with experimental geothermal paving systems. *Sustainability, 7* (2) 1388–1410.

Tota - Maharaj, K., Grabiowiecki, P., Babatunde, A. and Devi Tumula P. (2012). Constructed wetlands incorporating surface water heat pumps (SWHPS) for concentrated urban stormwater runoff treatment and reuse. 16th International Water Technology Conference, IWTC 16, Istanbul, Turkey. Available at: http://tinyurl.com/qb8jhod Accessed 30/11/015.

Tota - Maharaj, K., Scholz, M. and Coupe, S.J. (2011). Modelling temperature and energy balances within geothermal paving systems. *Road Materials and Pavements Design, 12* (2), 315–344.

Tota - Maharaj, K., Scholz, M. and Coupe, S.J. (2010). Utilisation of geothermal heat pumps within permeable pavements for sustainable energy and water practices. Zero Emission Buildings – Proceedings of Renewable Energy Conference, Trondheim, Norway. Available at: http://tinyurl.com/p2tooxy accessed 1 November 2015.

Tota - Maharaj, K., Grabiowiecki, P. and Scholz, M. (2009). Energy and temperature performance analysis of geothermal (ground source) heat pumps integrated with permeable pavement systems for urban run - off reuse. *International Journal of Sustainable Engineering, 2* (3): 201–213.

Virk, G., Jansz, A., Mavrogianni, A., Mylona, A., Stocker, J. and Davies, M. (2015). Microclimatic effects of green and cool roofs in London and their impacts on energy use for a typical office building. *Energy and Buildings, 88,* 214–228.

Wang, S., Liu, X. and Gates, S. (2015). Comparative study of control strategies for hybrid GSHP system in the cooling dominated climate. *Energy and Buildings,* 89, 222–230.

Wright, G. (2010). Extent and cost of designing and constructing small areas of hard - standing around new and existing, domestic and non - domestic buildings. The Scottish Government. Directorate for the Built Environment, Building Standards Division.

www.laysells.co.uk. Hanson Formpave helps reduce annual fuel costs by a minimum of 42%. Available at: http://tinyurl.com/owkvjw7 Accessed 30/11/015.

Yang, W., Wang, Z., Cui, J., Zhu, Z. and Zhao, X. (2015). Comparative study of the thermal performance of the novel green(planting) roofs against other existing roofs. *Sustainable Cities and Society, 16,* 1–12.

Yu, S.L., Kuo, J.T., Fassman, E.A. and Pan, H. (2001). Field test of grassed - swale performance in removing runoff pollution. Journal of Water Resources *Planning and Management* 127(3), 168–171. Available at: http://tinyurl.com/ncby3b8 Accessed 30/11/15.

第14章 碳吸收和存储：城市绿色屋顶案例

布拉德·罗维
Brad Rowe

14.1 导言

在屋顶种植植物——绿色屋顶，作为一种行之有效的减少雨水径流的方法，被许多城市采用，尤其是在德国。除了为管理雨水带来好处外，绿色屋顶还吸收了 CO_2，而 CO_2 是造成气候变化的温室气体之一。广泛实施绿色屋顶的城市还可以获取许多生态系统服务和长期经济效益。

14.2 碳吸收的重要性

地球正在变暖。这一现象可能由很多原因造成，但毫无疑问的是，全球气温的升高与工业革命和化石燃料的燃烧同步发生，并且大多数科学家认为人类活动是气候变暖的罪魁祸首（IPCC，2014）。自 1750 年以来，大气中 CO_2 浓度增加了 32%，且 CO_2 以及其他温室气体浓度的增加被认为是气候变暖的主要原因（IPCC，2007）。在化石燃料燃烧时，CO_2 作为燃烧的副产物被释放出来。当 CO_2 在大气中积聚时，由于 CO_2 会阻止地球热量逸散到太空中，导致温度升高，产生明显的温室效应。

自工业革命开始以来，大气中的 CO_2 浓度不仅急剧增加，而且似乎还有加速的趋势。化石燃料和生物燃料的燃烧、农用土壤的种植、森林砍伐和湿地排水以及土地利用的其他变化，使得 1970-2004 年间的 CO_2 排放量增加了约 80%（IPCC，2007）。除非这个问题得到解决，否则 CO_2 排放量可能还会继续增加。例如，美国能源部（US Department of Energy，2011）提出截至 2017 年将新建超过 100 个燃煤发电厂以满足预期的能源需求。

这些人为的温室气体排放以及由此产生的地球变暖可能会带来严重的问题。全球气温升高将不可避免地导致极地冰盖的融化，可能致使沿海洪水泛滥、淡水系统破坏，也影响生物系统，改变降水模式和分布、增加热病发病率以及扩大传染病媒介、害虫和入侵杂草物种的传播（IPCC，2014）。

一些人试图通过吸收和储存更多的碳来解决这个问题，或者通过公共政策（如碳交易计划）减少碳排放。然而，为了讨论出减少大气中 CO_2 含量的方案，必须给出碳吸收和储存的定义。植物的光合作用、土壤中的有机化合物以及海洋作为自然碳循环的一部分以溶解碳的形式可以将碳吸收。CO_2 在光合作用过程中从大气中移除并作为植物生物量储存的这一过程通常被称为陆地碳吸收。随着植物组织死亡，植物凋落物的产生以及通过根系渗出物，碳也被隔离并储存在土壤中。如果有机物的净初级生产超过分解，那么至少在短期内，生态系统是一个净碳汇。碳不断被吸收，然后被释放。这种情况的发生速率取决于许多环境因素以及存在的微生物。与使用寿命比房屋短的树木相比，用于建造房屋的木材储存碳的时间更长。因为尽管房屋没有再吸收更多的碳，但它不会通过分解作用释放出来。

许多关于碳吸收的研究都是以自然生态系统和农业生态系统为基础，而基于城市森林或景观角度进行的研究较少。与传统耕作制度相比，在免耕种条件下，农田有机质的矿化率可降低一半（Balesdent 等，2000，West & Marland，2003）。耕种可使土壤中的微生物种群、根系生物量和有机质总量减少 55%（Balesdent 等，2000；Rhoades 等，2000；Matamala 等，2008）。此外，农业用地最初通常是以砍伐含有大量碳的森林这一方式获得的，用来种植草本一年生作物或牧草（Rhoades 等，2000）。城市景观可以储存大量的碳。据估计，美国的城市森林储存了 7.12 亿 t 碳（Rowntree & Nowak，1991；Nowak，1993）。

特定景观吸收碳的能力取决于许多变量，包括物种的组成和多样性（Kaye 等，2000；Tilman 等，2006）、生态系统年龄（Matamala 等，2008）、植物形态（Rhoades 等，2000；Fang 等，2007）、植物密度（Fang 等，2007；Matamala 等，2008）、气候（Matamala 等，2008）和管理实践（Wu 等，2008）等。蒂尔曼等（Tilman 等，2006）研究发现，当 16 种植物一起种植时，根系吸收的碳比在单独种植时多 160%。同样，以农林复合经营为例，在与固氮豆科植物套种时，柳叶桉的碳储存量是单一栽培时的两倍（Kaye 等，2000）。生态系统的年龄也很重要，尤其是对于新建的景观系统来说。凋落物、根系生物量和微生物活性均会随时间的增加而增加，直至达到平衡（Matamala 等，2008）。当木本植物成为植物群落的一部分时，由于增加了生物量，这一点会更为明显（Fang 等，2007）。此外，诸如树木间隔、收割时间表以及补充灌溉等管理实践也是一个影响因素（Fang 等，2007；Wu 等，2008）。干旱农田灌溉后，在 55 年的时间内，土壤有机碳含量提高到了本地未灌溉土壤的 133%（Wu 等，2008）。

与自然或农业景观相比，人们对城市景观的碳吸收潜力知之甚少，尤其在观赏方面（Marble 等，2011）。城市地区的树木已被证明可大大减少 CO_2 等空气污染物（Scott 等，1998；Akbari 等，2001；Nowak，2006）。然而，因为城市场地往往覆盖着不透水的表面，如道路、停车场和屋顶，所以利用植物提供服务是一个挑战。地面上种植树木或其他景观的空间是有限的。例如，纽约曼哈顿中城西段 94% 的土地被不透水表面覆盖（Rosenzweig 等，2006）。解决这一问题的其中一个选择是使用屋顶（通常占城市地区不透水表面的 40%-50%）来种植植被（Dunnett &

Kingsbury，2004）。这种典型的浪费的空间提供了吸收碳的独特机会。

14.3 绿色屋顶的雨水管理效益与碳吸收的结合

绿色屋顶的概念包括在屋顶种植植物（这部分植物取代了建筑建造时被破坏的植被），从而达到吸收碳的目的。除了碳吸收，绿色屋顶还可以提供许多好处，例如节能（Sailor，2008；Castleton 等，2010）、缓解城市热岛（Susca 等，2011）、减少空气和噪声污染（Van Renterghem & Botteldooren，2008；Rowe，2011），增加屋顶薄膜寿命（Kosareo & Ries，2007），丰富城市生物多样性（Brenneisen，2006；Eakin 等，2015），种植当地蔬菜（Whittinghill & Rowe，2012；Whittinghill 等，2013），提供更美观的工作和生活环境（Getter & Rowe，2006），提高了投资回报（Kosareo & Ries，2007；Clark 等，2008；Peri 等，2012；Chenani 等，2015）。然而，大多数人认为，绿色屋顶提供的最大的服务是通过减少径流和改善水质等方式来进行雨水管理（Vanwort 等，2005；Getter 等，2007；Oberndorfer 等，2007；Czerniel Berndtsson，2010；Rowe，2011）。

雨水径流减少主要是由于基底层。水被土壤颗粒吸收，并储存在孔隙内，直到基底层达到土壤持水饱和。在小雨期间，能将 100% 的降水滞留在基底层中，并最终通过表面蒸发或植物蒸腾作用去除，从而维持基底层的持水能力。在暴雨期间，一旦基底层达到土壤持水饱和，会出现水分流失，但会延迟径流，从而减少洪峰径流，这可能会超过市政雨水系统的容量。径流的减少幅度一般在 50%-100% 之间，取决于绿色屋顶系统的类型、基底组成和深度、屋顶坡度、植物种类、预先存在的基底水分以及降雨强度和持续时间（Rowe，2011）。

在雨污系统合流的社区，雨水径流造成的主要问题之一是产生了合流制溢流污水（combined sewage overflow，CSO）。当发生这种情况时，由于径流量超过了雨水系统的容量，那么未经处理的污水就会直接流入城市水道。这种情况在美国很常见，因为有 772 个社区没有单独的下水道和雨水系统（USEPA，2014）。例如，由于 CSO 事件，每年大约有 400 亿加仑（1514 亿 L）未经处理的废水被倾倒到纽约的河道中。事实上，纽约有一半的降雨事件会引发CSO（Cheney，2005）。在雨水和下水道系统分离的城市地区，由于存在大量不透水表面，仍然会导致污染物被冲入河道。绿色屋顶减少了总水量和峰值径流，使得市政雨水系统不必如此庞大和昂贵。

从绿色屋顶流出的水质取决于许多因素，如屋顶年龄、植物群落、基底深度和成分、管理实践（如施肥和维护）、降雨强度和持续时间、当地污染源和污染物的物理和化学性质（Rowe，2011）。主要污染物往往是氮和磷，它们由原始基底混合物中的有机物分解产生。在1-2 年后，绿色屋顶可以促进当地水质改善，减少污染（Rowe，2011）。

当然，并非所有的绿色屋顶都是一样的。它们通常可以被分类为"密集型"或"开敞型"。密集型绿色屋顶可能包括灌木和树木，看起来与地面景观相似（图 14.1）。为了种植这些植物，通常需要基底深度大于 15cm（Snodgrass & McIntyre，2010）。相比之下，开敞型绿色屋顶通常建在基质深度小于 15cm 的地方。由于深度较浅，植物种类仅限于禾草、草本多年生植物、一年生植物和耐旱肉质植物（如景天属植物）（图 14.2）。屋顶类型会对可吸收的碳量产生重大影响。除了上文所述的通过植物进行常规碳吸收外，绿色屋顶还可以通过降低建筑能耗和缓解城市热岛来降低大气中的 CO_2 浓度。绿色屋顶最终会达到碳平衡（植物生长＝植物分解），但最初这种人工生态系统将充当碳汇。

图 14.1　看起来与地面上的景观十分相似的密集绿色屋顶，如犹他州盐湖城的耶稣基督圣徒会议中心屋顶（包括灌木和树木）

图 14.2　多数绿色屋顶使用小于 15cm 的基底来建造，如密歇根州立大学植物与土壤科学大楼的屋顶；由于其深度较浅，植物种类仅限于禾草、草本多年生植物、一年生植物和耐旱肉质植物（如景天属植物），固碳潜力较小

14.4　绿色屋顶的碳吸收

给特等（Getter 等，2009）进行了两项研究来量化大型绿色屋顶的碳吸收潜力以及物种选择对碳积累的影响。在第一项研究中，在 12 个景天属绿色屋顶上测量了地上生物量。这

些屋顶的建造年限在 1-6 年，基底深度在 2.5-12.7cm。其碳吸收量为 73-276gCm^{-2}，平均地上生物量为 162gCm^{-2}。研究表明，基底深度和绿色屋顶的年限都会影响绿色屋顶上植物的生长（Durhman 等，2007；Getter & Rowe，2008；Rowe 等，2012）。

在第二项研究中，他们测定了地上和地下生物量以及土壤基底中的碳含量（Getter 等，2009）。在同一条件下，给特等研究设计了 4 种植物的 4 个对照组以及 1 个控制变量组。所有地块的深度均为 6.0cm，并且已经在两个生长季节内获取了 7 次植物体和基质。第二年年底的结果显示，地上植物体的储存量因物种而异，从 64gCm^{-2}（苔景天，s.acre）到 239gCm^{-2}（s.albox）不等，平均为 168gCm^{-2}。地下生物量从 37gCm^{-2}（苔景天，s.acre）到 185gCm^{-2}（北景天，s.kamtschaticum）不等，平均为 107gCm^{-2}。基底的碳含量平均为 913gCm^{-2}。总的来说，整个绿色屋顶系统可容纳 1188gCm^{-2} 的复合植物体和基底。然而，在减去原底中存在的 810gCm^{-2} 之后，净碳吸收总量为 375gCm^{-2}。

给特等（Getter 等，2009）研究量化了以景天为基础覆盖了大面积的绿色屋顶中的碳吸收，但这只是绿色屋顶的潜力下限（Rowe，2011）。第三项研究量化了 9 个地面和 4 个绿色屋顶景观系统的碳吸收潜力，这些系统的复杂性不断增加，从景天到木本灌木不等（Whittinghill 等，2014）。地面景观系统包括：（1）由景天属组成的多肉岩石花园；（2）由本地多年生植物和草组成的草坪；（3）由草本多年生植物和草组成的观赏花坛；（4）蔬菜和草本花园；（5）肯塔基早熟禾（Kentucky bluegrass）草坪；（6）木质地被；（7）落叶灌木；（8）绿色阔叶灌木；（9）常绿窄叶灌木。前四个景观系统也被应用在绿色屋顶。本研究的目的是量化不同复杂程度的装饰性景观和绿色屋顶的碳吸收量，然后确定绿色屋顶景观系统与地面类似景观系统的碳吸收是否存在差异。

各系统地上生物量、地下生物量和各系统基底含量存在差异，但其中三种灌木景观系统以及多年生草本禾本植物所含碳量最大。这是有道理的，因为木材比其他植物结构含有更多的碳（4.7%-16.7%）。然而，与地上生物量、土壤 / 基底和总含碳量相比，这些木质系统的地下碳含量最低。此外，在大多数情况下，绿色屋顶景观系统所含碳量低于相应的地面景观系统。较浅的基底抑制了根系生长，这将约束地块所能种植的植物的大小，从而限制了植物地上生物量。

14.5　隐含能源

毫无疑问，绿色屋顶上的植物和土壤会吸收碳。在给特等（Getter 等，2009）的研究中，6.0cm 深的绿色屋顶吸收了 375gCm^{-2}（植物地上生物量为 168gCm^{-2}，植物地下生物量为 107gCm^{-2}，基质中含有 100gCm^{-2}），超过了最初基底中储存的物质。然而，我们也必须考虑最初建造时所需要的隐含能源。隐含能源是指产品在其生命周期中消耗的总能量或释放的碳。在制造和运输过程中，组成绿色屋顶的组件（根障、排水层、生长基质，甚至植物）都需要能量。这种碳成本是对传统屋顶的附加成本（Kosareo & Ries，2007）。基于哈蒙德和琼斯（Hammond & Jones，2008）对建筑材料隐含能源的分析，在给特等（Getter 等，2009）的研究中，绿色屋顶组件的隐含能源总成本为每平方米绿色屋顶 23.6kg 二氧化碳。这相当于约 6.5gCm^{-2}，远大于绿色屋顶吸收的 375gCm^{-2}。此外，375gCm^{-2} 代表即碳同化作用等于碳分解作用的平衡点，即屋顶上就不会再发生净固碳作用。

即便如此，植物和生长基底所吸收的碳也只是这个能源平衡方程的一部分。绿色屋顶可以发挥绝缘体的作用，减少了进出建筑物的热传递，从而降低能耗。供暖和制冷的需求降低，使得发电厂释放到大气中的 CO_2 减少。因此，由于节约能源而减少的碳排放量最终可以抵消这些成本，并使能源平衡方程朝着积极的方向转变。这需要的时间长度取决于许多因素，如绿色屋顶的类型、建筑规格和当地气候。

通过美国能源部设计的建筑能源平衡模型"Energy Plus"计算得出，绿色屋顶可以分别降低 2% 的电力和 9%-11% 的天然气消耗（Sailor，2008）。如果整个城市区域都建设了绿色屋顶，那么就能缓解城市热岛，从而额外减少 25% 的电力消耗（Akbari & Konopacki，2005）。通过 Energy Plus 计算得出，一个拥有 2000m^2 绿色屋顶的建筑每年至少可以节省 27.2GJ 的电力和 9.5GJ 的天然气。在对发电和燃烧天然气所产生的温室气体量进行计算后得出（USEPA，2007、2008），这些节省的电力和天然气数量意味着每年可节省 702gCm^{-2} 的绿色屋顶。给特等研究中的绿色屋顶的隐含能源成本为 6.5kgCm^{-2}（Getter 等，2009），这需要 9 年时间来抵消这个建设绿色屋顶的碳债务。9 年之后，无效排放只会逐渐增加屋顶的固碳潜力。在这种情况下，生物量增长过程中吸收的碳（在给特研究中为 375gCm^{-2}）将碳回收期缩短了 2 年。

在比较哥特等（Getter 等，2009）与惠廷希尔等（Whittinghill 等，2014）的研究后，植物生物量对碳吸收的影响可以得到证明。在给特的研究中，6.0cm 深的景天属绿色屋顶隐含能量为 6.5kgCm^{-2}，回收期仅为 9 年。若将绿色屋顶植物所吸收的碳包括在内时，绿色屋顶的回收期可以缩短至 7 年（Getter 等，2009）。假设惠廷希尔研究中所使用的基底具有类似的隐含能量，那么 10.2cm 深的基底隐含能量为 10.5kgCm^{-2}，回收期为 15 年。但是，由于较深的基底可以产生更大的生物量，因此种植了景天属植物、牧草、菜园以及多年生草本植物的这些屋顶的碳回收期分别为 2.2 年、1.9 年、1.2 年和 0.2 年。

14.6　提高碳吸收的潜力

如上文所述，通过改变植物配植、基底深度、基底组成和管理实践（如补充灌溉、施肥和使用电力设备），净碳吸收可以得到极大改善。无论是对于屋顶景观还是地面景观而言，这一点都是对的。

14.6.1　基底深度

惠廷希尔等（Whittinghill 等，2014）的研究显示，所有的绿色屋顶景观系统的固碳量都比给特等所报告的大。其中一个原因是，惠廷希尔研究中的植物生长基底深度几乎是给特的 2

倍（10.5cm 对 6.0cm）。这不仅提供了更大的基底容量来储存碳，而且增加了潜在的植物种类，包括那些生物量更大的植物（如草本多年生植物）。此外，改变生长基底的组成已被证明会影响绿色屋顶上的植物（Rowe 等，2006），并进一步影响其生长和碳吸收。

多肉植物具有耐旱性，因此常将其作为绿色屋顶植物，如景天属植物。由于多肉植物会进行景天科酸代谢（crassulacean acid metabolism，CAM），使它们在夜间打开气孔吸收 CO_2，在白天关闭气孔以减少蒸腾作用，节约水分。因此 CAM 植物是在基底较浅的绿色屋顶上种植的理想植物（Cushman，2001；Getter & Rowe，2006）。CAM 植物每天的碳同化率是非 CAM 织物的 1/2-1/3（Hopkins & Hüner，2004）。

14.6.2　基底成分

传统上，绿色屋顶行业使用由热膨胀板岩、页岩和黏土制成的轻质膨胀集料作为种植基底（Rowe 等，2006）。然而，正如给特等研究（Getter 等，2009）表明，该屋顶使用的热膨胀板岩所需能量占建造该屋顶的 80%。同样，佩里等（Peri 等，2012）得出结论，意大利巴盖里亚的绿色屋顶在使用期间消耗的原油主要用于原材料的生产，尤其是惰性基底成分的提取和焙烧。同样，切纳尼等（Chenani 等，2015）对位于芝加哥的一个大型绿色屋顶模型进行了生命周期分析。结果表明，基底中的膨胀黏土是影响屋顶环境的主要负面因素。此外，比安基尼和亨利（Bianchini & Hewage，2012）得出的结论是，使用回收材料可使生产这些部件所需的时间减少一半以上，从而抵消生产这些部件的环境成本。

如果使用替代材料，那么绿色屋顶所包含的能量就可以大幅度降低。当地可用的天然或再生材料可以作为候选材料。例如，在太平洋西北部，火山浮石极易获得并且经常被用作基底的组成成分。由于浮石受到自然热膨胀的作用，其所包含的能量大大减少（Rowe，2011）。其他更具可持续性的潜在材料包括已拆除建筑的碎砖（Molineux 等，2009；Graceson 等，2014；Young 等，2014；Bates 等，2015）、碎壳和椰子壳（Steinfeld & Del Porto，2008）、碎瓷砖（Graceson 等，2014）、焚烧炉底灰（Molineux 等，2009；Graceson 等，2014）、再生橡胶（Steinfeld & Del Porto，2008；Prez 等，2012）和再生加气混凝土（Bisceglie 等，2014）。这些研究的结果很难进行比较，但它们确实可以作为一个强有力的证据来证明用可持续的替代品取代传统绿色屋顶基底是一个可实现的方案。绿色屋顶的经济性原则规定这些材料必须满足预期的植物选择、气候区和屋顶维护水平等要求。

14.6.3　管理实践

所有城市景观都可以达到碳吸收的目的，但管理实践会影响其净碳吸收和碳吸收的持久性。由于土壤水分和营养素会限制大多数植物生态系统，因此补充灌溉和施肥等做法会影响植物生长（Vitosek & Howarth，1991；Marble 等，2011；Rowe 等，2014）。例如，惠廷希尔等（Whittinghill 等，2014）的实验对植物进行了灌溉，而给特等（Getter 等，2009）则没有。

由于受到人为因素的影响，城市景观比自然景观复杂。在城市环境中，树木、灌木、多年生草本植物和草坪草等观赏植物的寿命相对较短，需要定期更换。例如，诺瓦克等（Nowak等，2002）认为，如果死亡的老树没有被用于如木材等更永久性的用途，那么新树只是抵消了老树分解时释放的碳，所以需要对老树进行更换。此外，用于生产观赏植物的典型盆栽基底主要由有机物组成，其碳含量远高于大多数田间土壤（Marble等，2011）。当观赏植物被移植到苗圃景观系统中时，其碳含量会发生什么变化还尚未有定论。另外，在割草等实践中使用动力设备会燃烧燃料，从而释放出碳。总体而言，由于物种的用水效率、营养需求、生长和生物量分配以及分解率各不相同，物种选择和管理实践会影响碳吸收和储存（Naeem等，1996；Rowe等，2006）。

14.7　结论

CO_2 和其他温室气体的增加被认为是气候变化的主要原因之一。由于植物可以自然地将碳吸收，那么广泛实施绿色屋顶将有助于去除大气中一部分的 CO_2。当然，并非所有的绿色屋顶的作用都是相同的。生物量越大的植物就意味着碳吸收量越大。然而，许多建筑物的结构往往限制了生长基底的深度，进而制约了可以种植的植物种类。我们还必须考虑建造屋顶所需的隐含能量以及未来节能所节省的碳。尽管从本质上讲，在地面上种植植被更容易，但绿色屋顶更适用于那些缺乏地面空间以种植树木或其他植被的城市地区。量化绿色屋顶的碳吸收潜力可以使碳在认证方案受到更多关注，如 LEED（绿色建筑体系）、可持续场地倡议以及未来潜在的碳限额和贸易方案。绿色屋顶是一种有助于缓解城市化负面影响的工具。

参考文献

Akbari, H. and Konopacki, S. (2005). Calculating energy - saving potentials of heat island reduction strategies. *Energy Policy, 33* (6), 721–756.

Akbari, H., Pomerantz, M. and Taha, H. (2001). Cool surfaces and shade trees to reduce energy use and improve air quality in urban areas. *Sol Energy, 70* (3), 295–310.

Balesdent, J., Chenu, C. and Balabane, M. (2000). Relationship of soil organic matter dynamics to physical protection and tillage. *Soil and Tillage Research, 53*, 215–230.

Bates, A., Sadler, J., Greswell, R. and Mackay, R. (2015). Effects of recycled aggregate growth substrate on green roof vegetation development: A six year experiment. *Landscape and Urban Planning, 135*, 22–31.

Bianchini, F. and Hewage, K. (2012). How 'green' are the green roofs? Life cycle analysis of green roof materials. *Building and Environment, 48*, 57–65.

Bisceglie, F., Gigante, E. and Bergonzoni, M. (2014). Utilization of waste autoclaved aerated concrete as lighting material in the structure of a green roof. *Construction and Building Materials, 69*, 351.

Brenneisen, S. (2006). Space for Urban Wildlife: Designing Green Roofs as Habitats in Switzerland.*Urban Habitats, 4*, 27–36.

Castleton, H.F., Stovin, V., Beck, S.B.M. and Davison, J.B. (2010). Green roofs; building energy savings and the potential for retrofit. *Energy and Buildings, 42*, 1582–1591.

Chenani, S.B., Levävirta, S. and Häkkinen, T. (2015). Life cycle assessment of layers of green roofs.*Journal of Cleaner Production.* doi: 10.1016/j.jclepro.2014.11.070.

Cheney, C. (2005). New York City: Greening Gotham's Rooftops, pp. 130–133. In: EarthPledge. *Green Roofs: Ecological Design and Construction.* Schiffer Books, Atglen, PA.

Clark, C., Adriaens, P. and Talbot, F.B. (2008). Green Roof Valuation: A Probabilistic Economic Analysis of Environmental Benefits. *Environ. Sci. Technol., 42*, 2155–2161.

Cushman, J.C. (2001). Crassulacean acid metabolism: A plastic photosynthetic adaptation to arid environments. *Plant Physiol., 127*, 1439–1448.

Czerniel Berndtsson, J. (2010). Green roof performance towards management of runoff water quantit and quality: a review. *Ecological Engineering, 36*, 351–360.

Dunnett, N. and Kingsbury, N. (2004). *Planting Green Roofs and Living Walls.* Timber Press, Inc.,Portland, OR.

Durhman, A.K., Rowe, D.B. and Rugh, C.L. (2007). Effect of substrate depth on initial coverage, and survival of 25 succulent green roof plant taxa. *HortScience, 42*, 588–595.

Eakin, C., Campa III, H., Linden, D., Roloff, G., Rowe, D.B. and Westphal, J. (2015). Avian Response to Green Roofs in Urban Landscapes in the Midwestern US. *Wildlife Society Bulletin, 39* (3), 574–587.

Fang, S., Xue, J. and Tang, L. (2007). Biomass production and carbon sequestration potential in poplar plantations with different management patterns. *Journal of Environmental Management, 85*, 672–679.

Getter, K.L. and Rowe, D.B. (2006). The role of green roofs in sustainable development. *HortScience, 41* (5), 1276–1285.

Getter, K.L. and Rowe, D.B. (2008). Media depth influences sedum green roof establishment. *Urban Ecosystems, 11*, 361–372.

Getter, K.L., Rowe, D.B. and Andresen, J.A. (2007). Quantifying the effect of slope on extensive green roof stormwater retention. *Ecological Engineering, 31*, 225–231.

Getter, K.L., Rowe, D.B., Robertson, G.P., Cregg, B.M. and Andresen, J.A. (2009). Carbon sequestration potential of extensive green roofs. *Environ. Sci. Technol., 43* (19), 7564–7570.

Graceson, A., Monaghan, J., Hall, N. and Hare, M. (2014). Plant growth responses to different growing media for green roofs. *Ecological Engineering, 69*, 196–200.

Hammond, G.P. and Jones, C.I. (2008). Embodied energy and carbon in construction materials. *Energy, 161* (2), 87–98.

Hopkins, W.G. and Hüner, N.P.A. (2004). *Introduction to Plant Physiology*, 3rd edn, John Wiley & Sons, New York.

Intergovernmental Panel on Climate Change (2007). *Climate Change 2007*: *The Physical Science Basis.* Cambridge University Press. Cambridge, UK.

Intergovernmental Panel on Climate Change (2014). *Climate Change 2014: Impacts, Adaptation, and Vulnerability.* IPCC Working Group II contribution to AR5. Cambridge University Press. Cambridge, UK, and New York, NY.

Kaye, J.P., Resh, S.C., Kaye, M.W. and Chimner, R.A. (2000). Nutrient and carbon dynamics in a replacement series of *Eucalyptus* and *Albizia* trees. *Ecology, 81* (12), 3267–3273.

Kosareo, L. and Ries, R. (2007). Comparative environmental life cycle assessment of green roofs. *Building and Environment, 42*, 2606–2613.

Marble, S.C., Prior, S.A., Runion, G.B., Torbert, H.A., Gilliam, C.H. and Fain, G.B. (2011). The importance of determining carbon sequestration and greenhouse gas mitigation potential in ornamental horticulture. *HortScience, 46* (2), 240–244.

Matamala, R., Jastrow, J.D., Miller, R.M. and Garten, C.T. (2008). Temporal changes in C and N stocks of restored prairie: implications for C sequestration strategies. *Ecological Applications, 18* (6), 1470–1488.

Molineux, C., Fentiman, C. and Gange, A. (2009). Characterising alternative recycled waste materials for use as green roof growing media in the U.K. *Ecological Engineering, 35*, 1507–1513.

Naeem, S., Håkansson, K., Lawton, J.H., Crawley, M.J. and Thompson, L.J. (1996). Biodiversity and plant productivity in a model assemblage of plant species. *Oikos, 76* (2), 259–264.

Nowak, D.J. (1993). Atmospheric carbon reduction by urban trees. *J. Environ. Mgt.,* 37: 207–217.

Nowak, D.J. (2006). Air pollution removal by urban trees and shrubs in the USA. Urban *Forestry and Urban Greening, 4*, 115–123.

Nowak, D.J., Stevens, J.C., Sisinni, S.M. and Luley, C.J. (2002). Effects of urban tree management and species selection on atmospheric carbon dioxide. *Journal of Arboriculture, 28* (3), 113–122.

Oberndorfer, E., Lundholm, J., Bass, B., Connelly, M., Coffman, R., Doshi, H., Dunnett, N., Gaffin, S.,Köhler, M., Lui, K. and Rowe, B. (2007). Green roofs as urban ecosystems: ecological structures,functions, and services. *BioScience, 57* (10), 823–833.

Pérez, G., Vila, A., Rincón, L., Solé, C. and Cabeza, L. (2012). Use of rubber crumbs as drainage layer in green roofs as potential energy improvement material. *Applied Energy, 97*, 347–354.

Peri, G., Traverso, M., Finkbeiner, M. and Rizzo, G. (2012). Embedding 'substrate' in environmental assessment of green roofs life cycle: evidences from an application to the whole chain in a Mediterranean site. *Journal of Cleaner Production, 35*, 274–287.

Rhoades, C.C., Eckert, G.E. and Coleman, D.C. (2000). Soil carbon differences among forest, agriculture and secondary vegetation in lower montane Ecuador. *Ecological Applications, 10* (2), 497–505.

Rosenzweig, C., Solecki, W., Parshall, L., Gaffin, S., Lynn, B., Goldberg, R., Cox, J. and Hodges, S.(2006). Mitigating New York City's heat island with urban forestry, living roofs, and light surfaces. In: Proceedings of Sixth Symposium on the Urban Environment, Jan 30 – Feb 2, Atlanta, GA. (http://www.giss.nasa.gov/research/news/20060130/103341.pdf).

Rowe, D.B. (2011). Green roofs as a means of pollution abatement. *Environmental Pollution, 159*(8–9):2100–2110.

Rowe, D.B., Monterusso, M.A. and Rugh, C.L. (2006). Assessment of heat - expanded slate and fertility requirements in green roof substrates. *HortTechnology, 16* (3), 471–477.

Rowe, D.B., Getter, K.L. and Durhman, A.K. (2012). Effect of green roof media depth on Crassulacean plant succession over seven years. *Landscape and Urban Planning, 104* (3–4), 310–319.

Rowe, D.B., Kolp, M.R., Greer, S.E. and Getter, K.L. (2014). Comparison of irrigation efficiency and plant health of overhead, drip, and sub - irrigation for extensive green roofs. *Ecological Engineering, 64*, 306–313.

Rowntree, R.A. and Nowak, D.J. (1991). Quantifying the role of urban forests in removing atmospheric carbon dioxide. *J. Arbor., 17*, 269–275.

Sailor, D.J. (2008). A green roof model for building energy simulation programs. *Energy and Buildings, 40*, 1466–1478.

Scott, K.I., McPherson, E.G. and Simpson, J.R. (1998). Air pollution uptake by Sacramento's urban forest. *J. Arboriculture, 24*, 224–234.

Snodgrass, E.C. and McIntyre, L. (2010). *The Green Roof Manual.* Timber Press, Portland, OR.

Steinfield, C. and Del Porto, D. (2008). Green roof alternative substrate pilot study. *In* Preliminary Report to the Leading by Example Program, Executive office of Energy and Environmental Affairs, Commonwealth of Massachusetts. At: http://www.fishisland.net/LBE - Green%20Roof%20 report. pdf.

Susca, T., Gaffin, S.R. and Dell'Osso, G.R. (2011). Positive effects of vegetation: Urban heat island and green roofs. *Environmental Pollution* doi: 10.1016/j.envpol.2011.03.007.

Tilman, D., Hill, J. and Lehman, C. (2006). Carbon - negative biofuels from low - input high diversity grassland biomass. *Science, 314*, 1598–1600.

US Department of Energy, National Energy Technology Laboratory (2011). *Tracking new coal-fired power plants.* http://www.netl.doe.gov/coal/refshelf/ncp.pdf. Accessed 11 May 2015.

US Environmental Protection Agency (2007). *Inventory of U.S. Greenhouse Gas Emissions and Sinks:Fast Facts 1990–2005.* Conversion Factors to Energy Units (Heat Equivalents) Heat Contents and Carbon Content Coefficients of Various Fuel Types. EPA - 430 - R - 07 - 002. Washington, DC.

US Environmental Protection Agency (2008). *Climate Leaders Greenhouse Gas Inventory Protocol Core Module Guidance: Indirect Emissions from Purchases/Sales of Electricity and Steam.* EPA - 430 - K - 03 - 006. Washington, DC.

US Environmental Protection Agency (2014). *Water: Combined Sewer Overflows (CSO) Home.* http://water.epa.gov/polwaste/npdes/cso. Accessed 11 May 2015.

Van Renterghem, T. and Botteldooren, D. (2008). Numerical evaluation of sound propagating over green roofs. *Journal of Sound and Vibration, 317*, 781–799.

VanWoert, N.D., Rowe, D.B., Andresen, J.A., Rugh, C.L., Fernández, R.T. and Xiao, L. (2005). Green roof stormwater retention: Effects of roof surface, slope, and media depth. *J. Environ. Quality, 34* (3), 1036–1044.

Vitousek, P.M. and Howarth, R.W. (1991). Nitrogen limitation on land and in the sea: How can it occur? *Biogeochemistry, 13*, 87–115.

Whittinghill, L.J. and Rowe, D.B. (2012). The role of green roof technology in urban agriculture. *Renewable Agriculture and Food Systems, 27* (4), 314–322.

Whittinghill, L.J., Rowe, D.B. and Cregg, B.M. (2013). Evaluation of vegetable production on extensive green roofs. *Agroecology and Sustainable Food Systems, 37* (4), 465–484.

Whittinghill, L.J., Rowe, D.B., Cregg, B.M. and Schutzki, R. (2014). Quantifying carbon sequestration of various green roof and ornamental landscape systems. *Landscape and Urban Planning, 123*, 41–48.

West, T.O. and Marland, G. (2003). Net carbon flux from agriculture: Carbon emissions, carbon sequestration, crop yield, and land - use change. *Biogeochemistry, 63*, 73–83.

Young, T., Cameron, D.D., Sorrill, J., Edwards, T. and Phoenix, G.K. (2014). Importance of different components of green roof substrate on plant growth and physiological performance. *Urban Forestry and Urban Greening, 13*, 507–516.

Wu, L., Wood, Y., Jiang, P., Li, L., Pan, G., Lu, J., Chang, A.C. and Enloe, H.A. (2008). Carbon sequestration and dynamics of two irrigated agricultural soils in California. *SSSAJ, 72* (3), 808–814.

第15章 两用雨水收集系统（RwH）设计

彼得·梅尔维尔 – 施里夫，莎拉·沃德，戴维·巴特勒
Peter Melville - Shreeve，Sarah Ward and David Butler

15.1 导言

在英格兰和威尔士，根据建筑条例的规定或《可持续住宅规范》等指导计划提出的建议，对两用雨水收集系统（RwH）的应用往往是出于水利用效率方面的考虑。即使如此，在完成全生命周期成本评估后，当地通常优先采用双冲水马桶、低流量水龙头和无水小便器等需水管理措施（Grant，2006），却因经济原因拒绝应用 RwH 系统（Roeback 等，2011）。然而，部分研究人员和从业者建议，有必要进一步研究 RwH 系统的雨水源头控制效益，例如此类系统在可持续排水系统（SuDS）中所发挥的作用（Hurley 等，2008；Gerolin 等，2010；Kellagher，2011；Melville-Shreeve 等，2014）。总的来说，RwH 的双重效益可能会提高住宅的雨水利用率，尤其是当技术得到改进并使双重效益能够在单一系统中实现时（Debusk 等，2013）。与此同时，德巴斯克和亨特（Debusk & Hunt，2014）在对国际 RwH 文献进行综述后，提出要进一步研究作为雨水管理工具的 RwH 产生的效益。

实现这些双重效益所需的基本配置如图 15.1 所示。蓄水和节流理念有效整合了需水管理和雨水管理的目标，并将理念融入单个 RwH 设施的设计中。该设施包括专门用于储存径流和限制流出的储存设施，从而保障了非饮用水的供应。

本章首先简要回顾了 RwH 和 SuDS，以及在英格兰和威尔士整合 RwH 和 SuDS 的现有方法。人们提出了一种 RwH 系统的设计方法，该方法随后被用于评估此类系统在英格兰埃克塞特（Exeter，England）案例中产生的效益。

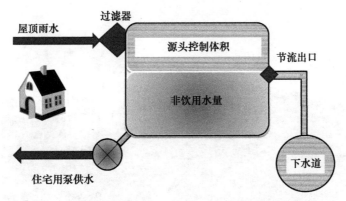

图 15.1　两用雨水收集系统（改编自赫尔曼和施密达，1999）
（Herrmann & Schmida，1999）

15.2　英格兰和威尔士的 RwH 和 SuDS

　　英格兰和威尔士的雨水管理受到规划（DCLG，2006）和相关指导（Kellagher，2012）的严格管制。为了满足这些规定，新开发项目采用 SuDS 管理雨水径流，其重点是在百年一遇的暴雨事件中通过削减径流量以使项目的径流特征与开发前相同。通常情况下，20%-30% 的"气候变化补贴"使排水系统能够应对超过历史经验的降雨事件。如果安装了 RwH 系统，其设计仅满足非饮用水需求，通常情况下不会出现明显的源头控制或 SuDS 效益（Kellagher，2012）。本章所述的研究以及一项持续多年的综合性调查都表明，没有任何证据能够证明英格兰和威尔士安装了以雨水管理为重点的 RwH 系统。

　　伍兹·巴拉德等（Woods Ballard，2007）为尽量减少雨水径流和污染，确定了 SuDS 等级：（1）预防；（2）源头控制；（3）场地控制；（4）区域控制。绿色屋顶、渗透室、雨水罐和 RwH 等解决方案有助于制定水源控制策略。在考虑场地或区域控制策略（如消能池）之前，他们鼓励设计 SuDS 的从业者最大化利用源头控制机会。尽管如此，末端管道的解决方法仍然普遍存在，这些方法通常被认为是遵守法律的"最简单"方式（Bastien 等，2009）。如图 15.2 所示的滞留盆地代表了 SuDS 的最佳实践，可能"最频繁的实践"是一个更合适的称谓。然而这样的盆地往往难以接近，甚至与开发区域隔离开。滞留盆地即使作为绿地，也可能存在缺乏吸引力或无法使用的情况。

　　根据前面提到的 SuDS 等级，源头控制技术的既定效益需要最大化，便于在场地范围排水设计中实现 SuDS 的最佳实践，从而尽量减少额外的下游储存量。RwH 系统可以减少雨水径流量并降低雨水径流速率（Leggett 等，2001；Debusk & Hunt，2014；Campisano 等，2013）；由于需要考虑大量特定地点的参数，此类效益的大小无法被概括出来。其主要设计标准包括前期降雨量、产量、非饮用水需求和 RwH 系统配置。但是，现场特定设计的需求并不是实施的障碍，因为其他 SuDS 技术（如滞留池）也并非普遍适用于所有新开发项目。目前作为规划申请的一部分，环境署（EA）通过研究排水策略文件以确保新排水系统的合规性（DCLG，2012）。

图 15.2 英格兰和威尔士使用的典型 SuDS 设施——英格兰德文郡
埃克塞特纽库尔（Newcourt）的一个滞留盆地

15.3 在英格兰和威尔士使用 RwH 进行雨水源头控制

在进行 WaND 项目期间，巴特勒等人的早期研究评估了 RwH 控制雨水排放的能力（Butler 等，2010）。作为本研究的一部分，凯拉格和马内里奥·佛朗哥（Kellagher & Maneiro Franco，2007）使用液压模型来评估拟建大型公共 RwH 储水罐开发项目中，雨水径流总量和峰值流速的总体减少情况；并采用随机降雨序列进行建模，以模拟一系列情景下 RwH 的源头控制效益。设计假定水罐里的水一部分用于非饮用水再利用，因此降低了水罐水位，从而使其有能力收集雨水径流。该研究结论认为，储水罐应比标准 RwH 罐大 1.5-2.5 倍，以实现"可观的（sic）雨水效益"。在 RwH 系统管理极端降雨事件方面，研究显示百年重现期降雨事件（23%-55%）的径流量显著减少。梅蒙等（Memon 等，2009）在类似的研究中对 200 处房产开发进行模拟，并得出 RwH 可减少下游下水道峰值流量的结论。

除了德巴斯克等（Debusk 等，2013）最近进行的工作外，黄等（Huang 等，2009）进行的一项建模研究发现了一些证据，表明国际上有兴趣研究 RwH 作为一种水源控制工具。本研究采用了设计容量为 5m³、节流阀直径出口为 50mm 的 RwH 系统，并评估其功能。在考虑了一系列情景后，假设在吉隆坡 242 栋房屋的开发过程中，每处房产都安装了这样的系统。研究表明，蓄水和节流方法的整合成功地将 30 分钟降雨事件产生的峰值降雨量限制在百年重现期降雨事件的 22% 以内（Huang 等，2009）。

RwH 英国标准第一版 BS8515《雨水收集系统实践规范（2009）》（Rainwater harvesting Systems – Code of practice）（BSI，2009）侧重于提供多种水资源利用方案，以满足多方面的用水需求管理机制。RwH 系统作为雨水源头控制技术，其措施包括了建议设计师指定（有意）超大的 RwH 储水罐，用来增加在暴雨事件开始时可用的储水空间（空置空间）。然而，只有当需水量（D）大于径流量（Y）时，该措施才可实施。如果不需要大量的水，水罐可能随时保持满的或接近满的状态。即使在 D 大于 Y 的情况下，许多其他因素会影响需水量，所以也不能保证足够的储水空间。这种方法的一个主要局限性在于它需要用户的行为与基础假设保持一致。

基于 BS8515 : 2009（BSI，2009）中记录的初始方法，杰罗林等（Gerolin 等，2010）进一步研究了英格兰和威尔士的 RwH 系统的水源控制效益。该方法侧重于 RwH 系统对水的利用，从而为下一次暴雨提供更多的储水容量。凯拉彻（Kellagher，2011）对这项工作进行了扩展，安装和监测了住宅开发中的一些 RwH 系统。在研究中，每个 RwH 系统的设计都符合凯拉彻和杰罗林的方法。该方法需要设计师在建议开发时评估每处房产的预计非饮用水需求，再根据开发的屋顶面积和平均降雨量计算收益率。总之，当 Y/D 的比值小于 0.95，在极端暴雨事件开始时 RwH 储水罐中极有可能有可用的储水空间。当 Y/D 的比值小于 0.7，较大可能有相当多的可用储水空间（Kellagher，2011）。由此可知，这种可用的储水空间可减少下一次暴雨期间产生的径流总量，从而保障了水源控制。随后的一项研究得出结论——可以通过实施该方法成功管理雨水（Kellagher & Gutierrez‐Andres，2015）。

2013 年协会发布了更新的英国标准（BSI，2013），该标准吸收了不断增加的相关研究成果。通过对这一最新情况进行研究，作者发现文件的主体内容几乎没有修改，该文件继续侧重于水供应。然而，凯拉彻（Kellagher，2011）允许将估算水源控制效益的技术纳入与水源控制有关的附件中（BSI，2013）。此外，附件建议可实施有效的 RwH 系统，以随时保持备用储水。然而，由于进出水罐的水力学控制的蓄水和节流配置不同，更新后的英国标准建议：有效地管理 RwH 系统应包括液位传感器和某种形式的智能控制系统（BSI，2013）。

自最新英国标准出版一年后，作者对英国的 RwH 市场进行了全面研究，该研究没有发现符合现行 RwH 概念或符合蓄水和节流规范的产品以及案例研究。相比之下，德巴斯克等（Debusk，2013）在美国进行了物理试验，结果表明修改后的设计可显著提高 RwH 系统的效率和雨水管理潜力。本章主要建议在英国开发场地应用蓄水和节流 RwH 的设计方法，从而解决使用 RwH 系统改善雨水控制的第一步。

15.4　将雨水源头控制纳入 RwH 系统设计

15.4.1　案例研究发展的设计过程

为了评估蓄水和节流 RwH 罐（图 15.1）作为更广泛排水系统的一部分是否具有可行性，作者在英格兰西南部埃克塞特（Exeter, south‐west England）7 栋住宅的小型住宅开发项目中提出了两种排水设计方案。两种设计方案均假设所有房屋都包括一个用于厕所的非饮用水再利用的 RwH 系统。在所有排水模拟开始前，设计方案保守地认为 RwH 罐的非饮用水回用容积是满载状态。基于黄等（Huang 等，2009）进行的建模评估结果，该方法能够使用户根据现场特征（如规定的最大排放率）最小化（雨水）蓄水量。

步骤 1：确定 RwH 储水量，用于非饮用水再利用

7 栋房屋各自使用 BS8515：2013 中规定的"中间方法"计算 RwH 罐的容积（BSI，2013）。该方法将每个 RwH 系统所需的储水容积定义为两个容积（Y_R 或 DN）中的较小者，使用方程式 1 和 2 计算得出：

$$Y_R = A \times e \times h \times f \times 0.05 \tag{15.1}$$

式中　Y_R——年降水量（1）的 5%；

　　　A——收集面积（m^2）；

　　　e——产率系数（%）；

　　　h——年降雨量（mm）；

　　　f——液压过滤器的效率。

$$DN = Pd \times n \times 365 \times 0.05 \tag{15.2}$$

式中　DN——年非饮用水需求量（1）的 5%；

　　　Pd——每人每天的需求量（1）；

　　　n——人数。

假设 5 次冲洗 / 人 / 天和平均冲洗量为 4.5L（MTP，2011；Waterwise，2014）。从该场地的设计图纸获知（Pell-Frischmann，2013）入住率为每户 4 人或 5 人。不考虑用户使用灌溉水或洗衣水。在此阶段，使用 42-50m^2 的屋顶面积来确定每户 RwH 系统所需的非饮用水再利用量（V_{np}）。

步骤 2：确定一个符合雨水消能系统的选项

备选方案 1（传统 SuSD 方法）和备选方案 2（RwH 作为水源控制）是以微型排水软件（XPSolutions，2015）为基础，并如表 15.1 所示规定的输入参数来制定的。

场地特征、参数和全球设计标准　　　　　　　　　　　　　表 15.1

参　　数	输入数据
地点	埃克塞特，德文郡，英格兰西南部
总场地面积（m^2）	1230
现有场地径流率（百年一遇，l/s）	7.2
最大未来场地排放率（百年一遇降雨期间，l/s）	7.2
气候变化补贴，降雨强度（%）	30
拟定屋顶面积（m^2）	334
拟建停车场和道路区域（m^2）	340
总防渗面积（m^2）	674
设计降雨事件	百年一遇，临界持续时间事件
设计标准	设计期间无地上洪水
径流系数（所有不透水表面）	0.84
径流系数（所有透水表面）	0
测试的降雨事件范围，分钟（mm/h）	15（155）-168（1.26）
降雨模式	洪水估算手册（IOH，1999）

方案 1：传统的 SUDS 方法——全场消能池

方案 1 设计了一个排水设计框架，即将所有雨水从屋顶和铺砌表面排入一个消能池。该设计用来模拟一个位于停车场下方的地质细胞储存箱，该储水罐配有控制排放的专用涡流调节器。所需储水罐最初估算的体积为 30m³，并采用迭代法将其减少到满足设计标准的最小尺寸（表 15.1）。每一处地产均采用 RwH 系统进行建模，以拦截所有屋顶雨水；但在运行模拟之前，这些水罐的状态设置为"满"时则无法进行雨水源头控制。

方案 2：RwH 作为水源控制——分散蓄水和节流 RwH

方案 2 开发了一种可替代排水设计。在该方案设计中每个房屋的 RwH 罐尺寸过大，包含了一个额外的储水容积，该容积在每次暴雨事件后通过一个孔口排放。其设计目的是提供一个可以被动地削弱所有屋顶区域的雨水径流，从而提供符合设计特征所需 100% 的 SuDS 消能能力的 RwH 罐（表 15.1）。

建立 V_{NP} 后，该方案将确定的水源控制容积（V_{SC}）添加到 V_{NP} 中，得到 RwH 罐的总容积（V_{RWH}）。模拟模型存在一个局限性，只能使用一个 50m² 的屋顶进行单次计算，来表示一个典型房屋的模拟结果。首先，直径为 0-50mm 的孔板出口，以 5mm 为增量，根据固定流量系数为 0.6 的标准孔板方程计算得出一系列压头—流量关系（Butler & Davies，2011）。从出口孔为 0 开始，模型对一系列水罐容积进行评估（即暴雨期间储水罐零排放），确定了达到临界降雨事件所需的最大储水量为 3.7m³。因此，方案 2 都是针对屋顶面积为 50m² 的房屋进行建模，将屋顶径流排放至占地面积为 4m²、深度为 1m 的水罐中，并记录每次降雨事件后水罐的最大水量，同时对各种孔径进行测试。该方案根据最大水罐的储水容积绘制最大排放速率，并将在给定的孔径下产生最大储水量的事件确定为临界降雨事件。由于使用蓄水和节流 RwH 对屋顶区域进行消能，方案解决了剩余的不透水区域。假设道路和停车场区域的水质可能不适合在没有进一步处理的情况下进入 RwH 罐，因此方案模拟雨水排入一个地质细胞储存箱。类似方案 1 使用的迭代方法，方案 2 通过缩小输入区域将水罐尺寸最小化。式（15.3）给出了方案 2 中确定的总 RwH 水罐容积。

$$V_{RWH} = V_{PN} + V_{SC} \tag{15.3}$$

如图 15.3 所示的流程图总结了 RwH 水罐从模型模拟、孔板选择到最终尺寸确定的过程。

15.4.2　设计应用的结果

设计方案的应用结果生成了大量的输出文件，每个测试情景各有一份输出文件（例如，孔板和设计降雨）。设计结果将产生最大储水量的暴雨值确定为每个情景的临界设计暴雨值。如表 15.2 所示，给出了一些模拟结果的汇总示例，这些结果用于识别孔板出口为 20mm 的 RwH 罐的 V_{SC}。

方案 1：用于非饮用水用途的 RwH 罐的设计应符合各处房产的中间方法。其中，6 处房产需要 2.05m³ 的 V_{np}；由于入住率较低，研究表明第 7 处房产只需 1.65m³ 的 V_{np}。经过方案 1 中的排水设计方法模拟，结果确定了 18m³ 的地质细胞储水罐是容纳整个开发区雨水径流所需且符合设计标准的最小尺寸。

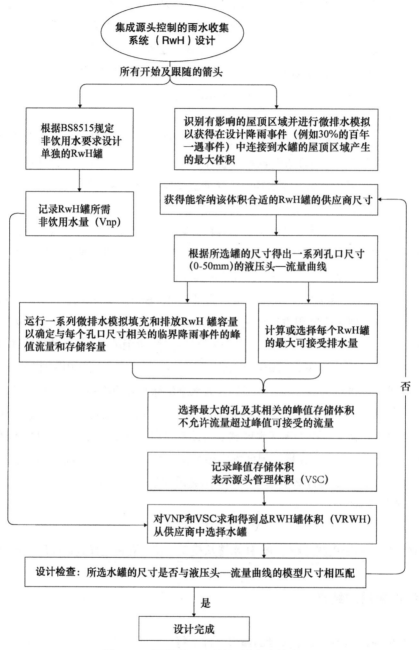

图 15.3　两用 RwH 系统设计方法的流程

　　方案 2：管道将屋顶雨水径流输送到每个房屋的单独 RwH 罐中。每个水罐上部的流量用一个孔板进行控制。该场地大约一半的不透水区域是屋顶，因此开发区最大允许排放率（7.2L/s）的一半分配到 RwH 出口，相当于 0.5L/s/RwH 罐。如图 15.4 所示，说明了满足一系列排放孔口尺寸的临界降雨事件所需的水源控制容积范围。在 0.5L/s 的峰值流量下，需要一个 1.5m³V_{SC} 且孔口直径为 20mm 的 RwH 罐来应对降雨事件。剩余 3.5L/s 的排放量分配给停车场和道路区域，便于单独的储水罐可以控制这些区域的径流。这种储水罐与合适的涡流控制器结合后，确定其最小容积为 10m³。

一个孔口为 20mm 的 RwH 罐在控制百年一遇暴雨事件时的样本模拟结果　　表 15.2
（ * ＝临界降雨事件）

暴雨事件	模拟降雨（mm/hr）	达到音量峰（mins）	最大水位（m）	最大水深（m）	最大排放率（l/s）	总排放量（m³）	溢流量（m³）	所需最大容量（m³）
15	155	16	0.337	0.337	0.5	1.6	0.0	1.3
30	95	28	0.363	0.363	0.5	2.0	0.0	1.5
60*	58	46	0.367	0.367	0.5	2.4	0.0	1.5
120	35	82	0.333	0.333	0.5	3.0	0.0	1.3
180	27	116	0.293	0.293	0.5	3.3	0.0	1.2
240	22	150	0.256	0.256	0.4	3.6	0.0	1.0
360	16	212	0.199	0.199	0.4	4.1	0.0	0.8
480	13	274	0.160	0.160	0.3	4.4	0.0	0.6
600	11	334	0.130	0.130	0.3	4.7	0.0	0.5
720	10	390	0.109	0.109	0.3	5.0	0.0	0.4
960	8	502	0.087	0.087	0.2	5.4	0.0	0.3
1440	6	748	0.065	0.065	0.2	5.9	0.0	0.3
2160	4	1100	0.048	0.048	0.1	6.5	0.0	0.2
2880	3	1468	0.039	0.039	0.1	7.0	0.0	0.2
4320	3	2180	0.028	0.028	0.1	7.6	0.0	0.1
5760	2	2912	0.022	0.022	0.1	8.0	0.0	0.1
7200	2	3586	0.019	0.019	0.0	8.4	0.0	0.1
8640	2	4400	0.016	0.016	0.0	8.7	0.0	0.1
10080	1	5024	0.014	0.014	0.0	8.9	0.0	0.1

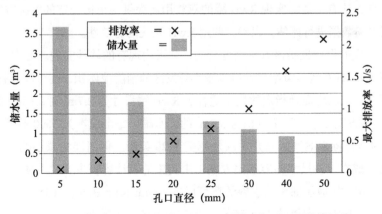

图 15.4　V_{sc} 和测试孔口直径范围的最大排放率；对于评估的开发，
每个 RwH 罐的最终尺寸如图 15.5 所示，上述结果汇总如表 15.3 所示

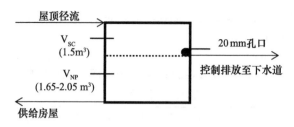

图 15.5　案例研究开发拟定的蓄水罐和节流罐示意

结果总结：方案 1 和 2 的排水设计　　　　　　　　表 15.3

名　　称	方案 1	方案 2
	带有节流出口的大型消能池，排放所有排水（假设室内 RwH 系统已满）	带有保持和节流装置的小型消能池，RwH 水罐控制每个房屋的屋顶径流
最大流量（l/s）		
屋顶区域	—	3.5
铺面区域	—	3.5
总不透水面积	＜ 7.2	＜ 7.2
消能池尺寸（m³）	18	10
最小 RwH 罐尺寸（m³）	6no.×2.05 和 1no.×1.65	6no.×3.55 和 1no.×3.15
商用 RwH	6no.×3.55 和 1no.×3.15	7no.×3.8 和 20mm 孔
储水罐尺寸（m³）		
总体积（m³）	18.9	26.6

15.4.3　结果与讨论

在本章中，研究人员开发和测试了一种方法，该方法允许使用蓄水和节流配置在 RwH 罐中设计被动型雨水源头控制能力。该方法旨在支持 BS8515：2013（BS，2013）中规定的源头控制概念，不依赖用户行为而保持 RwH 储水罐具有足够的消能能力。如果可以一直保持足够的消能能力，该方法有可能为实现 RwH 罐的双重用途提供一个更稳定的解决方案。现在，本研究有必要对经验数据进行评估，以确定两用 RwH 系统的有效性。

实例研究开发的设计证明该方法是可行的，并可用现有的软件实现。方案 2 的结果表明，由于蓄水和节流 RwH 系统，方案设计可以减小开发区的消能池体积，还可以节省成本。例如，对于方案 1 而言，从供应商处指定的最小适合的 RwH 罐尺寸为 2.7m³ 时，RwH 罐的安装成本为 3440 英镑。在方案 2 中，一个容积为 3.8m³ 的储水罐，每个成本为 3600 英镑。因此，蓄水和节流 RwH 的整合将为案例研究开发额外花费 1120 英镑。但消能池减小的尺寸所节省的费用可以抵消这一成本，该尺寸的容积比方案 1 中实施的设计容积少 8m³。根据约 200 英镑 /m³（约 31225.5 元 /m³）的地质细胞储水罐的典型成本（Graf Rain Bloc，2015），保守估算缩小尺寸的地质细胞储水罐将节省超过 2500 英镑（约 22714.75 元）的费用。

一些水质问题可能是由于污水管向储水罐孔口排放污染物而产生的。然而，现有的 RwH

溢流系统经常会安装止回阀来防止这种风险的产生。其次，小孔出口也可能存在堵塞风险。但是，为流入储水罐的径流安装适当的过滤器、机械清理机制或堵塞警报的方法有助于将这种风险降到最低。通过实施蓄水和节流 RwH，无须部署其他 SuDS，屋顶区域的径流可以完全被削弱。此外，在开发的剩余部分建议减少消能池后，设计方法利用湿地、渗水沟或地表特征整合到开发布局中，可能可以处理硬质区域的剩余径流，从而从开发布局中完全移除消能池。

将设计方法应用于大规模开发建设也具有一定可行性。在这种情况下，减少消能池或盆地的空间有可能促使建造更多的房产，从而产生经济效益。蓄水和节流理念以及建议的设计方法，可能使 RwH 在新开发建设中变得更具经济可行性。目前正在进行进一步的工作，来支持供应商在这种新型配置中开发和安装此系统（RwH Ltd，2015）。这些试验系统的性能将通过经验监测的方式验证建模方法和假设是否符合物理观察。

15.5　结论

在英格兰和威尔士，由于 RwH 对水需求管理和水源控制应用的效益尚未完全实现，住宅规模的雨水收集（RwH）仍然有待开发。尽管鼓励设计 SuDs 的从业者在考虑场地规模消能系统之前最大化利用源头控制机会，但他们通常不考虑雨水再利用方案而采用末端管道解决方法。最新更新的英国雨水收集标准（BSI，2013）包括了一种确定储水罐尺寸的方法，使 RwH 系统能够发挥作为雨水消能工具的作用，并提供可供选择的供应水。然而，迄今为止，蓄水和节流配置的实际评估能力有限，而在英国标准中并未体现出这一点。本章有助于缩小这一知识差距，并试图通过开发一种新的设计方法，进一步支持英格兰和威尔士使用两用 RwH 系统。

实践证明，改进的被动型雨水源头控制技术有可能被纳入 RwH 系统，而此举对整体设计的改动较小。所概述的方法也用于开发一个具有蓄水和节流配置的专有 RwH 系统，目前正在进行现场试验。已有研究在对这个系统进行经验测试。总而言之，可以得出以下结论：

（1）蓄水和节流理念可用于源头控制，如安装超大的 RwH 罐，其中包含一个额外的中等级别的出口节流阀；

（2）根据现场具体情况，调整 RwH 容积和孔板出口的最佳尺寸；

（3）在英格兰和威尔士的住宅物业中，蓄水和节流的实现成本相对较低；

（4）方法实施的技术障碍将阻止此方法提供适合所有开发地块的综合解决方案，如特定场地的限制（如确保节流阀出口能够受引力作用排到现有排水基础设施中）；

（5）可以很容易地开发出一种允许从业者为特定位置选择适当的 RwH 消能容积和孔板尺寸的设计工具；

（6）当以下任何一个要素适用时，被动型 RwH 都有助于 SuDS 系统中的源头控制：（a）产量 / 需求量的比值小于 0.95；（b）运用蓄水和节流理念将被动型源头控制技术整合到储水罐的设计中。

致谢

这项工作由 Severn Trent Water plc 和英国工程与物理科学研究理事会（UK Engineering and Physical Sciences Research Council）资助，他本人由此获得了河流工程博士学位。

参考文献

Bastien, N., Arthur, S., Scholz, M. and Wallace, S. (2009). Towards the best management of SuDS treatment trains. *13th International Diffuse Pollution Conference (IWA DIPCON 2009)*, 12–15 October 2009, Seoul, Korea.

BSI (2009). *BS 8515:2009 – Rainwater harvesting systems – Code of practice*. BSI, London.

BSI (2013). *BS 8515:2009 ＋ A1:2013 Rainwater harvesting systems – Code of practice*. BSI, London.

Butler, D. and Davies, J.W. (2011). *Urban Drainage*, 3rd edition, Spon Press, London.

Butler, D., Memon, F.A., Makropoulos, C., Southall, A. and Clarke, L. (2010). WaND. *Guidance on Water Cycle Management for New Developments*, CIRIA Report C690, London.

Campisano, A., Cutore, P., Modica, C. and Nie, L. (2013). Reducing inflow to stormwater sewers by the use of domestic rainwater harvesting tanks. *Novatech*, June 23–27, 2013, Lyon. Available at: http://www.novatech.graie.org.

DCLG (2006). *PPS25 Development and Flood Risk*. Department for Communities and Local Government, TSO Publications, London.

DCLG (2012). *National Planning Policy Framework*. Department for Communities and Local Government Crown Copyright. London.

Debusk, K.M., Hunt, W.F. and Wright, J.D. (2013). Characterizing rainwater harvesting performance and demonstrating stormwater management benefits in the humid southeast USA. *JAWRA Journal of the American Water Resources Association, 49*, 1398–1411.

Debusk, K.M. and Hunt, W.F. (2014). *Rainwater Harvesting: A Comprehensive Review of Literature*. Report 425 Water Resources Research Institute of the University of North Carolina. Available at: http://www.lib.ncsu.edu/resolver/1840.4/8170.

Gerolin, A., Kellagher, R. and Faram, M.G. (2010). Rainwater harvesting systems for stormwater management: Feasibility and sizing considerations for the UK. *7th International conference on sustainable techniques and strategies in urban water management Novatech,* 27 June – 1 July, 2010, Lyon, France.

Graf Rain Bloc (2015). *Flood Attenuation Block Graf Rain Bloc 300 HGV traffic*. Available at: http:// tinyurl.com/o8wmpmx.

Grant, N. (2006). Water conservation products. In: Butler D., Memon F.A., editors. *Water Demand Management*. IWA Publishing, 82–106.

Huang, Y.F., Hashim, Z. and Shaaban, A.J. (2009). Potential and effectiveness of rainwater harvesting systems in flash floods reduction in Kuala Lumpur City, Malaysia. *Proceeding of the 2nd International Conference on Rainwater Harvesting and Management,* 7–12 September 2009,Tokyo, Japan.

Hurley, L., Mounce, S.R., Ashley, R.M. and Blanksby, J.R. (2008). No Rainwater in Sewers (NORIS):assessing the relative sustainability of different retrofit solutions. *Proceedings of the 11th International Conference on Urban Drainage,* Edinburgh, Scotland, UK.

IoH (1999). *Flood Estimation Handbook. Volume 3 – Statistical procedures for flood frequency estimation,* Wallingford, UK.

Kellagher, R. and Maneiro Franco, E. (2007). *Rainfall collection and use in developments; benefits for yield and stormwater control,* WaND Briefing Note 19 Release 3.0, WaND Portal CD - ROM, Centre for Water Systems, Exeter.

Kellagher, R. (2011). *Stormwater management using rainwater harvesting: testing the Kellagher/ Gerolin methodology on a pilot study.* Report SR 736, HR Wallingford Limited, UK.

Kellagher, R. (2012). *Preliminary rainfall runoff management for development.* RandD Technical Report W5–074/A/TR/1 Revision E, HR Wallingford Limited, UK.

Kellagher, R. and Gutierrez - Andres, J. (2015). Rainwater harvesting for domestic water demand and stormwater management. In: Memon F.A. and Ward S. (ed.) *Alternative Water Supply Systems,*IWA Publishing, 62–83.

Leggett, D.J., Brown, R., Stanfield, G., Brewer, D. and Holliday, E. (2001). *Rainwater and Greywater use in buildings: decision-making for water conservation,* CIRIA Report PR80, London.

Melville - Shreeve, P., Ward, S. and Butler, D. (2014). A preliminary sustainability assessment of innovative rainwater harvesting for residential properties in the UK. *Journal of Southeast University, 30,* 2,135–142.

Memon, F.A., Fidar, A., Lobban, A., Djordjević, S. and Butler, D. (2009). Effectiveness of rainwater harvesting as stormwater management option. *Water Engineering for a Sustainable Environment –Proceedings of 33rd IAHR Congress*, Vancouver, Canada, 9–14 August 2009.

MTP (2011). *BNWAT01 WCs: Market Projections and Product Details.* Market Transformation Programme, Defra, London.

Pell Frischmann (2013). *Flood Risk Assessment R63059Y001B.*

Rainwater Harvesting Ltd. (2015). *RainActiv™. Rainwater Harvesting and Active Attenuation Combined.* Available at: http://tinyurl.com/hh52cmq.

Roebuck, R.M., Oltean - Dumbrava, C. and Tait, S. (2011). Whole - life cost performance of domestic rainwater harvesting systems in the United Kingdom. *Water and Environment Journal,*

25, 355–365.

　　Waterwise (2014). Water calculator. Available at: http://www.thewatercalculator.org.uk/.

　　Woods Ballard, B., Kellagher, R., Martin, P., Jefferies, C., Bray, R. and Shaffer, P. (2007). *The SuDS Manual*. CIRIA Report C69, London.

　　XPSolutions (2015). *Microdrainage*. Available at: http://xpsolutions.com/Software/MICRODRAINAGE/.

第16章 SuDS 中生态系统服务整合的进展

马克·埃弗拉德，罗伯特 J. 麦金尼斯，哈齐姆·高达
Mark Everard, Robert J. McInnes and Hazem Gouda

16.1 导言

社会正慢慢从单一环境管理和资源使用过渡到承认所有干预措施都具有系统性影响（de Groot 等，2010；Norgaard，2010）。生态系统服务包括自然界提供的相互关联的人类利益、价值体系和社会需求（Millennium Ecosystem Assessment，2005）。《生物多样性公约》（Convention on Biological Diversity，2000，2010）、《欧盟生物多样性 2020 战略》（EU Biodiversity 2020 strategy）（European Union，2011）和《拉姆萨尔公约》（Ramsar Convention）（Resolution IX.1，2005）等国际承诺鼓励各国提供生态系统服务。许多国家已将这些承诺转变为国家级战略，例如英国的《自然环境白皮书》（UK's Natural Environment White Paper）（HM Government，2011）。然而，由于知识缺口、狭隘的传统假设（legacy assumptions）、立法、监管实施、技术解决方案、既得利益和简化范式决策支持模型（Everard 等，2014），向系统决策的社会转型仍然具有挑战性（Armitage 等，2008）。为了促进系统的、可持续的实践，需要探索工具来揭示政策，设计和行动的广泛影响，以及强调系统实践的益处和机遇（Smith 等，2007）。如果未能实现这一转变，经济、社会和环境外部性的风险将长期存在（Robinson 等，2012）。

城市环境中的水资源管理面临着一项特殊挑战，即有限土地面积容纳着不断增长的人口，且城市化有日益加强的趋势（United Nations，2011）。驱动因素包括保证来自城市汇水区以外的充足水源（Fitzhugh & Richter，2004）、洪水风险管理（地表水和地下水）、气候不稳定（Scholz，2006）以及废水和水污染的处理（图 16.1）（Niemczynowiz，1999）。

这些挑战主要是在更广泛的城市土地利用规划和决策的操作环境中产生的（图 16.1）。因此需要对建成环境进行规划，使其与生态系统功能协同运行并适应以水为媒介的生态系统服务（UN Habitat，2012），包括维持稳定的微气候、粮食生产和宜人性环境（Bolund & Hunhammer，1999），同时减少碳和生态足迹（Secretariat of the Convention on Biological Diversity，2012）。

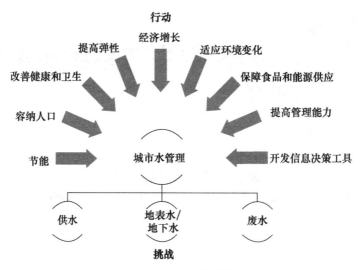

图 16.1　城市水管理挑战

洪水管理政策和实践已经从局部的资产"防御"转变为以生态系统为基础、与自然过程相适应的方法（Colls 等，2009），这样可以在一定程度上应对严重的洪涝灾害。例如在英国，政府认识到与自然过程长期合作的重要性而不应仅依赖增加的"硬质工程"防御措施（Palmer 等，2009），所以仅制定洪水管理规范是远远不够的（Defra，2005）。逐步实现自然洪水的滞留和消散，标志着发达国家在流域尺度和城市环境下正在发生的转变。（Wong，2006；Everard 等，2009）。

SuDS 的发展理念和类似方法（如 water sensitive urban design，WSUD）为城市洪水风险管理的重大转变提供了支撑（Wong，2006）。这些已发布的指南（Woods Ballard 等，2007）强调了"管理城市径流造成的环境风险，并尽可能促进环境改善"的意图，更看重排水链的"上游"，并逐步考虑更广泛的水量、水质、宜人性和生物多样性等利益。"水调节"（water regulation）（流量规模和时间）也是一种生态系统服务，并与管理干预带来的更广泛的潜在社会效益相关联。

研究对比了传统和可持续城市排水方法生命周期评估（life cycle assessment，LCA）的结果，强调了考虑全生命周期成本和性能的需要。这些因素取决于详细的方案设计，但系统评估是解决经常被忽视的可持续性方面的关键，这对于应对城市人口增长和气候变化的挑战至关重要（Ellis 等，2003；Zhou，2014）。他们得出的结论是，SuDS 原则有助于可持续发展，可以避免意外的负面影响（特别是生命周期的物质投入、环境排放和能源使用方面），也可能优化整个生态系统服务的成果（Everard & Street，2001；Natural England，2009；McInnes，2013；Everard & McInnes，2013）。

即使在生态意识较强的城市，城市环境管理系统也经常忽视许多生态效益（McInnes，2013）。SuDS 的设计中隐含了保护和改善环境的内容（Woods Ballard 等，2015），且绿色基础设施的实施也可以促进人类健康并带来多种好处（Tzulas 等，2007）。本章分析了所选定的城市排水解决方案对提供生态系统服务的潜在贡献。

16.2　SuDS 类型对生态系统服务的潜在贡献

SuDS 手册（Woods Ballard 等，2015）规定了各种技术，从在密集、受限的城市环境中简单增加洪水存储容量（例如，硬质基础设施地下石笼）到将多种生态系统服务效益纳入排水系统。过滤器和透水管、透水表面、渗透盆地和人工湿地被选择作为代表性技术。以下论述主要来源于伍兹·巴拉德等（Woods Ballard 等，2015）：

■ 过滤器和透水管包括充满渗透性材料的沟渠等设施，接收落在铺筑区域的雨水，将其过滤并输送到场地的其他地方。尽管没有发生明显的化学净化或能够提供宜人和生物多样性的栖息地，但这一过程减缓了雨水的流速，并提供了一定的物理过滤；

■ 透水表面允许水渗入底层蓄水层，并在渗入地下、再利用或释放到地表水之前将其截留。这些系统没有提供野生动物栖息地或宜人性（除了铺有基础设施而非生态系统服务的铺筑地面）；

■ 渗透盆地是景观洼地，其建造目的是在强降水期间储存径流，使其逐步渗入地下。渗透盆地可能已景观美化，具有美感和宜人价值；但是，由于必须进行定期维护，往往只会形成简单的草坪栖息地；

■ 人工湿地种类繁多，通常包括浅植被池塘，这些植被区加强了污染物去除能力并为野生动物提供了栖息地。它们可以积累有机物，循环利用营养物质，并成为城市发展中具有吸引力的特征。人工湿地的范围包括从简单的静水池塘和芦苇填充的洼地到开敞的半自然系统。澳大利亚（Wong & Brown，2009）和爱尔兰（Doody 等，2009）将用于实现多功能效益的"最佳实践"——人工湿地的潜在成果作为参考标准。

由于地理位置的限制和具体的方案设计，所有 SuDS 技术在具体细节和潜在服务生产方面有所不同，但每种技术都可能实现多种生态系统服务。在古达等学者（Gouda 等，还未发表）的案例研究中，对传统管道排水解决方案的模拟结果进行评估，并将其作为比较基准。对每种 SuDS 类型的生态系统服务潜在贡献进行"交通信号灯"（traffic lights）方法评分（表 16.1）：

■ 绿色：是有远见的规划和实施方式，具有为服务作出贡献的潜力；

■ 黄褐色：对服务的贡献潜力有限；

■ 红色：对服务没有贡献，或者可能会破坏它。

评估中确认了两个广泛的主观性领域：（1）不存在统一的 SuDS 方法，其细节和结果随位置和设计而变化；（2）由于缺乏指标和数据，对生态系统服务结果的潜在贡献评估具有挑战性（Burkhard 等，2012）。伯卡德等（Burkhard 等，2009）和布施等（Busch 等，2012）建议使用专家评估法来概述和确定趋势。此方法在其他地方成功应用，其中评估是基于大量的文献检索、利益相关者访谈和部分专家预测（Vihervaara 等，2010）。虽然对 SuDS 方案进行详细的定量分析会增加严谨性，但每个案例研究都是该方法潜力的"快照"（snapshot）。因此，虽然存在一些主观性，但我们认为，缺乏每个 SuDS 选项下的具体方案评估并不会破坏比较分析的内在系统性。事实上，此分析所要解决的关键问题是排水技术贡献的系统性观点，而不是每个服务成果的详细分析。

排水方案的生态系统服务"交通信号灯"结果（本表的颜色标识参见附录部分）　表 16.1

服务和服务类别	传统管道排水解决方案（包括古达等学者基于生活的循环比较研究等）	过滤器和透水管	透水表面	渗透盆地	人工湿地（为便捷、宜人以及生物多样性等而优化设计）
供给服务					
淡水资源	不补给地下水，尽管可能会补给地表水资源，但也可能会聚集与降雨涌流有关的污染物	如果地下水有较大渗透或地表水体有较大出口时，则对水资源的补给作出部分贡献	如果地下水有较大渗透或地表水体有较大出口时，则对水资源的补给作出部分贡献	支持地下水补给，可减少污染物	支持地下水或地表水资源的补给，可减少污染物
食物资源（如农作物、水果、鱼等）	大型基础设施降低了城郊农业的潜力	不为城郊农业作出任何贡献	不为城郊农业作出任何贡献	简单的低洼草地几乎没有机会种植，尽管有较低的可能性收获放牧动物（如兔子和鹅）	人工湿地可能允许有限数量的收割，也可能为城郊农业做出有限的贡献，尽管这两者在实践中很少得到实现
纤维与燃料资源（木材、羊毛等）	大型基础设施降低了城郊纤维和燃料生产的潜力	不为城郊纤维和燃料生产作出任何贡献	不为城郊纤维和燃料生产作出任何贡献	如下所述，除了管理产生的绿色堆肥的低潜力及其在生物能源生产中的潜在用途外，简单的低洼草地几乎不能为城市周边的纤维和燃料生产作出贡献	具有为城市周边纤维和燃料生产作出贡献的潜力，但很少在实践中得到实现
遗传资源（作物/牲畜育种和生物技术）	大型基础设施取代了可能承载遗传资源的生态系统	排水和管道基础设施取代了可能承载遗传资源的生态系统	透水铺装取代了可能承载遗传资源的生态系统	简单的低洼草地没有为可能承载遗传资源的生态系统做出贡献	人工湿地可能承载遗传资源，特别是如果这是设计的考虑因素
生物化学物质、天然药物、药品等资源	大型基础设施取代了可能承载药用资源的生态系统	排水和管道基础设施取代了可能拥有药用资源的生态系统	透水铺装取代了可能拥有药用资源的生态系统。	简单的低洼草地没有为可能承载药用资源的生态系统作出任何贡献	人工湿地可能承载药用资源，特别是如果这是设计的考虑因素
观赏资源（如贝壳、花等）	大型基础设施取代了可能承载观赏资源的生态系统	排水和管道基础设施取代了可能承载观赏资源生态系统	透水铺装取代了可能承载观赏资源生态系统	简单的低洼草地没有为生态系统提供潜在的观赏资源	人工湿地可能拥有观赏资源，特别是如果这是设计的考虑因素
能源收集	虽然可能有机会通过管道以一定的速度从水出口收集能源，但这并不被视为一种常见或重要的生态系统服务	不提供能源收集的机会	不提供能源收集的机会	在常规管理过程中，为能源生产而进行的生物量收集潜力有限，且很少有证据表明这种做法在实践中得到应用	对湿地管理中产生的绿色废物进行再利用，具有生产生物燃料的潜力

服务和服务类别	传统管道排水解决方案（包括古达等学者基于生活的循环比较研究等）	过滤器和透水管	透水表面	渗透盆地	人工湿地（为便捷、宜人以及生物多样性等而优化设计）
调节服务					
空气质量调节	大型排水基础设施不对空气质量进行调节	人工基础设施不支持调节生态系统的空气质量	人工基础设施不支持调节生态系统的空气质量	与复杂的栖息地相比，简单的低洼草地对空气质量的影响有限	人工湿地可能包含复杂的植被，可以有效地"净化"和转化空气质量污染物
气候调节（微气候）	大型排水基础设施对改变当地气候没有贡献	人工基础设施并不能使生态系统改变微气候	栖息地的移除降低了改变当地气候的可能性	简单的低洼草地可以影响微气候，尽管与复杂的栖息地相比，影响程度有限	人工湿地可能包含复杂的植被，这些植被能够有效地改善微气候
气候调节（全球气候）	大型排水基础设施不能对碳进行吸收，且在施工和维护期间需要消耗大量能源	人工基础设施并不能使生态系统在施工阶段进行碳吸收和降低能源消耗，但与传统管道排水相比，维护能耗较低	在建设阶段，栖息地的移除减少了碳吸收和适度降低能源消耗的潜力，但与传统的管道排水相比，维护能耗更低	简单的低洼草地可以进行碳吸收并转化其他气候活性气体，尽管与复杂的栖息地相比，其程度有限，但与传统管道排水相比，施工和维护阶段的能耗更低	人工湿地包含复杂的植被系统，它们能够有效地进行碳吸收并转化其他气候活性气体。尽管在厌氧阶段极少产生某些气候活性气体（甲烷、一氧化二氮），但与传统管道排水相比，建设阶段能耗更低，维护阶段能耗更高
水调节（径流、洪水时间和规模的调节）	管道排水基础设施解决了当地的防洪问题，但可能会将洪水问题转移到其他地方	缓解当地洪水，并能减缓径流速度，从而部分避免了将洪水问题转移到其他地方的风险	缓解当地洪水，并能减缓径流速度，从而部分避免了将洪水问题转移到其他地方的部分风险	缓解当地洪水，减缓渗透和径流的速度，避免了将洪水问题转移到其他地方的风险	人工湿地提供了镶嵌式半自然栖息地，可以阻挡洪水，可滞留洪水并减缓其向地面和地表的释放
自然灾害调节（暴雨防护）	对灾害保护没有贡献，却取代了可以缓冲暴雨的复杂植被	人工基础设施对灾害保护没有贡献，且取代了可以缓冲暴雨的复杂植被	人工基础设施对灾害保护没有贡献，且取代了可以缓冲暴雨的复杂植被	简单的低洼草地对灾害保护没有贡献，且取代了可以缓冲暴雨的复杂植被	人工湿地的复杂栖息地结构有助于危害防护，并取代可以缓冲暴雨的复杂植被
害虫调节	对害虫的调节没有积极作用，且可能会使自然害虫捕食者的栖息地消失	人工基础设施对害虫调节没有积极作用，且可能会使自然害虫捕食者的栖息地消失	人工基础设施对害虫调节没有积极作用，且可能会使自然害虫捕食者的栖息地消失	简单的低洼草地为害虫捕食者提供有限的栖息地，并且较不利于害虫生物群落的繁殖	尽管存在因管理不善导致老鼠和蚊子等潜在有害生物数量增加的风险，但人工湿地的复杂栖息地结构有利于有害生物的捕食

续表

服务和服务类别	传统管道排水解决方案（包括古达等学者基于生活的循环比较研究等）	过滤器和透水管	透水表面	渗透盆地	人工湿地（为便捷、宜人以及生物多样性等而优化设计）
疾病调节	尽管可能存在转移下游浓缩污染物的风险，但有助于去除当地污水	尽管可能会存在转移下游污染物的风险，但有助于去除当地污水，减少潜在的病原生物	尽管可能会存在转移下游污染物的风险，但有助于去除当地污水，减少潜在的病原生物	尽管混合使用渗透盆地会使人们暴露于累积的风险中，但简单的低洼草地可以消除一些病原生物，并且几乎不寄存潜在的疾病媒介	尽管设计和管理不善可能会导致出现蚊子等传播潜在疾病的群体，但人工湿地复杂的栖息地结构减弱了病原生物的危害
侵蚀调节	集中的管道水流可能会加剧管道上游和下游的侵蚀	经过缓冲的水流可降低场地和下游侵蚀的风险，不过这种解决方案只适用于改造开发项目的不透水地面	缓冲流量降低了场地和下游侵蚀的风险，不过这种解决方案只适用于改造开发项目的不透水地面	除非在极端降水中被漫顶。渗透盆地允许水逐步渗透，避免了土壤的局部侵蚀	除非在极端降水中被漫顶，人工湿地允许水逐步渗透，避免了土壤的局部侵蚀
净水和废水处理	可以进行水净化的栖息地丧失，基础设施内部没有实质性的净化过程	有限的物理过滤，且人工基础设施的净化过程不够理想	有限的物理过滤，且人工基础设施的净化过程不够理想	尽管不如更复杂的栖息地有效，但简单的低洼草地对积水进行了部分物理化学净化	人工湿地的复杂栖息地结构使得一系列物理和化学净水过程十分高效
授粉	利于授粉的栖息地消失了	利于授粉的栖息地消失，人工排水基础设施不提供补偿栖息地	利于授粉的栖息地消失，人工排水基础设施不提供补偿栖息地	简单的低洼草地只能为自然授粉生物提供有限的栖息地	人工湿地的复杂栖息地结构可以支持授粉生物种群
盐碱度调节（主要是干旱景观）	没有影响	自然水文模拟可以通过缓冲入渗和降低径流率来减少下游土地盐碱化的风险	自然水文模拟可以通过缓冲入渗和降低径流率来减少下游土地盐碱化的风险	自然水文模拟可以通过缓冲入渗和降低径流率来减少下游土地盐碱化的风险	自然水文模拟可以通过缓冲入渗和降低径流率来减少下游土地盐碱化的风险
火灾隐患调节（主要是干旱区）	缺乏潜在可燃植被，使得城市火灾的总体风险降低	缺乏潜在可燃植被，使得城市火灾的总体风险降低	缺乏潜在可燃植被，使得城市火灾的总体风险降低	经过管理的低洼草坪盆地仅提供低生物量的潜在可燃植被，降低了城市总体火灾风险	尽管湿地栖息地大部分风险较低，但复杂的栖息地可能会对城市环境产生火灾风险
文化服务					
文化遗产	大型管道工程几乎没有或根本没有文化价值，也有一些例外，如具有当地遗产利益的旧排水基础设施，但通常更被认为是一种威胁	人工基础设施本身并不提供文化遗产，但可能是一种与遗产结构和景观相协调的解决方案	人工基础设施本身并不提供文化遗产，但可能是一种与遗产结构和景观相协调的解决方案	渗透盆地对文化遗产贡献最小，但可能是一种与遗产结构和景观相协调的解决方案	人工湿地生态系统有可能成为城市文化价值的源泉

续表

服务和服务类别	传统管道排水解决方案（包括古达等学者基于生活的循环比较研究等）	过滤器和透水管	透水表面	渗透盆地	人工湿地（为便捷、宜人以及生物多样性等而优化设计）
娱乐和旅游业	大型管道工程缺乏娱乐和旅游价值	人工基础设施对娱乐和旅游业没有贡献	人工基础设施对娱乐和旅游业没有贡献	渗透盆地除了在暴雨事件后蓄水这一功能外，通常还是有价值的娱乐场所	人工湿地生态系统可能具有娱乐价值，这取决于湿地设计和与其他价值的冲突解决情况（如野生动物栖息地），尤其是在城市半自然空间有限的情况下
美学价值	大型工程管道缺乏美学价值	人工基础设施本身不具有美学价值，但可能是一种能够与多用途景观相协调的解决方案	人工基础设施本身不具有美学价值，但可能是一种能够与多用途景观相协调的解决方案	渗透盆地可构成公共和私人空间景观的一部分	人工湿地生态系统在急需提升的城市环境中具有潜在的美学价值，此外，复杂植被还提供了视觉享受和噪声缓冲服务
精神和宗教价值	大型管道工程缺乏精神和宗教价值，并可能使其受到损害	人工基础设施本身并不具美学价值，但可能是一种与精神上有价值的景观相辅相成的解决方案	人工基础设施本身并不具美学价值，但可能是一种与精神上有价值的景观相辅相成的解决方案	渗透盆地对精神价值的贡献微乎其微，但可能与具有精神价值的景观相协调	在城市环境中，人工湿地生态系统可能是精神价值的有限来源
对艺术、民俗、建筑等的启发	大型工程管道工程一般缺乏艺术灵感价值，尽管对当地遗产结构有一定的启发	人工基础设施本身并不具有灵感启发价值，但可能是一种与景观相协调的解决方案	人工基础设施本身并不具有灵感启发价值，但可能是一种与景观相协调的解决方案	渗透盆地可能与具有灵感启发价值的景观相协调	在城市环境中，人工湿地生态系统可能成为创造价值的有限来源
社会关系（如捕鱼、放牧或种植为主要产业的社区）	除了那些对城市排水感兴趣的社区，大型工程管道工程缺乏当地社区的支持	除了对城市排水感兴趣的社区，来自当地社区的支持很少	除了对城市排水感兴趣的社区，来自当地社区的支持很少	在干燥条件下，渗透盆地可以为社会集会提供公共场所，尽管价值低于自然空间	人工湿地生态系统可以成为城市地区共同利益和社区活动的焦点
教育和研究	所有排水解决方案都可支持学习和研究活动	所有排水解决方案都可支持学习和研究活动	所有排水解决方案都可支持学习和研究活动	所有排水解决方案都可支持学习和研究活动	所有排水解决方案都可支持学习和研究活动

配套服务

土壤形成	大型管道工程对土壤形成没有贡献	过滤器和透水管对土壤形成没有贡献	透水铺装对土壤形成没有贡献	渗透盆地只支持有助于土壤形成的简单低洼草地，尽管效果并不理想	人工湿地可以有效地形成土壤

续表

服务和服务类别	传统管道排水解决方案（包括古达等学者基于生活的循环比较研究等）	过滤器和透水管	透水表面	渗透盆地	人工湿地（为便捷、宜人以及生物多样性等而优化设计）
初级生产	大型管道工程对初级生产没有贡献	过滤器和透水管对初级生产没有任何贡献	透水铺装对初级生产没有贡献	渗透盆地仅支持简单的低洼草地，对初级生产的贡献较小	人工湿地可以显著提高初级生产力
养分循环	大型管道工程对养分循环没有贡献	过滤器和透水管对养分循环没有贡献	透水铺装对养分循环没有贡献	渗透盆地仅支持简单的低洼草地，对养分循环的贡献较小	人工湿地可以提供显著的养分转化和循环服务
水循环	大型管道工程对当地的水循环没有贡献	过滤器和透水管对当地的水循环没有贡献	透水铺装对当地的水循环没有贡献	渗透盆地仅支持简单的低洼草地，对当地的水循环贡献较小	人工湿地可以提供显著的当地水循环和蓄水服务
光合作用（大气中氧气的产生）	大型管道工程对光合作用没有贡献	过滤器和透水管对光合作用没有贡献	透水铺装对光合作用没有贡献	渗透盆地仅支持简单的低洼草地，对光合作用的贡献较小	人工湿地可以进行光合作用
野生动物栖息地	大型管道工程无法为野生动物提供了有用的栖息地，除了像老鼠这样的生物（通常被认为是害虫而不是资产）	过滤器和透水管不为野生动物提供有用的栖息地	透水铺装不为野生动物提供了有用的栖息地	渗透盆地仅支持简单的低洼草地，尽管不支持丰富的生物多样性，但仍然为野生动物提供了一些栖息地	人工湿地可以为野生动物提供多样化的栖息地，可以直接提供特殊价值，也可成为城市环境中栖息地的"垫脚石"

在其他水管理技术更简单的及格/不及格评分系统的基础上，通过三个交通信号灯进行评估（Everard，2014），以清晰而直观的术语表述可能的结果，这有助于指导非技术开发支持者走向更可持续的方法。因此，这种表述有效地表示了决策支持模型中设计选项的潜在结果。先前已经证明，交通信号灯方法可用于表示水资源管理战略对生态系统方法12项原则的潜在贡献，但并不意味着这种方法比分析方法更具确定性，只能说明生态服务的系统性目标（Everard 等，2014）。

16.3   SuDS 方案的生态系统服务成果分析

如表16.1所示，给出了传统管道排水和四种选定的 SuDS 设计方法潜在生态系统服务贡献。简化的交通信号灯颜色编码揭示了从管道排水提供的小范围服务到人工湿地潜在的更广泛的服务贡献。传统的管道解决方案能够很好地提供某些服务（在本地清除包括污染物负荷在内的雨水），虽然存在一些潜在的共同利益（通过避免可燃材料等进行火源管制和加强教育）和负外部性（雨水转移和污染物浓度），但很少涉及其他服务。相反，人工湿地则可产生多种共同效益，尽管存在因环境而异的特定设计和管理风险。

过滤器透水管以及透水表面出现了一些相同的结果，这反映了它们主要起容积作用，尽管还具有一些物理过滤作用。经过管理的低洼草坪渗透盆地具有一些额外的生态和物理化学功能，可以和更高价值的多功能景观相协调。

某些生态系统服务（包括提供遗传、生化或观赏资源）只能由人工湿地提供。除传统管道排水之外的方法均提供了高水平的水调节和侵蚀控制。另外，所有方法都提供了教育和研究方面的益处。尽管社会的净收益（生态系统服务的广度）随着对自然过程的模拟程度增加而增加，但不同的方法有不同的生态系统服务适用范围。每种解决方案在城市采用的综合方法中都有属于其自己的位置，并在城市排水领域内外具有不同的环境影响"足迹"和社会净收益。

16.4　有关 SuDS 多功能机遇的认知

尽管在决策中带来的多种生态服务功能具有道德、环境和净社会价值影响，符合采取生态系统方法的国际和国家要求，但在规划政策和实施中，生态系统服务的主流化仍存在重大挑战（Apitz 等，2016）。特别是在城市环境中，可持续水资源管理存在严重障碍（Farrelly & Brown，2011）。越来越多的案例研究（例如，reviewed by Grant，2012）所支持的理论和实践进步正在促进 SuDS 和相关技术逐步纳入城市排水政策和实践。这有助于在城市设计和管理中更广泛地考虑生态系统服务因素（Grant，2012），帮助克服对城市生物多样性潜在价值的知识空白（Rodríguez 等，2006）。

人们认识到多种服务成果可以区分硬质工程（传统管道排水）与基于生态系统的城市排水方法的净效益。虽然"目的"的定义仍有待商榷，但个性化的方案设计必须符合目的。如果仅将目的界定为处理洪水事件（假定洪水事件由于气候不稳定而变得越来越频繁，并在特定的城市环境和政策要求范围内实现），则排水设计将朝着特定的方向发展。虽然必须尽可能减轻和解决意外后果，但在密集建设的基础设施中，可能会采用当地适用的、仅关注排水的硬质工程方法，而多效益解决方案的机会有限。然而，在绿地开发或其他设计考虑因素允许的情况下，多效益方法对于实现水资源管理和更广泛的社会效益是至关重要的（Steiner，2014）。但是，经济或技术限制仍然经常影响决策（Barbosa 等，2012）。规划政策越来越看重可持续的排水方法，因为无论是开发商还是规划师都从中看到了直接产生的利益和更为广泛的好处。将这些愿望转化为实际的实施需要清楚地传达采取多效益方法的优势，并需要说明性的沟通工具，以吸引影响方案设计、运营和监管的不同利益相关者。

系统意图是指在生态服务中寻求最佳公共价值，可以促进多效益愿景的实现。系统性方法取代了可能产生非预期外部效应的狭隘范式，这些范式代表着实际成本和失去多重效益的机会。当多个生态系统服务成果的愿景在利益相关者之间成功共享时，会促进多个来源的资金合作，尽管这些资金以前曾是独立管理的（如房地产管理、公共卫生、洪水管理、空气质量和公共设施），但可能会更经济有效地提升社会效益。

　　向更具可持续性的实践的转变不仅体现在概念上的推动，还应受到更综合的监管要求、务实的决策支持工具，以及让开发人员和监管机构相信能够带来更为广泛的经济效益的技术推动。澳大利亚也强调了这一情况，其历史障碍、部门壁垒、感知风险以及缺乏政策决策均表明，在实施可持续城市水管理方面存在障碍（Farrelly & Brown，2011）。

　　由于大多数设计和监管决策基于模型化结果，排水模型需要将潜在的公共利益和生态系统服务的外部性结合起来，以促进跨部门和多学科的工作（Ward 等，2012）。设计指导和评估模型的演变对于向可持续排水方法的过渡具有重要作用。

　　随着 SuDS 的设计不断向涵盖多样化生态系统服务的方向进展，多学科协同为可持续城市设计作出贡献，SuDS 与其他城市水资源和环境管理的解决方案（绿色基础设施、城市森林、城市河流恢复等）之间的区别变得模糊（Everard & Moggridge，2012）。埃弗拉德和麦金尼斯（Everard & McInnes，2013）确定了一种"系统解决方案"（systemic solutions），其是指"使用自然过程的低投入技术，优化生态系统服务及其受益者的利益"，并通过识别和避免意外的负面影响，促进可持续发展并通过优化结果增加净经济价值。

　　排水方案设计的适用性原则除了要求有足够的排水能力外，亦顾及对所有生态系统服务的影响。视觉设计的失败会限制更可持续的方法的直观价值（McInnes，2013）。例如，设计有陡峭边坡的人工湿地限制了可用于建立功能性栖息地的区域（如用于野生动物和空气质量管理——Becerra Jurado 等，2010），这对人类也构成了潜在的危害（弊大于利）。湿地的设计还必须平衡各生态服务（Harrington 等，2011），例如通过促进碳吸收，同时避免在厌氧区域产生甲烷和氧化亚氮，从而改善气候变化所带来的结果（Mander 等，2011）。

　　除此以外，还必须考虑当地环境，以防止意外损失超过潜在利益（Wong，2006）。例如，在城市环境中，热带人工湿地中的永久性开放水域可能提供排水和其他服务，但也可能带来疟疾风险和因蒸腾作用而造成大量的水资源损失（Greenway 等，2003；Knight 等，2003）。其中 SuDS 技术通过促进地下水补给，可为排水提供额外的服务价值，包括水资源补给、疾病管理和其他文化效益（Yang 等，2008）。

16.5　结论和建议

　　任何可持续排水设计在其地理、气候和人口背景下的潜在结果的多样性都需要逐案考虑。但每一个设计都是对总体效益进行优化而不是最大化单一成果，并集合了图 16.1 中所示的多项行动（Everard & McInnes，2013）。为了使这一点可行，我们给出了以下几个建议。

　　（1）决策者、规划者和管理者需要采用系统方法应对城市水资源管理挑战。这将优化整个生态系统服务范围内的社会价值，并消除意外的不利因素。

　　（2）能够优化设计并考虑所有生态系统服务、特定环境风险及相互依存关系的跨学科模型，将在解决复杂性方面发挥不可估量的作用。这些模型必须提供选项、警告和指导，以帮助开发人员进行设计，提供跨生态系统服务的最佳公共价值。

（3）本章使用简单的交通信号灯这一有用且直观的方法演示了排水选项的可能结果，以方便向非专业用户和民众展示潜在的结果。

参考文献

Apitz, S.E., Elliott, M., Fountain, M. and Galloway, T.S. (2006). European environmental management: moving to an ecosystem approach. *Integrated environmental assessment and management, 2* (1), 80–85.

Armitage, D.R., Plummer, R., Berkes, F., Arthur, R.I., Charles, A.T., et al. (2008). Adaptive co - management for social - ecological complexity. *Frontiers in Ecology and the Environment, 7* (2), 95–102.

Barbosa, A.E., Fernandes, J.N. and David, L.M. (2012). Key issues for sustainable urban stormwatermanagement. *Water research, 46* (20), 6787–6798.

Bolund, P. and Hunhammer, S. (1999). Ecosystem services in urban areas. *Ecological Economics, 29,* 293–301.

Burkhard, B., Kroll, F., Müller, F. and Windhorst, W. (2009). Landscapes' capacities to provide ecosystem services – a concept for land - cover based assessments. *Landscape On-line, 15,* 1–22.

Burkhard, B., Kroll, F., Nedkov, S. and Müller, F. (2012). Mapping ecosystem service supply, demand and budgets. *Ecological Indicators, 21,* 17–29.

Busch, M., La Notte, A., Laporte, V. and Erhard, M. (2012). Potentials of quantitative and qualitative approaches to assessing ecosystem services. *Ecological Indicators, 21,* 89–103.

Colls, A., Ash, N. and Ikkala, N. (2009). *Ecosystem-based Adaptation: a natural response to climate change.* Gland: IUCN.

Convention on Biological Diversity. (2000). *Ecosystem Approach.* UNEP/CBD COP5 Decision V/6(http://www.cbd.int/decision/cop/?id = 7148, accessed 30th December 2013).

Convention on Biological Diversity (2010). *Operational guidance for application of the Ecosystem Approach.* (http://www.cbd.int/ecosystem/operational.shtml, accessed 30th December 2013).

Defra (2005). *Making space for water: Taking forward a new Government strategy for flood and coastal erosion risk management in England.* First Government response to the autumn 2004 'Making space for water' consultation exercise, March 2005. Department for Environment, Food and Rural Affairs, London.

De Groot, R.S., Alkemade, R., Braat, L., Hein, L. and Willemen, L. (2010). Challenges in integrating the concept of ecosystem services and values in landscape planning, management and decision - making. *Ecological Complexity, 7* (3), 260–272.

Doody, D., Harrington, R., Johnston, M., Hofman, O. and McEntee, D. (2009). Sewerage treatment in an integrated constructed wetland. *Municipal Engineer, 162* (4), 199–205.

Ellis, J.B., Shutes, R.B.E. and Revitt, M.D. (2014). *Constructed Wetlands and Links with Sustainable Drainage Systems.* Environment Agency R&D Technical Report P2 - 159/TR1. Environment Agency, Bristol.

European Union. (2011). *The EU Biodiversity Strategy to 2020.* European Union: Belgium. 28pp.

Everard, M. (2014). Integrating integrated water management. *Water Management* (DOI: http://dx/doi.org/10.1680/wama.12.00125).

Everard, M., Bramley, M., Tatem, K., Appleby, T. and Watts, W. (2009). Flood management: from defence to sustainability. *Environmental Liability*, *2*, 35–49.

Everard, M., Dick, J., Kendall, H., Smith, R.I., Slee, W., Couldrick, L., Scott, M. and MacDonald, C.(2014). Improving coherence of ecosystem service provision between scales. *Ecosystem Services.* DOI: 10.1016/j.ecoser.2014.04.006.

Everard, M. and McInnes, R.J. (2013). Systemic solutions for multi - benefit water and environmental management. *The Science of the Total Environment, 461* (62) 170–179.

Everard, M. and Moggridge, H.L. (2012). Rediscovering the value of urban rivers. *Urban Ecosystems, 15* (2), 293–314.

Farrelly, M. and Brown, R. (2011). Rethinking urban water management: Experimentation as a way forward? *Global Environmental Change, 21* (2), 721–732.

Everard, M. and Street, P. (2001). *Sustainable drainage systems (SuDS): An Evaluation Using The Natural Step Framework.* The Natural Step, Cheltenham.

Fitzhugh, T.W. and Richter, D.D. (2004). Quenching urban thirst: growing cities and their impacts on freshwater ecosystems. *BioScience, 54*, 741–754.

Government, H.M. (2011). *The Natural Choice: Securing the Value of Nature.* The Stationery Office, London.

Grant, G. (2012). *Ecosystem Services Come to Town: Greening Cities by Working with Nature.* Wiley - Blackwell, Chichester, UK.

Greenway, M., Dale, P. and Chapman, H. (2003). An assessment of mosquito breeding and control in four surface flow wetlands in tropical - sub - tropical Australia. *Water Science ad Technology, 48* (5), 249–256.

Harrington, R., Carroll, P., Cook, S., Harrington, C., Scholz, M. and McInnes, R.J. (2011). Integratedconstructed wetlands: water management as a land - use issue, implementing the 'Ecosystem Approach'. *Water Science and Technology, 63* (12).

Jurado, G.B., Callanan, M., Gioria, M., Baars, J.R., Harrington, R. and Kelly - Quinn, M. (2010). Comparison of macroinvertebrate community structure and driving environmental factors in natural and wastewater treatment ponds. In: *Pond Conservation in Europe* B. Oertli, R. Cereghino, A. Hull and R. Miracle (eds), Springer Netherlands. pp. 309–321.

Knight, R.L., Walton, W.E., O'Meara, G.F., Reisen, W.K. and Wass, R. (2003). Strategies for effective mosquito control in constructed treatment wetlands. *Ecological Engineering, 21* (4), 211–232.

Mander, Ü., Maddison, M., Soosaar, K. and Karabelnik, K. (2011). The impact of pulsing hydrology and fluctuating water table on greenhouse gas emissions from constructed wetlands. *Wetlands, 31* (6), 1023–1032.

McInnes, R.J. (2013). Recognising wetland ecosystem services within urban case studies. *Marine and Freshwater Research, 64*, 1–14.

Millennium Ecosystem Assessment. (2005). *Ecosystems and Human Well-being: General Synthesis.* Island Press, Washington DC.

Natural England. (2009). *Green Infrastructure Guidance.* Natural England, Peterborough.

Niemczynowicz, J. (1999). Urban hydrology and water management – present and future challenges. *Urban Water, 1* (1), 1–14.

Norgaard, R.B. (2010). Ecosystem services: From eye - opening metaphor to complexity blinder. *Ecological Economics, 69* (6), 1219–1227.

Palmer, M.A., Lettenmaier, D.P., Poff, N.L., Postel, S.L., Richter, B. and Warner, R. (2009). Climate change and river ecosystems: protection and adaptation options. *Environmental Management, 44* (6), 1053–1068.

Resolution, I.X.1. (2005). Additional scientific and technical guidance for implementing the Ramsar wise use concept. Resolutions of the 9th meeting of Conference of the Contracting Parties. Kampala, Uganda, 8–15 November, 2005.

Robinson, D.A., Hockley, N., Dominati, E., Lebron, I., Scow, K.M. et al. (2012). Natural capital, ecosystem services, and soil change: Why soil science must embrace an ecosystems approach. *Vadose Zone Journal,* 11(1) 6, pp. 10.2136/vzj2011.0051.

Rodríguez, J.P., Beard, T.D., Bennet, E.M., Cumming, G.S., Cork, S.J. et al. (2006). Trade - offs across space, time and ecosystem services. *Ecology and Society, 11* (1), 28. (http://www. ecologyand society. org/vol11/art28).

Scholz, M. (2006). *Wetland Systems to Control Urban Runoff.* Amsterdam: Elsevier. Secretariat of the Convention on Biological Diversity (2012) *Cities and Biodiversity Outlook – Executive Summary.* Montreal, 16.

Smith, A.D.M., Fulton, E.J., Hobday, A.J., Smith, D.C. and Shoulder, P. (2007). Scientific tools to support the practical implementation of ecosystem - based fisheries management. *ICES Journal of Marine Science: Journal du Conseil, 64* (4), 633–639.

Steiner, F. (2014). Frontiers in urban ecological design and planning research. *Landscape and Urban Planning, 125*, 304–311.

Tzoulas, K., Korpela, K., Venn, S., Yli - Pelkonen, V., Kaźmierczak, A., Niemela, J. and James, P. (2007). Promoting ecosystem and human health in urban areas using green infrastructure: a literature review. *Landscape and Urban Planning, 81* (3), 167–178.

UN Habitat, (2012). *Urban Patterns for a Green Economy – Working With Nature*. UN Habitat, Kenya: UNON. 74.

United Nations (2011). *World Population Prospects: The 2010 Revision, Highlights and Advance Tables*. Department of Economics and Social Affairs, Population Division. New York: United Nations.

Vihervaara, P., Kumpula, T., Tanskanen, A. and Burkhard, B. (2010). Ecosystem services – a tool for sustainable management of human - environment systems. Case study Finnish Forest Lapland. *Ecological Complexity, 7* (3), 410–420.

Ward, S., Lundy, L., Shaffer, P., Wong, T., Ashley, R. et al. (2012). Water sensitive urban design in the city of the future. Proceedings of the 12 Porto Alegre, Brazil, 11–16 September 2011. 79–86.

Wong, T.H. (2006). Water sensitive urban design - the journey thus far. *Australian Journal of. Water Resources, 10* (3), 213.

Wong, T.H.F. and Brown, R.R. (2009). The water sensitive city: principles for practice. *Water Science and Technology,* 60(3).

Woods Ballard, B., Wilson, S., Udale - Clarke, H., Illman, S., Ashley, R. and Kellagher, R. (2015). *The SuDS Manual*. CIRIA, London.

Yang, W., Chang, J., Xu, B., Peng, C. and Ge, Y. (2008). Ecosystem service value assessment for constructed wetlands: A case study in Hangzhou, China. *Ecological Economics, 68* (1), 116–125.

Zhou, Q. (2014). A review of sustainable urban drainage systems considering the climate change and urbanization impacts. *Water, 6,* 976–992.

第5篇

将可持续地表水管理融入建成环境

第17章 可持续排水的全寿命成本和多重效益

杰西卡 E. 拉蒙德
Jessica E. Lamond

17.1 导言

在规划重大工程、城市水管理方案、防洪系统和新开发项目的排水系统时，公众或股东资金的使用是要受到审查的，因此有必要选择出性价比最高的方案。管理城市洪水和城市排水的传统方案受到项目评估方法的约束，通常包括对方案经济成本和效益进行衡量（Department of the Environment Food and Rural Affairs，2009）。因此，人们自然倾向于使用相同的评估技术来评价雨洪的替代管理方法，并衡量其防洪成本效益或其他相同的雨水管理效果。

然而，人们已经认识到，采用蓝绿色设施（设施位于地表，并且分布广泛）能带来比雨水管理更大的好处。但是，这些设施可能需要更大力度的维护才能保证高效运行并且带来效益（HR Wallingford，2004）。如果要对灰色和蓝绿色设施进行比较，那么使用一种可以比较同类方案的评估方法是至关重要的，并且这种方法要对这两种方案做出可靠的假设。在比较各种不同的方法时，更关键的是要考虑全寿命成本以及水管理以外的其他好处，这些收益可能会使天平发生变化。因此，科学的成本效益分析方法一直是可持续排水文献研究和辩论的主题，并且已经提出了如生态系统服务和多标准分析等类似的概念。本章讨论了一些公认的结论和新兴的趋势，并总结全寿命成本计算和多重效益评估的最新发现和文献。

在不断变化的城市环境中，未来的绩效需求和其他可持续性要求存在很大的不确定性。因此，为了不同的目的，发展多元化的评估是很重要的。第一，更好地了解系统的安装、运行和维护将有助于成本估算，从而促进经济评估；第二，随着 SuDS 的收益在不同空间尺度上累积，并惠及包括商业实体、地方法定机构和社区在内的多个受益人，能够在不同利益相关群体之间公平分配成本和效益的模式正变得越来越重要；第三，重要的是要认识到，就其本质而言，便利设施等带来的好处是特定于环境和文化的。因此，如果没有大量的实地咨询和现场调研，不太可能将决策简化为单个数值的比较。在很多情况下，这类研究的高昂成本将导致使用人工判断或对从其他地点获得的利益进行代理估价，作为利益转移方法。一方面，决策者需要更好地理解评估过程；另一方面，评估者需要探索与决策者沟通的替代方法，以提高项目目标选择的透明度和参与度。

17.2 全寿命成本（WLC）

据卓越建筑公司（Construction Excellence，2006）所言，全寿命成本（whole life costing，WLC）是"与资产所有权相关的所有相关成本和收入的系统考虑"。因此，它和评估与城市排水相关的 SuDS 成本问题高度相关，并由相关英国标准 ISO15686-5：2008：《房屋和建筑资产—使用寿命规划第五部分：生命周期成本核算》（BS ISO 15686-5：2008：Buildings and constructed assets. Service life planning. lifecycle costing）进一步定义："经济评估是指考虑以货币价值表示分析期间内所有商定的重大和相关的成本流。预计成本是达到规定性能水平所需的成本，包括可靠性、安全性和可利用性"。如果要有计划地对资产进行维护和替换，那么 WLC 方法就可以发挥很大的作用。事实上，环境局的防洪投资计划（Environment Agency，2009）包括了不同维护假设下的 WLC 估算。显然，对于设计使用达数十年的已建资产来说，维护和运营成本很有可能会超过建设成本。环境保护局对满足 SuDS 维护要求所需的早期成本进行了估算，发现高达建设成本的 20%（EPA，1999），并且将在五年后超过投资费用。一般来说，在新的建设和开发过程中（例如，Bloomberg & Strickland，2012）存在着最具成本效益的安装 SuDS 的机会。但戈登·沃克等（Gordon - Walker 等，2007）认为，尽管安装的资金成本较高，但渗透性铺装的预期寿命较长，使得在英国计划更换期间对渗透性铺装进行翻新成为一种高成本效益的选择。

有人认为 SuDS 资本投资要求较小，但在其使用寿命内涉及的维修投资较大（HR Wallingford，2004），那么一旦忽略了项目的 WLC，就可能会夸大 SuDS 作为传统排水系统替代品的经济适用性。有一些研究机构（如建筑工业研究与情报协会与华霖富水力研究有限公司等）认为，SuDS 周围的人类活动（如倾倒草屑或垃圾等）可能会对其舒适性和功能产生不利影响。然而，也有人断言，比起一些传统的系统，SuDS 更能容忍维护的不足。（Stevens & Ogunyoye，2012）。在英国，用于辅助计算 SuDS 安装和维护成本的数据来源包括英国水利研究公司（HR Wallingford，2004）、建筑工业研究与情报协会（CIRIA，2009）、史蒂文斯和奥贡尤耶（Stevens & Ogunyoye，2012）以及兰普等（Lampe 等，2004）的研究。美国的数据来源包括环境保护局（EPA，1999）以及纳拉亚南和皮特的研究（Narayanan & Pitt，2005）。此外，巴尔工程公司（Barr Engineering Company，2011）向美国明尼苏达州污染控制局（Minnesota Pollution Control Agency，USA）提交了一份基准报告，列出了一系列针对美国环境所提出的最佳管理实践（BMPs）的建设和维护成本。泰勒和温（Taylor & Wong，2002）根据国际研究，在一定程度上为澳大利亚市场提供了信息。霍尔等（Houle 等，2013）还比较了一系列包括 SuDS 在内的低影响开发（LID）雨水方法的维护周期。

与当前投资成本相比，未来维护费用的感知价值较低，这使得 WLC 概算编制过程中的重要决定与进行比较的时间段和贴现率有关。由于这是一项相对新颖的技术，因此几乎无法终身评估，而且它们的过时趋势也不清楚。与管道替代方案相比，由于无法预测 SuDS 的设计使用寿命（HR Wallingford，2004），选择的时间范围可能会成为跨项目比较的关键因素。所选择的贴现率是在综合考虑资本投资、维护和运营之后所作出的判断。贴现率越高，就越有利于低成本投资选择。不同的股份持有人通常选择适合其投资成本和政策目标的贴现率。英国国家政府（财政部）指南规定了项目评估中使用的适当费率。但是，如果采取多元化的融资方式（如政府拨款，欧盟资金、私人投资、捐助机构、贷款融资等）或者由不同的利益相关者负责安装、运营和维护，那么融资财团中不同利益相关者所使用的替代贴现率可能会产生冲突。

只有在最重视 SuDS 排水特性时，使用 WLC 方法进行成本效益分析是有用的，并且其数据要求比全成本效益法低。对于新开发项目，这相当于使用不同的方法计算出满足排水设计要求所需的成本而不是优化效益。然而，WLC 方法有助于设计改造现有基础设施的替代方案。例如，在俄勒冈州波特兰市（美国），人们估计广泛采用绿色屋顶可将雨水系统升级所需的开支减少至 6000 万美元（约 42184.8 万元）（Bureau of Environmental Services – City of Portland，2008）。

17.2.1　WLC 的以往研究

尽管上面提到，已有学者发现，与传统系统相比，SuDS 的投资成本更低，维护成本更高，但经验数据展示了一幅更复杂的图景。例如，史蒂文斯和奥贡尤耶（Stevens & Ogunyoye，2012）在其关于英国 SuDS 成本和效益的综合报告中得出结论："SuDS 的性能标准与传统排水系统相同，并且成本要低得多。然而，传统排水系统的设计要求与 SuDS 不同（Defra，2009）。英国环境、食品及农村事务部（Defra，2011）在案例研究中发现，总体证据表明，SuDS 的建造成本可能比传统排水系统低 30%，但在条件较为恶劣的地点，成本则可能比传统方式增加 5%"。由于可用的设计工具较少以及可选设计标准范围更广，因此潜在的成本变化很大。一些 SuDS 系统可以通过美学或其他方面进行增强，以提高雨水管理以外的多重效益。为了可以在单一效益评估中比较同类产品，最好使用最具经济性的规范。麦克马兰和赖克（MacMullan & Reich，2007）在总结了这些证据以后指出，尽管 LID 已经是一种更具经济性的替代技术，但是其新颖性增加了成本（设计和相关法规）。不过随着时间的推移，这方面的成本将逐渐降低。谢尔顿和沃格尔（Shelton & Vogel，2005）比较了不同位置相同性能要求下，渗透 BMPs 和滞留 BMPs 的成本效益，并得出结论：滞留 BMPs 通常更具成本效益。

对于 WLC 来说，估算成本的可变性是由于方法及现场特定因素造成的，这将不可避免地导致安装成本增加。达菲等（Duffy 等，2008）在苏格兰的一个场地采用了 WLC 方法，并认为如果设计和维护得当，SuDS 的维护成本比传统的排水系统低。沃尔夫等（Wolf 等，2015）重申了这一点，他们在同一地点根据不同的假设、贴现率和时间范围下用两种不同的计算工具——即水环境研究基金会方法（2009）以及"道路 SuDS 全寿命成本和全寿命碳工具"

（Scottish SUDS Working Party，2009）计算全寿命成本。这项研究表明了使用不同方法进行估算是存在差异的。

霍尔等（Houle 等，2013）记录了新罕布什尔州（New Hampshire）雨水管理设施的短期维护成本，并认为这些设施的短期维护成本占每年投资成本的 4%-19%，并且那些定期进行维护、收集污染物最少的设施所需的维护资源最少。戈登·沃克等（Gordon - Walker，2007）估计透水砌块路面的更换和维护成本低于常规路面，因此在全生命周期基础上的成本更低。波尔舍、科勒（Porsche & Köhler，2003）和环境服务局（Bureau of Environmental Services，2008）认为绿色屋顶的生命周期成本之所以要比传统屋顶低，是因为它们不需要经常更换。绿色屋顶也被认为可以保护敏感膜免受太阳损伤（Vila 等，2012；Livingroofs.org，n.d.）。上文所述结果的稀缺性和差异性清楚地表明，需要对 SuDS 的长期运行和维护成本进行更多的研究。

17.3   SuDS 的多重效益

如上文所示，利用 SuDS 管理雨水和降低洪水风险的财务案例有时可以以简单明了改的方式进行，其依据是降低全寿命成本以实现所需的雨水管理效益。使用 SuDS 所获得的防洪效益可以以常规方式估计，例如使用多色手册（Multi - coloured Manual）（Flood Hazard Research Centre，2010）。然而，SuDS 具有为城市环境和生态系统做出更大贡献的潜力，因此其雨洪管理方面的效益仅是成本效益法或多标准法中考虑的一部分。

SuDS 的潜在多重效益很多，包括从具体的、科学上可检验的空气和水质方面的环境要求到改善邻里关系、福祉和舒适性的主观性要求。阿博特等（Abbott 等，2013）将潜在效益分为不同类型，并附有简要示例，如表 17.1 所示。但是值得注意的是，并非所有 SuDS 都能带来全部的好处，需要根据具体情况进行详细评估。例如，本卷其他章节强调了改善空气质量以及与 SuDS 有关的碳和氮吸收效益，其主要基于建成区植被的增加。这些效益大多由行道树提供，在一定程度上也可以由其他植物 SuDS 提供，但是透水性铺装对此却无能为力。沃斯坎普和范德文（Voskamp & Van de Ven，2015）探讨了蓝绿色设施缓解极端天气的潜力，重点介绍了那些有利于冷却的（如绿色外墙）、最适合渗透的（如多孔铺面）和主要用于储存（如雨水收集）的设施，以及一些提供了其他方面效益的设。沃斯坎普和范德文（Voskamp & Van de Ven，2015）提出，评估工具需要识别出多种选择，从而让当地决策者决定最佳功能组合，以实现特定城市环境规划目标。

研究表明，SuDS 可以提供各种各样的好处。建筑工业研究与情报协会对这些证据进行了全面审查（CIRIA，2013），其中包括绿色屋顶的隔热潜力是否有助于减少建筑物供暖和制冷成本以及全球温室气体排放（Bamfield，2005；Bastien 等，2011）。卡斯尔顿等（Castleton 等，2010）得出的结论是，这对于改造英国热效率较低的老房屋具有重大意义，最多可节省 45% 的供暖成本。威尔金森和费托萨（Wilkinson & Feitosa，2015）发现，在悉尼和里约热内卢的绿色屋顶改造过程中，金属屋顶具有显著的冷却效益（高达 15%）。

SuDS 效益类别（改编自 Abbott 等，2013）　　　　　　　　表 17.1

效 益 类 别	类 别 示 例
水质	过滤装置改善了水质，因此将水排入河道后，可以使溪流保持清洁
洪水风险管理	洪峰流量衰减、延迟以及减少和延迟径流入渗
粮食和城市农业	增加的绿地为粮食／作物生产提供了可能
能量／碳	绿色屋顶的热效率降低了供暖和制冷成本
废水	通过截留和过滤可以改善进入水处理循环的径流量和水质
供水	渗透可以增加地下水流和地下水补给
健康与福祉	例如，改善空气质量和呼吸健康
经济	与其他利益相关，如由于社区改善而带来的财产价值上升
街道和社区	改善城市环境
栖息地和生物多样性	增加水生和陆生物种，包括昆虫、鸟类、两栖动物和植物
微气候适应	城市降温与削减城市热岛效应

空气质量改善可以带来一些健康效益，但前提是植被能清除微粒，减少呼吸损伤。空气污染与患病增加之间的联系是众所周知的。然而，能够量化 SuDS 和空气污染之间联系的证据较少。包括克拉克等（Clark 等，2008）在内的研究认为，城市地区氮氧化物的减少不应被忽视。仓和芬纳（Hoang & Fenner，2014）根据土壤含水量和空气温度，对绿色屋顶捕获污染物的差异性进行了思考。由于体力活动增加、步行量增加以及接近绿地所带来的幸福感提升（de Vries 等，2003；Groenewegen 等，2006；Maas 等，2006；Sinnett 等，2011），健康效益得到了进一步提高。

在城市区域内提供栖息地可以改善生物多样性，这可能具有重大意义，但目前无法做出预判。评估城市内野生动物增加所带来的效益需要对生物多样性的价值作出主观判断。尽管保护和鼓励稀有物种通常被认为是有益的，如在巴克莱银行（Barclays Bank）400m 长的绿色屋顶发现了极为罕见的甲虫（Warwick，2007）。这些栖息地的设计功能包括种植稀有植物物种或者吸引特定的野生动物。如果在功能设计时可以考虑野生生物的连通性，那么城市栖息地就可以最大限度地发挥作用。

SuDS 的社会效益包括娱乐、教育机会和社区凝聚力。很明显，公共领域设施（包括 SuDS）的设计和建设可以带来这些好处（Graham 等，2012）。例如，学校的 SuDS 示范项目为入学儿童提供了直接的学习福利（Graham 等，2012）。

17.3.1　收益评估

收益货币化的过程有利于成本效益分析（cost–benefit analysis，CBA）。CBA 的支持者提倡将其作为一种方法，允许在类似基础上对项目进行比较。将 SuDS 的收益转换为货币等价物还可以计算净现值（net present value，NPV），从而在必要时为资本投资和融资提供正当理由。

当政府以及非政府组织（CIRIA，2013）为公共利益投资时，SuDS 商业模式的制定尤为重要。收益的事后衡量可以利用一系列评估工具（包括陈述和显示性偏好法），如享乐分析（Ichihara & Cohen，2011）、价值评估法（Bowman 等，2012）、替代法或基于成本的方法。对效益的先验估计可以通过减少的预期损害、空气污染以及供暖或制冷成本进行（Bureau of Environmental Services – City of Portland，2008）。

利益评估工具可帮助决策者判断不同方案的相对优点，并且提供多种选择（EFTEC/Cascade，2013）。自然英格兰的 EFTEC/Cascade（EFTEC/Cascade，2013）审查中记载了各种工具的使用范围和评估重点。例如，美国邻里技术中心使用评估工具量化了 SuDS 提供的 20 项好处，其中包括降低洪水风险、提高便利设施效益和改善环境（Center for Neighborhood Technology，CNT，n.d.）。绿色基础设施评估工具包是西北绿色基础设施中心为改善英国环境而开发的一种工具，是在线开放源码工具包的原型。在英国，目前最新的工具是 CIRIA BeST（CIRIA，2015），它借鉴了前人研究，并使用利益转移原则来评估多种 SuDS 类型。

利益转移是指通过特定场地的详细效益研究结果来估计在不同地点安装类似设施可能产生的效益（CIRIA，2013）。利益转移法的优势在于减少对现场进行详细研究的需要，节省了成本和时间。当然，权衡的关键在于可比设施数据的不足，以及将从根本上改变所获得效益的现场具体因素。在广泛的设计阶段，这些工具有助于进行可行性评估或方案比较。后续更精确的研究可以集中在关键利益和 / 或最佳方案上。

17.3.2　福利分配

对利益的考虑需要在空间尺度和受益人身份的范围内进行语境化（Abbott 等，2013）。例如，拉蒙德等（Lamond 等，2014）和国家研究发展中心（NRDC）（Clements 等，2013）合作讨论了对商业地产所有者的好处，包括节约供暖成本到增强声誉，而阿博特等（Abbott，2013）则考虑了与降低水处理成本相关的各种利益机构和水处理公司。SuDS 安装的多重好处有时会惠及更大范围的民众。例如，防洪效益可以惠及除 SuDS 所在房屋以外的区域，雨水效益可为公用事业公司的所有客户带来好处，便利设施效益则会惠及当地企业、居民和游客。在俄勒冈州波特兰市，塔博尔河（Tabor to the River）项目包括一些 SuDS 设施，例如可从源头管理雨水的生态洼地（Church，2015）。波特兰一直积极地在全市范围内安装这些设施，并且居民经常被要求承担部分或全部在其房屋以外区域的安装费用（Everett 等，2016）。然而，生态洼地的雨水效益体现在减少滋扰性洪水（两者不一定处于相同地区）和降低雨水处理及管理成本上，而这些减少的成本可以发挥更大的作用。水质改善是另一个好处，既可以直接让人体验更清洁的水域，也可以间接降低清洁成本。绿色街道带来的其他好处（如空气质量和社区宜居性）预计将更多地惠及邻近地区（Entrix，2010）。有证据表明，从长远来看，拥有绿色设施的街区更符合人们的理想（Netusil 等，2014），因而具有更高的房地产价值。然而，耐图斯等（Netusil 等，2014）还表明，与邻近但不紧挨着生态洼地的社区相比，紧邻这些设施的房屋的房产价值可能会受到负面影响，比如有些人认为它们很丑或者不喜欢自己的花园被生态洼地的树木遮蔽（Everett 等，2015）。SuDS 成本和效益的分摊以及空间分配是一个很少受到关注的领域，但如果想要公平地分摊大量实施和维护成本，那么就必须逐渐认识到它的重要性。

17.4　结论

可持续城市排水系统被认为是一种更自然、灵活和可持续的城市和郊区雨洪管理方案。但是，如果要取代人们更熟悉和信任的传统排水方法，则有必要了解 SuDS 的成本效益，以便将这些方法纳入正式的方案评估中。

本章探讨了相关文献以及有助于估算 SuDS 实施和维护成本的方法。此外，这一章节还对防洪减灾、雨水管理等与效益进行了评估。从这篇综述中可以明显看出，由于 SuDS 方案的多样性、设计选择的丰富性，拟安装的城市环境的异质性以及方案和受益人的差异性，SuDS 的成本和多重效益分析是复杂的。

由于存在这种复杂性，在实际操作中，决策者选择合适的评估方法是非常重要的。当径流减少成为 SuDS 的主要目标或立法要求时，只能采用成本效益计算来确定实现所需雨水性能的最低成本选项。但是，在其他情况下（如在更新或再生过程中对 SuDS 进行改造），则需要更多地关注 SuDS 的其他积极特性。增加利益转换工具（如 CIRIA BeST tool）的使用可以为 SuDS 提供支持，但是，由于缺乏足够的研究来证明可以对在不同气候和位置因素下对所取得的效益以及 SuDS 的维护成本进行可靠估计，必须进一步加强对评估工具的研究。

在研究过程中，另一个需要获得关注的领域是成本和收益在利益相关者之间的空间和时间分布规律。这是一个新兴的研究和实践领域，可以将更多的资金用于 SuDS 建设并提供适当的激励计划来鼓励私人利益相关者做出更可持续的选择。

致谢

这项研究是跨学科项目计划的一部分，由蓝绿色城市研究联盟（www.blue green cities.ac.uk）负责。该联盟由英国工程和物理科学研究理事会资助，并且由环境署、河流机构（北爱尔兰）和国家科学基金会提供额外资助。

参考文献

Abbott, J., Davies, P., Simkins, P., Morgan, C., Levin, D. and Robinson, P. (2013). Creating water sensitive places – scoping the potential for water sensitive urban design in the UK. London: CIRIA.

Bamfield, B. (2005). Whole Life Costs & Living Roofs – The Springboard Centre, Bridgewater.

Second ed. Cheshunt: The Solution Organisation.

Barr Engineering Company (2011). Best Management Practices Construction Costs, Maintenance Costs, and Land Requirements. Minneapolis: Minnesota Pollution Control Agency.

Bastien, N.R.P., Arthur, S., Wallis, S.G. and Scholz, M. (2011). Runoff infiltration, a desktop case study.*Water Science and Technology*, *63*, 10, 2300–2308.

Bloomberg, M.R. and Strickland, C.H. (2012). Guidelines for the Design and Construction of Stormwater Management Systems New York: New York City Department of Environmental Protection, in consultation with the New York City Department of Buildings.

Bowman, T., Tyndall, J.C., Thompson, J., Kliebenstein, J. and Colletti, J.P. (2012). Multiple approaches to valuation of conservation design and low - impact development features in residential subdivisions. *Journal of Environmental Management*, *104*, 101–113.

Bureau of Environmental Services – City of Portland (2008). Cost Benefit Evaluation of Ecoroofs 2008. Portland, Oregon USA: City of Portland, Oregon.

Castleton, H.F., Stovin, V., Beck, S.B.M. and Davison, J.B. (2010). Green roofs; building energy savings and the potential for retrofit. *Energy and Buildings, 42*, 1582–1591.

Center for Neighborhood Technology (CNT). (n.d.) *Green Values Stormwater Toolbox— homepage.*Chicago, USA: CNT. Available: http://greenvalues.cnt.org/.

Church, S.P. (2015). Exploring Green Streets and rain gardens as instances of small scale nature and environmental learning tools. *Landscape and Urban Planning, 134*, 229–240.

CIRIA (2009). Overview of SuDSS performance – Information provided to Defra and the EA. London:CIRIA.

CIRIA (2013). Demonstrating the multiple benefits of SuDSS – A business case (Phase 2), Draft Literature Review. *Research Project RP993*. London: CIRIA.

CIRIA (2015). New tool assesses the benefits of SuDSS. London: CIRIA. Available: https://www.ciria.org/News/CIRIA_news2/New - tool - assesses - the - benefits - of - SuDSaspx.

Clark, C., Adriaens, P. and Talbot, F.B. (2008). Green Roof Valuation: A Probabilistic Economic Analysis of Environmental Benefits. *Environmental Science Technology, 42*, 2155–2161.

Clements, J., St Juliana, A., Davis, P. and Levine, L. (2013).. The Green Edge: How Commercial Property Investment in Green Infrastructure Creates Value. New York: Natural Resources Defense Council.

Constructing Excellence (2006). Wole life costing. Available www.constructingexcellence.org.uk.

De Vries, S., Verheij, R.A., Groenewegen, P.P. and Spreeuwenberg, P. (2003). Natural environments – healthy environments? An exploratory analysis of the relationship between greenspace and health. *Environment and Planning,* A35, 1717–1731.

Defra (2009). Appraisal of flood and coastal erosion risk management: A Defra policy statement. London: Defra.

Duffy, A., Jefferies, C., Waddell, G., Shanks, G., Blackwood, D. and Watkins, A. (2008). A cost comparison of traditional drainage and SuDS in Scotland. *Water Science and Technology*, *57*, 1451–1459.

EFTEC/Cascade (2013). Green Infrastructure – Valuation Tools Assessment. London: Natural England.

Entrix (2010). Portland's Green Infrastructure: Quantifying the Health, Energy, and Community .Livability Benefits. Portland, Oregon: City of Portland, Bureau of Environmental Services.

Environment Agency (2009). Investing for the future. Flood and coastal risk management in England – a long - term investment strategy. Bristol: Environment Agency.

EPA (1999). Preliminary Data Summary of Urban Storm Water Best Management Practices. EPA - 821 - R - 99 - 012. Washington DC: United States Environmental Protection Agency.

Everett, G., Lamond, J., Morzillo, A., Chan, F.K.S. and Matsler, A.M. (2015). Can sustainable drainage systems help people live with water? *Water Management*, *169*, 94–104.

Everett, G., Lamond, J., Morzillo, A., Matsler, A.M. and Chan, F.K.S. (2016). Delivering greenstreets: an exploration of changing perceptions and behaviours over time around bioswales in Portland Oregon. *Journal of Flood Risk Management.*

Flood Hazard Research Centre (2010). The Benefits of Flood and Coastal Risk Management: A Handbook of Assessment Techniques, London, FHRC.

Gordon - Walker, S., Harle, T. and Naismith, I. (2007). Cost - benefit of SUDSS retrofit in urban areas – Science Report – SC060024. Bristol: Environment Agency.

Graham, A., Day, J., Bray, B. and Mackenzie, S. (2012). Sustainable drainage systems: Maximising the potential for people and wildlife A guide for local authorities and developers. RSPB/WWT.

Groenewegen, P.P., Van Den Berg, A.E.D.E., Vries, S. and Verheij, R.A. (2006). Vitamin G: effects of green space on health, well - being and social safety. *BioMed Central: Public Health*, *6*, 1–9.

HR Wallingford (2004). Whole life costing for sustainable drainage. Oxfordshire: HR Wallingford.

Hoang, L. and Fenner, R.A. (2014). System Interactions of Green Roofs in Blue Green Cities. 13thInternational Conference on Urban Drainage, 7–12 September 2014 Sarawak, Malaysia. ICUD.

Houle, J., Roseen, R., Ballestero, T., Puls, T. and Sherrard, J. (2013). Comparison of maintenance cost,labour demands, and system performance for LID and conventional stormwater management. *Journal of Environmental Engineering*, *139*, 932–938.

Ichihara, K. and Cohen, J. (2011). New York City property values: what is the impact of green roofs on rental pricing? *Letters in Spatial and Resource Sciences*, *4*, 21–30.

Lamond, J.E., Wilkinson, S. and Rose, C. (2014). Conceptualising the benefits of green roof technology for commercial real estate owners and occupiers. Resilient Communities, providing for the future,20th Annual Pacific Rim Real Estate Conference, Christchurch, New Zealand. PRRES.

Lampe, L., Barrett, M.,Woods Ballard, B., Kellagher, R., Martin, P., Jefferies, C. and Hollon, M. (2004). *Post-Project Monitoring of BMPs/SUDSS to Determine Performance and Whole-Life Costs*, London,IWA Publishing (UK Water Industry Research).

livingroofs.org. (n.d.) Homepage. Available: http://livingroofs.org/2010030671/green - roof - benefits/waterrunoff.html.

Maas, J., Verheij, R.A., Groenewegen, P.P.D.E., Vries, S. and Spreeuwenberg, P. (2006). Green space, urbanity and health: how strong is the relation? *Journal of Epidemiology and Community Health, 60*, 587–592.

MacMullan, E. and Reich, S. (2007). The Economics of Low - Impact Development: A Literature Review. Eugene, OR: ECONorthwest.

Narayanan, A. and Pitt, R. (2005). Costs of Urban Stormwater Control Practices.

Netusil, N.R., Levin, Z., Shandas, V. and Hart, T. (2014). Valuing green infrastructure in Portland,Oregon. *Landscape and Urban Planning*, 124, 14–21.

Porsche, U. and Köhler, M. (2003). Life cycle costs of green roofs – a comparison of Germany, USA,and Brazil. RIO 3 – World Climate & Energy Event. Rio de Janeiro, Brazil.

Scottish SUDSS Working Party (2009). SUDSS for Roads Guidance Manual. Edinburgh, UK: SuDS Working Party.

Shelton, D.B. and Vogel, R.M. (2005). The value of infiltration - and storage - based BMPs for stormwater management. World Water and Environmental Resources Congress, 15–19 May 2005, Anchorage,AK, USA. American Society of Civil Engineers, 234.

Sinnett, D., Williams, K., Chatterjee, K. and Cavill, N. (2011). Making the case for investment in the walking environment: A review of the evidence. Living Streets. Bristol: University of the West of England (Department of Planning and Architecture, Faculty of Environment and Technology).

Stevens, R. and Ogunyoye, F. (2012). Costs and Benefits of Sustainable Drainage Systems – Final report – 9X1055 – Royal Haskoning. Committee on Climate Change.

Taylor, A. and Wong, T. (2002). Non - structural stormwater quality best management practices – a literature review of their value and life - cycle costs. Monash, Australia: Cooperative Research Centre for Catchment Hydrology.

Vila, A., Pérez, G., Solé, C., Fernández, A.I. and Cabeza, L.F. (2012). Use of rubber crumbs as drainage layer in experimental green roofs. *Building and Environment*, 48, 101–106.

Voskamp, I.M. and Van De Ven, F.H.M. (2015). Planning support system for climate adaptation:Composing effective sets of blue - green measures to reduce urban vulnerability to extreme weather events. *Building and Environment*, *83*, 159–167.

Warwick, H. (2007). The garden up above. *Geographical Magazine*, *79* (7), 38.

Water Environment Research Foundation (2009). *User's Guide to the BMP and LID Whole Life Cost Models Version* 2.0, Alexandria, VA.

Wilkinson, S. and Feitosa, R.C. (2015). Retrofitting Housing with Lightweight Green Roof Technology in Sydney, Australia, and Rio de Janeiro, Brazil. *Sustainability*, *7*, 1081–1098.

Wolf, D.F., Duffy, A.M. and Heal, K.V. (2015). Whole Life Costs and Benefits of Sustainable Urban Drainage Systems in Dunfermline, Scotland.

第18章 缓解洪涝的绿色屋顶和透水铺装改造

萨拉·威尔金森，戴维·G. 普罗韦尔，杰西卡·E·拉蒙德
Sara Wilkinson，David G. Proverbs and Jessica E. Lamond

18.1 导言

随着城市化进程的加快、气候的变化和人口的增长，包括中心商业区（central business districts，CBDs）在内的城市住区因强降雨事件造成洪涝灾害的可能性在不断增加（Met Office Hadley Centre for Climate Research，2007；Jha 等，2011）。目前的城市规划使城市的开发强度和不透水表面数量不断增加，而人口的增长则将进一步提高不透水表面和开发密度。雨水从不透水表面流出而不是渗入地下，增加了洪涝风险。在澳大利亚的许多 CBD 中，在低密度发展阶段就安装了管道排水系统，而后的容积也并没有增加。据《墨尔本城市洪水应急方案》所言，"墨尔本汇水区内的洪水通常是由短时暴雨事件引起的，因为在相对较小且高度不透水的汇水区，硬质排水系统产生的径流率最高。"［City of Melbourne & VICSES Unit(s) St Kilda and Footscray，2012］。

地下排水系统的改造和更换是昂贵、耗时和具有破坏性的。除澳大利亚外，全球许多其他城市也面临着类似的问题——洪水淹没了现有的基础设施，并对建筑物造成物质和经济损失。2010 和 2011 年，昆士兰州（Queensland）和维多利亚州（Victoria）洪灾后房屋重建的费用估计高达 200 亿澳元（Companies & Markets，2011）。切特里等人（Chetri 等，2012）指出，在 2011 年洪水期间造成的交通中断等情况也间接影响了当地经济。另外，鉴于许多企业在洪水过后未能恢复元气，对当地经济的全面影响可能会更持久，且难以衡量（Gissing，2003）。

查尔斯沃斯和沃里克（Charlesworth & Warwick，2011）提出将大面积的绿色屋顶改造作为屋顶处理方法，该方法可以模拟自然渗透模式，减少径流和降低洪水风险。戈登·沃克等人（Gordon - Walker 等，2007）提倡用透水铺装替代不透水的路面（如停车场、人行道及交通量较小的道路）。在 CBD 中，这种方法可以通过在城市更新或翻新期间进行改造来实现。许多城

市已经出台了鼓励绿色屋顶改造的政策，例如美国俄勒冈州波特兰市（Environmental Services–
City of Portland，2011）、芝加哥和费城（Environmental Services–City of Portland，2008）。在采
取这些政策时，重要的是要考虑在该城市的结构和功能条件下，大面积改造绿色屋顶和透水铺
装是否可行。此外，雨水管理只是绿色屋顶的功能、社会和环境效益之一（Hoang 等，2014），
它必须与其他或互补，或冲突的城市规划目标一起考虑。在澳大利亚，洪涝和干旱交替的气候
模式（Chetri 等，2012）凸显了城市更新的必要性，其不仅能够抵御干旱，还有助于减少城市
热岛效应（urban heat islands，UHI）。

　　本章以近期在墨尔本进行的一项研究为例，探索在 CBD 背景下，改造后的绿色屋顶和透
水路面（即可持续城市排水系统）减少洪涝灾害的潜力。这项研究通过探讨以下三个关键目的
来分析改造的阻碍及驱动因素：

　　（1）探讨降低洪水风险的绿色屋顶改造方案选择，包括确定额外的社会和环境效益以及贸
易补偿；

　　（2）探讨适合绿色屋顶改造的建筑物以及适合透水铺装的铺装区域的比例；

　　（3）探讨在不同吸收场景下，绿色屋顶和透水铺装在减少雨水径流方面的潜力。

18.2　雨水管理中的绿色屋顶类型

　　绿色屋顶（green roof），或称植被屋顶（vegetated roof），指被植被覆盖的建筑物屋顶（或
屋顶的一部分）。在当前的绿色屋顶技术中，是指一个支撑植被同时保护建筑物的结构。绿色
屋顶通常包括：屋顶结构；防水膜或蒸汽控制层；隔热层；保护薄膜的底部屏障（由砾石、不
透水混凝土、聚氯乙烯、热塑性聚烯烃、高密度聚乙烯或铜制成）；排水系统；滤布（不可生
物降解的织物）；由无机物、有机物（稻草、泥炭、木材、草、锯末）和空气组成的生长介质
（土壤）及植物。

　　绿色屋顶可以是密集型的，也可以是开敞型的。密集型绿色屋顶，有时被称为"屋顶花
园"（roof garden），通常将植被覆盖的区域与娱乐或社交空间相结合，种植树木和灌木等植物。
开敞型绿色屋顶更为常见，以最低限度的维护为设计目的，较少强调社交和娱乐目的。如表
18.1 所示，总结了这两种常见类型的特点，另外还存在第三种屋顶类型，即结合了密集型和开
敞型屋顶特征混合半密集绿色屋顶类型（Czemiel - Berndtsson，2010）。通常情况下，由于标
准土壤对于屋顶结构过于沉重，所以一般不用于绿色屋顶。根据气候、径流和种植要求的不
同，选择的生长介质因设计而定，但通常包括集料（如页岩、蛭石）、充气孔隙空间和有机材
料。生长介质和种植植物的选择需要仔细考虑，特别是在澳大利亚，其所面临的气候条件非常
多样化（如澳大利亚北部的季节性降雨过多到维多利亚州的降雨不足）。植物灌溉在绿色屋顶
实施过程中十分重要，这意味着供水成为问题，而升级供水将进一步增加成本。因此，在澳大
利亚，雨水收集的能力（可能来自邻近的屋顶空间），以及耐旱或耐热植物的使用是应对气候
波动的理想方法。

开敞型与密集型绿色屋顶特征　　　　　　　　　　　　　　**表 18.1**

密集型绿色屋顶	开敞型绿色屋顶
深生长介质	浅生长介质
每平方米径流减少量更高	每平方米径流减少量更低
种植典型小乔木和灌木	低配置种植，如景天属
通常局限于屋顶的一小部分	覆盖大片屋顶
每平方米具有较高的碳吸收潜力	每平方米具有较低的碳吸收潜力
更高的维护要求	最低的维护要求
较高成本	较低的建设费用
更常见于热带气候	更常见于温带气候
更便于社交和娱乐使用	可通达或不可通达，且通常不作为娱乐空间
有灌溉需求	通常不需要灌溉
支撑屋顶所需的较重屋顶结构	支撑屋顶所需的轻型屋顶结构
对现有建筑物的结构影响很大	对现有建筑物的结构影响最小

来源：改编自威尔金森和里德的研究（Wilkinson & Reed，2009），并补充盖塔（Getter，2009）和策米尔（Czemiel-Berndtsson，2010）的研究成果。

许多绿色屋顶方案和条例并没有具体规定屋顶的类型，导致人们较多地建设了以景天属植物为基础，安装成本最低的开敞型绿色屋顶。然而，如表 18.1 所示中可以看出，选择合适的绿色屋顶进行最优雨水管理是一个复杂的过程。在其他条件相同的情况下，绿色屋顶的雨水滞留水平取决于基质的深度和吸水性，这意味着密集型绿色屋顶可能是雨水管理的首选。北京奥运村（中国）就将绿色屋顶涵盖进了建筑设计中。然而，贾等（Jia 等，2012）计算得出，如果基底深度从 0.3m 增加到 0.6m，便可以实现绿色屋顶的改造。特定的设计对于调节先验饱和度（prior saturation）很重要。暴雨后的蒸发速度也很重要，并且取决于外部温度和湿度（Blanc 等，2012），但好的排水设计可以提高干燥速度，而植物类型也会影响雨水滞留水平。此外，密集型与开敞型绿色屋顶的覆盖比例可能会影响总径流量的减少效果。

18.3 建筑改造特点

现有结构的改造潜力以及绿色屋顶类型的选择，取决于屋顶类型、大小、坡度和结构的承载能力等因素。澳大利亚的大型商业建筑倾向于采用混凝土结构的屋顶，而小部分的商业建筑则可能采用覆盖着异形金属板的木质屋顶结构。绿色屋顶需要能进行良好的排水和防水；坡度小于 2% 的绿色屋顶需要额外的排水措施（University of Florida，2008）。如果现有屋顶的附加结构承载能力较低，可能需要使用轻质生长介质或进一步的结构加固。屋顶改造的经济可行性与现有屋顶的条件有关：恶劣的条件以及对升级和额外结构的要求大大增加了成本，并可能使项目失去吸引力。

　　威尔金森等（Wilkinson 等，2014）发现在墨尔本 CBD 的写字楼改造中，建筑特征非常重要（表 18.2）。年限是很重要的因素之一，在特定年限范围（即超过 25 年）的建筑更有可能需要改造（Fianchini，2007）。建筑状况也很重要，那些遭受破坏的建筑是主要的改造对象（Kersting，2006）。物理特征比如建筑高度和基础埋深会影响改造的可能性（Szarejko & Trocka - Lesczynska，2007），且小型建筑在改造中更受青睐（Gann & Barlow，1996；Ball，2002）。建筑维护结构影响了改造的类型、范围和成本（Kersting，2006），由于噪声问题被认为难以克服，导致了改造的减少（Gann & Barlow，1996）。服务的年限、条件和位置影响了改造的类型和成本（Snyder，2005）。阿尔吉（Arge，2005）发现，专用建筑（purpose - built buildings）具有更大的改造灵活性。因地制宜地改造提供了良好的经济回报（Remoy & van der Voordt，2006），一些市场更青睐历史建筑的改造（Snyder，2005）。许多人发现，积极的政策制定和立法（规划、建筑规范和火灾）影响了改造行为（Heath，2001；Ball，2002；Snyder，2005；Kersting，2006）。波韦尔和埃利（Povell & Eley，引用自 Markus，1979）和艾萨克（Isaac，引用自 Baird 等，1996）指出，场地边界线的数量（即建筑物是否与其他建筑物相邻）决定了改造的难易程度，且金凯德（Kincaid，2002）指出，因为出入方便，而且不会对邻居造成干扰，独立式建筑物是最容易改造的。

墨尔本现有办公楼的改造特征 表 18.2

年限
建筑状况
高度
基础埋深
围护结构和覆层
结构
建筑服务（Building services）
内部布局
不同用途和功能设施的灵活性
专用建筑（非投机性）位置
文化遗产价值
规模大小
可达性
积极的政策制定和立法（包括效仿在内的规划及建筑规范）
隔声效果
用户需求
场地条件

　　来源：Wilkinson 等，2014。

　　此外，屋顶的成功改造，需要满足一定的技术标准。屋顶需要适量的阳光照射，植物才能生长，所以改造时必须考虑树荫覆盖率。屋顶坡度会影响可进行改造的绿色屋顶的类型。因此结构工程师需要仔细考虑在改造过程中附加的静态荷载和活动荷载对屋顶改造的影响。在某些情况下，屋顶会提供额外的荷载支持。现有防水膜的类型和状况需要得到评估。在某些情况下，建议更换，必要时可能需要修补。绿色屋顶延长了屋顶防水膜的生命周期，因为它是覆盖性的、不易于磨损和运输的。最后，种植植物的类型受到当地气候和降雨模式、灌溉用水的可能性的影响。如表 18.3 所示，总结了屋顶改造时需要考虑的技术特征。

绿色屋顶改造技术特征	表 18.3
建筑物等级	
建筑物位置	
屋顶方向	
遮盖率	
屋顶类型	
屋顶大小	
屋面坡度 / 斜率（2% ＋）	
承载力	
排水和防水系统	
现有防水膜的状况	
使用者进入天台的通道（如果是可上人的屋顶）	
基质和种植重量	
供水	
优先种植的植物	
所需的维修水平	

18.3.1 墨尔本 CBD 数据库

墨尔本 CBD 始建于 19 世纪 30 年代，位于亚拉河（the Yarra River）岸边的斜坡上，融合了传统建筑的"霍德尔网格"（Hoddle Grid）现在穿插着现代建筑。墨尔本从 19 世纪 30 年代开始向外扩张，在以前未开发的土地上建立了郊区，因此 CBD 周围的汇水区也变得硬质化。明渠被截留以形成地下排水渠，但这一行为可能造成堵塞或使管道容量超过限制。因此，墨尔本在其历史上一直受到周期性洪灾的影响，而近年来这种情况似乎变得更加频繁。

作者编写的墨尔本 CBD 数据库包含了 526 栋建筑（建于 1850-2005 年），涵盖了上述文献的标准，如建筑的年限、位置、朝向、屋顶坡度、重量限制和地面条件等。最后，制定了绿色屋顶改造适宜性的标准。

分析显示，墨尔本 CBD 的建筑平均建造年龄为 61 年，其中最古老的建于 1853 年，最近的建于 2005 年。如表 18.4 所示，列出了新建建筑数量最多的十个年份的排名情况，墨尔本的大多数商业建筑（占 60.4%）是在 1940 年以后建造的，反映了墨尔本战后的大规模建设情况。自 20 世纪 60 年代以来，已经建造了 237 座建筑物；因此，有大量库存需要进行修复和更新，可以在其中考虑对绿色屋顶进行改造和翻新。

墨尔本建筑工程年度数量排名		表 18.4
排　序	年　份	已建造楼宇数目
1	1945	38
2	1990	19
3	1972	15
4	1991	14
4	1930	14
4	1920	14
7	1973	12
8	1987	10
8	1969	10
8	1960	10

　　如果大量的高层建筑散布在低层建筑中并遮挡了它们的阳光，则可能会产生阴影，这种模式显然存在于墨尔本 CBD。澳大利亚房地产委员会（The Property Council of Australia）使用了办公楼质量矩阵，将建筑物从优质（最高等级）到 A、B、C 和 D 等级（最低等级）进行分类。部分分级标准依据的是净面积，而不是楼层数（Property Council of Australia Limited，2006）。根据某些定义（将具体的高度换算成平均层高），约 7 层以上的建筑物为高层，20 层以上的建筑物为摩天大楼。如图 18.1 所示为墨尔本数据库中建筑物的层数情况。众数为 3，中位数为 6，其中 67% 的现有建筑高达 10 层。然而，有相当一部分（8%）是 21 层及以上的建筑，可能会给相邻的低层建筑投下阴影，这意味着虽然大多数建筑都是低层建筑，但部分或全部会被其高层邻居所遮盖。这样的建筑物布置可能意味着虽然现有建筑物的结构强度足以容纳改造工程，但由于遮阴会对种植植物产生不利影响，因此可能并不适合进行改造工程。

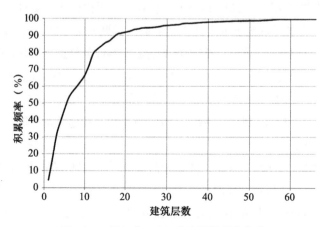

图 18.1　墨尔本 CBD 建筑层数累积频率

朝向对屋顶光照的程度有影响；在南半球，面向北的房屋大多暴露在阳光直射下。对数据库中 72 座建筑的朝向进行了调查，结果显示面向北的建筑仅占样本的 12%。大多数面朝东（41%），其次是面朝西（31%）和面朝南（16%）。因此，即使不考虑遮阴的情况，也只有部分建筑暴露在阳光下。这两项分析表明，应根据具体的条件考虑阳光照射情况，而这将影响指定的植物类型和绿色屋顶的改造是否可行。

为了方便施工，需要将建筑物的附属设施进行分类以评估其可达性。如果建筑物三面都有附属设施可能会导致出入问题，需要对主干道进行改造。然而，在样本中，只有 18% 的附属设施属于这一类。近一半（47%）的房产附属物位于两侧，22% 仅约束于一侧，12% 的附属物与房产分开。因此，据判断，大多数房产不因与其他建筑物连接或因建筑物的限制进入而受到不利影响，适合进行改造。

结构性能影响改造的数量和难易程度，因此需要对建筑进行全面的结构评估，以确定其结构是否满足改造和加固要求。结构性能的分析是通过建筑类型来判断的，因此仅限于指示建筑是否能承受绿色屋顶所需的额外荷载。在墨尔本，大多数建筑都是用混凝土建造的，61% 的商业建筑采用框架结构，剩下的 39% 由传统的承重砌砖和 / 或石头建造而成，并没有木结构建筑。混凝土框架的建筑最适合大面积的绿色屋顶系统改造；砖石建筑也可能是合适的，但木结构通常被认为是不适合改造的。这一分析证实了大多数 CBD 建筑拥有在结构变化最小的情况下进行改造的良好潜力。下一个阶段是使用 Google Earth 和 Google Map 软件（Google Earth 6.0，2008）对屋顶进行可视化检测，以评估每个屋顶的改造潜力。评估要求将改造工作确定为三个类别：（a）适合；（b）不适合；（c）未分类。评估以屋面坡度为依据，超过 30° 或低于 2% 的坡度被认为是不合适的。屋顶设施的数量（特别是建筑物排风设施、屋顶窗户清洁设施、安全扶手和光伏发电设施的供应数量）都被计算在内，并认为设施的面积超过屋顶面积的 40% 是不合适进行改造的。另外，轻型屋顶结构也不适合进行改造。根据以上标准，如图 18.2 所示，15% 的建筑被判定为适合改造，5% 未分类，80% 不合适。

最后一个阶段是对高层建筑的阴影进行分析，如图 18.3 所示。其中考虑了朝向和高层建筑的邻近性。结果表明：39.3% 的建筑被蒙上了阴影，36.3% 的建筑被部分蒙上了阴影，24.4% 的建筑完全没有蒙上阴影。在墨尔本，由于建筑阳光不足，屋顶无法种植植物，大约有 75% 的现有建筑被认为不适合进行改造。

18.4　墨尔本 SuDS 的驱动因素与障碍

在建筑、地方和区域尺度上，绿色屋顶改造受到经济、社会、技术和环境因素的驱动（Rajagopalan & Fuller，2010）。例如，在建筑规模上，由于绿色屋顶对防水膜的保护作用，一些绿色屋顶的生命周期成本低于沥青和砾石等传统的替代材料（Porsche & Köhler，2003）。较老的建筑材料可能会有更好的热性能，减少居住者冬季取暖和夏季制冷的需要，并降低其能源成本（Fioretti 等，2010）。

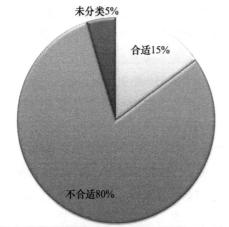

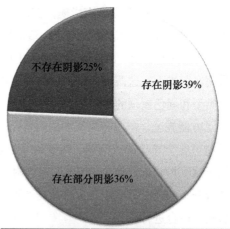

		频率	有效百分比	累积频率
有效	合适	78	15.0	15.0
	不合适	418	80.2	95.2
	未分类	25	4.8	100

		频率	有效百分比	累积频率
有效	存在阴影	205	39.3	39.3
	存在部分阴影	189	36.3	75.6
	不存在阴影	127	24.4	100

图 18.2　通过屋顶检测判断适合绿色屋顶方案的建筑比例（数据来源：改编自 Wilkinson & Reed，2009）

图 18.3　屋顶被遮盖的建筑物比例（数据来源：Wilkinson & Reed，2009）

绿色屋顶提供的一系列广泛的环境和宜人性的好处，并不容易被衡量或评估（MacMullan & Reich 2007）。例如，大规模的绿色屋顶改造可能抵消城市热岛效应，带来热舒适（thermal comfort）；特别是对于中心温度比郊区和农村地区高 5℃的城市而言，这一点很重要（Williams 等，2010）。碳吸收是屋顶绿化的另一个潜在的环境效益。盖塔和罗（Getter & Rowe，2009）测量了开敞型屋顶的固碳量，并估计如果对美国底特律现有的商业和工业屋顶（约 1.5 万 hm^2）进行改造，则可以将 55000t 的碳固存在植物和基质中。

在社会效益方面，绿色屋顶的改造可以为业主、社区和环境带来积极的影响。例如，马尔默项目（Malmö，Sweden）最初由洪水风险管理推动（Kaźmierczak & Carter，2010），但后来发现建设绿色基础设施提高了社区美观度和整体声誉。CBD 的绿化可以使居民与自然世界建立起更有利于社会的紧密关系，这被称为"亲生物现象"（biophilia phenomenon）（Kellert & Wilson，1993）。威尔金森等（Wilkinson 等，2013a）证明了这一点，并表示亲近自然可以提高员工的满意度和生产率。另一个直接的好处是可以将绿色屋顶用于粮食生产：随着城市密度和粮食安全问题的增加，它为城市居民创造了社会参与和互动机会（Wilkinson 等，2013 b）。如表 18.5 所示，总结了绿色屋顶改造的潜在好处。

绿色屋顶改造的潜在好处和驱动因素　　　　　　　　　　　　　　表 18.5

・提高郊区 / 地区 / 项目的声誉

・改善美观度

・防洪减灾

・降低维护成本

续表

- 碳吸收

- 减少城市热岛效应

- 改善空气质量

- 改善生物多样性和保护自然

- 减少污染和河流退化的风险

- 减少径流产生费用

- 提高建筑能效，降低碳排放

- 增强熟悉的地标和建筑

- 城市人口与自然更紧密的联系和接触（亲生物效应）

- 提高现有商业建筑的用户满意度和员工生产力

- 雨水收集可以减少饮用水的使用

- 由于建筑物仍有人居住，改造的资金成本通常较低

- 产权价值可能会提升

- 种植粮食作物（尤其是蔬菜和水果）

- 减少噪声污染

- 水和养分的循环利用

这些障碍（表 18.6）存在的部分原因是，从业人员错误地认为在屋顶上放置土壤会增加建筑损害风险和维护管理。由于经验有限，实践者对"未经验证"的技术持谨慎态度，也不太可能接受过关于绿色屋顶的教育（Wilkinson 等，2015）。这种看法可能会改变，但步伐是缓慢的，这一误解使人们不愿意进行绿色屋顶改造。规划人员对绿色屋顶技术的了解有限，这可能使他们在处理绿色屋顶项目时犹豫不决。同样，随着绿色屋顶技术在学术课程中被教授和得到更广泛的接受，这种情况可能会随着时间的推移而改变。其他更广泛的利益在规划委员会的职权范围之内。

绿色屋顶改造的潜在障碍　　　　　　　　　　　　　　　　表 18.6

- 缺乏对经济、社会和环境效益的认识

- 缺乏绿色屋顶的建设经验

- 对未知的恐惧

- 激励成本与收益的分割问题

- 缺乏关于绿色屋顶的城市和区域规划政策

- 缺乏政策层面的激励

- 缺乏以前项目的成本效益数据

从业人员中还存在一种看法，即认为绿色屋顶成本很高，所以才更有价值（Wilkinson 等，2015）。更好地考虑整个生命周期的成本和多重效益可能有助于缓解这些担忧，使人们的看法

发生转变。然而，这可能需要对绿色屋顶示范项目进行详细监测，以得到支持绿色屋顶投资的数据。对于更广泛的利益，在承租建筑中的一个复杂因素是"拆分激励"（split incentive），即关于安装费用的支付主体和获益主体之间的平衡（Abbott 等，2013）。在 SuDS 的雨洪收益方面，安装者获得的直接效益最小，除非市政当局对进入管道系统的径流收取费用。防洪效益可扩展至汇水区下游的物业；给环境带来的好处是减少了进入水道的污染物负荷，而其他当地企业、CBD 居民和 CBD 的游客也可能因此得到更为宜人的环境。

　　澳大利亚政府对水敏感城市设计的政策包括绿色屋顶和透水路面（Department of Infrastructure and Transport，2011）以及维多利亚州一级的举措。对于墨尔本来说，绿色屋顶的安装是气候适应战略的一部分（Department of Industry Innovation Climate Change，2013）。墨尔本市议会推广绿色屋顶的目的是城市绿化，并将其作为"墨尔本绿色屋顶蓝图"的一部分。墨尔本绿色屋顶的案例包括墨尔本市政委员会大楼"CH2"和淡水广场（Freshwater Place）住宅楼（Rajagopalan & Fuller，2010）。然而，墨尔本绿色屋顶项目的推动在很大程度上与降温和温室气体减排有关而非雨水效益。根据拉贾戈帕兰和富勒（Rajagopalan & Fuller，2010）的研究，安装人员的动机各异，有的甚至与环境效益脱节。墨尔本市议会和墨尔本水务局也一直在探索 SuDS（包括渗透性路面），以解决水质和流量峰值问题（Wong，2006；Abbott 等，2013）。因此，墨尔本更倾向于在市政空间（道路和人行道）采用适当甚至超量的多孔铺装改造，而较少地采用商业安装的绿色屋顶。

18.5　不同场景下的径流估计

　　研究探讨了两种方法下的径流减少效果。为了计算总潜在透水率和平均径流削减效果，根据数据库分析，假设 15% 的屋顶适合改造。此外，40% 的道路和人行道也被认为适合进行透水改造。假设屋顶排水不充分，绿色屋顶在暴雨高峰期的径流削减率为 60%，透水路面为 100%。如表 18.7 所示，如果能够对现有建筑进行大规模的改造，则可减少 22% 的径流。

　　英国的一项研究表明，下水道系统的径流减少 10%，则有可能预防 90% 的洪水事件（Gordon - Walker 等，2007）。表 18.7 表明，如果能够实现高水平的改造，可以有效地缓解墨尔本洪涝灾害。研究结果表明，有必要进行进一步的详细可行性研究和建模。

墨尔本两种改造比例下的 CBD 径流量削减百分比潜在值　　表 18.7

	所有的屋顶和道路都进行改造	只改造适合改造的屋顶和道路	假设绿色屋顶的采用率为 50%
总研究面积（1000m²）	2150.0	2150.0	2150.0
屋顶面积（1000m²）	1150.0	172.5（15%）	86.25（15%）
道路面积（1000m²）	500.0	200.0（40%）	200.0（40%）
屋面径流减少占总降雨量的百分比[1]	32.1	4.8	2.4

续表

	所有的屋顶和道路都进行改造	只改造适合改造的屋顶和道路	假设绿色屋顶的采用率为 50%
减少道路径流占总降雨量的百分比 [2]	23.3	9.3	9.3
路面径流减少占总降雨量的百分比 [2]	7.9	7.9	7.9
总径流减少率	63.3	22.0	19.6

注：[1] 假设绿色屋顶区域的径流减少 60%。
　　[2] 假设透水铺装区域的径流减少了 100%，但相邻区域没有排水。

18.6　结论和进一步研究

绿色屋顶改造是墨尔本 CBD 气候策略的重要组成部分。透水铺装改造也是 CBD 建设中一个重要的 SuDS 方法。研究探讨了在澳大利亚墨尔本商业办公楼进行绿色屋顶和透水铺装改造来缓解 CBD 小型洪水事件的潜力。现有办公建筑中约有 15% 可以采用开敞型绿色屋顶技术进行改造，据估计，墨尔本的绿色屋顶和渗透性路面改造造成的雨水径流减少率可达 22%。这将对减轻未来的洪水灾害作出有益的贡献，并可带来环境、社会和经济多种效益。对屋顶和铺装的最佳类型和位置以及更大范围的汇水区的进一步研究，可以更加明确绿色屋顶和透水铺装改造措施所带来的效益。这项研究也考虑了障碍和驱动因素对改造的重要性以及评估对假设的敏感性。未来必须进一步考虑采取适当的战略，以消除体制、经济和社会障碍，并继续发展技术方法和改进规范，提高认识。

致谢

感谢 RICS 通过"为改善防洪能力进行的 CBD 可持续城市排水系统（SuDS）改造"研究项目所提供的财政支援和协助。本章借鉴了此课题的主要研究成果。

参考文献

Abbott, J., Davies, P., Simkins, P., Morgan, C., Levin, D. and Robinson, P. (2013). *Creating water sensitive places – scoping the potential for water sensitive urban design in the UK C724.* London: CIRIA.

Arge, K. (2005). Adaptable office buildings: theory and practice. *Facilities, 23* (3), 119–127.

Baird, G., Gray, J., Isaacs, N., Kernohan, D. and Mcindoe, G. (eds) (1996). *Building Evaluation Techniques.* Wellington, NZ: McGraw Hill.

Ball, R.M. (2002). Re - use potential and vacant industrial premises: revisiting the regeneration issue in Stoke - on - Trent. *Journal of Property Research*, *19*, 93–110.

Blanc, J., Arthur, S. and Wright, G. (2012). Natural flood management (NFM) knowledge system: Part 1 – sustainable urban drainage systems (SUDS) and flood management in urban areas – Final report. Edinburgh: CREW – Scotland's Centre of Expertise for Waters.

Bureau of Environmental Services – City of Portland (2008). *Cost Benefit Evaluation of Ecoroofs 2008*. Portland, Oregon USA: City of Portland, Oregon.

Charlesworth, S. and Warwick, F. (2011). Adapting to and mitigating floods using sustainable urban drainage systems. in Lamond, J.E., Booth, C.A., Proverbs, D.G. and Hammond, F.N. (eds) Flood hazards, impacts and responses for the built environment. New York: Taylor CRC press.

Chetri, P., Hashemi, A., Basic, F., Manzoni, A. and Jayatilleke, G. (2012). Bushfire, heat wave and flooding: Case studies from Australia. Report from the International Panel of the WEATHER project funded by the European Commission's 7th framework programme. Melbourne: RMIT University.

City of Melbourne and VICSES Unit(s) St Kilda and Footscray (2012). City of Melbourne flood emergency plan: A sub - plan of the municipal emergency management plan. Melbourne: City of Melbourne and VICSES.

Companies and Markets (2011). Australian Flood Damage Reconstruction Likely to Cost Billions. *Companies and Markets*.

Czemiel - Berndtsson, J. (2010). Green roof performance towards management of runoff water quantity and quality: A review. *Ecological Engineering*, *36*, 351–360.

Department of Infrastructure and Transport – Australia (2011). *Our cities, our future: A national urban policy for a productive, sustainable and liveable future*. Canberra: Department of Infrastructure and Transport, Australia.

Environmental Services – City of Portland (2011). *Portland's Ecoroof Program*. Available at: http://www.portlandoregon.gov/bes/article/261074.

Environmental Services – City of Portland (n.d.) *Downspout disconnection program*. [Accessed 21/06/13]. Available at: http://www.portlandoregon.gov/bes/54651.

Fianchini, M. (2007). Fitness for purpose. A performance evaluation methodology for the management of university buildings. *Facilities* 25(3/4) 137–146.

Fioretti, R., Palla, A., Lanza, L.G. and Principi, P. (2010). Green roof energy and water related performance in the Mediterranean climate. *Building and Environment*, *45*(8), 1890–1904.

Gann, D.M. and Barlow J. (1996). Flexibility in building use: the technical feasibility of converting redundant offices into flats. *Construction Management & Economics, 14* (1), 55–66.

Getter, K.L. and Rowe, D.B. (2009). Carbon sequestration potential of extensive green roofs. Greening Rooftops for Sustainable Communities Conference (Session 3.1: Unravelling the energy/water/carbon sequestration equation). Atlanta, GA, USA.

Getter, K.L., Rowe, D.B., Robertson, G.P., Cregg, B.M. and Andresen, J.A. (2009). Carbon sequestration potential of extensive green roofs. *Environ. Sci. Technol.*, *43*, 7564–7570.

Gissing, A. (2003). Flood action plans – making loss reduction more effective in the commercial sector. *Australian Journal of Emergency Management, 18*, 46–54.

Google Earth 6.0 (2008). Google Earth Australia. Available at: http://www.google.com.au/maps.

Gordon - Walker, S., Harle, T. and Naismith, I. (2007). *Cost-benefit of SUDS retrofit in urban areas – Science Report – SC060024*, Nov 2007. Bristol: Environment Agency.

Heath, T. (2001). Adaptive reuse of offices for residential use. *Cities, 18* (3), 173–184.

Hoang, L. and Fenner, R.A. (2014). System interactions of green roofs in blue green cities. 13th International Conference on Urban Drainage, 7–12 Sept 2014, Sarawak, Malaysia. ICUD.

Jha, A., Lamond, J., Bloch, R., Bhattacharya, N., Lopez, A. *et al.* (2011). *Five Feet High and Rising – Cities and Flooding in the 21st Century*. Washington: The World Bank.

Jia, H., Lu, Y., Yu, S.L. and Chen, Y. (2012). Planning of LID - BMPs for urban runoff control: The case of Beijing Olympic Village. *Separation and Purification Technology, 84* (0), 112–119.

Kazmierczak, A. and Carter, J. (2010). *Adaptation to climate change using green and blue infrastructure –A database of case studies*. Manchester UK: University of Manchester: Green and Blue Space Adaptation for urban areas and eco - towns (GRaBS); Interreg IVC.

Kellert, S.R. and Wilson, E.O. (1993). *The Biophilia Hypothesis*. Washington DC, USA: Island Press.

Kersting, J.M. (2006). *Integrating past and present: The Story of a Building through Adaptive Reuse*. Master of Architecture Masters, University of Cincinnati.

Kincaid, D. (2002). *Adapting buildings for changing uses – guidelines for change of use refurbishment*. London: Spon Press.

MacMullan, E. and Reich, S. (2007). *The Economics of Low-Impact Development: A Literature Review,* November 2007. Eugene, OR: ECONorthwest.

Markus, T.A. (1979). *Building conversion and rehabilitation – designing for change in building use*. London: Butterworth Group.

Met Office Hadley Centre for Climate Research (2007). *Climate Research at the Met Office Hadley Centre – Informing Government Policy into the Future*. Available at: http://www.metoffice.gov.uk/research/hadleycentre/pubs/brochures/clim_res_had_fut_pol.pdf.

Porsche, U. and Köhler, M. (2003). Life cycle costs of green roofs – A comparison of Germany, USA, and Brazil. *RIO 3 – World Climate and Energy Event*. Rio de Janeiro, Brazil 1–5 Dec 2003.

Property Council of Australia Limited (2006). *A guide to office building quality*. Sydney: Property Council of Australia Limited.

Rajagopalan, P. and Fuller, R.J. (2010). Green Roofs in Melbourne – Potential and Practice. Australia: School of Architecture and Building, Deakin University.

Remoy, H.T. and van der Voordt, T.J.M. (2006). A new life: Transformation of vacant office buildings into housing. CIBW70 Changing user demands on buildings. Needs for life - cycle planning and management, 12–14 June 2006 Trondheim.

Snyder, G.H. (2005). Sustainability through adaptive reuse: the conversion of industrial buildings. College of Design, Architecture and Planning, University of Cincinnati. Master of Architecture.

Szarejko, W. and Trocka - Leszczynska E. (2007). Aspects of functionality in modernization of office buildings. *Facilities, 25* (3), 163–170.

University of Florida (2008). Green roofs/Eco - roofs. Available from: http://buildgreen.ufl.edu/ Fact_sheet_Green_Roofs_Eco_roofs. pdf.

Vila, A., Pérez, G., Solé, C., Fernández, A.I. and Cabeza, L.F. (2012). Use of rubber crumbs as drainage layer in experimental green roofs. *Building and Environment, 48* (0), 101–106.

Wilkinson, S., Lamond, J., Proverbs, D.G., Sharman, L., Heller, A. and Manion, J. (2015). Technical considerations in green roof retrofit for stormwater attenuation in the Central business district. *Structural Surve*y, *33*, 36–51.

Wilkinson, S., Rose, C., Glenis, V. and Lamond, J. (2014). Modelling green roof retrofit in the Melbourne Central Business District. *Flood Recovery Innovation and Response IV*. Poznan, Poland 18–20 June 2014.

Wilkinson, S.J., Van Der Kallen, P. and Leong Phui, K. (2013a). The relationship between occupation of green buildings, and pro - environmental behaviour and beliefs. The Journal for Sustainable Real Estate. ISSN 1949 8276. Vol 5, 1–22.

Wilkinson, S.J., Ghosh, S. and Page, L. (2013b). Options for green roof retrofit and urban food production in the Sydney CBD. RICS COBRA New Delhi, India. 10–12 Sept 2013. ISSN 978 - 1 - 78321 - 030 - 5.

Wilkinson, S.J. and Reed, R. (2009). Green roof retrofit potential in the central business district. *Property Management, 27* (5), 284–301.

Williams, N.S., Raynor, J.P. and Raynor, K.J. (2010). Green roofs for a wide brown land: Opportunities and barriers for rooftop greening in Australia. *Urban Forestry and Urban Greening, 9*, 245–251.

Wong, T.H. (2006). Water sensitive urban design – the journey thus far. *Australian Journal of Water Resources, 10*, 213–222.

第19章 高速公路服务区的当代景观与建筑

科林·A. 布思，安妮－玛丽·麦克劳林
Colin A. Booth and Anne - Marie McLaughlin

19.1 导言

高速公路服务区（Motorway Service Areas，MSAs）或称高速公路休息区，是全年全天候为司机和乘客提供基本服务及供给，并供其休息和放松的场地。大多数国家的 MSAs 所提供的服务和供给较为相近，如卡车和小汽车的停车场、厕所、食品店、商店、野餐区和加油站（Evgenikos & Strogyloudis，2006）。但 MSAs 的标准及公众预期值在各国却不尽相同（Tunusa，2015）。据报道，奥地利、德国、瑞士和西班牙的 MSAs 在欧洲范围内评分最高（AA Motoring Trust，2004）。

大多数现代建筑和新型基础设施的设计与建造标准都比以往更具可持续性（Beddoes & Booth，2012；Khatib，2012）。在以往的抛弃型社会中，建筑是作为一次性的可抛弃物而被建造和使用的。随着人们对环境问题和建成环境带来的影响的认识进一步加深（Lamond 等，2011；Booth 等，2012），可持续建筑、可持续发展的企业和可持续行为等概念正变得流行（Baird，2010；Martin & Thompson，2010；Crocker & Lehmann，2013）。如今，这种可持续性理念也已逐渐运用于现代 MSA 的建设之中。

本章描述了英国当代 MSA 向可持续发展驱动型的转变，更加关注自然环境，并将可持续排水系统作为优先级进行考虑。

19.2 英国的高速公路服务区

1958 年，英国第一条高速公路［长达 8 英里（约 28.97km）的普雷斯顿支路］通车（Cox，2004）宣告了一种新的高效高速地面交通形式的产生，高速公路将极大地改善人和货物的流动性（Bridle & Porter，2003；Wootton，2010）。如今，英国内部的 75 条高速公路（包括 M 类高速公路）共同构成了长达 3559 km 的国家网络，并承载了 18.2% 的客运量（Wootton，2010）。

英国规定除紧急情况外禁止在高速公路上停车；因此，有必要为司机和乘客提供不必离开高速公路网就能休息、加油、享用茶点和如厕的设施及服务（Williams & Laugharne，1980；Charlesworth，1984）。1959 年，英国的第一个高速公路服务区——沃特福德盖普高速公路服务区（Watford Gap，M1）正式向司机和乘客开放，然而该服务区直到 1960 年才有餐饮设施。到 1963 年，在对高速公路网进行扩建的过程中，又有 6 个 MSAs 建成，它们分别位于纽波特帕格（Newport Pagnell，M1）、基尔（Keele，M6）、查诺克理查德（Charnock Richard，M6）、纳茨福德（Knutsford，M6）、法辛角（Farthing Corner，M2）和斯特兰舍姆（Strensham，M5）。

早期的 MSAs 建设存在"太少，太远"（Williams & Laugharne，1980）的问题；如今，MSAs 的数量已大幅增加。为满足高速公路上司机和乘客的需求，目前英国已建成 300 多个 MSAs（The Motorway Archive Trust）。英国运输部（Department of Transport，DoT）的初步设想是每隔 30 英里（48 km）就建设一个 MSAs，并每隔 15 英里（24 km）预留一个 MSAs（DoT，2008）。因此，如果在某处高速公路的路段内，MSAs 之间的距离超过 40 英里（64 km），那么该路段就被视为需要优先修建新 MSAs 的区域（Highways Agency，2010）。此策略使多个新 MSAs 得以建成，但同时也使得反对新建 MSAs 的呼声越来越高。部分新建 MSAs 的申请遭到了当地压力集团（如 Catherine de Barnes，M42）的反对，另外一部分新建 MSAs 的申请则需要经过法庭上的争辩后才得到批准（如 Gloucester，M5）。

据报道，英国的 MSAs 多年来在欧洲排名均为最低。在一项针对英国各 MSAs 的评估调查中，位于 M6 高速公路的桑德巴奇（Sandbach）高速公路服务区（南行段）排名垫底；而位于 M4 高速公路的加的夫西部 MSAs 和位于 M40 高速公路的牛津 MSAs 则名列前茅，但它们也仅达到"可接受"的级别（The AA Motoring Trust，2004）。评估项包括通道及室内的设施、餐饮、商店及售货亭、服务、通信、卫生、价格、行车安全性以及停车场和室外设施。在该评估调查中，英国没有一个 MSAs 能在最后两个评估项中取得较好的评分。这促使 MSAs 的经营商们对其所管辖的 MSAs 安排了大量的翻新和重建计划，这些计划包括增加外带食品店和提供可过夜的酒店等，并且所有这些设施都位于经过改造的美观环境中。

如今，MSAs 的景观设计已经获得了学界和投资界的大量关注。最新建造的 MSAs 在设计和环境方面与早期建造的 MSAs 已有显著的不同。例如，多数早期建造的 MSAs 规模过小 [10-15 英亩（约 4-6hm²）]、过于拥挤和休息场所过时，很难满足使用者的需求；但最新建造的 MSAs 则大得多 [35-40 英亩（约 14-16hm²）]，并能为使用者提供更多的产品和服务。这一关注也扩展到了 MSAs 的建筑及景观设计。

19.3　高速公路服务区的示范案例

下文将列举两个现代 MSAs 案例及其所面临的一些挑战：(1) 建于 1999 年的霍普伍德高

速公路服务区（Hopwood Park MSA，M42），将可持续排水系统作为其景观建筑设计的主要组成部分，但调查结果表明，这些可持续排水系统现在可能面临着维护问题；（2）建成于 2014 年和 2015 年的格洛斯特高速公路服务区（Gloucester MSAs），采用可持续发展的农场商业模式，并建有生态建筑和可持续性景观，被认为是英国最环保的 MSAs，但它们在建成之前必须克服一个主要障碍。

19.3.1　霍普伍德高速公路服务区

位于伍斯特郡境内 M42 高速公路（2 号交叉口）的霍普伍德 MSA，其设计与获得全球最佳建筑奖并于一年前开放的惠特利 MSA（Oxford，M40，Junction 8a）较为类似（www.jwaarchitects.co.uk）。霍普伍德 MSA 耗资 2500 万英镑，并在设计中包括了一个占地面积为 25hm² 的指定野生动物保护区。建设该保护区是布罗姆斯格罗夫区议会在规划这处 MSA 时提出的一项附加条件（Graham 等，2012）。霍普伍德 MSA 的总面积为 9hm²，拥有大型货车、长途汽车和小汽车停车场、一处加油区和一座综合服务楼。它是第一个在 MSA 建设中应用可持续性范式的典型案例。

围绕着综合服务楼的四个 SuDS "管理列车" 是霍普伍德 MSA 最显著的特点之一，它们由罗伯特布雷联合公司（Robert Bray Associates）和巴克斯特格雷希尔咨询有限公司（Baxter Glayster Consulting Ltd. Despite）设计。尽管当时针对 SuDS 的设计规范较为有限（Woods Ballard 等，2007），但这些 "管理列车" 可以控制该 MSA 不同路段的地表径流。作为英国首批布置的 "管理列车"，这些设施被环境署指定为 SuDS 示范点。原有的四个 "管理列车" 被细分以接收来自四个不同场地的径流，这四个场地分别为：（1）大型货车停车场；（2）长途汽车停车场、加油区、服务场地和主要通道；（3）小汽车停车场；（4）综合服务楼的屋顶。SuDS 和 MSA 的排放物被排入附近的野生动物保护区和阿罗河（Arrow）的一条支流——霍普伍德河。

大型货车停车场内的 "管理列车" 包括一条 10m 宽的植草浅沟、一条填满石头的沟渠、一个溢水池（1 号池塘）、一个末端衰减池（2 号池塘）、另一条植草浅沟和一处洼地（用于处理超过 10 mm 的初次冲刷溢流）。大型货车停车场的年平均日交通量约为 400 辆（Jefferies & Napier，2008）。位于主通道、加油区和长途汽车停车场的 "管理列车" 接收来自常规沟渠和管道系统的径流，这部分径流在到达溢水池（3 号池塘）和湿地池（4 号池塘）之前由隔泥隔油池进行初步处理。服务场地内的径流由湿地池（5 号池塘）进行处理。3 号、4 号和 5 号池塘的排放物由一条浅沟进行再次处理，该浅沟通向用于控制过量径流的植草浅沟或平衡池（6 号池塘）。3 号和 4 号池塘内有一个防止发生意外泄漏事件的出口阀（Graham 等，2012）。停车场径流的高污染物负荷（Revitt 等，2014）使得这两个 "管理列车" 的规模更大。带槽的路缘石引导停车场的径流通过由砾石填充的集水沟，然后排入平衡池（7 号池塘）。综合服务楼屋顶的径流通过管道输送至景观平衡池（图 19.1）。6 号、7 号和 8 号池塘经由排水池相连，再排放至霍普伍德河。与前两个 "管理列车" 相比，7 号和 8 号池塘的尺寸较小，被设计处理低污染物负荷的径流（Heal 等，2009）。

图 19.1　霍普伍德 MSA（M42）综合服务楼外的景观平衡池

　　希尔等（Heal 等，2009）编制了霍普伍德 MSA 内 SuDS "管理列车" 的径流削减、污染控制和维护方面的研究报告。该 "管理列车" 旨在削减 25 年一遇的暴雨径流，并实现 5 l/s/ha 的绿地径流率。2002 年 5 月 -2004 年 6 月，伍兹巴拉德等（Woods Ballard 等，2005）发现，隔泥隔油池出口处 70% 的径流峰值超过了绿地径流量；但在 6 号池入口，径流峰值显著降低至 5%。尽管在径流被排入霍普伍德河之前，并没有监测到 6 号池塘入口下游的径流峰值，但研究假定 "管理列车" 在结束运行时已达到绿地径流率的标准。由于该 MSA 在 2007 年夏季暴雨事件后没有发生洪水，表明 SuDS 在地表径流削减方面取得了成功（Heal 等，2009）。

　　环境署于 2000-2005 年监测了 "管理列车" 的水处理效率，发现从 "管理列车" 的第一个 SuDS 设施到最后一个 SuDS 设施，水样的污染物浓度有所降低（Heal 等，2009）。其中铜和锌浓度的去除率为 70%-90%。2007 年，杰弗里斯等（Jefferies 等，2008）分析了第一个 "管理列车" 的泥沙堆积和污染物浓度情况。他们发现泥沙被有效地截留在植草浅沟顶部 10cm 处。随着植草浅沟的深度和与停车场距离的增加，水中的污染物浓度明显降低。过滤带中污染物浓度由上到下逐渐降低的情况表明，污染物向下移动造成地下水污染的可能性不大。

　　2003 年 10 月，研究人员对 1 号池塘中的沉积物进行挖除，清理了大约 25% 的池塘植被及其附着的泥沙（Heal 等，2009）。经过脱水，这些沉积物可以被作为堆肥回收利用。但是，去除 1 号池塘中的沉积物并不能有效地将总石油烃（TPH）的浓度降低到沉积物质量准则的最低要求（表 19.1）。在 2000 年的一次 200L 柴油泄漏的突发事件中（Heal 等，2009），1 号池塘中 TPH 和多环芳烃（PAH）的浓度变得非常高。尽管 1 号池塘成功滞留了此次泄露事件造成的大部分污染物，但仍需要对突发泄露事件的有效补救问题作进一步研究，并且对可以维持 SuDS 初始功能的维护技术进行研发。此外，2007 年的大型货车停车场扩建项目影响了流入 SuDS 的水流方向，导致水流可能会完全绕过过滤带和沟渠，而这可能会增加 1 号和 2 号池塘内部的污染物浓度（Heal 等，2009）。

大型货车停车场和长途汽车停车场的"管理列车"沉积物中的污染物浓度　　　**表 19.1**

（ mg/kg，干重）

位置	Cd	Cu	Pb	Zn	Ni	TPH	Total PAHs
大型货车停车场的"管理列车"							
植草浅沟 PF1m 0–10cm[a]	0.4	71	66	351	31.4	398	5.16
植草浅沟 PF1m 10–20cm[a]	0.3	51	69	146	48.7	153	1.72
植草浅沟 PF3m 0–10cm[a]	0.3	50	52	199	30.3	1199	16.2
植草浅沟 PF3m 10–20cm[a]	0.2	30	39	106	50.8	86	1.56
植草浅沟 3m 0–10cm[a]	0.3	28	40	145	21.05	277	10.0
植草浅沟 6m 0–10cm[a]	0.3	24	36	118	18.9	151	2.61
植草浅沟 9m 0–10cm[a]	0.3	26	40	123	20.2	166	3.55
1 号池塘[a]	0.7	192	92	733	40.1	3152	19.2
2 号池塘[a]	0.6	89	67	393	49.6	629	4.27
长途汽车停车场、加油区、主通道的"管理列车"							
隔泥隔油池（2005）[b]	2.16	350	193	2500	—	10660	112
隔泥隔油池（2006）[b]	1.15	224	101	1790	—	26030	64.7
3 号池塘[c]	1.78	352	183	2580	—	—	108
4 号池塘[c]	0.586	215	136	1290	—	—	
5 号池塘[c]	1.03	161	120	1680	—	—	30.1
6 号池塘[c]	0.115	23.9	32.1	75.5	—	—	4.29
标准							
安大略环境部门 （Ontario Ministry of Environment，1993）	10	110	250	820	75	1500	—

注：[a] 杰弗里斯等（Jefferies 等，2008）对距路面边缘 1m、3m、6m 和 9m，深度为 0-10cm 处的植草浅沟内的土壤进行取样；并在深度为 0-10cm 和 10-20cm 的优先流区（Preferential Flow，PF）进行取样。

　　[b] 法拉姆等（Faram 等，2007）于 2005 和 2006 年进行采样。

　　[c] 威林盖尔（Willingale，2004）于 2003 年进行采样。

　　隔泥隔油池目前无法过滤小于 2 mm 的颗粒（R. Bray，pers. comm.）；因此，自收集这些样本以来，污染物的浓度可能已经有所增加。目前还存在一个令人担忧的问题，即由于污染物的浓度增加可能受沉积物成分影响（Horowitz，1991），因此受碳氢化合物高度污染的沉积物（表 19.1）可能会被释放到"管理列车"中，会超出现有的处理能力。大型货车停车场的"管理列车"和长途汽车停车场的"管理列车"的污染物浓度之间存在差异，一方面是与作为预处理设施的植草浅沟滞留沉积物的能力有关，另一方面与是否在第二个"管理列车"上使用排水表面更大的设施有关。

　　希尔等（Heal 等，2009）讨论了适用于 SuDS 的维护措施，包括指定承包商清除垃圾、割

草和种植湿地植被。独立承包商每隔 6 个月需对隔泥隔油池进行一次维护。2003-2007 年这 4
年间，清除 1—7 号池塘内沉积物的成本一共是 554 英镑（2007 年的物价）（Heal 等，2009）。
由于只需租用半天而不是一整天的挖掘设备，因此实际清除费用要低于预期费用。学者们进行
相关研究时发现，霍普伍德 MSA 中的 SuDS 并没有得到某些应有的维护（如割草）。尽管与
传统排水系统每年 4000 英镑的维护成本相比，SuDS 的维护成本更低（每年 2500 英镑），但
由于维护预算降至每年 300 英镑（Graham 等，2012），该地点的 SuDS 正逐渐缺失维护。英国
的非法定标准注明了将 SuDS 设施的全设计寿命周期纳入维护制度以实现其最佳性能的重要性
（Defra，2015）。从长远来看，沉积物和污染物的积累将导致清理成本的增加，因此维护的缺
失可能会产生高昂的代价。径流中的某些参数已经严重超出了对水生生物群的影响水平，这表
明对 SuDS 的长期维护对于维持生物多样性十分重要。随着 SuDS 设施储水容量的减少，"管
理列车"的结构完整性减弱，绿地的径流削减率也可能因此而降低。

霍普伍德 MSA "管理列车"的沉积物成分和水质结果表明，每个 SuDS 设施从进口到出
口的污染物水平都有所降低。尽管综合研究已经明确证明 SuDS 能够对沉积物和污染物进行滞
留，但人们关注的是一旦污染物被滞留，会对 SuDS 结构产生何种影响。杰弗里斯和内皮尔
（Jefferies & Napier，2008）指出，如果沉水池的沉积物中 TPH 和 PAH 的降解速率不足，那么
这部分沉积物可能会被归类为危险废弃物。如果隔泥隔油池不能正常运行，那么沉积物中过量
的 TPH 和 PAH 可能会进入第二个"管理列车"，这将是一个严重的问题。此外，不可降解污
染物（例如重金属）的持续积累可能会对"管理列车"的处理特性或生物多样性产生负面影
响。池塘保护信托基金会（The Ponds Conservation Trust，2003）做了一项关于"管理列车"生
态性能的研究，建议尽量减少污染物负荷，以改善该地区的生态。此外，维护预算的减少可能
会影响径流削减和污染物去除效率。目前尚不清楚污染物的可滤性或生物利用度以及污染物去
除效率是否会受到 SuDS 中长期污染物负荷的影响。

19.3.2   格洛斯特高速公路服务区

格洛斯特郡门户基金会（Gloucestershire Gateway Trust）和韦斯特摩兰有限公司（Westmorland
Ltd）之间的合作促成了独特而富有远见的 MSAs 建设项目（图 19.2）。格洛斯特 MSAs（位于
M5 高速公路北行段和南行段的 11 和 12 号交叉口之间）与传统的服务区不同，它几乎与周围
环境融为一体（Pegasus Planning Group，2010）。格洛斯特 MSAs 以可持续理念和实践为基础，
通过一种创新的"农场—商店"商业模式为当地提供收益，并将销售额的 2% 捐赠给慈善机
构和当地社区。MSAs 从距离服务区 30 英里（50km）范围内的 130 多家当地供应商处采购食
品，并致力于提供本地食品和为农业和周边社区服务（Stroud News and Journal，2015）。MSAs
雇用了 400 多名员工，帮助长期失业者重返工作岗位，其中许多来自格洛斯特郡门户基金会。
MSAs 的年平均日交通流量为 90700 辆（Bean，2012），预计每年可以为 450 万客户提供服务
（Gloucester Citizen，2015）。

图 19.2　新建的格洛斯特郡南行段 MSA（M5）的景观

该项目耗资 4000 万英镑（by Buckingham Group Contracting Ltd.），周围是起伏的悬崖和种植着本土植物的山谷。高速公路两侧建筑的布局和设计相似、面积相近，公路两侧都建有综合服务楼（约 3300m²）、小型货车司机楼（约 30m²）和加油站（约 230m²）。综合服务楼的屋顶结构为木框架构式（约 9m 高），并由本地出产的浅黄色科茨沃尔德石灰岩（Cotswold limestone）制成的干石墙连接。这些建筑覆盖着一层土壤和草皮，以形成定制的绿色屋顶支持原生草种植（图 19.2），这有助于场地的水资源管理能力和生物多样性的提升。建筑内外的节水措施包括雨水收集、使用低流量卫生设备（如双冲水马桶和充气限流水龙头）、检测和控制泄漏（使用智能计量）情况以及建设低水景观，从而达到削减流量并提高场地径流水质的效果。

MSAs 的排水系统应用了 SuDS "管理列车"，其专为百年一遇的暴雨事件和 30% 的气候变化事件而设计。除了上述的源头控制措施（如屋顶绿化和雨水收集），MSAs 景观系统中还包括其他一整套设施。停车场的泊车位（设有路边排水渠）和人行道均设有透水路面（图 19.3a、图 19.3b），使地表水能够渗透到砌块之间，并储存在下面的石头中。在径流进入填石处理沟渠之前，通过将径流引向过滤带来排干小型货车停车场和通道内的地表水。一系列的路边洼地和沟渠（干湿两用）构成了整个场地的渗透和输送网络（图 19.3c、图 19.3d）。这些网络与各种直径的地下管道的出入口相连接，并安装有淤泥收集器和流量控制室。多余的水最终进入 MSA 场地末端的池塘（最小衰减容积为 154.4m³，最大衰减容积为 1004.7m³）和湿地（最小衰减容积 96.5m³，最大衰减容积 556.4m³）（图 19.3e、图 19.3f）。除了提供视觉上有吸引力的景观外，场地径流控制设施还可以改善水质和径流特征，有助于 MSAs 的生物多样性和管理能力的提升。

毫无疑问，无论是作为一个可持续发展的商业体，还是作为一个设计成熟的 MSA 场地，格洛斯特现在都可以自豪地说，它们就是 MSAs 的典范。若当初没有在法律纠纷（17-18/01/2012）中获胜，它们可能将永远不会被建成。2010 年，斯特劳德区议会（地方规划局）收到了一份在 1994 年被拒绝的规划许可申请，并决定批准这一申请。然而，这一决定受到了邻近 MSA 的所有者、当地教区议会和 MSAs 反对者协会的质疑（有 1089 人签名请愿反对该规划）（Bean，2012）。

图 19.3 在新建的格洛斯特郡南行段 MSA（M5）SUDS "管理列车" 中所使用的设施

　　反对者基于四个理由获得了司法审查的许可（09/05/2011），其中包括 MSAs 对景观的影响。规划政策的目的是保护乡村景观，特别是那些被认为具有杰出自然风光的地区（areas of outstanding natural beauty，AONB）。而该 MSAs 毗邻科茨沃尔德 AONB，从风景区可清楚地看见 MSAs 的景色。因此，有必要仔细研究 MSAs 对景观造成的影响，并委任一名独立的景观评估人员对景观评估报告进行审查，该评估报告作为《环境声明书》（Environmental Statement）编制的一部分。审查结果表明，这一经过长远考虑的建筑和场地的建设布局方案对周边环境的敏感性较高，只会对周围景观造成轻微的不利影响。因此法院的结论是，与方案为该地区带来的经济社会发展、公路安全等效益相比，该方案对景观的不利影响可以忽略（Bean，2012）。最终，法院认为该规划申请符合规划政策，反对者们对司法审查的申请被全部驳回。

　　尽管在法庭上仍存在概念争议，但是现在格洛斯特 MSAs 拥有着无限的潜力和希望，并引得其他公司争相模仿。事实上，在查尔斯王子（Prince Charles，July 2015）为格洛斯特 MSAs 举办开幕仪式的当天，一个来自美国的摄制组赶来拍摄开幕的盛况，并透露 "我们在美国有很多高速公路服务区，但没有像这样的。这些是国家授予的特许经营权……人们会有兴趣看看这里发生了什么"（Gloucester Citizen，2015）。然而在作为规划申请的一部分而提交的 MSAs 维护策略（Pegasus planning Group，2010）中，并没有提到或考虑对 SuDS 设施的维护需求，因此它们的绩效也可能成为外界关注和审查的重点。不过，一个新的概念表示根据"管理列车"的设计和施工质量，可以在进行最低限度维护的同时保持性能（Bray，2015）。至于在这个空间上将会发生什么，就让我们拭目以待吧！

19.4　结论

现代的 MSA 基础设施已经从传统的基本功能发展到满足顾客的便利需求，以及高速公路上的乘客和司机日益增长的需求。从建设到运营的可持续实践已成为 MSAs 商业战略的一部分。霍普伍德 MSA 的成功表明了可以通过布置 SuDS 来对景观进行充分利用；格洛斯特 MSAs 则证明了 MSA 的设计在不断地进步，并提供了一个兼顾生态和商业的可持续建筑和景观设计典范。然而，这些系统的性能可能会由于缺乏维护而恶化，所以这两处高速公路服务区存在的一个问题就是能否执行 SuDS 的长期维护计划。

参考文献

Baird, G. (2010). *Sustainable Buildings in Practice: What the Users Think*. Routledge Publishers. p. 352.

Bean, J. (2012). Neutral Citation Number: [2012] EWHC 140 (Admin); Case No: CO/1654/2011http://www.stroud.gov.uk/info/welcome_break_final.pdf

Beddoes, D.W. and Booth, C.A. (2012). Insights and perceptions of sustainable design and construction. In: Booth, C.A., Hammond, F., Lamond, J. and Proverbs, D.G. (eds) *Solutions to Climate Change Challenges in the Built Environment*. Wiley - Blackwell, Oxford, 127–139.

Booth, C.A., Hammond, F.N., Lamond, J.E. and Proverbs, D.G. (2012). *Solutions to Climate Change Challenges in the Built Environment*. Wiley - Blackwell, Oxford.

Bray, R. (2015). Designing SuDS for nominal maintenance: integrating SuDS design with creative management. SUDsnet International Conference, Coventry University, September 3–4 2015. http://tinyurl.com/hcfcezd.

Bridle, R.J. and Porter, J. (2003). Engineering the UK motorway system 1950–2000. *Proceedings of the Institution of Civil Engineers: Civil Engineering, 163*, 137–143.

Charlesworth, G. (1984). *A History of British Motorways*. Thomas Telford Ltd., London, pp. 236–265.

Cox, L.J. (2004). Britain's first motorway: the Preston Bypass. In: Baldwin, P. and Baldwin, R. (eds) *The Motorway Achievement (Volume 1) – Visualisation of the British Motorway System: Policy and Administration,* Thomas Telford Ltd., London, 497–520.

Crocker, R. and Lehmann, S. (2013). *Motivating Change: Sustainable Design and Behaviour in the Built Environment.* Routledge Publishers. 472.

Defra (2015). *Sustainable Drainage Systems: Non-statutory technical standards for sustainable drainage systems.* PB14308. Crown Copyright, London.

Department of Transport (2008). *Policy on Service Areas and Other Roadside Facilities on Motorways and All-purpose Trunk Roads in England.* The Stationery Office Ltd., Norwich. 47.

Faram, M.G., Iwugo, K.O. and Andoh, R.Y.G. (2007). Characteristics of urban run - off derived sediments captured by proprietary flow - through stormwater interceptors. *Water Science and Technology, 56,* 21–27.

Graham, A., Day, J., Bray, R. and Mackenzie, S. (2012). *Sustainable Drainage Systems – Maximising the Potential for People and Wildlife: A Guide for Local Authorities and Developers.* Royal Society for the Protection of Birds and Wildfowl & Wetlands Trust.

Gloucester Citizen (2015). *Prince calls into Gloucester Services.* http://tinyurl.com/pg2sqp7.

Heal, K.V., Bray, R., Willingale, A.J., Briers, M., Napier, F., Jefferies, C. and Fogg, P. (2009). Mediumterm performance and maintenance of SuDS: a case - study of Hopwood Motorway Service Area,UK. *Water Science and Technology, 59,* 2485–2494.

Highways Agency (2010). *Highway Agency: Spatial Planning Framework Review of Strategic Road Network Service Areas – National Report.* Highways Agency Publication Code PR272/09.

Horowitz, A.J. (1991). *A Primer on Sediment-Trace Element Chemistry.* Lewis Publishers, Chelsea.

Jefferies, C. and Napier, F. (2008). *SuDS Pollution Degradation.* Final Report, Project UEUW02,SNIFFER, Edinburgh.

Jefferies, C., Napier, F., Fogg, P. and Nicholson, F. (2008). *Source Control Pollution in Sustainable Drainage.* Final Report, Project UEUW01, SNIFFER, Edinburgh.

Khatib, J.M. (2012). Progress in eco and resilient construction materials development. In: Booth, C.A., Hammond, F., Lamond, J. and Proverbs, D.G. (eds) *Solutions to Climate Change Challenges in the Built Environment.* Wiley - Blackwell, Oxford, 141–151.

Lamond, J.E., Booth, C.A., Hammond, F.N. and Proverbs, D.G. (2011). *Flood Hazards: Impacts and Responses for the Built Environment.* CRC Press – Taylor and Francis Group, London.

Martin, F. and Thompson, M. (2010). *Social Enterprise: Developing Sustainable Businesses.* Palgrave Macmillan Publishers. p. 264.

Ontario Ministry of Environment (1993). *Guidelines for the Protection and Management of Aquatic Sediment Quality in Ontario.* Queen's Printer for Ontario.

Pegasus Planning Group (2010). *Gloucester Gateway Motorway Service Area: Design and Access Statement.* http://tinyurl.com/hvyb6u5.

Ponds Conservation Trust (2003). *Maximising the Ecological Benefits of SUDS Schemes.* Report SR 625, Ponds Conservation Trust: Policy and Research, Oxford Brookes University, Oxford.

Revitt, M., Lundy, L., Coulon, F. and Fairley, M. (2014). The sources, impact and management of car park runoff pollution: A review. *Journal of Environmental Management,* 146, 552–567.

Stroud News and Journal (2015). *Gloucester Southbound Services officially opened by HRH The Prince of Wales.* http://tinyurl.com/jjscoq5.

The AA Motoring Trust (2004). *Eurotest 2004 – Motorway Service Area Tests: Results of the 2004 Pan-European motorway service area testing programme.* https://www.theaa.com/public_affairs/reports/MSA_Report_2004. pdf.

Tsamboulas, D., Evgenikos, P. and Strogyloudis, A. (2006). The financial viability of motorway rest areas. *Public Works Management and Policy*, *11*, 63–77.

Williams, T.E.H. and Laugharne, A. (1980). Motorway usage and operations. In: *Twenty years of British Motorways.* Institution of Civil Engineers, London. p. 71–88.

Willingale, S.A. (2004). *A Study into the Bioremediation of Silt from a Sustainable Drainage System.* Unpublished B.Sc. Thesis, Department of Geography, Swansea University, Wales.

Woods Ballard, B., Dimova, G., Weisgerber, A., Kellagher, R., Abbot, C., Manerio Franco, E., Smith, H. and Stovin, V. (2005). *Benefits and Performance of Sustainable Drainage Systems.* Report SR 677, HR Wallingford.

Woods Ballard, B., Kellagher, R., Martin, P., Jefferies, C., Bray, R. and Shaffer, P. (2007). *The SuDS Manual.* Report C697, CIRIA, London.

Wootton, J. (2010). The history of British motorways and lessons for the future. *Proceedings of the Institution of Civil Engineers: Transport, 156*, 121–130.

Yunusa, M.B. (2015). Physical planning and the development of Dankande Rest Stop Area in Kaduna, Nigeria. *City, Culture and Society, 6*, 53–61.

第20章 设计建模

克雷格·拉什福德，苏珊娜·M. 查尔斯沃思，弗兰克·沃里克
Craig Lashford，Susanne M. Charlesworth and Frank Warwick

20.1　导言

　　计算模型是一种针对场所特征而进行的案头研究（desk‐based analysis）（Ellis 等，2012），它允许用户在进行场地开发之前模拟各种不同的场景。例如，降雨—径流模型用于确定某一特定暴雨事件可能导致的洪水区域（Tramblay 等，2011）。诸如 SWMM 和 Microdrainage® 等软件已经创建了 SuDS 附加组件，可以模拟不同设施在减少径流方面产生的作用。根据需要分析的数据量和输出分辨率的不同，人们开发了适用各种规模的模型和方法，包括大型区域级模型，流域战略级模型（strategic catchment scale）和地方级模型。因此，有三种常见的方法：一维、二维和三维建模，将在以下章节中依次介绍。

20.2　一维建模

　　一维建模相对简单，并且是对平面环境进行分析（Mahdizadeh 等，2012）。由于模型参数较为简单，不需要强大的计算能力，所以通常作为第一次尝试（FWR & WAPUG，2002）。一维建模为用户提供了洪水宽度数据，但不提供深度（Henonin 等，2013），仅仅描绘了洪泛区的大致轮廓。马克等（Mark 等，2004）将许多因素（包括管道和道路）纳入模型，模拟了洪水范围。由于模型中没有考虑洪水事件的深度，研究人员对可能发生洪水的范围提出了质疑。赫宁等（Henonin 等，2013）指出一维建模太过简单，虽然它可以指示出潜在积水位置，但不适合测量溢流。为了创建更全面的洪泛区模型，还需要提供其他维度的数据（Bates & De Roo，2000）。

20.3 二维建模

二维建模可充当河流洪水模拟的基准（Henonin 等，2013）。模型通常使用高程数据来计算暴雨后径流的范围和深度（Bates & De Roo，2000）。该方法无法对地下排水进行建模，而通常采取估算的方式得到，造成了该方法的不确定性，所以无法对洪泛区进行模拟（Henonin 等，2013）。齐和阿尔蒂纳卡（Qi & Altinakar，2011）对美国佐治亚州洪水事件造成的影响进行了评估，为利益相关者提供了可能的受损信息，从而说明防洪措施的需求。所以，为了更细致地对地表径流和管道水流进行模拟，应使用一维和二维相结合的方法（Mahdizadeh 等，2012）。

20.4 一维和二维模型

结合一维和二维建模，可以更详细地分析地表洪水的范围和深度，并提供一个简单的一维管道模型（Pathrana 等，2011）。一维—二维模型经常用于洪水和河流模拟，但依赖于模型中输入因素的准确性（Henonin 等，2013）。埃利斯等（Ellis 等，2011）建议运用该方法来识别洪水风险的关键区域，使利益相关者能够对缓解方法进行评估。该方法的主要局限性在于，一维和二维耦合模型假设径流是下水道系统超载后的结果（Zhou 等，2012）。为了克服这一局限性，又开发了三维建模软件以提供更准确的数据。

20.5 三维模型

三维模型比以往的方法涉及更多的参数（包括地貌和场地条件），以及更多与污水负荷超重无关的洪泛细节（Poole 等，2002；Chen & Liu，2014）。由于该方法需要较大的计算能力，例如 MicroDdrain®（MicroDrain，n.d），因此使用此方法进行的研究十分有限。但是，它提供了降雨径流的详细模拟、可能被淹没的区域（深度和范围）以及缓解方法（Merwade 等，2008；Lee 等，2011）。

20.6 建模的不确定性

由于影响径流的参数有很多，包括气候条件、土壤类型和状态、入渗率、底层岩性、地形和河道特征，因此存在着一定程度的不确定性（Refsgaard 等，2007）。可以通过现场验证等方式减少不确定性，比如通过将模型输出与真实场景进行比较的方式确定模型的精度。这可进一步增加模型最终输出结果的可信度（Nativi 等，2013）。

20.7 模型验证: SuDS "管理列车" 的监控

许多与 SuDS 相关的实地研究都集中在单个 SuDS 设施所带来的好处上，而很少对 SuDS "管理列车" 的影响进行监测（González - Angullo 等，2008；Stovin，2009；Freni 等，2009）。在英国，希尔等（Heal 等，2009）分析了霍普伍德高速公路服务区 SuDS "管理列车" 所带来的长期影响，此列车由多个池塘、过滤带、洼地和湿地组成。监测结果（2000-2008 年）显示该列车在改善径流水质方面非常有效。SNIFFER（2004）报告了在邓弗姆林东部扩建项目中单个设施和 "管理列车" 的水质改善情况，并证明了安装 SuDS 能降低洪水风险。

英国剑桥兰姆大道（Lamb Drove）的 SuDS "管理列车" 自 2006 年建成以来一直受到监控，重点关注 SuDS 三角模型提及的各个维度。"管理列车" 由绿色屋顶、滞留池、过滤带、洼地、雨水罐、渗透型铺装以及蓄水池组成。总的来说，计算结果表明，与不透水管道相比，SuDS "管理列车" 可以减少径流量，且蓄水池发挥了最主要的作用，使径流降至 3 l/s/hm²。但是，研究并没有量化现场其他设施的影响（Cambridgeshire County Council，2012）。

20.8 排水建模量表

SuDS 模型可以模拟水量减少和水质改善的情况（Bastien 等，2010）。这是在项目开发前了解潜在影响的一种有效方法，可用于指导政策和最佳实践程序（Elliott & Trowsdale，2007）。建模是理解 SuDS "管理列车" 能力最合适的方法之一，因为它考虑了场地特性，并结合必要的污水处理设施了解径流减少情况（Viavattene 等，2010）。为了获得全部的效益结果，需要将场地特性添加到模型中，以获取更详细的数据。建模可以在一系列层面上进行：区域级、战略级和地方级（图 20.1）。

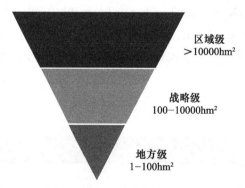

区域级
>10000hm²

战略级
100−10000hm²

地方级
1−100hm²

图 20.1 建模在区域级、战略级和地方级三个层次进行

20.8.1 区域级建模

区域分析是在大流域尺度层面上进行的，由于数据量和规模的粗糙性，分辨率较低。因

此，大部分模型基于整体洪水风险或水循环的单一特征，而非 SuDS 的总体影响（Wheater，2002）。例如，贝尔等（Bell 等，2012）模拟了气候变化对泰晤士河流域洪水的影响。在他们的研究中，气候数据的分辨率是 25km，而河流流量是 1km。通过缩小建模规模，可以提高分辨率。

20.8.2　战略级建模

在战略或流域一级，可以获得到更好的解决方案。在这个尺度下，沃里克（Warwick，2013）考虑了各种场地特征（如地形和地质），创建了一个 SuDS 可行性图，使人们判断在英国考文垂使用的 SuDS 设施。米切尔（Mitchell，2005）探讨英国约克郡的艾尔盆地（Aire Basin）中可以改善水质的 SuDS 改造地点，其过程如下：

（1）绘制面源污染热点地图；

（2）确定污染风险最大的区域；

（3）评估土地利用变化对径流质量的影响。

然而，即使在战略级层面上，该量表仍然过于粗糙，无法提供足够的信息来评估任何可能的影响（Moore 等，2012），因此仍然需要大量的数据。

20.8.3　地方级建模

地方尺度可以分为两个独立但相关的层级：场地和建筑。场地模型所涉及的范围比战略级小得多，但可以利用战略级模型所得到的信息来设计排水系统并预测影响。与前两个级别相比，这个级别需要更多的细节，并且需要足够高质量的信息（Bastien 等，2010）。目前已经针对特定设施和联合"管理列车"进行了场地模拟。例如，彼得鲁奇等（Petrucci 等，2012）使用雨水管理模型（SWMM）模拟了在巴黎某社区安装 RWH 对径流的潜在影响。他们计算出，通过在该地区 450 座房屋中的 157 座安装 RWH，可以将由径流产生的洪水事件限制在 5 年一遇。

巴斯琴等（Bastien 等，2010）和休伯特等学者（Hubert 等，2013）研究了与"管理列车"相关的 SuDS 三角模型，但他们的研究太过宽泛，缺乏细节。此外，巴斯琴等（Bastien 等，2010）没有考虑场地特征（如地形），而这是模拟径流路线和潜在积水场地所必须具备的。维瓦旺等（Viavattene 等，2010）模拟了应用于英国伯明翰某个地点的单个 SuDS 设施（如 PPS 和绿色屋顶）对当地水量的影响。该研究是 SuDS 选择定位工具（SuDS selection and location tool，SUDSLOC）的一部分，发现 PPS 和绿色屋顶可分别减少 28% 和 26% 的径流。

在建筑层面，埃利斯等（Ellis 等，2011）利用的基于地面光进行探测和测距（LiDAR）的高分辨率数据来绘制小尺度地形变化图。这些信息有助于模拟某些结构对洪水路径的影响，并对单一设施所带来的减少水量的效益进行评估。弗雷尼等（Freni 等，2009）对渗滤沟构建了模型，并得出结论，渗滤沟在改善水质方面比减少水量更有效。卡斯塔吉尔和贾亚苏里亚

（Khastagir & Jayasuriya，2010）使用城市雨水改善概念化模型（Model for Urban Stormwater Improvement Conceptualisation，MUSIC）发现，即使是单个 RWH 设施也能改善整体水质。

20.9 SuDS 模型存在的问题

模型可以探讨开发项目的排水系统或单个设施产生的影响，从而达到优化空间的目的（Moore 等，2012）。然而，建模存在一些局限性，尤其是在模型输出结果与现实的关联方面（Wheater，2002；Merwade 等，2008）。模型的好坏取决于构建模型的数据，如果数据不准确，则输出结果将不准确。在模拟 SuDS 过程中还存在一些特定的不确定性。比如在选定的区域内，植被的类型和密度可能会有所不同，这通常会导致建模的复杂性，并可能产生不同的结果（Elliott & Trowsdale，2007；Burszta - Adamiak & Mrowiec，2013）。此外，模型系统得出的结果往往是"完美"的，是基于持续维护和无堵塞的排水计划进行模拟的，而在实际中，这些通常不能实现，因此降低了准确性（González - Angulloe 等，2008；Bergman 等，2011）。

软件的选择至关重要。有些软件比其他软件更有效，更适合特定的建模场景。下面几节将介绍一些计算机模型，这些模型已用于排水以及 SuDS 的模拟。

20.9.1 排水模型软件的选择

通常，我们使用建模软件模拟对汇水区施加预定事件所产生的影响（Elli 等，2012）。有五种商业上可用的模型被广泛用于模拟排水和暴雨事件：SWMM、MUSIC、MOUSE、Infoworks 和 MicroDrain®。

20.9.2 雨水管理模型

雨水管理模型（Stormwater Management Model，SWMM）是美国环境保护署（Environmental Protection Agency，EPA）设计的一种降雨—径流模型，可以对潜在水量和水质改善进行评估（Rossman，2010）。该模型已经成为一种广泛使用的免费软件模型，可以模拟单次和连续降雨情况（Burszta - Adamiak & Mrowiec，2013），并将一定范围内的 SuDS 设施（包括绿色屋顶、PPS、洼地、渗滤沟、生物滞留区和雨水坝）一同考虑（Liao 等，2013）。李等人（Lee 等，2012）的研究对渗滤沟和雨水罐进行了 SWMM 建模，估计韩国 50 年一遇的径流可能减少 7%-15%。经模型验证后，他们发现误差率高达 13.3%。波斯塔·阿达米亚克和姆罗维克（Burszta - Adamiak & Mrowiec，2013）等质疑了该软件在测量水量减少方面的准确性，他们认为 SWMM 在多数实验中低估了从绿色屋顶流出的水量。这一结论与雅利安和特罗兹代尔（Elliott & Trowsdale，2007）之前的研究结果一致，他们发现，SWMM 没有把洼地和渗滤沟渗透到地下的水考虑在内，因此就没有把这部分水计算在地下水流量中。

20.9.3　城市雨水改善概念化模型

由澳大利亚流域水文合作研究中心（Cooperative Research Centre for Catchment Hydrology）开发的城市雨水改善概念化模型（Model for Urban Stormwater Improvement Conceptualisation，MUSIC）是一种城市雨水建模工具（Wong 等，2002；Ellis 等，2012）。该模型得到了广泛使用，因为它可以将各种 SuDS 集成到软件包中，并且能够通过水力建模工具将全寿命成本与水质评估相结合（Elliott & Trowsdale，2007）。这一模型的构建使得具有已知影响的设施可以投入使用，并可在研究项目中评估 SuDS 对雨水流量的影响（Khastagir & Jayasuriya，2010；Beck & Birch，2013）。巴斯琴等（Bastien 等，2011）运用 MUSIC，研究了在苏格兰格拉斯哥克莱德港（Clyde Gateway，Glasgow）安装的 SuDS "管理列车"，在 SuDS 三角模型所提及的三个层面的影响。然而，尽管预计水质会有相当大的改善，并且模型能够调整 "管理列车" 的规模以应对 30 年一遇的暴雨，但就土地占用和维护成本而言，WLC 似乎违背了地方当局在现场实施 SuDS 的意愿。

MUSIC 可以用于流域尺度的设计。例如，卡斯塔吉尔和贾亚苏里亚（Khastagir & Jayasuriya，2010）使用该模型估算了安装 RWH 后可减少 13%-75% 的水力负荷、72%-80% 的总氮量以及 90% 的悬浮固体总量。尽管 MUSIC 在某种程度上得到了应用，但人们对它的准确性仍有疑问。多托等学者（Dotto 等，2011）就是这样认为的，他们对 MUSIC 的降雨—径流模块在高度城市化汇水区中准确预测雨水流量的能力提出了质疑。伊姆泰兹等（Imteaz 等，2013）对此表示赞同，他做了一系列实验来验证该软件的准确性，发现 MUSIC 高估了几个结果。

20.9.4　城市下水道模型

城市下水道模型（Model for Urban Sewers，MOUSE）是由丹麦水文研究所（Danish Institute of Hydrology，2002）开发的模拟城市径流的软件，但它并不方便用户使用（Viavattene 等，2008），因此在英国并不常见（Defra and Environment Agency，2005）。在 SuDS 整合方面，MOUSE 局限于 PPS、生物滞留、雨槽、洼地和渗滤沟。与 SWMM 一样，它不包含地下水流量（Elliott & Trowsdale，2007）。由于这个原因，在研究中，该软件工具包仅限于模拟不透水表面的地表水流，而无法满足测量地下水特征的需要（Semadeni - Davies 等，2008）。雅利安和特罗兹代尔（Elliott & Trowsdale，2007）认为该模型在模拟水质改善方面比其他模型更成功，但在水量方面效果较差。

20.9.5　Infoworks

Infoworks 是一个侧重于水工结构的水动力软件包，主要用于模拟流量和径流路径（Salarpour 等，2011；Moore 等，2012）。它还能模拟通过实施 SuDS 的径流减少情况（Bastien 等，2010）。虽然穆尔等（Moore 等，2012）利用该模型研究了安装改造 SuDS 和传统排水结构断接对径流的影响，但是作为下水道流量建模的行业标准工具，其主要用于对现有结构进行建模（Atkins，2008）。

20.9.6　MicroDrainage®

Microdrainage® 是由极限编程公司（XP Solutions）设计的一种城市雨水排水设计商用模型（Microdrainage，2009），也是英国排水行业采用的标准系统（Mott Macdonald Ltd. and Medway Council，2009；RPS Group，2012；Hubert 等，2013）。因为数据是通过图形输入的，而不是在电子表格中以数字形式输入的，所以该软件允许在设计过程中进行交互。这提供了可视化动画功能，并且更便于在 GIS 之间传输数据（Afshar，2007；Microdrainage，n.d）。它通常被用于开发新设计，并能够考虑地形特征和已建住宅，结合 SuDS 改造和预定的降雨事件生成溢流水位图（Bassett 等，2007）。利益相关者和咨询机构（Moore，2006）在进行洪水风险评估时也经常使用 Microdrainage® 技术（Mott Macdonald Ltd and Medway Council, 2009）。休伯特等（Hubert 等，2013）在办公场所分别安装了传统管道排水系统与 SuDS "管理列车"，并使用 Microdrainage® 对整体现场效益进行比较。

20.10　利用 Microdrainage® 软件模拟英国考文垂前德拉姆公园（Prior Deram Park）SuDS "管理列车" 的影响

本案例位于考文垂市中心西南 6km 的坎利 "城市再生区"（Canley Regeneration Zone，CRZ），总占地面积 5hm²，其中部分为棕色区（Charlesworth 等，2013；Lashford 等，2014）。总规批准建设 250 个住宅单位（密度为 50 幢/hm²），并提供新的社区服务和休憩用地。

当局根据考文垂市议会提供的通道布局，利用 ArcGIS 设计了住宅平面图，然后设计了两种排水方案：基于管道的传统系统和 SuDS "管理列车"，并使所有径流都流入当地的坎利溪。根据环境、食品及农村事务部（Defra，2015）的要求，通过建模设计使常规系统能应对通常 30 年一遇的暴雨问题，而 SuDS 系统设计用于百年一遇的事件。如表 20.1 所示，列出了 "管理列车" 中使用的设施与用途，以及模拟的体积和位置。

英国考文垂前德拉姆公园 SuDS "管理列车" 中使用的设施、用途和模拟体积　　表 20.1

设　　施	位　　置	目　　的	模拟体积（m³）
洼地	在人行道上	运输	729
多孔路面	每栋房子的车道	源头控制	761
绿色屋顶	每栋房子		2014
滞留池	现场周围有五个	滞留	6890

为了减缓池塘的水流，并确保符合环境、食品及农村事务部（Defra，2015）的要求，实

验在池塘的出口处增加了一个节流阀（如堰板），以将池塘径流限制在绿地径流范围内。建模结果表明，基于管道的常规系统会使 200 间中的 40 间房屋被淹没，这相当于产生了 858m³ 的过量水。但是 SuDS "管理列车"将能成功处理百年一遇（±30 年，考虑到气候变化）的暴雨，甚至已经能够应对 275 年一遇的暴雨（Lashford 等，2014）。

20.10.1　决策支持工具

决策支持工具可以帮助从业人员在决策早期中更早地选择合适的 SuDS 设施。这些工具不会代替人们做出最终的决定，但它们有助于分析一些区域的排水特点，例如，水可以渗透的程度、该区域是否为棕色地带和底层岩性的特征（Stovin & Swan，2007；Scholz & Uzomah，2013；Newton 等，2014）。例如，托迪尼（Todini，1999）通过模拟洪水流量改进了洪水地图，从而提出了适用于欧洲的管理方案。由于建模区域的复杂性，系统需要较高的计算能力支持，但它仍然能够提供相当准确的结果。其他系统，如歇姆等（Shim 等，2002）创建的决策支持工具以韩国的流域系统为落脚点，试图加强洪水管理的决策选择能力。然而，托迪尼（Todini，1999）和歇姆等（Shim 等，2002）使用的模型都很复杂，尤其是在已经包括了一些 SuDS 设施的情况下。

由于不同 SuDS 设施具有不同的复杂性，因此不存在一种可以实现所有要求和职能的决策支持工具。然而，已经有一些研究尝试生成一个支持 SuDS 三角模型的系统。斯图文和斯旺（Stovin & Swan，2007）能够使用一个系统来量化 SuDS 改造的水力高效解决方案，该系统的主要目的是确保成本效益，并使利益相关者快速理解最终成本和成本节约，以期进一步促进 SuDS 的实施。尽管该系统取得了成功，但没有考虑到高密度住房等问题，因此有时很难估计所需设施的数量。

此外，某些决策支持工具可以对特定设施所产生的效益进行评估。例如，肖尔茨和乌佐玛（Scholz & Uzomah，2013）的快速评估系统能够通过在 PPS 附近种植树木来量化当地生态系统的改善情况。该工具的总体目标是促进 PPS 的实施，并增强城市景观的生态性。

卡哈达等（Kahinda 等，2009）利用 ArcView 3.3 和 Microsoft Excel 的组合，开发了一种用于评估 RWH 的工具，称为雨水收集决策支持系统（Rainwater Harvesting Decision Support System，RHADESS），以表明 RwH 在南非的适用性。该项目的推动因素之一是水安全概念被纳入千年发展目标（Millennium Development Goals），并促进了 RWH 的广泛应用。无论设计是为了解决洪水还是污染问题，抑或是提供更舒适的环境和协助场地设计，成功的 SuDS 决策支持工具都可以确保场地更富有弹性。

20.11　案例研究：英国考文垂的决策支持工具

沃里克（Warwick，2013）开发的考文垂决策支持工具，确定了影响英国西米德兰兹郡考文垂 SuDS 设施选择的各个因素空间分布。所需的信息可通过多个来源进行获取，包括英国地质调查局、考文垂市议会、军械调查局，国家土壤资源研究所和环境署。他为每一个因素都制定了规则，例如，根据渗透或滞留径流的能力对不同类型的岩石进行了评估。如图 20.2 所示为该过程的流程图，以地质渗透滞留多余雨水的能力作为判定标准。那些被评判为"合适"的场地是植被设施的最佳选择，而那些不太适宜的场所则需要额外的努力和费用来安装其他更为合适的 SuDS。

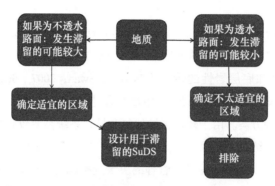

图 20.2 以 SuDS 图为例，介绍了地理信息系统中的
地图创建过程：分别确定了合适于不合适的区域，
并且对重叠部分进行删除

这些规则是与当地政府、环境监管机构和相关水资源公司等这些比较了解当地情况的部门合作商定的，并且这些规则经过编码，以便在空间上使用。接下来可以在地理信息系统中分析这些空间关系，以确定 SuDS 设施在整个城市的适当位置。如图 20.3 所示，给出了一组地图中的一个例子，表明除了已有湖泊或溪流的地方外，城市的大部分地区都可能发生滞留。SuDS "工程"滞留设施将设在棕色地带，因为在这一地区要避免发生渗透现象，所以可以使用多孔型铺装、池塘衬垫或硬质生物滞留设施以及诺丁汉雨水花园（图 20.4）。如图 20.3 所示，考文垂大约 1/3 的城市区域适合安装"植物"型 SuDS 设施，而 2/3 的区域可能需要采取某种形式的工程解决方案。

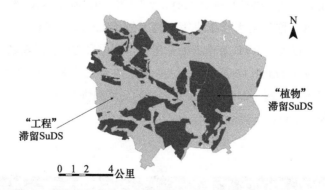

图 20.3 英国考文垂的输出地图结果，包括"植物"（深色）和
"工程"（浅色）SuDS 滞留设施。无阴影的地方（白色）被认为
不适合任何形式的 SuDS 滞留或保留设施

图 20.4　英国诺丁汉戴布鲁克（Daybrook）雨水花园

通过使用地理信息系统，地图是可扩展或缩放的；人们查看通过不同的分辨率地图，包括从整个城市规模到单个开发项目和再生地点。这些地图主要是为了在与开发商的早期讨论中，协助地方政府官员评估新开发项目和再生地区 SuDS 的使用情况。然而，人们意识到，为了提交更详细的规划申请，需要进行更多的技术测试和建模。决策支持工具能够提供易于理解的信息，并使用当地政府熟悉的方式，从而支持规划官员和开发商之间进行初步讨论。因此，它能够解决目前一些限制 SuDS 实施的障碍。

20.12　场地设计

设计一个能够有效集成 SuDS 的合适场地，对于满足 SuDS 三角模型的要求是至关重要的（Charlesworth，2010）。如果设计成功，则可能降低未来的巨额维护成本（Jefferies 等，2009），性能不会迅速恶化（Wilson 等，2009），并能满足场地要求（Woods Ballard 等，2007）。考虑到气候变化的潜在影响和场地整体特征，确保有效设计场地的考虑因素之一是最佳降雨事件模拟。

20.12.1　最佳降雨事件设计

对现场影响最大的暴雨事件（或称临界暴雨持续时间）是产生最大排放量的事件（Kanga 等，2009）。在英国，这可以分为两个事件：夏季事件和冬季事件。由于地面条件的变化，冬季事件可以产生径流量和流速最大。事件的持续时间也是需要考虑的一个关键因素。肖尔茨（Scholz，2004）发现，较短的事件（约 1h）通常会触发临界暴雨持续时间。此外，需要选择返回周期来决定将要建模的事件规模，从而确定"管理列车"的 SuDS 设施所必需的功能。环境、食品及农村事务部（Defra，2015）的非法定技术标准建议，应针对径流小于绿地径流的百年一遇事件进行设计。除了临界暴雨持续时间外，设计必须考虑到气候变化，人们普遍认为全球气候变化将对英国的气候产生影响，从而影响到"管理列车"的设计寿命（IPCC，

2007）。因此，任何暴雨事件都应增加 30% 的后果，以增强应对气候变化的能力（Environment Agency，2009）。

就场地特性而言，渗透是一个重要考虑因素。不同的土壤具有不同的渗透速率，会在很大程度上影响可使用的 SuDS 类型（Ward & Robinson，2000）和数量（Kirby，2005）。此外，梅尔韦德等（Merwade 等，2008）建议，详细的水流路线建模需要提供地形和场地高程数据，从而产生准确的输出结果。

20.13 结论

有许多技术可以应用于排水建模，每种技术根据输出要求和可用资源会呈现不同的效益。模型可以整合不同尺度的 SuDS，以确定它们在减少径流方面的作用。然而，由于建模的复杂性及其数据需求，输出结果存在许多不确定性。

虽然已有研究使用了 MUSIC 和 Infoworks 软件（Bastien 等，2010），但从业者更广泛地将 MicroDrainage® 应用于新建场地（Atkins，2008；Mott Macdonald Ltd and Medway Council，2009），这是英国排水行业的标准系统（Hubert 等，2013）。尽管他们已尝试对"管理列车"进行建模，但对水量的计算仍存在问题（Bastien 等，2010；Hubert 等，2013）。这几项研究表明，总体而言，SuDS"管理列车"是缓解洪水风险的有效策略（Hubert 等，2013），但这种有效性与"管理列车"各设施之间的关系尚不清楚。

参考文献

Afshar, M.H. (2007). Partially constrained ant colony optimization algorithm for the solution of constrained optimization problems: Application to storm water network design. *Advances in Water Resources, 30*, 954–965.

Atkins (2008). *Development of guidance for sewerage undertakers on the implementation of drainage standards.* Available at: http://tinyurl.com/px9maeh.

Bassett, D., Pettit, A., Anderson, C. and Grace, P. (2007). *Scottish Flood Defence Asset Database Final Report.* Available at: http://tinyurl.com/ppp5tso.

Bastien, N., Arthur, S., Wallis, S. and Scholz, M. (2011). Runoff infiltration, a desktop case study. *Water, Science and Technology, 63* (10), 2300–2308.

Bastien, N., Arthur, S., Wallis, S. and Scholz, M. (2010). The best management of SuDS treatment trains: a holistic approach. *Water Science and Technology, 61* (1), 263–272.

Bates, P.D. and De Roo, A.P.J. (2000). A simple raster - based model for flood inundation simulation. *Journal of Hydrology, 236*, 54–77.

Beck, H.J. and Birch, G.F. (2013). The magnitude of variability produced by methods used to estimate annual stormwater contaminant loads for highly urbanised catchments. *Environmental Monitoring Assessment, 185*, 5209–5220.

Bell, V.A., Kaya, A.L., Cole, S.J., Jones, R.G., Moorea, R.J. and Reynard, N.S. (2012). How might climate change affect river flows across the Thames Basin? An area - wide analysis using the UKCP09 Regional Climate Model ensemble. *Journal of Hydrology, 442–443*, 89–104.

Bergman, M., Hedegaard, M.R., Peterson, M.F., Binning, P., Mark, O. and Mikkelsen, P.S. (2011). Evaluation of two stormwater trenches in Central Copenhagen after 15 years of operation. *Water, Science and Technology, 63* (10), 2279–2286.

Burszta - Adamiak, E. and Mrowiec, M. (2013). Modelling of green roofs hydrological performance using EPA' s SWMM. *Water, Science and Technology, 68* (1), 36–42.

Cambridgeshire County Council (2012). Lamb Drove Sustainable Drainage (SUDS) Monitoring.

Charlesworth, S. (2010). A review of the adaption and mitigation of global climate using sustainable drainage cities. *Journal of Water and Climate Change, 1* (3), 165–180.

Charlesworth, S.M., Perales - Momparler, S., Lashford, C. and Warwick, F. (2013). The sustainable management of surface water at the building scale: preliminary results of case studies in the UK and Spain. *Journal of Water Supply: Research and Technology-AQUA, 62*, 8, 534–544.

Chen, W. - B. and Liu, W. - C. (2014). Modelling flood inundation induced by river flow and storm surges over a river basin. *Water, 6*, 3182–3199.

Danish Institute of Hydrology (2002). *MOUSE surface water runoff models reference manual.* Hørsholm, Denmark.

Defra (2015). *Non-statutory technical standards for sustainable drainage.* Available at:http://tinyurl. com/qem92y4.

Defra, Environment Agency (2005). *Defra/Environment Agency Flood and Coastal Defence RandD Programme* W5 - 074/A/TR/1.

Dotto, C., Deletic, A., McCarthy, D. and Fletcher, T. (2011). Calibration and sensitivity analysis of urban drainage models: MUSIC rainfall/runoff module and a simple stormwater quality model. *Australian Journal of Water Resources, 15* (1), 85–94.

Elliott, A. and Trowsdale, S. (2007). A review of models of low impact urban stormwater drainage. *Environmental Modelling and Software, 22*, 394–405.

Ellis, B., Revitt, M. and Lundy, L. (2012). An impact assessment methodology for urban surface runoff quality following best practice treatment. *Science of the Total Environment, 416*, 172–179.

Ellis, B., Viavattene, C. and Chlebek, J. (2011). *A GIS-based integrated modelling approach for the identification and mitigation of pluvial urban flooding.* WAPUG Spring Meeting held 18 May 2011.

Environment Agency (2009). Managing flood risk. Available at: http://tinyurl.com/plejuh3.

Freni, G., Mannina, G. and Viviani, G. (2009). Stormwater infiltration trenches: a conceptual modelling approach. *Water Science and Technology, 60* (1), 185–199.

FWR and WAPUG (2002). Urban flood route prediction - can we do it? Report by the Foundation for Water Research, Wastewater Research and Industry Support Forum. Workshop held 26 Sept 2002, Renewal Conference Centre, Solihull, UK. Available at: http://www.fwr.org/wapug/fldpred.pdf.

González - Angullo, N., Castro, D., Rodríguez - Hernández, J. and Davies, J.W. (2008). Runoff infiltration to permeable paving in clogged conditions. *Urban Water Journal, 5* (2), 117–124.

Heal, K.V., Bray, R., Willingale, S.A.J., Briers, M., Napier, F., Jefferies, C. and Fogg, P. (2009). Medium - Term performance and maintenance of SUDS: a case - study of Hopwood Park Motorway Service Area, UK. *Water, Science and Technology, 59* (12), 2485–2494.

Henonin, J., Russo, B., Mark, O. and Gourbesville, P. (2013). Real - time urban flood forecasting and modelling - a state of the art. *Journal of Hydroinformatics, 15* (3), 717–733.

Hubert, J., Edwards, T. and Jahromi, B.A. (2013). Comparative study of sustainable drainage systems. *Engineering Sustainability, 166* (ES3), 138–149.

Imteaz, M.A., Ahsan, A., Rahman, A. and Mekanik, F. (2013). Modelling stormwater treatment systems using MUSIC: accuracy. *Resources, Conservation and Recycling, 71*, 15–21.

IPCC (2007). *Climate Change 2007: Impacts, Adaption and Vulnerability.* Available at: http://tinyurl. com/ywywt8.

Jefferies, C., Duffy, A., Berwick, N., McLean, N. and Hemingway, A. (2009). Sustainable urban drainage systems (SUDS) treatment train assessment tool. *Water Science and Technology, 60* (5), 1233–1240.

Kahinda, J.M., Taigbenu, A.E., Sejamoholo, B.B.P., Lillie, E.S.B. and Boroto, R.J. (2009). A GIS - based decision support system for rainwater harvesting (RHADESS). *Physics and Chemistry of the Earth, 34*, 767–775.

Kanga, M.S., Koob, J.H., Chunc, J.A., Herd, Y.G., Parka, S.W. and Yooe, K. (2009). Design of drainage culverts considering critical storm duration. *Biosystems Engineering, 104*, 425–434.

Khastagir, A. and Jayasuriya, L.N.N. (2010). Impacts of using rainwater tanks on stormwater harvesting and runoff quality. *Water Science and Technology, 62* (2), 324–329.

Kirby, A. (2005). SuDS - innovation or a tried and tested practice? *Municipal Engineer, 158*, 115–122.

Lashford, C., Charlesworth, S., Warwick, F. and Blackett, M. (2014). Deconstructing the sustainable drainage management train in terms of water quantity - preliminary results for Coventry, UK. CLEAN - Soil, *Air, Water, 42* (2), 187–192.

Lee, J. - M., Hyun, K. - H., Choi, J. - S., Yoon, Y. - J. and Geronimo, F. (2012). Flood reduction analysis on watershed of LID design demonstration district using SWMM5. *Desalinisation and Water Treatment, 38*, 326–332.

Lee, S., Birch, G. and Lemckert, C. (2011). Field and modelling investigations of fresh - water plume behaviour in response to infrequent high - precipitation events, Sydney Estuary, Australia. *Estuarine, Coastal Shelf Science, 92*, 389–402.

Liao, Z.L., He, Y., Huang, F., Wang, S. and Li, H.Z. (2013). Analysis on LID for highly urbanized areas' waterlogging control: demonstrated on the example of Caohejing in Shanghai. *Water, Science and Technology, 68* (12), 2559–2567.

Mahdizadeh, H., Stansby, P. and Rogers, B. (2012). Flood wave modelling based on a two - dimensional modified wave propagation algorithm coupled to a full - pipe network solver. *Journal of Hydraulic Engineering, 138* (3), 247–259.

Mark, O., Weesakul, S., Apirumanekul, C., Aroonnet, S.B. and Djordjević, S. (2004). Potential and limitations of 1D modelling of urban flooding. *Journal of Hydrology, 299*, 284–299.

Merwade, V., Cook, A. and Coonrod, J. (2008). GIS techniques for creating river terrain models for hydrodynamic modeling and flood inundation mapping. *Environmental Modelling and Software, 23* (10 - 11), 1300–1311.

MicroDrainage (2009). *Working with WinDes®: An example-led instruction to the Windows-based Micro Drainage Suite.* Unpublished handbook. MicroDrainage: Newbury.

MicroDrainage (n.d) WinDes DrawNet 3D model build for drainage engineers. *Waste and Water Magazine,* 1–5.

Mitchell, G. (2005). Mapping hazard from urban non - point pollution: a screening model to support sustainable urban drainage planning. *Journal of Environmental Management, 74*, 1–9.

Moore, S., Stovin, V., Wall, M. and Ashley, R. (2012). A GIS - based methodology for selecting stormwater disconnection opportunities. *Water Science and Technology, 66* (2), 275–283.

Moore, S. (2006). *Modelling of a Small UK Out of Town Retail Park Catchment using WinDes and MUSIC.* 2nd SUDSnet Student Conference held Coventry University 7 Sept 2006.

Mott Macdonald Ltd., Medway Council (2009). *Waterfront and Town Centre Development, Chatham, Kent.* Proposed Dynamic Bus Facility. Flood Risk Assessment. Available at: http://tinyurl. com/ o7ve4sl.

Nativi, S., Mazzetti, P. and Geller, G.N. (2013). Environmental Model Access and Interoperability: The GEO Model Web Initiative. *Environmental Modelling and Software, 39*, 214–228.

Newton, C., Jarman, D., Memon, F.A., Andoh, R. and Butler, D. (2014). Developing a decision support tool for the positioning and sizing of vortex flow controls in existing sewer systems. *Procedia Engineering, 70*, 1230–1241.

Pathirana, A., Tsegaye, S., Gersonius, B. and Vairavamoorthy, K. (2011). A simple 2 - D inundation model for incorporating flood damage in urban drainage planning. *Hydrology and Earth System Sciences, 15*, 2747–2761.

Petrucci, G., Deroubaix, J. - F., de Gouvello, B., Deutsch, J. - C., Bompard, P. and Tassin, B.

(2012). Rainwater harvesting to control stormwater runoff in suburban areas. An experimental case - study. *Urban Water Journal, 9* (1), 45–55.

Poole, G., Stanford, J.A., Frissell, C.A. and Running, S.W. (2002). Three - dimensional mapping of geomorphic controls on flood - plain hydrology and connectivity from aerial photos. *Geomorphology, 48*, 329–347.

Qi, H. and Altinakar, M.S. (2011). A GIS - based decision support system for integrated flood management under uncertainty with two dimensional numerical simulations. *Environmental Modelling and Software, 26*, 817–821.

Refsgaard, J.C., van der Sluijs, J.P., Højberg, A.L. and Vanrolleghem, P. (2007). Uncertainty in the environmental modelling process – a framework and guidance. *Environmental Modelling and Software, 22* (11), 1543–1556.

Rossman, L. (2010). *Storm Water Management Model User's Manual-Version 5.0.* USEPA. EPA/600/ R - 05/040.

RPS Group (2012). *Flood Risk Assessment: Prior Deram Walk, Canley, Coventry.* On behalf of Taylor Wimpy Midlands. Available at: http://tinyurl.com/oekjgu6.

Salarpour, M., Rahman, N.A. and Yusop, Z.G. (2011). Simulation of flood extent mapping by Infoworks RS - Case study for tropical catchment. *Journal of Software Engineering, 5* (4), 127–135.

Scholz, M. and Uzomah, V.C. (2013). Rapid decision support tool based on novel ecosystem service variables for retrofitting of permeable pavement systems in the presence of trees. *Science of the Total Environment,* 458–460, 486–498.

Scholz, M. (2004). Case study: design, operation, maintenance and water quality management of sustainable storm water ponds for roof runoff. *Bioresource Technology, 95*, 269–279.

Semadeni - Davies, A., Hernebring, C., Svensson, G. and Gustafsson, L. (2008). The impacts of climate change and urbanisation on drainage in Helsingborg, Sweden: suburban stormwater. *Journal of Hydrology, 350* (1–2), 114–125.

Shim, K. - C., Fontane, D. and Labadie, J. (2002). Spatial decision support system for integrated river basin flood control. *Journal of Water Resources Planning and Management, 3*, 190–201.

SNIFFER (2004). *SUDS in Scotland-The Monitoring Programme.* Available at: http://tinyurl. com/oanggfp.

Stovin, V.R. (2009). The potential of green roofs to manage urban stormwater. *Water and Environment Journal, 24*, 192–199.

Stovin, V.R. and Swan, A.D. (2007). Retrofit SuDS - cost estimates and decision - support tools. *Water Management, 160*, 207–214.

Todini, E. (1999). An operational decision support system for flood risk mapping, forecasting and management. *Urban water, 1*, 131–143.

Tramblay, Y., Bouvier, C., Ayral, P. and Marchandise, A. (2011). Impact of rainfall spatial distribution on rainfall - runoff modelling efficiency and initial soil moisture conditions estimation. *Natural Hazards and Earth System Science, 11* (1), 157–170.

Viavattene, C., Ellis, B., Revitt, M., Seiker, H. and Peters, C. (2010). The Application of a GIS - Based BMP Selection Tool for the Evaluation of Hydrologic Performance and Storm Flow Reduction. NovaTech 2010, 7th International Conference on Sustainable Techniques and Strategies in Urban Water Management held 27 June – 1 July 2010 at Lyon, France.

Viavattene, C., Scholes, L., Revitt, D.M. and Ellis, J.B. (2008). A GIS based decision support system for the implementation of stormwater best management practices. *Pollution Research,* 1–9.

Ward, R.C. and Robinson, M. (2000). *Principles of Hydrology* (4th edition) London: McGraw - Hill Publishing Company.

Warwick, F. (2013). *A GIS-based decision support methodology at local planning authority scale for the implementation of sustainable drainage.* Unpublished PhD thesis. Coventry University, UK.

Wheater, H.S. (2002). Progress in and prospects for fluvial flood modelling. *Philosophical transactions of the Royal Society, 360*, 1409–1431.

Wilson, S., Bray, R. and Cooper, P. (2004). *Sustainable Drainage Systems: Hydraulic, Structural and Water Quality Advice.* C609. London: Construction Industry Research and Information Association.

Woods Ballard, B., Kellagher, R., Martin, P., Jefferies, C., Bray, R. and Shaffer, P. (2007). *The SuDS Manual.* Available at: http://tinyurl.com/od75lo3.

Wong, T.H.F., Fletcher, T.D., Duncan, H.P., Coleman, J.R. and Jenkins, G.A. (2002). A model for urban stormwater improvement conceptualisation. In: Rizzoli, A. Jakeman, A. (ed.) Proceedings of the First Biennial meeting of the International Environmental Modelling and Software society, Integrated Assessment and Decision Support held 24–22 June 2012 at Lugano, Switzerland, *1*, 48–53.

Zhou, Q., Mikkelsen, P.S., Halsnæs, K. and Arnbjerg - Nielsen, K. (2012). Framework for economic pluvial flood risk assessment considering climate change effects and adaptation benefits. *Journal of Hydrology, 414*, 539–549.

第21章 公众对可持续排水设施的看法

格林·埃弗雷特
Glyn Everett

21.1 导言

本章将论证公众对可持续排水系统（SuDS）目的、功能和广泛潜在利益的认识和理解是排水系统可持续性的核心。这些认知和理解将影响公众对维护或破坏可持续功能的行为的理解和实行的意愿，这些行为将影响可持续排水系统的性能、预期产品生命周期和相关利益。反过来，这些因素又会影响人们的认知，从而影响个人倾向和社会规范的发展和主流化，并有助于实行和维持良好行为。

本章主要阐述如何应对洪水风险这一问题，首先回顾了可持续洪水风险管理的公众偏好和行为的文献，并重点介绍了可持续洪水风险管理的一个案例研究。该研究探讨了公众对生态湿地功能的认识和理解，以及这些认知是如何影响人们对舒适性、成本和收益的看法，进而影响行为。最后，本章认为，让公民参与 SuDS 开发和定制有助于鼓励他们采取更适当的可持续行为。如果没有这些努力，对设施目的和性质的理解可能就会停留在这样的水平上：不适当的行为仍然普遍，并降低了更"可持续"方法的效果、成本效益和可持续性。

21.2 公众对洪水风险管理的偏好和理解

目前，仅英格兰和威尔士就有约 550 万套房产面临着河流、海水和地表水泛滥的风险（Environment Agency，2009a，2009b），但布置防洪设施的行动仍然少得惊人。在曾经遭受过洪水侵袭的人中，只有大约 1/4 的人采取了行动；而对于那些没有经历过的人，这一比例下降到了 6%（Thurston 等，2008；Harries，2012）。相关预测表明，随着气候变化，未来 75 年英国的洪水风险可能会急剧增加。如果预测属实，那么英国每年在维修和防护工作上可能要花费数百亿英镑（King，2004）。与此同时，气候变化对建成环境产生的影响将在全世界得到反映。

正如拉蒙德和普罗韦尔（Lamond & Proverbs，2009）所说，人们必须经历多个思考阶段，才能接受可能发生洪水的现实并采取应对措施。也就是说，未来需要通过提高对问题的认识、感知和主人翁意识来提升人们采取相应行动的意愿，并通过传播知识、提高可动用资本和坚定"行动必能改变现状"的信念来提高行动能力。公众对洪水风险的了解十分缺乏，一些受访者甚至表现出对承认面临的风险规模的厌恶（Speller，2005；Defra，2011）。这可能源于哈里斯（Harries，2010）所提到的安全感偏好，他们希望自己感受到的安全感比实际存在的更多，并通过采取措施（查看防淹门等）不断提醒潜在风险。

对于市政防护措施（如住宅层面的防护措施）的感知效用而言，这一点可能同样正确；因为担心风险会对房地产价格产生负面影响（Burnigham 等，2008），社区可能不愿意承认风险并接受那些致力于降低风险的行动。另外，目前大众还存在一种认知，即认为安装防洪保护设施是政府的责任，而不是由社区负责（Correia 等，1998；Werrritty 等，2007）。在这一问题上，人们仍然是被动的，并期望政府或保险公司能负担这笔费用（Brilli & Polič，2005；Wedawatta 等，2011；Ludy & Kondolf，2012）。在研究中发现，公众至少愿意与指定当局共同承担管理洪水风险的责任（Laska，1986）。但其他研究结果又表明，人们愿意为减轻洪水风险支付的一次性费用低于 100 英镑（Kaźmierczak & Bichard，2010），而这不足以涵盖有效措施的成本，这就意味着问题仍然存在。

然而，社会中还存在一些固有偏好，即采用更可持续的方法来管理洪水风险。许多研究表明，在建成环境中增加绿地和生物多样性或野生动物通道，通常会受到人们的欢迎（Coley 等，1997；Dunnett & Muhammad，2000；Chiesura，2004；Fuller 等，2007）。因此，尽管一开始并没有表现出防御洪水的作用，但可持续洪水风险管理会因增加了可利用的绿地面积和生物多样性而被更积极地看待，下一节将对这一点进行描述。

21.3　SuDS 的可持续性

英国和美国的政策现在都倾向于采用更可持续的方法来进行洪水风险管理（Scottish Government，2003；Defra，2005；EPA，2013）。实行硬质"灰色"基础设施的转变，需要所有利益相关方（包括受此影响的当地公众）参与到发展新的实践和运行活动中来，以确保功能的有效发挥和可持续性。这就引出了一个问题，即公众的偏好到底是什么，以及随着 SuDS 的广泛采用，公众偏好如何发展（更积极还是更消极）。

与更隐蔽的灰色基础设施相比，SuDS 会改变城市环境："绿色"SuDS（如绿色屋顶、洼地和雨水花园）涉及在建成环境中设计绿色空间；雨水桶改变了住宅美学的方方面面；透水铺装可能会改变美感和地面的"触感"。因此，所有这些 SuDS 都涉及洪水风险管理应该包括和应该是什么样的思考的发展（Shandas 等，2010），并且需要在行为上进行调整，使它们能够在中长期内履行其职能。此外，对 SuDS 的看法可能会影响购房者的偏好、房屋价值以及开发商的做法（Netusil 等，2014；Bolitzer & Netusil，2000；HR Wallingford，2003）。

因此，了解公众的看法和行为至关重要。SuDS 的可持续性将取决于周围的环境。如果汽车在路面漏油或者把路面当作处理垃圾的方便场所，水流就会被堵塞，而这种对透水路面或洼地的不当使用会导致其有效期只有短短几年。

回顾 SuDS 三角形模型（第 1 章），水质和水量构成了 SuDS 研究的重要组成部分。然而，正如辛格尔顿（Singleton，2012）所说，三角形模型的第三点——宜人性（以及生物多样性或野生生物）往往被忽视。实际上，"有时它会被边缘化，甚至完全被遗忘"（Singleton，2012）。正如辛格尔顿（Singleton，2012）所言，这可能是因为宜人性的目标很难确定，所以结果也很模糊。此外，生物多样性是一个非常独立的考虑因素，它缺乏总体商定的测量指标、评估尺度（Purvis & Hector，2000；Franklin，2008）或将生物多样性与宜人性联系起来的公式（Hanley 等，1995）

然而，从社会和可持续发展的角度看，SuDS 三角形模型所表达的效益可以说是最重要的。人们需要了解 SuDS 的直接功能（削减洪水和改善水质）以及更多的间接效益（如改善城市环境的绿色基础设施），以便了解它们如何提高宜人性（如减少用水量，在干旱时期提供水资源，提升美感和空气质量，提供野生动物通道以鼓励生物多样性，创造有益于身心健康的休闲和娱乐空间等）。如果人们不觉得这些设施对他们的生活有贡献，他们可能更不愿意改变行为以促进更长期的功能发挥，并为这些方法的推广和维护买单。宜人性是使用 SuDS 时经常被相关研究提及的好处（Defra，2011；Anglian Water，2011；Graham 等，2012），但是这些研究还未对生活在设施周围的人的偏好和看法进行分析。一些研究已经得出结论，公众更喜欢结构性防御设施而不是 SuDS。韦里蒂等（Werritty 等，2007）发现，超过 90% 的受访者更喜欢结构性防御而不是被视为"防洪的第一道防线"的替代方案。在研究 SuDS 的潜在好处时，约翰逊和普利斯特（Johnson & Pristor，2008）还得出结论，公众、媒体和保险业仍然高度关注结构性防御。

相比之下，凯尼恩（Kenyon，2007）发现参与者更喜欢乡村 SuDS 方法（如林地更新），而结构防御是最不受欢迎的选择。另外还有三项研究指出，公众更偏向于更具可持续性的洪水风险管理方法，英国水利研究院（HR Wallingford，2003）、阿波斯特拉基和杰弗里斯（Apostolaki & Jefferies，2005）以及巴斯琴等（Bastien 等，2011）的研究发现，SuDS 池塘因其美学、宜人性和对野生动物的贡献而受到当地居民的重视；其中野生动物是最重要的因素，而美学是决定性因素。

阿波斯特拉基和杰弗里斯（Apostolaki & Jefferies，2005）发现，人们对当地计划所能带来的功能缺乏认识，许多受访者不知道"SuDS"一词或 SuDS 池对防洪的贡献。据调查，人们对 SuDS 的看法，至少有一部分与他们对功能和服务的认识有关。巴斯琴等（Bastien 等，2011）发现，公众对池塘功能的认识远高于阿波斯特拉基和杰弗里斯（Apostolaki & Jefferies，2005）的研究结果，其中近 75% 的受访者表示对 SuDS 池塘功能有一定了解。然而，安全性是居民的主要关注点，感知的安全水平和实际的安全水平之间存在很大的差异（Mckissock 等，1999）。滕斯托尔等（Tunstall 等，2000）评估了几项关于洪水风险和改善河流宜人性的项目并得出结论，可以在咨询和提高认识的同时实施"精心设计"的方案，而不会引发安全问题。因此，这些研究得出的重要结论是，教育和咨询对于有效实施可持续战略至关重要。

美国的研究通常更多围绕绿色基础设施，而不是只针对 SuDS；但其研究结果具有中心相关性，同时研究也表明，人们对 SuDS 的认识和理解可能十分不足（Barnhill & Smardon，2012；Everett 等，2015，2016）。巴恩希尔和斯马登（Barnhill & Smardon，2012）提供了关于美国情况的简明扼要的文献综述。他们引用了拉巴迪（LaBadie，2010）在新墨西哥州阿尔伯克基（Albuquerque，New Mexico）的研究，该研究将此类技术的设计、建造、维护和融资缺乏了解的调查结果作为典型案例，说明了核心理解的普遍缺乏，以及这如何对考虑 SuDS 替代方案的意愿产生了负面影响。类似地，桑达斯等（Shandas 等，2010）在波特兰的研究中观察到社区间存在显著的差异，并强调了提高雨水管理技术知识的必要性。另一些人则观察到，人们对 SuDS 携带的蚊子数量增长存在误解（Traver，2009；Everett，2016），这可能会对人们的感知产生负面影响。

巴恩希尔和斯马登（Barnhill & Smardon，2012）指出了需要承认和处理的相关潜在问题，例如干预措施可能影响社会经济概况或地区安全（Seymour 等，2010；Pincetl & Gearin，2013）。然而，他们还提出了一些研究，这些研究反映了日益增加的绿地使用可能带来的社会公平积极影响（Floyd 等，2009；Pincetl & Gearin，2013），以及如何发展更安全、更健康的社区（Abrahams，2010；Qureshi 等，2010；Shandas 等，2010）。同样，迪尔等（Dill 等，2010）在他们关于波特兰的研究中观察到，当居民看到更多的孩子在绿色的街道上玩耍时，会觉得自己住在更好的社区，并认为在他们的社区中散步更令人愉快。综上，我们意识到了将绿色基础设施和 SuDS 设计到城市环境中可能产生的积极或消极影响。在下一节中，我们将着眼于围绕俄勒冈州波特兰市可持续洪水风险管理方法的一系列案例研究。

21.4 态度和行为：美国俄勒冈州波特兰市

在美国，由于环境、经济和社会原因，绿色基础设施（Benedict & McMahon，2006）已经被推广了约 20 年。俄勒冈州波特兰有发生 10 年一遇的洪水事件的历史，这种洪水被称为"滋扰性洪水"（nuisance flooding）——一种相对较小的洪水，但仍然会造成道路阻塞、地下室和房屋洪水，并通过道路和工业径流使水质恶化（BES，2001）。因此，波特兰政府的环境服务局（Bureau of Environmental Services，BES）一直在开发更可持续的方法来管理雨水（Reinhardt，2011）。

BES 的"从灰色到绿色"倡议（2008-2013 年）致力于扩大模拟自然系统的雨水管理技术的使用范围，恢复和保护现有自然区域、改善水质、减少街道和地下室洪水问题（BES，2010）。首先，这包括一个"自愿卖方土地征用计划"（willing seller land acquisition program），即针对三个经常遭受滋扰性洪水的特定地区，购买房屋并将土地恢复到更自然的状态：恢复湿地，改善周边地区的洪水存储功能，并提供有益于野生生物和休闲活动的空间（BES，

2015a）。其次，"清洁河流奖励"（clean river rewards）计划是指当雨水在私人地产层面进行管理而不是流入排水系统时，城市为家庭提供了 100% 的雨水公用事业费；另外，城市也提供了关于如何申请奖励和管理家庭层面雨水的免费研讨会（BES，2014a）。

在以前，如果家庭断开他们的落水管（屋顶排水管），雨水会直接进入他们的花园或雨水桶而不是进入排水系统（Wise，2010；BES，2014b），那样会减少径流排放量以及减少使用绿色屋顶（BCIT，2006）。波特兰有强制性的政策，除了一些实在不可行的情况，都必须在城市建筑上安装绿色屋顶（BPS，2009）。此外，规划政策允许在使用绿色屋顶的地方给予增加建筑密度的奖励（BCIT，2006）。尽管已经不再提供免费安装或类似的奖励措施，但他们自豪地宣布，这些计划已使得 56000 个落水管断接，这导致城市内的污水溢流系统每年减少了 13 亿加仑（约 49.21 亿 L）的雨水（BES, 2014）。

目前波特兰被认为是美国致力于利用绿色基础设施改善城市生活的领先城市之一，绿色基础设施不仅改善了宜居性，促进了可持续发展实践，还有益于应对气候变化（Slavin & Snyder，2011；Mayer & Provo，2004）。例如，在波特尼（Portney，2013）对美国城市的评估中，波特兰在可持续发展方面得分很高。

该市于 1999 年通过了第一份雨水管理手册（SWMM）（BES，2005），然后在 2007 年正式实施了绿色街道政策（BES，2007）。在处理雨水径流的方法中，生态湿地是另一个关键因素，它已经在城市街道上布置了十多年。生态湿地或生物滞留花园（bioretention gardens）是与雨水花园较相似且高度工程化的 SuDS 雨水管理设施，但其下方安装了用于输送过滤后的水的排水系统，并在水返回主河道之前使用本地植物过滤污染物（图 21.1）。在波特兰，这些方法被广泛用于缓解街道和地下室洪水以及改善水质，既可以作为发达地区的城市改造，也可以通过修改立法，要求开发商在需要铺设 500 平方英尺（46m²）以上的硬质面层的地方进行 SuDS 绿色基础设施工程（BES，2014）。

图 21.1　俄勒冈州波特兰市的生态湿地和种植前发布的信息

在波特兰，桑达斯等（Shandas 等，2010，2015）研究了"泰伯河"（Tabor to the River，T2R）计划，该计划涉及大面积植树、生态湿地建造、栖息地改善和污水管恢复，以提高该地区应对长久以来的污水溢流管道系统局限的能力，从而适应城市化、地面硬质化和气候变化。桑达斯等（Shandas，2010，2015）研究了 T2R 计划中已经布置了生态湿地的地区居民的理解程度和态度，并与尚未参与布置的地区进行了比较。

调查发现，受访者一般都对该计划的性质有充分的了解。如前一节所述，他们还发现，在构建了生态湿地的地区，人们对周围环境指标（可步行性、安全性、美学和绿地）的评价都更高，这表明居民满意度与 SuDS 绿色基础设施之间存在着积极的关系。在参与设施维护的意愿方面，桑达斯等（Shandas，2010）发现一个结论，高收入家庭更有可能参与设施的维护，而且更有可能：(a) 参与了其他环境项目；(b) 与邻居建立了社交互动；(c) 对邻近地区的公园和休憩用地的评价较低。此外，家庭成员较为年轻或接受过研究生教育的较低收入家庭也更有可能参与设施的维护。

丘奇（Church，2015）也对 T2R 进行了研究，发现人们对使用生态湿地表示支持，并将其归功于 BES 开展的推广工作。丘奇（Church，2015）发现，82% 的受访者认为建设生态湿地是一个"好主意"，但只有 32% 的受访者认为生态湿地改善美学并提供宜人性。大部分受访者（63%）了解生态湿地的功能。然而，丘奇（Church，2015）的研究发现，人们对生态湿地是"自然的"这一观点看法不一：大约 2/5 的人认为它们是，也有差不多的人认为它们不是，其他人则认为它们是有目的的"人造"自然空间——高度工程化而非自然的城市干预成果，只提供了绿色空间或野生动物通道。

迪尔等（Dill 等，2010）调查了波特兰的几个地点，以评估绿色街道是否影响"积极老龄化"（active ageing）。他们发现绿色街道的居民比其他地区的居民更倾向于步行，甚至控制人口结构、态度和附近的目的地选择；而且他们更有可能认同，自设施布置以来，在社区里散步变得更愉快。除此之外，绿色街道上的居民比其他街道上的居民更愿意停下脚步和邻居交谈。迪尔（Dill，2010）在某种程度上同意桑达斯等（Shandas 等，2010）的结论，他们发现老年居民对设施持有更多的负面意见。

埃弗里特等（Everett 等，2015，2016）还研究了有关波特兰生态湿地的公众认知和行为。他们把目光投向了 T2R 计划领域之外，可能是由于人口差异和方法不同，调查结果与上述学者有所不同。埃弗里特等（Everett 等，2015，2016）采用了机会互动（point of opportunity interaction，POI）方法，在没有事先通知的情况下与街上或花园中的人交谈，以避免自我选择偏差，也就是说只有在居民已经知道这些设施并对它们有很强烈的意见时才会对访谈作出回应（Whitehead，1991；Hudson 等，2004）。这些互动产生了有价值的见解，而这些见解可能来自那些没有主动要求参加更正式 活动的人。

埃弗里特等（Everett 等，2016）发现很多人对设施的用途和功能认识不足。那些对此有一定了解的人更多谈论的是减少洪水风险和净化水源，而不是其他更广泛的好处，比如提供野生动物通道或帮助适应气候变化。重要的是，在没有直接洪水风险的地区，有相当一部分居民认为当地设施与缓解其他地方的风险和减少洪水的全市经济效益损失没有关系。另一些人则对城市减少洪水和改善水质的倡议持怀疑的态度，这表明他们的认识存在不足。在维护方面，一些受访者表示参加了基本的垃圾清理，但很少有人知道"绿色街道管家计划"（green street steward programme）的存在。该市公布了关于如何清理设施的建议（BES，2012，2013），并鼓励公众注册为管家（steward），在那里接受培训，然后"领养"（adopt）生态湿地。这些要点再次强调了在布置设施之前、期间和之后公众参与和提高认识的重要性。

埃弗里特等（Everett 等，2016）的研究还表明，部分居民对某些街道上的植物选择和维护不满，一些居民认为植物看起来像杂草，另一些人则认为它们看起来生长过度且十分蓬乱，甚至还有居民问为什么不能在生态湿地上种植可食用的农产品。在这种情况下，需要通过与当地居民对话的方式使植物配置符合地方审美、促进协商以及提高认识。最后，埃弗里特等（Everett 等，2016）听说，由于对生物湿地的理解和认识不足，有人将垃圾倒进设施中，砍掉或移除因某种原因而放置在那里的植物，并使水从生态湿地流到了街道上。虽然这些故事只是少数，但它们的频繁程度足以引起人们的城市战略意识和支持态度的关注，以及这对设施长期性能和可持续性的影响。

21.5 共同开发和共同拥有

越来越多的作者提倡采用知识协作的方法，即所有利益相关方都可以相互讨论和学习，共同开发出大家更满意的解决方案，而不是采取"缺陷模型"或专家——公众知识转移方法（expert-public knowledge-transfer approach）（Fielding 等，2007；White & Richards，2008；Evers 等，2012；O'Sullivan 等，2012）。让当地受影响的社区参与进来，应该是鼓励社区购买设施并延长使用寿命的第一步。在社区教育的同时采用"协商参与战略"（Deliberative participation strategies）可以有效增强公众的力量并促进公众参与（Ryan & Brown，2000）。正如滕斯托尔等（Tunstall 等，2000）指出，公众希望就当地环境的变化进行咨询，特别是那些短期内会对美学和洪水风险产生负面影响的变化。

围绕公众参与工作进行对话和协商，有助于引入当地居民的知识、关注点和偏好，目的是构建让居民更能感受到所有权和更愿意投资的设施，并提高认识和可接受性（HR Wallingford，2003；DTI，2006；Hostetler 等，2011）。协商还可以让人们提出修改意见促进改善，并让他们感觉到这些是"他们的"空间，从而希望激发人们对担任管理职位的兴趣（Larson & Lach，2008；Dill 等，2010；Shandas 等，2010；Everett，2016）。

公共参与活动可能具有挑战性且成本高昂。拉森和拉赫（Larson & Lach，2008）以及桑达斯等（Shandas 等，2010）在研究中发现，高收入和高教育程度的受访者更有可能参与协商和其他互动活动；因此，使其他居民参与到公众活动中来是十分重要的。亨宁（Henning，2015）为此提出了一个有趣的方法来探讨参与性，即对"业主"的动机进行更具体的分析并分类。亨宁（Henning，2015）根据采用绿色基础设施和雨水管理技术时，公众所关注或缺乏关注的问题，将公众分为六个类型的群体。其中包括那些更关注保持清洁美观的人，做他们认为对"环境"有益的事情的"环保人士"（the greens），以及使用雨水桶等雨水管理技术的"早期采用者"等。亨宁（Henning，2015）认为，这种更具条理和细致的公众分类尝试，可能会让针对性更强的信息交流得以展开（减少洪水，增加绿地，改善生物多样性或增进美学等）。反过来，这也可以让更多人参与到围绕 SuDS 和绿色基础设施的对话中来。

21.6 结论

这一章研究了迄今为止我们所了解的公众对 SuDS 的理解、偏好和行为。结果已经表明，一部分人确实能够理解这些系统的目的、功能和更广泛的益处，但远没有达到主流的程度。已发表的文献支持这样一种观点，即绝大多数公众不了解或没有充分意识到这些系统实施的原因，除非他们很早并且持续地参与其中。因此，通常会根据系统的美学和感知的舒适性或缺点来进行偏好的选择。然而，如果人们没有意识到更广泛的潜在利益，而为之付出的代价（如停车位的减少或安全感的降低）却十分明显，这将导致人们对 SuDS 产生负面评价。

此外，由于认识不足，人们往往对确保持续运行所需的行为缺乏了解，也无法从美国波特兰的现有设施中获得多种潜在利益。这将导致功能下降、景观破坏和更多的负面偏好。

我们同意文献中的论据，即为了鼓励更积极的偏好，尽可能早地将可能受影响或有关的公众纳入围绕 SuDS 的对话中。他们可以表达自己的个人偏好，分享当地的专业知识，向专业的利益相关者学习，并为各方谈判提供最优的解决方案。通过这种方式，公众成员将更愿意承担设施的所有权，因此更愿意参与良好的维护行为和实践。

波特兰"泰伯河"项目中的公共参与是其中一个最佳实践；在这里，当地人的声音得到了倾听，意识得到了提高，行为也普遍良好。然而，波特兰的进一步研究表明，在没有开展此类参与工作的情况下，公众的意识仍然很低。从短期看，本地设施的开发和实施的公众参与成本会很高；但从长远看，公众参与可能会节省资金。人们更希望拥有共同开发的设施，并且随着人们对这些设施多重好处的认识和了解的深入，可能会鼓励更广泛的维护行为（以及社区层面对不当行为的反对）。这将进一步有助于以波特蓝绿街管家的方式，在低等到中等水平的维护工作中，投入社区层面的努力。

尽早以持续的方式让社区参与 SuDS 解决方案的共同开发和实施，也许是确保 SuDS 真正可持续以及在长期内更具成本效益的最佳方法。

参考文献

Abrahams, P.M. (2010). *Stakeholders' Perceptions of Pedestrian Accessibility to Green Infrastructure:Fort Worth's Urban Villages.* University of Texas, Arlington.

Anglian Water (2011). *Guidance on the use of sustainable drainage systems (SuDS) and an overview of the adoption policy introduced by Anglian Water.* Anglian Water, Huntingdon.

Apostolaki, S. and Jefferies, C. (2005). *Social impacts of stormwater management techniques including river management and SuDS.* Final report, SuDS01. SNIFFER, Edinburgh.

Barnhill, K. and Smardon, R. (2012). Gaining ground: Green infrastructure attitudes and perceptions from stakeholders in Syracuse, New York. *Environmental Practice, 14* (01), 6–16.

Bastien, N.R.P., Arthur, S. and McLoughlin, M.J. (2011). Valuing amenity: public perceptions of sustainable drainage systems ponds. *Water and Environment Journal, 26* (1), 19–29.

BCIT (2006). *Case Studies of Green Roof Regulations in North America 2006.* British Colombia Institute of Technology, Burnaby, Canada. Available from: http://commons.bcit.ca/greenroof/ files/2012/01/2006_regulations.pdf (May 2014).

Benedict, M.A. and McMahon, E. (2006). *Green Infrastructure: Linking Landscapes and Communities.* Island Press, Washington, DC.

BES (2001). *Johnson Creek Restoration Plan (June 2001).* Bureau of Environmental Services, Portland, Oregon. Available from: www.portlandoregon.gov/bes/article/214367 (August 2015).

BES (2005). *Portland watershed management plan.* Bureau of Environmental Services, Portland, Oregon. Available from: www.portlandoregon.gov/bes/article/107808 (May 2015).

BES (2007). *Portland Green Streets Program.* Bureau of Environmental Services, Portland, Oregon. Available from: www.portlandoregon.gov/bes/45386 (June 2014).

BES (2010). *Tabor to the River.* Bureau of Environmental Services, Portland, Oregon. Available from: www.portlandoregon.gov/bes/47591 [February 2015].

BES (2012). *The Green Street Steward's Maintenance Guide.* Bureau of Environmental Services, Portland, Oregon. Available from: www.portlandoregon.gov/bes/article/319879 [May 2014].

BES (2013). *Green Street Steward Program.* Bureau of Environmental Services, Portland, Oregon. Available from: www.portlandoregon.gov/ bes/52501 [May 2014].

BES (2014). *The Stormwater Management Manual (SWMM).* Bureau of Environmental Services, Portland, Oregon. Available from: www.portlandoregon.gov/bes/64040 [May 2014].

BES (2015a). *Willing Seller Program.* Bureau of Environmental Services, Portland, Oregon. Available from: www.portlandoregon.gov/bes/article/106234 [May 2015].

BES (2015b). *'Stormwater for Challenging Sites' workshops begin this weekend.* Available from: www. portlandoregon.gov/bes/article/546473 [June 2015].

Bolitzer, B. and Netusil, N.R. (2000). The impact of open spaces on the property values in Portland, Oregon. *Journal of Environmental Management, 59* (3), 185–193.

BPS (2009). *Green Building Resolution – The City of Portland, Oregon.* Bureau of Planning and Sustainability, Portland, Oregon. Available from: www.portlandoregon.gov/bps/article/243213 [May 2015].

Brilly, M. and Polič, M. (2005). Public perception of flood risks, flood forecasting and mitigation.

Natural Hazards and Earth System Sciences, 5, 345–355.

Burningham, K., Fielding, J. and Thrush, D. (2008). 'It'll never happen to me': understanding public awareness of local flood risk. *Disasters, 32* (2), 216–238.

Chiesura, A. (2004). The role of urban parks for the sustainable city. *Landscape and Urban Planning, 68*, 129–138.

Church, S.P. (2015). Exploring green streets and rain gardens as instances of small scale nature and environmental learning tools. *Landscape and Urban Planning, 134*, 229–240.

Coley, R.L., Sullivan, W.C. and Kuo, F.E. (1997). Where does community grow? The social context created by nature in urban public housing. *Environment and Behavior, 29*, 468–494.

Correia, F.N., Fordham, M., Da Graca Saraiva, M. and Bernardo, F. (1998). Flood hazard assessment and management: interface with the public. *Water Resources Management* 12(3) 209–227.

Defra (2011). *Flood Risk and Insurance: A roadmap to 2013 and beyond.* Defra, London.

Defra (2005). *Making Space for Water: Taking forward a new government strategy for flood and coastal erosion risk management in England.* Defra, London.

Dill, J., Neal, M., Shandas, V., Luhr, G., Adkins, A. and Lund, D. (2010). *Demonstrating the benefits of green streets for active aging: final report to EPA.* Final Report submitted to US Environmental Protection Agency Agreement. Number: CH - 83421301. Portland State University, Portland.

DTI (2006). *Sustainable drainage systems: A mission to the USA.* Department of Trade and Industry, London.

Dunnett, N. and Muhammad, Q. (2000). Perceived benefits to human wellbeing of urban gardens. *HortTechnology, 10* (1), 40–45.

Environment Agency (2009a). *Flooding in England: A National Assessment of Flood Risk.* Environment Agency, Bristol.

Environment Agency (2009b). *Flooding in Wales: A National Assessment of Flood Risk.* Environment Agency, Bristol.

EPA (2013). *Stormwater to Street Trees: Engineering Urban Forests for Stormwater Management.* United States Environmental Protection Agency, Washington DC.

Everett, G., Lamond, J., Morzillo, A., Chan, F.K.S. and Matsler, A.M. (2015). Sustainable drainage systems: helping people live with water. *Proceedings of the ICE – Water Management.* In press: dx.doi.org/10.1680/wama.14.00076.

Everett, G., Lamond, J., Morzillo, A., Chan, F.K.S. and Matsler, A.M. (2016). Delivering green streets: An exploration of changing perceptions and behaviours over time around bioswales in Portland, Oregon. *Journal of Flood Risk Management.* In press: on - linelibrary.wiley.com/doi/10.1111/jfr3.12225/full.

Evers, M., Jonoski, A., Maksimović, C., Lange, L., Ochoa Rodríguez, S. et al. (2012).

Collaborative modelling for active involvement of stakeholders in urban flood risk management. *Natural Hazards and Earth System Sciences, 12* (9), 2821–2842.

Fielding, J., Burningham, K. and Thrush, D. (2007). *Public Response to Flood Warning*. Environment Agency, Bristol.

Floyd, M.F., Gramann, J.H. and Saenz, R. (2009). Ethnic factors and the use of outdoor recreation areas: the case of Mexican Americans. *Leisure Sciences, 15*, 83–98.

Franklin, J.F. (2008). Preserving biodiversity: Species, ecosystems, or landscapes? *Ecological Applications, 3* (2), 202–205.

Fuller, R.A., Irvine, K.N., Devine - Wright, P., Warren, P.H. and Gaston, K.J. (2007). Psychological benefits of greenspace increase with biodiversity. *Biology Letters, 3* (4), 390–394.

Graham, A., Day, J., Bray, B. and Mackenzie, Z. (2012). *Sustainable Drainage Systems: Maximising the Potential for People and Wildlife. A Guide for Local Authorities and Developers*. RSPB, London.

Hanley, N., Spash, C. and Walker, L. (1995). Problems in valuing the benefits of biodiversity protection. *Environmental and Resource Economics, 5* (30), 249–272.

Harries, T. (2012). The anticipated emotional consequences of adaptive behavior – impacts on the take - up of household flood - protection measures. *Environmental Planning* A, *44* (3), 649–668.

Harries, T. (2010). Household Flood Protection Grants: The householder perspective. Defra and Environment Agency Flood and Coastal Risk Management Conference, Telford.

Henning, D. (2015). *Social Dynamics of Stormwater Management: Private Lands in the Alley Creek Watershed*. Yale School of Forestry and Environmental Studies, Yale.

Hostetler, M., Allen, W. and Meurk, C. (2011). Conserving urban biodiversity? Creating green infrastructure Is only the first step. *Landscape and Urban Planning, 100* (4), 369–371.

HR Wallingford (2003). *An Assessment of the Social Impacts of Sustainable Drainage Systems in the UK*. Report SR 622. HR Wallingford, Wallingford.

Hudson, D., Seah, L. - H., Hite, D. and Haab, T. (2004). Telephone presurveys, self - selection, and non - response bias to mail and internet surveys in economic research. *Applied Economics Letters, 11* (4), 237–240.

Johnson, C.L. and Priest, S.J. (2008). Flood risk management in England: A changing landscape of risk responsibility? *International Journal of Water Resources Development, 24* (4), 513–525.

Kaźmierczak, A. and Bichard, E. (2010). Investigating homeowners' interest in property - level flood protection. *International Journal of Disaster Resilience in the Built Environment, 1* (2), 157–172.

Kenyon, W. (2007). Evaluating flood risk management options in Scotland: A participant - led multicriteria approach. *Ecological Economics, 64* (1), 70–81.

King, D.A. (2004). Climate change science: adapt, mitigate, or ignore? *Science, 303* (5655), 176–177.

LaBadie, K. (2010). *Identifying Barriers to Low Impact Development and Green Infrastructure in the Albuquerque Area.* University of New Mexico, Albuquerque.

Lamond, J.E. and Proverbs, D.G. (2009). Resilience to flooding: lessons from international comparison. *Urban Design and Planning, 162* (2), 63–70.

Larson, K.L. and Lach, D. (2008). Participants and non - participants of place - based groups: An assessment of attitudes and implications for public participation in water resource management. *Journal of Environmental Management, 88* (4), 817–830.

Laska, S.B. (1986). Involving homeowners in flood mitigation. *Journal of the American Planning Association, 52* (4), 452–466.

Ludy, J. and Kondolf, G.M. (2012). Flood risk perception in lands 'protected' by 100 - year levees. *Natural Hazards, 61* (2), 829–842, 2012.

Mayer, H. and Provo, J. (2004). The Portland Edge in Context. In Ozawa, C. (ed.) *The Portland Edge: Challenges and Successes in Growing Communities.* Island Press, Washington, DC.

McKissock, G., Jefferies, C. and D'Arcy, B.J. (1999). An assessment of drainage best management practices in Scotland. *Water and Environment Journal, 13* (1), 47–51.

Netusil, N.R., Levin, Z., Shandas, V. and Hart, T. (2014). Valuing green infrastructure in Portland, Oregon. *Landscape and Urban Planning, 124*, 14–21.

O'Sullivan, J.J., Bradford, R.A., Bonaiuto, M., De Dominicis, S., Rotko, P., Aaltonen, J., Waylen, K. and Langen, S.J. (2012). Enhancing flood resilience through improved risk communications. *Natural Hazards and Earth System Sciences, 12*, 2271–2282.

Pincetl, S. and Gearin, E. (2013). The reinvention of public green space. *Urban Geography, 26* (5), 365–384.

Portney, K.E. (2013). [2003] *Taking Sustainable Cities Seriously: Economic Development, the Environment, and Quality of Life in American Cities* (2nd Edn). MIT Press, Cambridge, MA.

Purvis, A. and Hector, A. (2000). *Getting the measure of biodiversity. Nature* 405, 212–219.

Qureshi, S., Brueste, J.H. and Lindley, S.J. (2010). Green space functionality along an urban gradient in Karachi, Pakistan: A socio - ecological study. *Human Ecology, 38*, 283–294.

Ryan, R. and Brown, R.R. (2000). The value of participation in urban watershed management. *Watershed 2000 Conference,* Vancouver, Canada.

Reinhardt, G. (2011). Portland advances green stormwater management practices. In: Kemp, R.L. and Stephani, C.J. (eds.) *Cities Going Green: A Handbook of Best Practices.* Shutterstock, Jefferson, North Carolina, USA.

Scottish Government (2003). *The Water Environment and Water Services (Scotland) Act 2003* (Commencement No 8) Order 2008. Edinburgh, The Scottish Government.

Seymour, M., Wolch, J., Reynolds, K.D. and Bradbury, H. (2010). Resident perceptions of urban alleys and alley greening. *Applied Geography, 30* (3), 380–393.

Shandas, V. (2015). Neighborhood change and the role of environmental stewardship: A case study of green infrastructure for stormwater in the city of Portland, Oregon, USA. *Ecology and Society* 20(3): 16, 10.5751/ES - 07736 - 200316.

Shandas, V., Nelson, A., Arendes, C. and Cibor, C. (2010). *Tabor to the River: An Evaluation of Outreach Efforts and Opportunities for Engaging Residents in Stormwater Management.* Bureau of Environmental Services, City of Portland.

Singleton, D. (2012). *SuDS in the Community: A Suitable Case for Treatment?* Susdrain, CIRIA, London.

Slavin, M.I. and Snyder, K. (2011). Strategic climate action planning in Portland. In Slavin, M.I. (ed.) *Sustainability in America's Cities: Creating the Green Metropolis,* Washington DC, Island Press.

Speller, G. (2005). *Improving Community and Citizen Engagement in Flood Risk Management Decision Making, Delivery and Flood Response.* Environment Agency, Bristol.

Thurston, N., Finlinson, B. and Breakspear, R. (2008). *Developing the Evidence Base for Flood Resistance and Resilience: Summary Report.* Environment Agency, Bristol.

Traver, R.G. (2009). *Efforts to Address Urban Stormwater Run-Off. Address Before the Subcommittee on Water Resources and Environment Committee on Transportation and Infrastructure US House of Representatives, March 19, 2009.* US Government Printing Service, Washington, DC. Available from: www.gpo.gov/fdsys/pkg/CHRG - 111hhrg48237/html/CHRG - 111hhrg48237.htm [May 2014].

Tunstall, S.M., Penning - Rowsell, E.C., Tapsell, S.M. and Eden, S.E. (2000). River restoration: Public attitudes and expectations. *Journal of CIWEM,* (14), 363–370.

Wedawatta, G.S.D., Ingirige, M. and Proverbs, D. (2011). Adaptation to flood risk: the case of businesses in the UK. International Conference on Building Resilience. Dambulla, Sri Lanka.

Werritty, A., Houston, D., Ball, T., Tavendale, A. and Black, A. (2007). *Exploring the Social Impacts of Flood Risk and Flooding in Scotland.* Scottish Executive, Edinburgh.

White, I. and Richards, J. (2008). Stakeholder and community engagement in flood risk management and the role of AAPs. *Flood Risk Management Research Consortium, July.* University of Manchester, Manchester.

Whitehead, J.C. (1991). Environmental interest group behavior and self - selection bias in contingent valuation mail surveys. *Growth and Change, 22* (1), 10–20.

Wise, S., Braden, J., Ghalayini, D., Grant, J., Kloss, C., et al. (2010). Integrating valuation methods to recognize green infrastructure's multiple benefits. In: Struck, S. and Lichten, K. (eds) *Low Impact Development 2010: Redefining Water In The City,* April 11–14 2010, pp.1123–1143. American Society of Civil Engineers, Reston, VA, USA.

第6篇

全球可持续地表水管理

第22章 热带的可持续排水系统管理

苏珊娜·M. 查尔斯沃思，玛格丽特·梅祖
Susanne M. Charlesworth and Margaret Mezue

22.1 导言

温带地区已对可持续排水系统（SuDS）的使用进行了研究，并将其作为地表水管理战略。然而，世界上那些被归类为热带气候的地区（赤道两侧各30°）却并非如此。在这些地区，只存在两个季节:雨季或旱季，而温带地区往往全年都会降雨。马克西莫维奇等（Maksimovic 等，1993）详述了与潮湿热带地区城市排水相关的强降雨和高温等特定气候问题（表 22.1）。

与湿热带有关的城市排水问题（改编自 da Silveira 等，2001）　　　　表 22.1

气候驱动因素	结　　果	影　　响
降雨量大	短时间内的大量径流峰值流量较大	峰值流量较大
	腐蚀性增加	产生更多沉积物
	增加沉积物负荷	运输固体容量较大
降雨量大；年降雨天数多	由于流量大，雨水在管道系统的滞留时间更长	需要管理大量雨水以及更多的污染物、废物和污水
	雨水中携带的污染物停留时间更长	
	干燥天数少	
气温高	带疾病的载体苗壮成长并繁殖	患病风险

在设计热带地区的排水系统时，还需要考虑与气候有关的其他因素。其中最需要被考虑的因素可能是疾病媒介，比如会携带疟疾等疾病的蚊子以及蛇等令人讨厌的动物。虽然蛇不太可能出现在城市地区，但还是应鼓励使用驱蛇剂或某种"防虫"方法。重要的是，在任何设施中都要使用本地植被，因此热带地区的植物选择方式也没有什么不同。无论气候如何，可持续排水方法的多重好处是相同的:解决水量和水质问题、提供生物多样性和宜人性，以及减少城市

热岛和适应及缓解气候变化。

　　本篇讨论了巴西和南非等国家在设计 SuDS 时存在的许多问题，还介绍了印度、哥伦比亚、智利，特别是马来西亚的进展情况。在这些国家，考虑到其特定的气候和生态问题，SuDS 已被接受并重新设计。许多发展中国家目前存在的一个问题是排水基础设施的缺乏，或者即使有的话，这些设施也在慢慢退化，并丧失其作用（图 22.1）。不过，这确实为 SuDS 的应用提供了一个较好的机会，使 SuDS 成为面对此类问题的第一选择，而不是像世界上发达国家一样需要解决雨水管道系统容量的问题。另一个问题与非正式定居点带来的额外复杂性有关。在实施 SuDS 的地方，通常缺乏所用设施效率的相关数据，因此示例相当有限。

图 22.1　尼日利亚拉各斯州伊乔拉（Ijora,
Lagos State，Nigeria）堵塞的排水系统

22.2　热带国家城市化对城市水文循环的影响

　　热带地区的城市化进程与其他地方没有什么不同，但各国已采取各种方式来制定缓解战略，以适应具体情况。智利和印度重新审视了他们的建设和发展立法，以鼓励实施 SuDS（Parkinson & Mark，2005）。由于城市快速城市化而导致的洪水问题日益严重，智利政府在 1997 年引入了雨水相关法令，要求在所有新开发项目中安装可持续的雨水减缓装置（Parkinson & Mark，2005）。在马来西亚，类似的负面影响导致渗透减少、地下水补给缺乏，洪水和河道污染（Sidek 等，2002）。因此，马来西亚鼓励采用 SuDS 来管理径流，并基于《马来西亚排水手册》在全国各地安装各种 SuDS 设施和"管理列车"（Ghani 等，2008）。在巴西里约热内卢，为了减少暴雨下水道系统超载造成的洪水，鼓励使用绿色屋顶设施；在哥伦比亚，坎普萨诺奥

乔亚等（Campuzano Ochoa 等，2015）发现，降雨频率和强度在 2010 年和 2011 年均出现了前所未有的增长，共发生 1734 次洪水，占 1998-2008 年间发生洪水次数的 45%。洪水灾害造成数上百人死亡，超过 300 万居民受到影响（Hoyos 等，2013）。尽管哥伦比亚正在考虑采用可持续排水系统来解决这些问题，但由于这是一种相对较新的排水系统，因此并未在全国范围内使用；而且与巴西一样，他们侧重于减少洪水灾害，而不是改善水质。哥伦比亚学者阿维拉和迪亚兹（Ávila & Díaz，2012）的研究反映了这一点，该研究调查了使用 SuDS 技术时峰值容量的减少量。

22.3 植物设施

如前文所述，无论气候如何，在设计任何 SuDS 设施或"管理列车"时，本土植被始终是最佳选择。然而，虽然有关于温带地区植物的性质和用途的信息（例如 Woods Ballard，2015；Charlesworth 等，2016），但对于热带植被的污染物去除能力知之甚少。

22.3.1 绿色屋顶

克劳勒等学者（Köhler 等，2001）列出了在热带与温带气候使用绿色屋顶之间的差异：

（1）强暴雨出现的频率很高，温带地区百年一遇的暴雨每年都会在热带地区发生。这将导致绿色屋顶很快饱和，并被雨水所侵蚀；

（2）全年气温较高，导致植被持续生长和全年蒸腾。这意味着生物量的增加，影响基质排水，并因为植物生长旺盛而产生维护需求；

（3）茂密的植被可能会助长有害生物群，特别是疾病媒介——蚊子。因此，应该避免使用像凤梨这样的吸水（trap water）植物。

开敞型绿色屋顶比密集型绿色屋顶更适合热带地区，尽管它们无法提供密集型屋顶或屋顶花园所能产生的娱乐效益，但它们更便宜且更容易维护。在绿色屋顶种植的植物需要符合耐寒、低生长、抗旱和耐热等特性。它们应提供密集的覆盖层，并能够承受高温、寒冷和强风，且只需最少的维护，同时根部较浅以避免穿透屋顶薄膜并造成泄漏（Getter & Rowe，2008）。用于这项技术的流行植物包括景天属和露子花属，但这两种植物都来自温带地区，并不原产于热带地区。

绿色屋顶的使用相当广泛。例如，它们已被布置在哥伦比亚首都波哥大（Bogotá）的低收入地区，那里属于亚热带高原气候（Forero 等，2011；Forero Cortés & Devia-Castillo，2012）。尼日利亚对绿色屋顶的研究相当有限（Ezema 等，2015），但这部分研究发现绿色屋顶十分有用，因为它们不占用任何土地且具有多种环境效益，尤其是它们具有降低城市地区温度的能力。根据盖特和罗（Getter & Rowe，2008）的研究，芦荟属于尼日利亚本土物种（图 22.2a），由于具有必要的特性，因此可以很好地应用于绿色屋顶。此外，人们发现鸢尾在尼日利亚屋顶上可以自发生长（图 22.2b），因此也可用于绿色屋顶（Köhler 等，2001，2004）。然而，依泽玛等（Ezema 等，2015）认为，尼日利亚（特别是在拉各斯）在实施绿色屋顶上存在许多障碍，包括建设和维护成本，政府缺乏监管或对其作用的了解，缺少激励措施以及安装方面的技术人员。这些也都是世界其他地区存在的问题。然而，当局正在推动绿色议程，促进公园和花园使用绿色基础设施（Ezema & Oluwatayo，2014），绿色屋顶和绿色墙壁也可以被涵盖其中，但目前还没办法实现。

（a）　　　　　　　　　　　　　　　　　　（b）

图 22.2 　（a）芦荟属（图片来源：Erin Silversmith）；（b）鸢尾属（图片来源：By Andrew massyn‐Own work，Public Domain，https：//commons.wikimedia.org/w/index.php? curid = 2091770.）

22.3.2 湿地和洼地

如上所述，由于疾病媒介等环境问题，池塘和盆地等开放水域不适合建造在热带地区。然而，可以通过适当的设计和合适的管理策略控制人工湿地中的蚊子（Knight 等，2003），使其与天然湿地没有什么区别。因此，哥伦比亚将人工湿地与现有的自然湿地结合以控制污染的城市径流（Lara-Borrero，2010）。为了模拟溪流，带状公园设计建造了大型植被覆盖的洼地，它们包含了诸如由岩石建造的泄漏水坝等设施，旨在减缓水流来减少洪水和侵蚀。不幸的是，这些系统没有受到监控，所以它们带来的好处在很大程度上是未知的。

由于修建和维护成本相对较低，所以洼地也适用于尼日利亚等国家，但它们需要被设计成能在地下输送水，以避免与缓慢流动的开阔水域有关的疾病媒介。洼地对面积小于 $2hm^2$ 的区域也有效，因此在任何 SuDS "管理列车" 中都可以作为预处理设施。洼地需要得到正确设计和建造，包括选取合适的植被（具有在极端条件下生长的能力、旺盛的生长习性和高茎密度）以提高流速减弱程度，同时促进沉淀并提高耐受洪水和吸收污染物的能力（Woods Ballard，2015）。原产于热带地区的几种禾草符合这些标准，如黄花香根草、刺五加草或香根草。这种草本植物，生长在海岸平原上，深达 2m 的纤维根垂直伸展形成一个紧密的垫子，将土壤紧密结合。它的生长习性（图 22.3）使得过多的水流在植物周围扩散，可达到减缓水流并促进渗透的目的。它们能够在洪水和恶劣条件下生存，并能在水中生长，已被几个国家用于防止水土流失（NRC，1993；Maffei，2002）。

图 22.3　香根草（图片来源：维基共享资源）

第二种适合热带地区生长的植物是狗牙根，通常被称为百慕大草（图 22.4a）。它是一种匍匐型草本，可以在节点生长的地方形成一个茂密的垫子。此外，它的根系很深，能经受极端干旱，也可以在贫瘠的土壤中生长，而且能够在火灾后立刻重新生长。香茅，通常被称为柠檬草（图 22.4b），已被用于稳固堤岸（Watkins & Fiddes，1984），并具有洼地所需的植物特征。尽管这些植物可能适合在洼地中使用，但由于缺乏研究，目前还没有关于这些草本污染去除性能的信息。

　　　　　（a）　　　　　　　　　　　　　　　　（b）

图 22.4　（a）狗牙草（图片来源：Mike（Own work）[CC BY - SA 3.0（http：//creativecommons.org/licenses/bysa/3.0）or GFDL（http：//www.gnu.org/copyleft/fdl.html）]；（b）柠檬草（图片来源：Vaikoovery – Own work）[GFDL（http：//www.gnu.org/copyleft/fdl.html）or CCBY3.0（http：//creativecommons.org/licenses/by/3.0）]

22.3.3　利用绿色基础设施缓解和适应气候变化

戈文达拉朱鲁（Govindarajulu，2014）认为，热带城市对以飓风和洪水为主的气候变化的敏感性更高，他强调城市绿色基础设施是印度城市适应气候的一种经济有效的生态系统手段，并建议制定一项专门针对印度背景的绿地规划战略。加尔各答（Kolkata）、孟买（Mumbai）和班加罗尔（Bangalore）等城市的城市热岛（UHI）效应显示温度正大幅上升；例如，班加罗尔的温度上升了约2℃。在孟买，2005年的极端降雨和由此引发的洪水导致低海拔地区的洪水位上升了0.5-1.5 m。人们认为绿色基础设施有助于解决这些问题，但雨水收集等其他方法也可以提供多种好处。

关于在热带地区使用"植物"SuDS的最新资料来自马来西亚。在那里，"管理列车"已经在实验室进行了测试，并在现场进行了安装和监测。这些系统的设计考虑了在热带地区使用SuDS的所有问题，也对其进行了监测和效率分析，以下各节将介绍系统本身以及实验和现场测试的结果。

22.4　案例研究：马来西亚的可持续排水系统

为了解决与马来西亚气候和生态相关的具体问题，河流工程和城市排水研究中心（River Engineering and Urban Drainage Research Centre，REDAC）和马来西亚理科大学（Universiti Sains Malaysia，USM）合作开发了生物生态排水系统或称 BIOECODS 系统（Zakaria 等，2003；Parkinson & Mark，2005；Ghani 等，2008）。它们是由三个主要部分组成的"管理列车"：生物生态洼地；生物过滤设施和源头处理设施——生态池塘；并在植物设施中使用天然植物，如牛草（地毯草）（图 22.5）。

图 22.5　BIOECODS 生物生态洼地组件中使用的牛草
（图片来源：Harry Rose，South West Rocks，Australia）

BIOECODS 的使用促进了：

■ 不透水区域的雨水径流入渗；

■ 储存过量的雨水并逐渐释放，从而减弱暴雨峰值；

■ 改善通过"管理列车"的径流水质（Sidek 等，2002；Parkinson & Mark，2005）。

　　实验室排水模块的初步测试令人鼓舞，其流量介于明渠和管道之间。人们认为，所形成的湍流使溶解氧浓度随着排水模块距离的增加而增加，可达到 4.5-7.5mg/l。然而，污染物的减少效果并不明显，尽管试验确实达到了以下的削减效果：锌 10.9%，铜 38.7%，镍 33.3% 和铅 15.9%（Sidek 等，2002）。

　　马来西亚已经实施了几列 BIOECODS "管理列车"，但以下三项案例研究（马来西亚理科大学、太平健康中心和采矿池的改造项目）最为详尽。

22.4.1　马来西亚理科大学工程园区

　　这是对 BIOECODS 概念的初步研究，旨在提供具有综合防洪能力的迷人景观。由于场地条件的原因，雨水必须尽可能在原地渗入（Sidek 等，2002）。列车由一个生态洼地、一个干塘、一个滞留湿塘、一个滞留塘和一个湿地组成（图 22.6）。

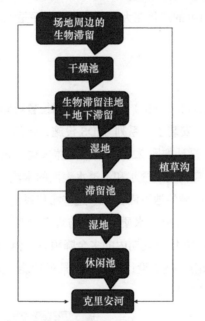

图 22.6　马来西亚理科大学的 BIOECOD 设计
（改编自 Sidek 等，2002）

　　该系统结合了渗透、延迟流量、储存和径流处理等功能，所有这些功能都是专门针对马来西亚的气候和环境而设计，并从旨在解决 10 年一遇洪水的生物洼地开始。系统的纵向坡度为 1/1000，横向坡度为 1/4，底部是一个排水模块，里面装有渗透性的水力滤网，防止细粒堵塞结构（Lai 等，2009）。然后将排水模块放置在干净的河床内，以进一步促进渗透并提供一些处理（图 22.7）。因此，系统存在两种渗透方式：穿过洼地表面和进入地下。源头控制不是唯一的方法，因为更大的区域控制是以滞留池的形式实现的，这促进了固体沉降并提供了生物处理；人工湿地在预处理阶段后被纳入，以便进一步控制和处理，然后将径流输送到池塘（设计的最后一个阶段），最后排放至受纳水道（Sidek 等，2002；Ghani 等，2008）。

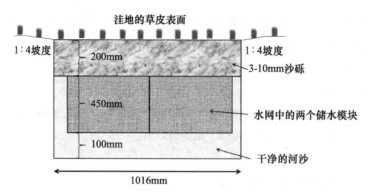

图 22.7　具有地下储存的生物洼地的横截面（改编自 Ghani 等，2008）

马来西亚理科大学"管理列车"的水质评估发现，平均 pH 值、溶解氧、生物需氧量（BOD）、化学需氧量（COD）、浑浊度、总悬浮固体和 NH_3-N 均符合马来西亚标准。大多数测试点的油和油脂以及总固体含量均低于检测限值（Ghani 等，2008）。就水量而言，在百年一遇的情况下，"管理列车"出口处的流量在大多数暴雨中几乎是无法测量的。

22.4.2　太平健康中心

太平健康中心（Taiping Health Clinic）位于霹雳州的拉鲁特和马当街区（Larut and Matang district，Perak），占地 $3hm^2$，并安装了一系列 SuDS 设施，包括一个主要的和几个较小的径流管理设施（Ghani 等，2008），设计如图 22.8 所示。具体来说，该设计包括一个植草洼地，以管理现场周边的多余径流以及来自周围透水和不透水表面的水流。多余的雨水被储存在位于整个现场连接点、交叉点和关键区域的地下滞留区。这些滞留系统旨在调节流速，通过滞留从而减少径流量，并通过沉淀和过滤以提高水质。一个与现有景观相融合的滞留池，可储存超过600mm 的径流，这几乎达到了 10 年重现期内的多余降雨量。池塘将在不到 24h 内由不同的孔口清空，以准备接收下一场暴雨。整个设计拥有多种景观功能（如美学和娱乐），并控制径流速度与开发前一致（Ghani 等，2008）。

图 22.8　太平健康中心排水系统的设计概念（Ghani 等，2008）

22.4.3　采矿池和湿地的恢复

第三个项目是恢复一些采矿池和现有湿地，并以此作为综合雨水管理设施，为娱乐、水再利用和雨水保持提供多功能用途。实验场地占地 36hm²，位于金塔区（Kinta district）的旧采矿池，主要覆盖沙土和稀疏植被。现场有两个露天开采池；整个区域都是洼地，特别是东部边界和露天开采区以外的一些地方。场地的现状排水系统十分传统，通过泵站将径流引导至金塔河，然后快速排至混凝土路边排水系统。该地区的雨水会流入两个池塘，并通过排水沟与河流相连（Ghani 等，2008）。

第一个池塘被用为区域雨水设施，其目的是控制场地本身和周围区域的水量和水质；第二个池塘用于控制和处理仅来自场地本身的径流。运输系统虽然在很大程度上是人为设计的，但模仿了天然河流的特征，连接洼地以输送径流。与第一个池塘相连接的人工湿地对场外区域径流做进一步处理，然后通过受控的潮汐闸门流入工程区并进入河流（Ghani 等，2008）。

22.4.4　马来西亚的经验教训

在马来西亚实施的 SuDS 表明，SuDS 适用于发展中国家，并可以专门为热带气候的国家设计（Parkinson & Mark，2005）。然而，在马尔西亚的 SuDS 实施过程中确实产生了一些问题，并借此提出了解决这些问题的建议。西德克等（Sidek 等，2002）强调，无论景观、政治、环境或气候环境如何，所有权、运营和维护等方面都是相同的。

建议包括：
- 需要与公众就 SuDS 的概念和益处进行交流；
- 利益相关者需要尽早参与设计和规划；
- 应尽快解决长期维护问题；
- 开发商和有关当局应该始终保持联系；
- 开发商应提供土地、资金和景观美化成本。

从构建"管理列车"的角度来看，西德克等（Sidek，2002）推荐：
- 对于面积大于 2hm² 的地区，草地通道效率不高；
- 在建筑物和相关的景观美化之后，应建造植草沟；
- 需要对洼地进行正确的设计，例如如果坡度太陡，则没有足够的时间进行水质改善；
- 由于繁殖蚊子的滋扰，更建议在热带气候使用干燥洼地；
- 系统的高效运行需要覆盖厚厚的植被，草应至少比设计水深高 5cm。

22.5　结论

在热带国家设计和安装可持续排水系统有着特殊的要求，因为它们主要位于人口增长迅速的发展中国家，同时非正规定居点容纳了许多移居到那里寻求就业的农村贫困人口。在许多这样的国家中，由于 SuDS 是一个新概念，缺乏理解和可解释多重好处的指导方针，因此这意味着短期内这一概念不太可能被接受。城市化是当前全球面临的主要挑战之一（Tucci，2002），因此采用可持续的方法解决地表水过剩问题是降低洪水风险、改善居民生活质量和周围环境的关键。现有的排水系统通常都不适合使用，因此在某种程度上，它是一个全新的平台，更容易引入 SuDS。

然而，SuDS 的设计需要考虑到气候因素。因此，这些地区现有的高温情况加上经常性的短时强降雨使得在短期内储存大量的水成为一个关键。然而，在设计此类系统时，还需要注意考虑疾病媒介物和有害动物，因此不鼓励在池塘中使用开放水域。无论气候如何，无论在什么地方进行 SuDS 设计，都需要在规划的最早阶段建立一条穿过开发项目的清晰排水路线。特别是在不熟悉 SuDS 的国家，设计应：

- 足够简单，使居民、开发人员和工程师能够理解。易于构建，尽量使用现有材料、技能和技术；
- 坚固耐用，可以进行简单的维护，维修或更换；
- 尽快为建设和维护等提供资金；
- 在绿色 SuDS 中使用当地植被。

这一章已经表明，热带国家开始看到利用 SuDS 方法的价值以及随之而来的多重好处。通过适当的设计、施工和维护，这些设备和列车可以改善总体环境、生活质量和人类健康，尤其是热带国家的社会状况。

参考文献

Ávila, H. and Díaz, K.S. (2012). Disminución del volume de escorrentía en cuencas urbanas mediante tecnologías de drenaje sostenibles. *XX National Seminar on Hydraulics and Hydrology*, Barranquilla, Colombia, 8–10 August, 2012.

Campuzano Ochoa, C.P., Roldán, G., TorresAbello, A.E., LaraBorrero, J.A., Galarza Molina, S., et al.(2015). Urban Water in Colombia. In: Urban water challenges in the Americas: A perspective from the Academies of Sciences. Published by The Inter - American Network of Academies of Sciences (IANAS).

Charlesworth, S.M., Bennett, J. and Waite, A. (2016). An evaluation of the use of individual grass species in retaining polluted soil and dust particulates in vegetated sustainable drainage devices. *Environmental Geochemistry and Health*, 1–13. DOI 10.1007/s10653-016-9791-7.

da Silveira, A.L.L., Goldenfum, J.A. and Fendrich, R. (2001). Urban drainage control. In: C.E.M. Tucci (ed.) Urban drainage in specific climates: Urban drainage in humid tropics. IHP - V, *Technical Documents in Hydrology*, No 40. UNESCO, Paris.

Ezema, I.C., Ediae, O.J. and Ekhaese, E.N. (2015). Opportunities for and barriers to the adoption of green roofs in Lagos, Nigeria. International Conference on African Development Issues (CU - ICADI) 2015: Renewable Energy Track.

Ezema, I.C. and Oluwatayo, A. (2014). Densification as sustainable urban policy: the case of Ikoyi, Lagos, Nigeria. Proceedings, International Council for Research and Innovation in Building and Construction (CIB) Conference, University of Lagos, 28–30, Jan. 2014.

Forero, C., Devia, C., Torres, A. and Méndez - Fajardo, S. (2011). Diseño de ecotechos productivos para poblaciones vulnerables. *Revista Acodal, 229*, 28–36.

Forero Cortés, C. and Devia - Castillo, C. - A. (2012). Green Roof Productive System in Vulnerable Communities: Case Study in La Isla Neighborhood, Altos de Cazucá, Soacha, Cundinamarca. Ambiente y Desarrollo, Bogotá (Colombia) XVI, 30, 21–35.

Getter, K. and Rowe, B. (2008). Selecting Plants for Extensive Green Roofs in the United States. Extension Bulletin E - 3047. Available at: http://tinyurl.com/o6llg9o.

Ghani, A.Ab., Zakaria, N.A., Chang, C.K. and Ainan, A. (2008). Sustainable Urban Drainage System (SUDS) – Malaysian Experiences. 11th International Conference on Urban Drainage, Edinburgh, Scotland, UK, 2008, 1–10.

Govindarajulu, D. (2014). Urban green space planning for climate adaptation in Indian cities. *Urban Climate*, 10, 35–41.

Hoyos, N., Escobar, J., Restrepo, J., Arango, A. and Ortiz, J. (2013). Impact of the 2010–2011 La Niña phenomenon in Colombia, South America: The human toll of an extreme weather event. *Applied Geography*, 39, 16–25.

Knight, R.L., Walton, W.E., O'Meara, G.F., Reisen, W.K. and Wass, R. (2003). Strategies for effective mosquito control in constructed treatment wetlands. *Ecological Engineering, 21*, 211–232.

Köhler, M., Schmidt, M., Grimme, F.W., Laar, M. and Gusmão, F. (2001). Urban Water Retention by Greened Roofs in Temperate and Tropical Climate. In: 38th IFLA Congress, Singapore.

Köhler, M., Schmidt, M. and Laar, M. (2004). Roof gardens in Brazil. Available at: http://www.gruen dach - mv.de/en/RIO3_455_M_Koehler. pdf.

Lai, S.H., Kee, L.C., Zakaria, N.A., Ghani, A.Ab., Chang, C.K. and Leow, C.S. (2009). Flow Pattern and Hydraulic Characteristic for Sub - surface Drainage Module. International Conference on Water Resources, 26–27 May 2009, Langkawi, Kedah, Malaysia.

Lara - Borrero, J. (2010). Humedales construidos para el control de la contaminación proveniente de la escorrentía urbana. *Acodal magazine, 226*, 1, 19–27.

Maksimovic, C., Todorovic, Z. and Braga KJr, B.P.F. (1993). Urban drainage problems in the humidtropics. Hydrology of Warm Humid Regions (Proceedings of the Yokohama Symposium. July 1993). IAHSP iSl. No 216, 377–401.

Maffei, M. (2002). *Vetiveria: The Genus Vetiveria.* Taylor and Francis, London.

National Research Council (NRC) (1993). *Vetiver grass: a thin green line against erosion*. Board on Science and Technology for International Development. National Academies Press. Available at: http://tinyurl.com/nnympl6.

Parkinson, J. and Mark, O. (2005). Urban Stormwater Management in Developing Countries, London: IWA publishing.

Sidek, L.H., Takara, K., Ghani, A., Zakaria, A. and Abdullah, R. (2002). Bio - Ecological Drainage Systems (BIOECODS): An integrated approach for urban water environmental planning. Seminar on water environmental planning: technologies of water resources management. Available at: http:// redac.eng.usm.my/html/publish/2002_11.pdf.

Tucci, C.E.M. (2002). Improving Flood Management Practices in South America: Workshop for DecisionMakers.Available at: http://www.wmo.int/pages/prog/hwrp/documents/FLOODS_IN_SA.pdf.

Watkins, L.H. and Fiddes, D. (1984). Highway and urban hydrology in the tropics. Pentech Press, Devon, UK.

Woods Ballard, B., Wilson, S., Udale - Clarke, H., Illman, S., Ashley, R. and Kellagher, R. (2015). The SuDS Manual. CIRIA. London.

Zakaria, N.A., Ab Ghani, A., Abdullah, R., Mohd Sidek, L. and Ainan, A. (2003). Bio - ecological drainage system (BIOECODS) for water quantity and quality control, *International Journal of River Basin Management*, *1*, 3, 237–251.

第23章 巴西的可持续排水系统

马塞洛·戈梅斯·米格斯，艾琳·皮尔斯·维洛尔
Marcelo Gomes Miguez and Aline Pires Veról

23.1 导言

在过去几十年里，可持续排水系统（SuDS）的概念得到了快速的发展，其起源（对许多人来说）可以追溯到 20 世纪 70 年代。如今，SuDS 是一个在世界范围内众所周知且相当流行的概念，但它的实现却远非易事。SuDS 的应用范围广泛，包括防洪、改善水质、复兴城市、增加宜人性价值和生物多样性效益等。一个晚上的 SuDS 解决方案不仅要解决技术方法方面的问题，还需要社区的参与、法律和体制框架的构建以及可行的经济安排。城市化进程必须与城市防洪协同进行。

人类活动对自然环境的影响（如自然地表的逐渐变化和人类对自然泛洪地区的占领），很大程度上增强了洪水所造成的影响。从工业城市时期开始就发生的快速城市化进程，由于土地利用控制不足，不透水地区大量增加，土壤的自然保留能力下降，导致了更高的排放峰值、流速和径流量。传统的城市排水系统设计方法也是在工业城市时期兴起的，管道化和管道末端解决方案被认为是避免产生严重影响城市的水传播疾病的有效方法。

在巴西等发展中国家，由于后期工业化将快速的城市发展集中到 20 世纪后半叶，城市化和城市洪水的结合更加糟糕。考虑到这一点，米戈斯等（Miguez，2007）得出以下结论：

- 短时间内人口大幅度增长；
- 计划外或不受控的城市化；
- 住房政策无法防止和避免非法占用情况的发生，伴随而来的是在非正式的城市定居点产生的大量不合标准的住房；
- 合法（由于缺乏洪水分区的信息）和非法（由于社会压力）对洪水危险地区的占用；
- 卫生基础设施覆盖面薄弱；
- 市政技术人员素质低；

■ 环境教育水平低。

在此背景下，本章将简要概述巴西的 SuDS，以应对快速和（大部分）失控的城市增长的挑战。这是一个巨大的挑战，因为巴西幅员辽阔，各个地区从物质因素到社会经济因素的现实状况都不尽相同。这些因素包括：从半干旱到热带的气候变化；拥有数百万人口的高度城市化城市和只有数千人口的贫困城市；卫生条件的不平衡和不平等；正式城市与非正式城市并存；收入分配极不平等。考虑到这种情况，本章将从历史和学术的角度以及联邦法律框架的演变来介绍巴西的 SuDS。最后，本章将重点介绍在巴西东南部地区开展的行动，包括在米纳斯吉拉斯州（Minas Gerais）、圣保罗（São Paulo）和里约热内卢（Rio de Janeiro）开展的行动案例。

23.2   从学术视角看待巴西的 SuDS 历史

历史上对城市排水系统的关注基本集中在暴雨径流和废水的快速输送上。然而，这种方法一旦关注后果（城市地表产生的高径流排放量）而不是原因（降雨变为径流），就会变得相当不可持续。从 20 世纪 70 年代开始，国际上开始讨论这种方法的科学性（并开始改变）。利奥波德（Leopold，1968）指出，城市化改变了水文状况，增加了径流量和峰值流量。他还提出城市化对流域的影响可分为三类：对水量、水质和环境价值的影响。

与此同时，从 1970 年代起，人们对环境的关注有所提升，认为自然和人类发展是相互联系的主题。1968 年成立了罗马俱乐部（Club of Rome，1968），这是改变的第一步，其报告促进了其他几项全球性研究的诞生，这些研究致力于更好地了解人类社会与自然之间的关系。1972 年 6 月，联合国人类环境会议（UNEP，1972）在瑞典斯德哥尔摩召开，与会的国家超过 110 个。就是在这次斯德哥尔摩会议上，提出了可持续发展这个新概念，并在之后列入许多国家的发展议程。可持续发展是指既能满足当代人的需要，又不对后代人满足其需要的能力构成危害的发展。就排水系统而言，可持续的方法应避免在时空上转移洪水。

巴西对人与自然关系的讨论开始得较晚，其中的一个重要里程碑是 1992 年在里约热内卢举行的联合国环境与发展会议，也被称为里约热内卢首脑会议、里约热内卢会议或地球首脑会议（UNCDE，1992）。《21 世纪议程》（联合国，1993）的制订确定了与促进人类住区可持续发展有关的目标：

■ 为所有人提供足够的住房；

■ 改善人类住区管理；

■ 促进土地使用的可持续规划和管理；

■ 促进环境基础设施的全面配置：水、污水、排水和固体废弃物管理。

20 世纪 90 年代，来自巴西不同大学的学术团体开始研究城市排水的概念。1995 年，图奇，波尔图和巴罗斯（Tucci 等，1995）编辑了巴西第一本名为《城市排水》的葡萄牙语著作，书中介绍了可持续雨水管理的相关概念。同年，根茨和图奇（Genz & Tucci，1995）开始研究场地蓄水措施，以从源头控制径流的产生，但仍只是市区范围进行讨论。纳西门托等

（Nascimento 等，1997）探讨了将洪泛区作为规划对象的重要性，以避免该区域被占用，并为临时储存空间和更自然的环境提供保障。在城市化使景观发生重大变化的情况下，这些作者还根据渗透和储存过程在排水系统中，讨论了引入补偿措施的必要性。这一概念是指采取行动补偿城市化进程带来的水循环变化，并尽可能恢复原有的水文功能。

蓬皮奥（Pompêo，1999）进一步讨论了这些问题，并证明了传统排水系统技术解决方案的落后性；他强调需要一种将技术解决方案与社会动态和多部门综合规划结合起来的新方法。即使排水系统从技术上看是健全的，但是如果没有规划、控制和平衡的城市发展的支持，从长远来看也有可能是失败的；这一论点也得到了米戈斯等人的支持（Miguez，2014）。在这一背景下，蓬皮奥（Pompêo，2000）对巴西的典型做法做出了评价：多次的防洪干预是为应对重大事件或灾难的孤立行动。蓬皮奥（Pompêo，2000）强调需要以预防的方式思考和行动，将自然环境和人工环境管理作为同一系统相互依赖和集成的组成部分。蓬皮奥（Pompêo，2000）还阐述了关于城市排水解决方案的六个基本原则：

（1）没有纯粹的技术经济解决方案；

（2）没有简单的解决方案；

（3）没有快速的解决方案；

（4）任何解决办法都不应仅仅是单一部门的责任；

（5）从另一个流域"复制"一个解决方案是不可能的；

（6）解决方案总是与特定的背景相关联。

巴普蒂斯塔等（Baptista 等，2005）回顾了巴西迄今为止 SuDS 失败的经验，将"补偿技术"一词作为巴西 SuDS 的基础。如表 23.1 所示，详细列出了巴西城市排水设计中补偿技术的类型。

补偿技术类型（改编自 Baptista 等，2005）　　　表 23.1

非结构性补偿技术	立法	
	洪水分区	
	合理的城市土地利用	
	环境教育	
	谷底保护（Preservation of valley bottoms）	
结构性补偿技术	流域	滞留池
		渗透
	线性结构	渗滤沟
		洼地
	源结构	雨水花园
		绿色屋顶
		蓄水桶
		透水路面

　　考虑到城市化是最会影响排水模式的因素之一，苏扎等（Souza等，2005）提出了一套适用于新的（可持续的）城市土地分区方法。这个方法主要提出了下列步骤：

　　（1）确定总体规划、城市分区、土地利用等方面的相关法规；

　　（2）确定需要保护的自然区域和未来发展的理想条件；

　　（3）尽量减少地面变化；

　　（4）善用地块内的蓝绿特征——使用天然排水道、最大限度地减少植被移除、减少硬质工程结构的使用，并将不透水区域与排水系统断接，从而利于渗透；

　　（5）尽量减少不透水区域的产生，保存天然水文特征，控制径流产生——通过绿化屋顶、多孔路面、池塘等设施的应用；

　　（6）将水文解决方案融入城市景观；

　　（7）发展综合管理实践。

　　米戈斯等（Miguez等，2009）提醒应注意SuDS应该识别每个盆地的特定时空响应这一事实。他们认为有必要评估干预措施不同组合的使用潜力，以便优化它们在减轻洪水方面的功效。但所提议的措施的综合效果并不等于预期的个别效果的总和。这一观察符合蓬皮奥提出的原则，即SuDS的效果取决于流域的结构和响应措施。

　　里盖托等（Righetto等，2009）指出，目前的雨水管理既包括结构性行动也包括非结构性行动，涉及了不同规模（从地方到流域规模）的基础设施，并且与土地利用和城市空间占用的规划和管理相关联。值得注意的是，这是巴西的大学研究网络得出的结果，该网络由PROSAB框架下的（葡萄牙语为"基础卫生研究项目"的缩写）一个名为FINEP的联邦机构（葡萄牙语"研究和项目资助机构"的缩写）资助的。该项目的目的是开发与饮用水、废水、城市排水和固体废弃物有关的技术。截至目前，16所公立大学加入了这个专门研究可持续雨水管理的研究网络。

23.3　法律框架

　　城市环境中的雨水管理是市政当局的责任。然而普遍的是，市政当局并没有足够的技术能力处理这一问题，从而产生负面的环境影响，并经常将洪水问题转移到流域的下游。另一方面，巴西的城市依赖联邦法律框架来支持可持续的城市发展，但这是远远不够的。作为联邦制共和国，巴西的联邦法律框架作为一般性准则，在市政一级做了详细规定，但实际上在操作运营方面也做了规定。尽管如此，通常情况并不如此。例如，《联邦城市土地分块法》（Federal Urban Land Parcelling Act）（Brazil，1979）规定了城市发展的最低标准。这项法令指出，在城市排水方面，除非采取缓解措施，否则不得在可淹没地区进行新的建设。然而，大多数城市只是在地方立法中复制联邦法案文本，没有提供洪水分区图用以指导城市发展。因此，城市往往遭受洪水的危害，环境退化成为较为常见的问题。

　　另一项被称为《城市规约》（the City Statute）（Brazil，2001）的联邦法案，规范了巴西宪法的前两条条款，以充分发挥城市的社会功能，保障居民福祉。《城市规约》制定了管理城市财产的使用的详细规则，使整个社区的安全与福祉以及环境平衡受益。《城市规约》还提供了若干重要的城市管理工具，目的是为各市政当局制定管理任务提供适当的条件。《城市规约》中提出的一些与城市排水有关的基本准则如下：

- 保障城市可持续发展，即为今世后代提供城市土地、住房、环境卫生、城市基础设施、交通和公共服务、工作和休闲服务；
- 规划城市的发展，以预防和处理城市增长的影响及其对环境的负面影响；
- 提供能够满足人民利益和需要的交通、公共服务和城市基础设施；
- 规范和控制土地利用，避免污染、环境退化和城市基础设施的使用过度或不足；
- 保护、保存和恢复自然、建筑环境以及文化、历史、艺术和景观遗产。

2003 年，联邦政府成立了城市事务部，其目标是最大限度地减少社会不平等、将城市转变为更好的空间、增加居民住房、卫生设施和交通设施。他们出版了《可持续城市排水手册》（Sustainable Urban Drainage Manual）（Brazil，2004），并启动了可持续雨水管理项目资助计划。

《可持续城市排水手册》的主要原则指出：

- 流域（而不是城市）是规划和设计排水系统和防洪工程的基本单元；
- 应将预开发行为作为参考；
- 新的城市建设不应加剧自然洪水；
- 城市发展应产生较低的水文影响，并保持自然水循环；
- 径流控制应尽可能靠近水源；
- 设计解决方案应该优先考虑渗透和存储。

该部门还表示，只有在提出"雨水管理计划"的情况下，一个城市才可以要求为城市排水行动提供资金。该计划应被视为"城市总体规划"的组成部分。由于排水是城市基础设施的一部分，因此应对其进行综合规划。雨水管理计划应能够基于城市的空间分布，在时空层面充分管理雨水，同时考虑经济、社会和环境方面的因素，改善人口和城市环境健康。雨水系统也应被纳入卫生系统，控制固体废弃物并减少雨水污染。

事实上，另一项名为《基本卫生法》（Basic Sanitation Act）的联邦法案（Brazil，2007）将基本卫生定义为：公共饮用水供应；收集、运输及妥善处理来自公众街道及露天的污水、家居废弃物及垃圾；城市排水和雨水管理，即洪水的传导或截留及最终处理。这一定义强调了城市排水系统的新作用，即明确地将滞留、存蓄和水质处理作为正式组成部分。

23.4　案例分析

本节将简要介绍一些巴西 SuDS 的应用案例，以说明在该国东南部地区，特别是在里约热内卢、米纳斯吉拉斯州和圣保罗等地进行的一些重要行动。与此同时，必须强调这些例子并不是这个主题的全部，还有其他可以引用的案例。

23.4.1   伊瓜苏项目——里约热内卢大都市区

伊瓜苏—萨拉普伊河（The Iguaçu - Sarapuí river）流域位于贝萨达弗洛米嫩塞（Baixada Fluminense）低地。它的排水面积为 727km²，这些排水区域都位于里约热内卢大都市区内部。伊瓜苏河发源于海拔 1600m 的塞拉多廷加（Serra do Tinguá）山脉。它向东南延伸约 43 km，直到到达瓜纳巴拉湾（Guanabara Bay）的排水口。它的主要支流是西部的廷加河（Tinguá river）、帕蒂河（Pati river）和卡皮瓦里河（Capivari river），东部的博塔斯河（Botas river）和萨拉皮伊河（Sarapuí river）。

贝萨达弗洛米嫩塞低地位于瓜纳巴拉湾盆地西部，是巴西里约热内卢州城市洪水灾害最严重的地区之一。这里最初是洼地，但在 20 世纪 30 年代，联邦政府发布的几项排水干预措施，缓解了该地区的洪涝灾害，改善了卫生条件并将流行病降至最低，从而使该地区的农业得到进一步发展。当农业不再重要之后，巴西里约热内卢开始吸引外来移民，这一进程始于 20 世纪 50 年代，并在 20 世纪 70 年代得到加速发展。20 世纪 90 年代初，有 6 个县的 200 多万居民定居在贝萨达弗洛米嫩塞低地，其中有 35 万以上的人群受到水灾的严重影响。

20 世纪 90 年代，该地区首次尝试对洪水进行缓解。传统的排水措施已经实施，这就是第一个伊瓜苏项目（LABHID，1996）。该项目建议重新设计堤坝以及一些临时水库和运河，并为新的城市发展确定和划分最低地形水平。不幸的是，由于缺乏对城市增长的控制，这些措施失败了。在这些措施实施 10 年之后，由于新建设的产生，水库已经失去了储水能力。

2007-2009 年间，巴西里约热内卢联邦大学对伊瓜苏项目进行了一次审查，以支持以国家环境研究所（INEA 是其葡萄牙语的首字母缩写）为代表的州政府评估减轻洪水所采取的行动效果。新伊瓜苏项目（LABHID，2009）旨在控制城市洪水，为伊瓜苏、萨拉普伊和博塔斯河的环境恢复提供一个机会，同时推动河道沿线的城市更新（图 23.1）。项目提出了结构和非结构性措施，主要包括：

图 23.1   伊瓜苏项目的说明性平面图，其展示了作为多功能景观而设计的
城市可洪泛区，并在流域下游划定一个限制占用区域的拟议新城市分区

■ 修订土地用途分区，从而将防洪地图包括在内；
■ 建议设立三个环境保护区，以保护重要的自然储存区（如上游森林和低洼城市之间的农村／低密度／绿色缓冲区），以这种方式界定的地区将受到控制，因此所有未来的发展都由里约热内卢州管理；
■ 建议在已建成的区域设计一系列城市公园，以防止路面的扩张，并使公园贴近河流，既避免了随便占用河岸，又提供了减弱洪峰的存储能力；
■ 重新设计堤坝系统，并建议拆除其中一座堤坝，以恢复洪泛区的自然存储和连接性。

本项目尚未全面实施。项目由巴西加速增长计划（葡萄牙语缩写为 PAC）资助，目前已经完成第一阶段。据 INEA 报道，2200 个家庭从危险地区（主要是河岸上的房屋）搬迁到新的住房发展项目地区，与此同时，在危险地区建立了公园和娱乐区，并沿着河流种植树木。约 56km 的河道已进行疏浚工程，以尽量恢复原有的特性，并在疏浚过程中清除了 500m³ 的泥沙和垃圾。为了使地方社区认识到城市化所带来的社会和环境问题，以及参与和社会控制的重要性，国家环境规划署一直通过地方委员会和区域论坛对该项目进行监测和评价。项目还发起了环境教育运动，而废物处理就是其中的一个重点。

23.4.2　DRENURBS——贝洛奥里藏特／米纳斯吉拉斯（Minas Gerais）州

贝洛奥里藏特市（Belo Horizonte）的环境恢复计划——DRENURBS（葡萄牙语首字母缩写）由市当局创建。该计划旨在通过保护仍在自然河床中流淌的 200km 的城市河道来改善环境。这些河道分布在 47 个流域上。DRENURBS 从 2001 年开始实施，并在 2010 年的国际大都市评选中获得由世界主要大都市协会颁发的荣誉奖项。

DRENURBS 的一个主要特点是全面性，干预物质空间的同时，也试图改变方案行动所设计区域内社区的社会经济和环境现状。

该方案的主要目标包括减少洪水风险、控制泥沙产生、将自然水资源与城市景观结合起来和尽量减少水道污染，并加强市政机构在其中发挥的作用。DRENURBS 的主要合作伙伴是来自联合国教科文组织的米纳斯吉拉斯联邦大学（Federal University of Minas Gerais，UFMG）和 "可持续水资源管理改善未来城市健康" 综合项目（Sustainable Water Management Improves Tomorrow's Cities' Health，SWITCH）。DRENURBS 引入的实际行动包括：
■ 开辟公园和永久保护区，以保护河岸和河流植被；
■ 滞洪水库（detention reservoirs）与城市景观综合整治；
■ 促进将资源作为良好环境质量主要组成部分的行动；
■ 使社区参与重建空间的决策（AROEIRA，2010）。

如图 23.2、图 23.3 所示，为方案完成时的部分成果。

图 23.2　梅溪（May Creek）流域 1 号概念图：与城市景观融为
一体的新公园内的蓄水池

图 23.3　皮埃达德圣母（Nossa Senhora da Piedade）公园概念图，
展示了一个带有永久性湖泊的蓄水池

23.4.3　蓄水池——圣保罗大都市区

　　20 世纪 90 年代，为解决圣保罗城市面临的严重洪水问题，土木工程师阿卢西奥·坎霍利
（Aluísio Canholi）在帕坎布（Pacaembu）附近设计了第一个蓄水池（Piscinões）。这个设施的
葡萄牙名为 "piscinã"，自 1994 年一直运行至今。

　　该蓄水池建于查尔斯米勒广场（Charles Miller Square）内，总容量为 7.4 万 m^3。1998 年
制定的排水总体规划确定了圣保罗都会区内适合新建大型滞洪水库的区域，建设这些滞洪水库
的目的是解决该地区的洪灾问题，避免城市被淹没。如今，这里有 19 座蓄水池，有些建在地
下，它们中的大部分由混凝土建造而成。这些水库的平均库容约为 20 万 m^3。

　　不同的机构伙伴关系使这些水库的建设成为可能。例如，夏普蓄水池（Piscinão Sharp）
在 2010 年底建成，存储容量为 50 万 m^3；市政府和州政府之间的伙伴关系使其建设得以实

施。圣保罗市提供了这片区域，并负责维护，但水库的建造是由国家水和能源部负责。如图23.4 所示，为夏普蓄水池的鸟瞰图，该图包括了为控制皮内洛斯河（Pinheiros River）支流（Pirajucara creek）的溢流水而修建的未连成一线的水库。

图 23.4　夏普"蓄水池"

23.4.4　普罗提乔——圣卡洛斯 / 圣保罗

普罗提乔（Protijuco）是一个环境恢复项目，坐落于圣保罗州（São Paulo）圣卡洛斯市（São Carlos）的蒂乔科普雷托溪谷（valley of Tijuco Preto Creek）。这条小溪完全被市区所包围。在项目开始之前，蒂乔科普雷托溪部分已被运河覆盖，水质很差，失去了原有的河岸植被，且经常发生洪水。固体废弃物和污水加剧了当地环境的退化，当地也没有提供任何娱乐场所。

该项目旨在采用可持续防洪措施设计、监测这条河及其洪泛区的恢复情况。该项目还旨在促进城市空间的复兴和重建，并强调了历史和环境因素。拟议干预措施的概念设计旨在恢复系统的自然功能。该项目的第一部分是恢复河流的流量，它首先移除了那些流淌在雨水渠的河段，并建造了一条开放河道。在此过程中，项目将城市排水解决方案与园林绿化相结合。蒙狄奥多（Mendiondo，2008）以本项目为例，提出了淡水生物多样性提供的生态系统服务的概念。如图 23.5 所示，通过重新开放的小溪项目的横截面表现了规划图中的设计概念。

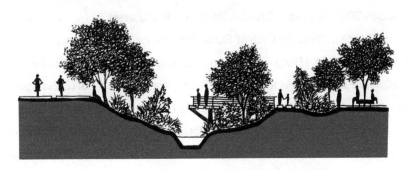

图 23.5　圣卡洛斯市蒂乔科普雷托溪的典型断面

23.5　结论

SuDS 三角模型平等地考虑了水量、水质以及宜人性和生物多样性，为提供更好的城市环境奠定了基础，从而为将水作为一种价值加以保留并融合进城市景观提供了可能。这种趋势在全球范围内都有所体现，虽然程度不同，但关注的重点已从管道末端措施变为更具可持续性的方法，比如从源头控制城市洪水。

在巴西，应用这一概念仍然有一些困难，主要是出于以下两个主要因素。一方面是市政当局设计、建造、运行和维护（包括技术、立法和体制方面）方面的能力相对较低且未达到最新水平。这种情况说明在制定由联邦法律提供并在地方一级实施的一般准则方面仍存在困难。第二个方面是技术人员的惯性，他们拒绝打破传统范式。然而，本章已经给出了一些有趣的案例，说明 SuDS 的概念在巴西不断发展，并足以改变巴西城市的防洪史。

参考文献

Aroeira, R.M. (2010). Recuperação ambiental de bacias hidrográficas, Belo Horizonte, Brasil. In: A.T. Gonzaga da Matta Machado, A.H. Lisboa, C.B. Mascarenhas Alves, D. Alves Lopes, E.M. Andrade Goulart, F.A. Leite, M.V. Polignano (Org.), *Revitalização de Rios no Mundo: América, Europa e Ásia*. Belo Horizonte: Instituto Guaicuy. Cap, 221–240. (in Portuguese)

Baptista, M., Nascimento, N. and Barraud, S. (2005). *Técnicas Compensatórias em Drenagem Urbana*. ABRH, Porto Alegre, 2005, 266 pp. (in Portuguese)

Brazil (1979). *Federal Act 6,766,* of 19 December 1979. Federal Official Gazette of Brazil, Brasília, DF, 20 December 1979. Section 1, Brasília, Brazil. (in Portuguese)

Brasil (2001). Federal Act 10,257, of 10 July 2001. Federal Official Gazette of Brazil, Brasília, DF, No 133, 11 July 2001. Section 1, Brasília, Brazil. (in Portuguese)

Brasil – Ministério das Cidades (2004). *Manual de Drenagem Urbana Sustentável*, Brasília, DF. (in Portuguese)

Brasil (2007). Federal Act 11,445, of 5 January 2007. Federal Official Gazette of Brazil, Brasília, DF, No 8, 11 January 2007. Section 1, Brasília, Brazil. (in Portuguese)

Club of Rome (1968). About the Club of Rome. http://www.clubofrome.org.

Genz, F. and Tucci, C.E.M. (1995). Controle do escoamento em um lote urbano. *Revista Brasileira de Engenharia, Caderno de Recursos Hídricos*, 13(1) 129–152, Rio de Janeiro, RJ. (in Portuguese)

LABHID – Laboratório de Hidrologia/COPPE/UFRJ (1996). Plano Diretor de Recursos Hídricos da Bacia dos Rios Iguaçu/Sarapuí: Ênfase no Controle de Inundações. Rio de Janeiro: SERLA. (in Portuguese)

LABHID – Laboratório de Hidrologia/COPPE/UFRJ (2009). Plano Diretor de Recursos Hídricos, Controle de Inundações e Recuperação Ambiental da Bacia do Iguaçu/Sarapuí. Análise do comportamento hidrológico e hidrodinâmico da bacia hidrográfica do rio Sarapuí, na Baixada Fluminense e estudo de intervenções estruturais em quatro de suas sub - bacias. Rio de Janeiro: SERLA. (in Portuguese)

Leopold, L.B. (1968). *Hydrology for Urban Land Planning – A Guidebook on the Hydrologic Effects of Urban Land Use.* US Geological Survey Circular 554. Washington: USA Department of Interior.

Mendiondo, E.M. (2008). Challenging issues of urban biodiversity related to ecohydrology. *Brazilian Journal of Biology, 68* (4, Suppl.), 983–2002.

Miguez, M.G., Mascarenhas, F.C.B. and Magalhães, L.P.C. (2007). Multi - functional landscapes for urban flood control in developing countries. *International Journal of Sustainable Development and Planning, 2* (2), 153–166.

Miguez, M.G., Mascarenhas, F.C.B., Magalhães, L.P.C. and D'Altério, C.F.V. (2009). Planning and design of urban flood control measures: assessing effects combination. *Journal of Urban Planning and Development, 135* (3), 101–109.

Miguez, M.G., Rezende, O.M. and Veról, A.P. (2014). City growth and urban drainage alternatives: sustainability challenge. *Journal of Urban Planning and Development,* 10.1061/(ASCE) UP.1943 - 5444.0000219, 04014026.

Nascimento, N.O., Baptista, M.B., Ramos, M.H. and Champs, J.R. (1997). Aspectos da evolução da urbanização e dos problemas de inundações em Belo Horizonte. Anais do XII Simpósio Brasileiro de Recursos Hídricos, CD - ROM, art. 335, Vitória, ES. (in Portuguese)

Pompêo, C.A. (1999). Development of a state policy for sustainable urban drainage. *Urban Water, 1,* 155–160.

Pompêo, C.A. (2000). Drenagem Urbana Sustentável. Revista Brasileira de Recursos Hídricos, Porto Alegre, RS, 5, 1, 15–24, (in Portuguese)

Righetto, A.M., Moreira, L.F.F. and Sales, T.E.A. (2009). Manejo de Águas Pluviais Urbanas. In: Righetto, A.M. (ed.), Manejo de Águas Pluviais Urbanas, Projeto PROSAB, Natal, RN: ABES. Cap. 1, 19–73. (in Portuguese)

Souza, F.C., Tucci, C.E.M. and Pompêo, C.A. (2005). Diretrizes para o Estabelecimento de Loteamentos Urbanos Sustentáveis. VI Encontro Nacional de Águas Urbanas. Belo Horizonte, Brazil. (in Portuguese)

Tucci, C.E.M., Porto, R.L.L. and Barros, M.T. (1995). Drenagem Urbana. UFRGS Ed. da Universidade/ ABRH, Porto Alegre, 430 pp. (in Portuguese)

UN - United Nations (1993). *Agenda 21: Earth Summit – The United Nations Programme of Action from Rio.* Rio de Janeiro: United Nations, Department of Public Information.

United Nations Conference on Environment, and Development (UNCDE) (1992). Earth Summit. http://www.un.org/geninfo/bp/enviro.html.

UNEP – United Nations Environment Programme (1972). Stockholm. Report of the United Nations Conference on the Human Environment. http://www.unep.org/.

第24章 南非非正式定居点可持续排水暂行措施

凯文·温特
Kevin Winter

24.1 导言

　　贫民窟在南非通常被称为非正式定居点，并在世界范围内"享有盛誉"。因为在那里，基本的公用事业服务供给十分缺乏或有限，而且往往功能失调。这些地方的住房结构是由当地可用的材料（如波纹铁或木材）临时搭建的，且当地居民对土地没有任何想法。2012年，联合国人居署（UN Habitat）估计，全球有8.63亿人生活在非正式定居点，其中发展中国家城市有1/3的人口生活在非正式定居点（UN Habitat，2013）。在撒哈拉以南的非洲地区，这一数字更为惊人，约62%的城市人口居住在贫民窟（UN Habitat，2013）。例如，肯尼亚内罗毕的基贝拉（Kibera in Nairobi，Kenya）是世界上最大的非正式定居点，大约有100万人居住在2.5km^{2}的区域（Engleson，2010）。统计数字显示了这一问题的严重性，但未能反映当地生活条件的残酷现实。非正式定居点一般缺乏一系列的基本服务，包括排水设施、卫生安全、污水处理设施和饮用水。人口密度高是大多数定居点的特点，也是造成地表水径流成为传播疾病和自然环境普遍恶化媒介的一个间接因素。尽管如此，居住在非正式定居点的人口数量仍在继续上升，这不仅是城市化、人口爆炸、人口变化和全球化的表现，也是治理不善、腐败、政策失败、土地市场功能失调、金融体系不健全以及政治意愿缺乏的结果（UN - Habitat，2003）。

　　非正式定居点的定义没有得到普遍认同，但通常将其描述为居住者对土地没有合法要求或权利，布局没有规划和结构的定居点。这两个特点严重地挑战了排水和其他以水为基础的服务的管理。居民因为没有稳定的土地使用权，不愿意对材料和设施进行投资来改善房屋周围的排水系统。第二个挑战是由于沿住宅之间的线性走廊空间不足，难以在人口密集的未规划居民点安装常规管道和排水系统。

　　在南非的非正式定居点，地表水排水是由居民随意发起的临时安排，包括上游和住宅附近积水、腐臭的带有异味的水在降雨期间的季节性洪水。居民们通过挖浅沟来处理地表水，这些浅沟也兼作雨水管道。通常的做法是每天使用这些临时管道排放清洁餐具、陶器、衣服和洗澡等活动产生的污水。每个家庭处理的污水量相对较低，每天在 75-150L 之间（Carden 等，2007）。排放的水通常含有高浓度的盐、脂肪、有机物和毒素，并积聚在沟渠和浅池塘中。污臭水体使人们更常把垃圾投放于此，招致了苍蝇和蚊子，也吸引了倾向于在非正式定居点附近的水池玩耍的幼儿的注意力。在有限的空间内处理灰水，会造成灰水与雨水的交叉污染。在"第一次冲洗"（first flush）和其他低流量条件下，污染浓度会进一步升高。

非正式定居点管理排水的解决办法在很大程度上仍然难以捉摸。答案不太可能只在技术或传统实践中找到。就南非而言，这一难题的根源是一系列问题，包括土地所有权的不安全、非正式定居点的空间布局和居民的社会行为。这些问题深深根植于南非的社会政治史中，在种族隔离的几十年里，遗留的不平等和特权壁垒仍然根深蒂固。事实证明，历史是难以克服的。自种族隔离结束，1994 年的民主选举以来，南非政府一直在努力应对社会住房的需求。但由于农村人口向城镇迁移，社会住房需求短缺问题进一步加剧。

本章探讨了某一个选定的定居点近十年来所采取的各种方案和进程。由于迄今为止缺乏实现该国非正式定居点逐步升级的经验和知识，这被认为是一个独特的案例。对一系列成功和失败的干预措施进行研究，旨在提高排水系统能力和其他相关服务。该案例位于兰格鲁格（Langrug）的非正式定居点内。兰格鲁格坐落于开普敦（Cape Town）以东约 75km 处，该地区以农业、酿酒业和旅游业闻名。这项研究解释了如何将干预措施和流程结合起来解决受污染的地表水和排水问题，并鼓励当地居民以合作管理的形式积极参与。传统方法中通常很少进行用户的咨询和参与，这项研究代表了传统工程方法的转变。

24.2　南非非正式定居点发展概况

南非国家人口普查确实将非正式定居点（也就是那些由临时材料制成的住所）人口囊括在内，并将这部分人口分为两类：一类是居住在非正式定居点的；另一类是居住在附属于或接近正式结构的后院棚屋的。2001 年，非正式定居点的棚屋数量达到 178 万户（StatsSA，2001），但到 2011 年，这个数字已经下降到 125 万户（StatsSA，2012）。下降的原因是政府的重建和发展计划（Reconstruction and Development Programme，RDP），该计划声称自 1994 年以来已经建造了 280 万套免费的正规基本住房，其中 150 万套是在 2001-2011 年间建造的（Department of Human Settlements，DHS，2012）。尽管棚屋数量的小幅下降表明了政府在为提供免费的基本住房做出的努力，但人口增长和城市化带来的需求规模继续给该国的资源造成压力。在 2001-2011 年间，豪登省（Gauteng province）和西开普省（Western Cape province）分别拥有最大的城市中心区和城市经济规模，两省的净接收人口分别为超过 100 万和 30 万。这些省份的区域移民主要来自那些以农业为基础的经济地区，而这些地区也是那些曾被种族隔离体系划分为"独立家园"的地区。在这些省份的两个主要城市，即约翰内斯堡（Johannesburg）和开普敦（Cape Town），非正式定居点的增长继续给负责提供水基础服务和其他服务的地方当局增加压力。他们的优先事项是提供供水和基本卫生设施，通常会忽视地表径流的安全处理，而仅把这些留给当地居民去自己处理。

24.3   多方协同排水管理

关于在发展环境中提供服务的相关文献经常强调居民之间的合作，但地方当局官员是改善服务水平与提高运营能力的先决条件（WSSCC/Sandec，2000；EAWAG，2005；Eales，2008）。解决以水为基础的服务（包括排水）需要一种综合的方法，以适应不断变化的既定惯例，以"真正致力于伙伴关系和赋权"（Department for International Development，DfID，1998）。这一点在贝拉吉奥原则（Bellagio Principles）中得到了强调，该原则将家庭和社区确定为一个定居点干预计划的核心（WSSCC/Sandec，2000）。然而，居住在非正式定居点的居民因南非社会政治历史的现实而对糟糕的服务质量感到沮丧，并普遍意识到他们在后种族隔离时代对更好生活的愿望未能实现。

南非在非正式定居点排水管理方面缺乏合作和可持续的伙伴关系的实践。有观点认为，临时解决方案最有可能建立在真正的伙伴关系之上，这种伙伴关系能够将当局提供的自上而下的倡议与改善和维护服务的意愿结合起来。然而现实情况是，对这种形式的伙伴关系的体制支持是有限的，因为地方当局基本上没有做好准备，在这些服务的转变中与民间社会打交道，并充当关键的代理人（Alexander，2010）。南非的研究结果表明，城市贫困人口希望由中央政府提供服务和运营（Kruger，2009）。目前仍然难以通过居民和地方当局之间的合作找到可持续解决方案。因此，该案例研究审查了取得成功的一些措施，并试图解释一系列进程是如何提高居民与当局之间合作水平的。

24.4   兰格鲁格：非正式定居点的案例研究

兰格鲁格（Langrug）是一个非正式的定居点，距离弗朗斯胡克镇（Franschhoek）中心仅 3km。弗朗斯胡克是一个荷兰名字，意思是"法国角"（French corner）。该镇位于弗兰谷（Franschhoek Valley）的顶端。1688 年，一群法国胡格诺派（French Huguenots）难民开始在这里定居。当时荷兰政府给了很多人土地，难民们利用自己的专业知识，把肥沃的土地变成了赚钱的葡萄栽培和酿酒企业。今天，弗兰谷的农业美景、古朴小镇、建筑和美食，都吸引着成千上万的当地和海外游客来到这里（图 24.1）。

相比之下，兰格鲁格非正式定居点的历史截然不同（图 24.2）。1993 年，来自东开普省（Eastern Cape Province）的移民在政府拥有的土地上建造了第一批棚屋，俯瞰着弗兰谷。到 2011 年，人口增长到大约 4100 人，棚屋的总数达到 1858 个（Stellenbosch Municipality，2011）。本阶段的公用设施包括 91 个冲水马桶及 57 个公用水龙头台。2006-2008 年间，该定居点工作的研究人员在研究过程报告中说，这些以水为基础的服务经常被过度使用或功能失调，居民常在住所外的街道上处理废水（Carden 等，2007）。

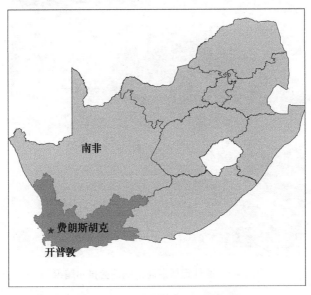

图 24.1　南非弗朗斯胡克区位图

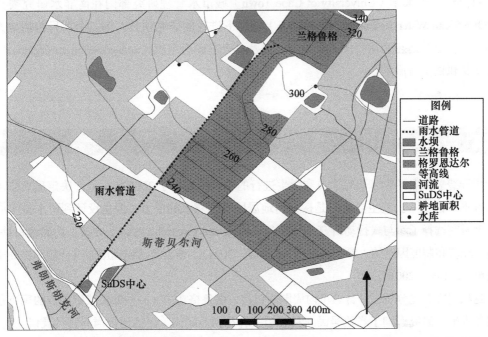

图 24.2　地图显示兰格鲁格在格罗恩达尔（Groendal）郊区北部的非正式定居点以及拟议的 SuDS 中心，雨水通过管道排入弗朗斯胡克河。弗朗斯胡克镇位于兰格鲁格以东 3km

唯一的雨水管道是一条混凝土衬砌的暗渠，旁边是一条陡峭的砾石路，从上到下将定居点一分为二（图 24.3）。因此，雨水暗渠输送了由废弃的灰水、功能不良的公共厕所中漏出的黑水和雨水混合而成的混合物，并最终排入了山谷底部的弗朗斯胡克河。

图 24.3 通往定居点高处的路旁排水暗渠

　　该案例研究考察了用于干预和促进兰格鲁格排水系统的全面升级的两种不同方法。第一个项目是开普敦大学（University of Cape Town）城市水管理研究部门在南非水研究委员会（South African Water Research Commission）资助下进行的研究项目。第二个项目包括地方当局和西开普省政府正在进行的干预措施，以及一个非政府组织（non-government organisation，NGO）提供的支持服务。

24.5 方法一：以研究为导向的努力

　　由开普敦大学的学术研究人员和学生进行的一项研究始于 2006 年，是解决定居点排水问题的首批举措之一。其主要目的是探索当地居民管理灰水的潜力，但也设计到雨水排水的问题。该研究选择了参与式行动研究（participatory action research，PAR）方法，明确地将社会、政治、经济和制度因素纳入参与性过程（Lal 等，2001）。该方法认识到应通过合作和协商来实现决策（Lal 等，2001）。

　　这项研究首先分析了开普敦市内周围（包括兰格鲁格在内）一些非正式定居点的现有条件和服务水平。研究咨询了当地居民、利益相关者及利益团体（包括地方当局官员及议员），听取了他们对改善排水管理的意见、计划及支持情况。本研究的具体目的是确定和加强地方一级的排水管理策略，并通过实施适当的低成本干预措施来支持这些策略，这些策略需要利益相关者（尤其是当地居民）的参与。研究人员将兰格鲁格作为研究地点，并调查了四个关键目标：确定居民中现有的服务、利益相关者和社会结构；识别与现行管理措施有关的问题；考虑潜在的管理策略；探讨可能的干预策略（Armitage 等，2009）。

如前所述，兰格鲁格的地表水径流由灰水、黑水和雨水组成，其中雨水被引导到一个雨水暗渠，最终排入弗朗斯胡克河。从兰格鲁格和弗朗斯胡克河各点采集的水样显示，细菌（upper quartile 200,000–450,000cts/100ml）和营养物质（e.g. orthophosphate upper quartile 1.5–4mg/l）的水平升高（Armitage 等，2009）。

　　研究的目的之一是提出可供选择的排水方案。这些选择方案将在定居点内部与当地居民进行一系列实地考察和举办听证会之后产生。在研究进行时，现场研究人员因没有社会组织或活跃的公民团体（如街道或居委会）参加而感到惊讶。最后，现场研究人员决定自己寻找有意愿合作的居民。与此同时，地方政府官员和政治选举的议员与研究人员见面沟通，但合作的范围仅限于几次采访和讨论。他们的兴趣更多地集中在日常水资源供应和公共卫生管理的问题上而非排水。最后，研究人员确定了 12 户表现出足够兴趣的家庭，他们愿意考虑安装选择方案内的某一个灰水排水设施。在任何干预实施之前，研究人员与家庭成员就每种情况下的排水问题和需求进行了讨论，随后讨论了可用于引入原有系统的潜在选择方案。它们大都价格实惠，且使用的材料很容易获得（如石头，砾石和塑料包装箱）。板条箱和沟渠渗水槽是最受欢迎的设计，它们被放置在棚屋周围，那里的土壤具有足够的渗透性，房屋之间也有足够的空间（图24.4）。每个渗水坑至少需要一个 4m×1m 的开放空间走廊作为最小尺寸集。灰水处理点是用来一个侧开孔的倒置塑料牛奶箱。它被"遮光布"（shade‐cloth）覆盖，这是一种多孔的塑料材料，可用来捕捉食物物质，并防止有机物质堵塞开口。板条箱位于沟槽的一端，沟槽的标准尺寸为 3.5m 长，0.75m 宽，0.75m 深。沟槽的底部和两侧都铺有一层聚乙烯薄膜，底部敞开，方便水排到周围的土壤中。然后用 19mm 的石骨料（aggregate stone）填满沟槽，并在洞中填满填充物。芦苇、观赏花或果树和蔬菜等根茎作物可以种植其中。尽管居民从未探索过植被过滤器的潜力，但由于其位于人行通道和渗水槽上，人们认为植物的种植将有助于去除营养物质。例如，铺地狼尾草（Kikuyu grass）是一种在南非随处可见的入侵性植物，可在渗水槽迅速生长，这表明该植物迅速吸收了被排放到系统中的营养物质。

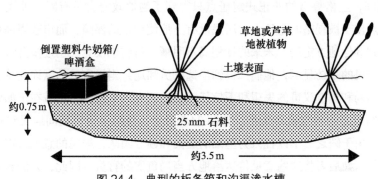

图 24.4　典型的板条箱和沟渠渗水槽

　　在每次安装期间，都会与一名家庭成员和旁边的邻居一起举行一个非正式的研讨会。但多数情况是现场工作人员亲自进行示范并完成安装。大多数渗水槽在几个月内就丧失效用了，居民们也停止了维护。他们对进一步试验改进这些设施的兴趣有限。研究团队也因此得到了新的教训，不仅是关于技术或设施的局限性，还关于被认为是实验性的、中立的和次级的社会行为和对技术的态度。

研究小组预计这些排水设施至少有四个局限性：油脂可能会形成浮渣，堵塞集水坑处的多孔遮光布材料；当灰水被过快地注入临时汇水盆地（catchpit）时，发生溢出问题；理想的种植植物将无法生长在高污染灰水导致的高营养、高碱性的环境下；棚屋之间的空间非常有限，无法建造一个足够容纳 20L 水的排水设施。大多数设施在不到 6 个月的时间里就失败了，一部分原因是居民不愿进一步试验或维护设施。在一起事故中，当地政府的机械道路平地机对设施造成了损坏，而在另一起事故中，入口被固体废物堵塞，最终导致设施被拆除。尽管有这些失败，但很明显，这项研究需要关注了解这一背景下的社会行为，以寻找新的非正式解决办法来逐步解决排水系统可能涉及的问题。

24.6   关于以研究为导向的排水方法的讨论

参与式行动研究过程失败的部分原因是，现场工作小组从一开始就未能找到一个愿意参与排水管理的社会组织或有凝聚力的群体。实验中的渗水槽之所以没有成功，很大程度上是因为当地居民不愿意参与实验。最后，这些实验设施仅仅变成了摆设，给外界提供可以其实现的假象。安装实际上只吸引了一些当地志愿者的被动支持，他们只是希望在住所附近拥有设施以更直接地获得好处。因此可以得出结论，在项目的这个阶段，并没有真正实现在参与式行动研究方法中所设想的合作过程。参与式行动研究方法不能也不可能以这种方式起作用，除非在设施已经成功的情况下，可能会达到鼓励居民复制干预措施和实现本地确定的目标的效果，并使居民继续与外部代理人合作。鼓励居民参与建造更多排水设施的努力基本上都是徒劳的。最终，由于安装和维护排水系统的兴趣、能力和资源有限，实验失败了。无论技术有多好，没有真正参与，任何促进集体行动的尝试似乎都注定要失败。

在研究期间，兰格鲁格的非正式定居点只得到了当地政府官员有限的关注。这种忽视似乎是因为定居点位于被侵略的土地上，居民没有土地使用权的保障，而市政当局预期居民将在适当的时候迁到其他地方定居。未来的计划尚不明晰，目前也没有关于逐步升级解决办法的讨论。此外，对居民的采访显示，他们只得到当选议员和地方当局官员的默许支持，而这只会增加他们对地方当局和当选议员的失望和不信任。实地研究人员指出，挑战在于如何在居民、议员和地方政府官员之间建立伙伴关系。如图 24.5 所示，总结了研究期间居民对社会和制度环境的感知理解。由于缺乏一个以社区为基础的居民和领导团队，居民的意见心声无法有力地呈现给当选的议员，使后者将这些意见传达给地方当局负责的官员。因此，人们越来越不信任当地政府能够解决居民困境，反过来，官员们陷入危机管理模式，他们正试图解决兰格鲁格和该市其他非正式定居点的日常事务。

理论上，一个有效的"自下而上"或基层的排水管理方法可以提供更可持续的方案，但人们承认，这种方法在非正式定居点中是错误的，除非满足一系列具体条件。特别是，地方当局需要对提供的服务负全部责任，而居民则需要有足够的能力同包括地方当局在内的其他利益相关者建立有意义的伙伴关系。在这一研究过程中所学到的经验为 5 年后，从 2011 年开始，用另一种方法铺平了道路。

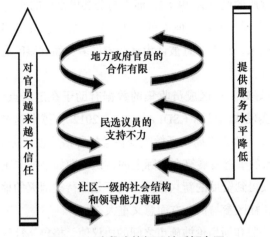

图 24.5　片段式的相互关系概念图

24.7　方法二：建立伙伴关系

在早期的研究中，研究人员所经历的失败说明了临时试验计划的局限性。这些计划是零碎的、资源匮乏的，并缺乏与地方当局和政治选举的议员接触的正式程序。人们认为，该示范项目更多的是实验各种想法，而不是改善整个定居点的排水系统（Carden 等，2007）。由于缺乏增量计划，这些方案在研究人员离开现场不久后就失败了。然而，这种看似无望的局面在兰格鲁格进一步的发展过程中开始发生变化。

2010 年 11 月，居住在兰格鲁格附近的一位农夫申请了法院的禁令，提出地方当局不应允许废水径流进入农场的灌溉大坝。地方当局立即作出反应，与非正式定居点网络（Informal Settlements Network，ISN）确立了一份合同协议。非正式定居点网络是一个非政府组织联盟，负责在兰格鲁格当地居民中的领导能力和地方能力建设、制定增量计划，并通过确定干预和行动的核心领域来提出解决方案。目前尚不清楚法院的禁令是否有助于促使地方当局介入兰格鲁格事件和改变政策，但出现了改进非正式定居点的新意图和投资。当时，斯坦伦博施（Stellenbosch）地方当局面临着巨大的压力，需要处理积压的 19701 户住房需求，估计需要安置 20000 户家庭住在非正式定居点和后院棚屋里。市政府每年只从国家政府获得 300 份住房补贴，这意味着政府只能负担得起建造这一数量的住房，因此，当前家庭国家补贴住房的需求要长达 130 年才能实现。鉴于问题的严重性和无力满足住房需求，市政当局决定成立非正式定居点管理部门，旨在通过建立以人为本、扶贫的住房危机解决方案，来应对城市化和服务供给挑战。

非正式定居点网络联盟（ISN Alliance）的首要任务之一是建立一个具有代表性的领导小组，并通过与兰格鲁格居民举行一系列的会议和对话来实现。其次是对兰格鲁格居民、定居点的物质基础设施和社会经济状况进行调研，至少有 30 名居民被选入调查小组。这次人口普查为之后拟定改善解决办法服务的方案提供了详细的资料。定居点内的卫生设施的改善效果是最明显的。当时人与厕所的比例为 49：1，而人与公共供水点的比例为 72：1（SDI Alliance，2012）。调查虽然没有说明排水状况，但不可否认，多年来社会各界都在迫切关注兰格鲁格内的灰水排放问题。长期以来，灰水一直被认为是造成许多负面健康问题的原因之一，尤其是在定居点内儿童玩耍的地方。

现状调研还有其他好处。社区成员收集的数据有助于在定居点内增强凝聚力和协作关系，并有助于集中精力实现共同目标（SDI Alliance，2012）。越来越多的迹象表明，社区内部的信心和权力得到了增强，地方当局也开始改变在兰格鲁格处理住房和服务提供的方式（SDI Alliance，2012）。这些新的事态发展符合国际上的共识，即如果把非正式定居点看作是需要在逐步升级进程的各个阶段得到资助的新兴社区，而不是等待被消灭的地方，会更有能力为公民服务。这一转变对于开拓社区参与机会方面意义重大。

非正式定居点网络联盟和斯坦伦博施市之间的协议使兰格鲁格社区能够利用国家资金改善某些选定的项目。2012 年，当地实施了一系列解决方案，包括开放被现有建筑阻碍通行的街道；兴建灰水渠；建造儿童游乐场；改善洗浴设施；建立 HIV/AIDS 咨询的健康论坛（SkillsPortal，2012）。自 2012 年以来，ISN 联盟中非政府组织之一的社区组织资源中心（Community Organisation Resource Centre，CORC）在促进领导力发展和在当地社区中能力和技能建设方面发挥了重要作用。其中一个项目涉及排水管网建设，沿排水管网分配排污口排放废水。这些排水系统包括与网状系统相连的排放点，用于将灰水排放到雨水暗渠中（图 24.6）。

图 24.6　由社区主导倡议创建的连接浅管道的灰水排放集水池

在当地努力发展排水系统网络之后，西开普省政府（Western Cape Government，WCG）在环境事务和发展规划部（Department of Environmental Affairs and Development Planning，DEADP）的领导下又采取了两项措施。

24.8　政府干预

2013 年，西开普政府开始研究在非正式定居点中使用仿生原理的可行性，以开发出一个用于管理废水、雨水和固体废物的设施。环境事务和发展规划部因此创造出了"地方天才（genius of place）"的概念。兰格鲁格成为首选地址的原因有很多，但主要是因为社会结构和社区领导力。人们认为这两点在对于推动一个以社区为基础的项目中至关重要，此项目指研究如何利用自然来解决人类问题。在这种情况下，该项目将研究如何将仿生学应用于处理地表水径流中的污染物和从水流中提取污染物。

24.9　有用的仿生学：灰水洼地

西开普政府设立了一个项目投标和竞争性投标程序，以聘请顾问研究仿生学在污水处理方面的潜力。成功的团队于 2014 年启动了该项目（参见 http://www.informalsouth.co.za/portfolio/genius-of-place-phase-3/）。咨询公司与当地居民以及兰格鲁格的领导团队密切合作，安装一系列与雨水洼地相连的微型湿地，以期创造一个生物修复系统形式的"生活污水管"，用于过滤、清洁和减缓水流，并分解水中的废物。

洼地沿着房屋之间的垂直路线布置。每个家庭都可以在特定的处理点处理废水。这些处理点要么是用沉入地下的桶做成的，要么是使用前文描述的牛奶箱集水池。这些排放点都与社区两年前安装的浅埋地下管道相连。洼地的设计是为了减缓水流和减少洪涝。在下水道的相互连接点种植树木，目的是吸收树木根部周围土壤中积累的养分，并起到了过滤的作用（图 24.7）。

该项目目前仍处于开发阶段，其目标是每天处理 115 户人家的 6000L 废水。这一设施的结果仍在调查中，但它们不足以解决污染径流排放进图弗朗斯胡克河所产生的问题。尽管如此，这一成果可以增强人们对可持续排水选择和定居点绿化的认识。

图 24.7　围绕新种植树木的微型湿地，沿着浅层雨水管道的连接节点进行布置

24.10　城市可持续排水中心

　　西开普政府还发起了最后的干预方案，包括在兰格鲁格非正式定居点下游开发一个 SuDS 中心。预计该中心将处理来自兰格鲁格和格罗恩达尔（Groendal）附近低收入居民区的雨水径流。该项目之所以产生，是因为弗朗斯胡克污水处理厂（停运，且污水被成功地转移到距弗朗斯胡克约 12km 的新处理厂）。弗朗斯胡克不再需要现有的污水处理厂，因此废弃的污水处理厂为处理兰格鲁格的污染雨水提供了绝佳的机会。同时，它可以用来展示雨水提取和回收的价值。这一方案为场地的重新开发提供了一个具有远见的例子，开创了将废弃的污水处理厂改造成雨水处理设施的潜在模式。该设施可以同时支持教育和研究项目，并为当地居民提供就业机会。

　　该设计使用现场现有的水箱和池塘，并且仅需很少的基础设施投资即可进行雨水处理。目前的建议是沿着一系列"处理列车"将雨水分流到场地进行处理。原有的氯处理池和预释放沉淀池可作为人工湿地，在暴雨期间同时处理洪水水位的雨水输入，并过滤污染物。深层水箱将变成垂直流动湿地，废水在其中流过沙砾，然后被过滤到一个出口（Scholz & Lee，2005）。浅层无衬里水箱将变成水平流动湿地，模拟自然湿地生态系统中的过滤。芦苇扎根于沉积物中或形成漂浮筏，自然地吸收营养物质，对水进行物理过滤，并为有益微生物提供繁殖表面。芦苇为主的湿地在过滤除氮方面优于开放池塘（Moore & Hunt，2012）。浅水湿地还提供了一个自然区域，可以通过建造木板路使人进入其中。污水处理厂的改造遵循了 SuDS 管理的四个关键原则：良好的住房管理；接近源头的雨水管理；利用地方或区域控制来处理水；水到达受纳水体之前对最终排放点的水质管理。如图 24.8 所示，为与这四个 SuDS 原则相一致的选定设计方法和技术的应用。

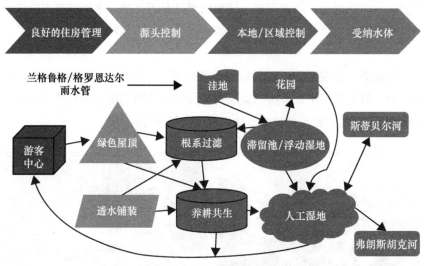

图 24.8　适用于 SuDS 中心的 SuDS 处理原则

　　拟建的污水处理中心利用废弃污水处理厂的一系列现有基础设施，将雨水沿"处理列车"进行转移分流（图 24.9）。弗朗斯胡克河和斯蒂贝尔（Stiebeuel）河穿过场地中心。拟议方案旨在提供一个教育和研究中心，这也是该国第一次展示如何利用非正式定居点地表水径流中的雨水实现资源回收。

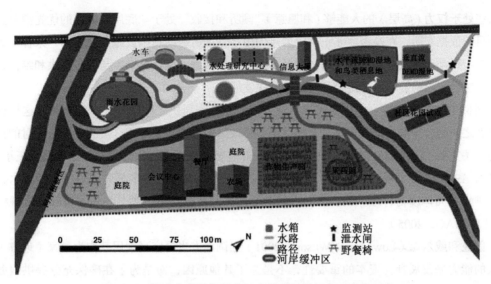

图 24.9　拟建在弗朗斯胡克污水处理厂的 SuDS 中心示意

24.11　讨论

自 2011 年地方政府介入以来,各利益相关者之间的相互关系变得更加紧密。如图 24.10 所示,简要总结了这一观点。报告指出,兰格鲁格社区的领导能力是使当地居民能够与地方当局进行有意义讨论的重要动力。当地居民指导委员会能够利用资金来应对定居点中的一些紧迫需求。西开普政府项目选择兰格鲁格作为研究地点具有重要意义,因为它认识到与社区社会组织合作的价值。

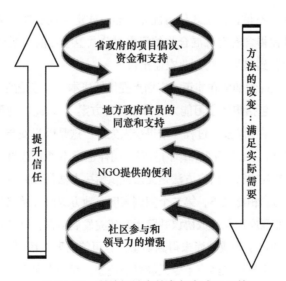

图 24.10　利益相关者的参与方式及目的

案例研究讨论的第二部分与前者形成了对比,揭示"自上而下"的干预措施是必要的,确保那些处于权力（高层）的人能够（和愿意）"倾听和接收"处于"底层"的人的优先需要。最新项目的证据表明，在高密度非正式定居点的雨水管理所需的基础设施开发方面，某种形式的合作参与行动正在发挥作用，并通过积极与地方当局接触，确保公众参与服务提供和维护，使地方一级行政机构能够以维持自身利益的方式发展。

案例研究中出现的一个显著问题是地方政府官员和居民之间的理解存在差距，这是利益相关者之间的合作薄弱的表现，甚至在兰格鲁格改造的后期也是如此。实施解决方案时的社会参与至关重要：干预措施必须为社会所接受，并应努力建立"对伙伴关系和赋权的真正承诺"（DfID，1998）。要实现这一愿景，需要一个综合框架，其中包括多部门规划（包括供水、卫生、排水和固体废物管理）和多参与者参与（所有利益相关者的参与，从家庭和社区规模开始）（EAWAG，2005）。

朗兹和威尔森（Lowndes & Wilson，2001）强调地方当局应当利用其作为国家（地方）代理人的能力来发展社会资本的重要性，不是为了其他原因，而是为了在确保充分提供服务的前提下保证民主。通过这种方式，社会资本可以被用来促进社会公民和政府之间的双向关系。在这种关系中，政府可以建立社会资本，同时动员公私部门合作伙伴关系提供服务。伊尔斯（Eales，2008）认为，这种伙伴关系可以在非正式定居点提供切实可行、实惠的服务。他的论点是多个伙伴关系将可以利用政府、民间社会和非政府组织/服务提供者的综合优势——约翰内斯堡可持续发展问题世界首脑会议（UN，2002）在可持续发展目标的实现上也提出了这一点，认为这对水和公共卫生的千年发展目标尤为重要。

24.12 结论

南非地方当局因资金不足，将正式住房优先于非正式定居点发展的决定实属无奈之举。就排水管理方面而言，这使得含有有毒混合物的污水对公共卫生和淡水系统造成了影响，而淡水系统反过来又有可能威胁到弗兰谷的商业农业出口。

本研究的目标之一是探索如何在非正式定居点提供低成本、可接受的排水设施，并确保各利益相关者有真正的合作（包括集体学习能力和修改管理方案），以此达到预期结果。研究选取了两个截然不同的案例。在早期阶段，过程和结果令人失望。这是因为安装的设施在几周内就出了问题，更重要的是，"基层"社会组织和结构薄弱。同样也指出了非常明显的一点，即如果没有地方当局的充分承诺，参与式行动研究方法是无法提供解决办法的，并且需要更多的努力来发展排水设施最终用户的能力。相比之下，第二个案例表明，地方政府开始接受成为地方变革重要推动者的概念，并具有与非政府组织达成协议并赋予其建立发展运作良好、真正具有代表性的地方社会结构的能力。虽然项目是否成功尚未得到衡量，且可能需要一段时间才能得到明确的结果，但作为两个项目选点的兰格鲁格已经有了令人鼓舞的迹象，因为定居点已经认可了该社会结构的存在。它指出，南非正在慢慢认可，非正式定居点的逐步升级不仅需要以水为基础的服务基础设施的技术知识，也需要通过政府、当地居民、非政府组织和服务提供者的综合优势共同进行管理。

参考文献

Alexander, P. (2010). Rebellion of the poor: South Africa's service delivery protests – a preliminary analysis. *Review of African Political Economy*, *37* (123), 25–40.

Armitage, N.P., Winter, K., Spiegel, A. and Kruger, E. (2009). Community - focused greywater management in two informal settlements in South Africa. *Water Sci Technology*, *59* (12), 2341–50.

Carden, K., Armitage, N., Winter, K., Sichone, O. and Rivett, U. (2007). Understanding the use and disposal of greywater in the non - sewered areas in South Africa. WRC Report 1524/1/07, Water Research Commission (WRC), Pretoria, South Africa.

Department of Human Settlements (DHS) (2012). Annual Report 2011/2012, RSA Government, Pretoria. ISBN: 978 - 0 - 621 - 40896 - 6.

Department for International Development (DfID) (1998). *Guidance manual on water supply and sanitation programmes*, Water and Environmental Health at London and Loughborough (WELL), Water Engineering and Development Centre (WEDC), Loughborough University, UK.

EAWAG (2005). Household - centred environmental sanitation – Implementing the Bellagio principles in urban environmental sanitation. Provisional guideline for decision - makers. EAWAG, Swiss Federal Institute of Aquatic Science and Technology, June 2005. ISBN 3 - 906484 - 35 - 1.

Eales, K. (2008). Partnerships for sanitation for the urban poor: Is it time to shift paradigm? *Proceedings of IRC Symposium – Sanitation for the urban poor*, 19–21 November 2008, Delft, The Netherlands.

Engleson, E. (2010). Informal Settlements – the illegal city of Kibera. Available at: http://www. resilientcity. org/index.cfm?id = 23147.

Kruger, E. (2009). Grave expectations – Participatory greywater management in two Western Cape shack settlements. MA thesis, Department of Social Anthropology, University of Cape Town, Cape Town, South Africa.

Lal, P., Lim - Applegate, H. and Scoccimarro, M. (2001). The adaptive decision - making process as a tool for integrated natural resource management: focus, attitudes, and approach. *Conservation Ecology*, *5* (2), Available at: http://www.consecol.org/vol5/iss2/art11/.

Lowndes, V. and Wilson, D. (2001). Social capital and local governance: exploring the institutional design variable. *Political Studies*, *49*, 629–647.

Moore, T.L.C. and Hunt, W.F. (2012). Ecosystem service provision by stormwater wetlands and ponds – a means for evaluation? *Water Research*, *46*, 6811–6823.

Scholz, M. and Lee, B. - H. (2005). Constructed wetlands: a review. *International Journal of Environmental Studies*, *62*, 421–447.

SDI South African Alliance (2012). Informal settlement upgrading. http://sasdialliance.org.za/ projects/ langrug/.

SkillsPortal (2012). HIV/AIDS: Understanding the impact it has on your company. Available at: http:// www.skillsportal.co.za/content/hivaids - understanding - impact - it - has - your - company.

Stellenbosch Municipality (2011). Langrug Settlement enumeration report, Franschhoek. Stellenbosch Municipality. Available at: http://tinyurl.com/ompjub2.

United Nations (2002). *Report of the United Nations Report of the World Summit on Sustainable Development, Johannesburg, 26 Aug – 4 Sept 2002* (United Nations publication, A/CONF.199/20, Sales No. E.03.II.A.1, ISBN 92 - 1 - 104521 - 5), United Nations, New York.

UN - Habitat (2003). *Squatters of the World: The Face of Urban Poverty in the New Millennium.* Nairobi. Available at: http://www.unhabitat.org/publication/slumreport. pdf.

UN - HABITAT (2013). *Streets as public spaces and drivers of urban prosperity*, United Nations Human Settlements Programme, Nairobi.

Water Supply and Sanitation Collaborative Council (WSSCC)/Sandec. (2000). Summary report of Bellagio expert consultation on environmental sanitation in the 21st Century. Swiss Federal Institute for Environmental Science and Technology, Switzerland. Available at: http://www.eawag.ch/ forschung/sandec/gruppen/clues/approach/bellagio/index_EN.

第25章 美国的低影响开发

布鲁斯·K·弗格森
Bruce K. Ferguson

25.1 导言

随着集体概念的不断发展，美国城市进行了一系列和其他发达国家相似的雨水管理实践，实践内容包括水质水量、环境卫生和宜人性等方面。目前国际上比较普遍的一个概念是"低影响开发"，该方法将众多分散的设施与城市设计相结合，并倾向于进行更加自然的环境恢复过程，从而有利于解决径流源头处附近的排水和环境问题。联邦水质标准在很大程度上促进和统一了这一概念的发展。然而，在实际应用中，人们需要根据不同的水文气候条件、城市土地利用密度和现状基础设施制定多种多样的解决方案。随着健康、宜居城市的议程与水质水量的议程并提，人们需要多学科协同开发可以满足多种价值观的创造性应用。

25.2 统一立法

自 19 世纪以来，美国就已经颁布了各种联邦水保护法。每一项法律都鼓励清除点源污染（如工业和废水排放等），这使得其余尚未得到处理的面源污染显得更加突出。面源污染被称为"非点源"污染，这意味着它们可在多个点排入水道，从而使许多不同活动产生的污水汇合，共同对河道产生影响。

今天被称为《清洁水法》的联邦法律起源于 20 世纪 70 年代。该联邦法律自 1987 年被修订后，首次将城市非点源污染明确纳入其中。在这一法律基础上，联邦环境保护局（EPA）建立了一套大的城市径流水质标准，并将大部分必要的行政程序委托给不同的州。现在，市政当局必须持有排放许可证才能将城市径流排入水道，而且必须符合或尽力满足 EPA 的水质标准。

在 1987 年修正案之前，人们已经认识到城市径流的污染特征，但由于不熟悉非点源问题、缺乏权威标准以及出于对未知的建设和维护成本的谨慎，几乎没有采取任何行动。新的联邦法律要求所有参与城市雨水管理的人员必须学习他们以前从未学习过的概念和技术。这样有助于人们能够接受雨水管理的环境目标以及伴随而来的建设和维护费用。

早在环保局制定水质标准之前，市政当局就已经排干了城区的水，以保障财产、健康和基本服务（American Public Health Association，1960）。自 20 世纪 70 年代以来，人们越来越多地实行或要求滞留径流：使用带有控制出口的水库来限制下游洪峰流量，以适应下游排水能力，防止洪水泛滥（Poertner，1974）。当时建立的排水和滞留系统如今仍然存在，并成为大多数雨水管理实践的一部分，同时也是现今水质要求的一部分。

相关制造公司通过发明和提供新型的可渗透性路面、储存库（storage vault）、径流过滤器和分离器来实现新的组合方案。这些新举措实际上促进了一个新产业的兴起，其活动会在每年一度的 WEFTEC 会议上进行展示（www.weftec.org）。与此同时，新材料和新技术的应用也越来越受到国家行业标准的支持。

25.3　雨水管理实践

目前已经发展和积累的雨水管理实践在功能、配置和特定应用的适用性方面各不相同。早期的术语"最佳管理实践"（BMPs）暗指所有这些实践，但没有指明特定实践的具体特征或性能作用。在一般情况下，该术语现在被更为中性的术语"雨水控制"所取代（Water Environment Federation，2012，第 4 页）。

如表 25.1、表 25.2 所示，列出了目前常见的雨水控制措施。表格信息由水环境联合会（Water Environment Federation，2012）、迪博和里斯（Debo & Reese，2002）以及卡希尔（Cahill，2012）进行编制，包括了控制措施的详细技术说明及使用指南。当不同的组织或个人使用不同的术语指代基本相似的实践或功能时，该表格则选择直观简单且通用的术语；例如，一般术语"过滤器"指代能够实现水质改善的各类相关技术。

如表 25.1 所示，列出了只具有或主要具有雨水管理功能却不一定影响周围居住功能的设施。它们带走了源头或下游缓冲区的径流，使径流的水质和水量不受影响。其中一些源于较早的市政排水和滞留设施，另一些则是为了满足现代水质需求而发展起来的。这些设施要么被布置在单一用途的空间里，要么被隐藏在地下，而布置这些设施往往仅需满足较低的技术要求。其中一些设施是通过塑造地形和控制结构而实现的，另一些则是由制造商提供。它们的容量被设计用于满足一条或多条径流的要求。

如表 25.2 所示，列出了部分为人类使用和舒适而选择和安排的雨水实践，而雨水管理只是同等或次要的功能。在不影响人类居住的前提下，经过改造增加雨水功能后，它们会成为非常有用的城市结构。例如，透水铺装具有通过铺砌结构吸收和处理雨水以及城市交通两项功能。绿色屋顶和雨水收集设施减少了城区的径流量和污染物负荷。在不破坏附近交通的情况下，"雨水花园"在城市空间的微观层面实现了生物多样性。这些实践中的大多数都是在过去几十年中开发出来的，以便在复杂城市环境中寻求具有多个应用目标的解决方案。它们通常是为相对较小、较频繁的径流情况所设计的，而较大的径流则是在没有管理的情况下被自然排放。

具有专门或主要雨水管理功能且不一定影响人类居住的常见雨水控制类型　　　表 25.1

具 体 实 践	雨 洪 功 能	显 著 特 征
下水管道	直接输送	管道或通道网络
滞留	降低峰值流量	附带或不附带永久性水池的蓄水水库或储存罐
洪泛保护区	降低峰值流量	开阔低地
渗透	过滤，减少体积	水池、沟渠、拱顶、排水井
生物滞留池	过滤，减少流量	植被单元
植被洼地	过滤，减少流量，降低峰值流量	植物洼地
砂滤池	过滤	沙
过滤带	过滤	草带
雨水湿地	过滤	湿地
嵌入物	过滤或沉淀	圈闭，拱顶，分离器 / 隔膜
长期滞留	沉淀	附带或不附带永久性水池的水库

居住区常用的雨水控制类型　　　表 25.2

具 体 实 践	雨 洪 功 能	显 著 特 征
透水人行道	过滤，滞留，减少流量	透水性表面
绿色屋顶	过滤，减少流量	屋顶的被植被覆盖的土壤
生物滞留池（雨水花园）	过滤，减少流量	地面上被植被覆盖的土壤
区域径流集蓄池	减少流量，雨水收集	地面上被植被覆盖的土壤
屋顶雨水收集	减少流量，雨水收集	落水管水箱

有许多水文计算方法可用于分析雨水控制的性能及其所属的整个排水系统（Cahill，2012，第 123 页）。曲线数法最初是由美国农业部开发的，主要是对径流量进行估算，并在扩展后可以确定洪峰率。理性方法（The Rational Method）则用于峰值速率的估算，方法调整后可用于总体积的估算。像这样的水文方法已被设计成各种公共和私有领域的计算机模型。美国陆军水文工程中心（US Army's Hydrologic Engineering Center）提供了一个具有连续模拟功能的著名计算机模型。截至 2015 年，模型当前版本为 HEC-HMS 4.1（www.hec.usace.army.mil）。它利用渗透事件、单位水文图和水文路线等信息来模拟与树状流域系统相关的所有水文过程。它还包括蒸发、融雪和土壤水分的计算。关于城市排水和 SuDS 建模的更多信息，请参见第 20 章。

美国多样的地理环境呈现出不同的水文条件，在这些条件下，必须选择不同类型的雨水设施并确定它们的容量。如表 25.3 所示，对比了 6 个不同城市的情况。10 年 24 小时降雨量是设计暴雨的一个示例，雨水设施可能需要根据这些数据提供足够的容量。年降水量和年平均降雨天数可以表明随着时间的推移，雨水的总体丰富或稀少程度，从而说明雨水支持自然健康植被的能力，或收集利用雨水的价值。亚特兰大和费城等东部城市经常遭遇强暴雨，因而占据市区大量空间的大容量设施需要容纳由此产生的大量径流，并且要在侵蚀性水流中保持结构稳固。相比之下，在凤凰城等西南部沙漠城市，水资源的匮乏促使雨水集中在需要灌溉的种植区，以及用于收集和使用的蓄水池中（Phillips，2003）。在波特兰等西北太平洋城市，设计暴雨强度较低，因此具有足够容量的设施可以相对容易地融入城市空间内的小块区域，而温和频繁的降水可支持健康的植被生长。波特兰良好的水文气候是使它成为雨水创意城市设计中心的因素之一。

对比 6 个城市的水文气候条件（ data from US NOAA National Weather Service,　表 25.3
Precipitation Frequency Data Server, hdsc.nws.noaa.gov ）

城市	10 年 24 小时暴雨（mm）	年平均降水量（mm）	年平均降水天数
乔治亚州亚特兰大	131	1263	113
宾夕法尼亚州费城	122	1055	118
加利福尼亚州洛杉矶	100	326	36
俄勒冈州波特兰	94	1104	164
科罗拉多州丹佛市	75	396	87
亚利桑那州凤凰城	54	208	30

25.4　低影响开发

今天的"低影响开发"（LID）的普遍性概念是指尽可能靠近降雨地点来管理雨水，这是一种将雨水汇集到单一排水结构中的替代方案。它通常采用保留或重建自然景观特征的方法，以尽量减少不透水面积，并使雨水能进行自然渗透和处理。一些 LID 被称为"绿色基础设施"，即使用或模拟自然过程中的渗透、蒸散或再利用雨水的系统（Wise，2008）。

现在称为 LID 的这一概念起源于 20 世纪 70 年代，当时麦克哈格（McHarg，1969）的"自然设计"范式创造了第一个简易模型开发技术，来保护自然雨水过程：集中发展以避免洪泛区和河岸栖息地；与土壤和植被接触的开放式排水系统；以及自然含水层的渗透和补给，来代替对地表河流的处理（McHarg & Sutton，1975）。各种来源的后续贡献进一步渗透到城市发展方式中，以用于减少源头的径流和污染，如表 25.2 所列。"低影响开发"这个通用术语起源于 20 世纪 80 年代或 90 年代马里兰州乔治王子县的规划者。据其中一个人说（Larry Coffman, pers. comm. 1999），其目的是对所有被发现的有利技术给予监管信任；用他的话来说，"你做的每件事都很重要"。

雨水花园已经成为 LID 议程的公共标志，该议程旨在将环境修复过程融入城市之中。雨水花园汇集了种植区的径流，这些径流会渗入土壤，并可能进一步渗入下层土壤，或通过排水管逐渐排出。雨水花园可以减少径流量和降低峰值速率，其中的植物和土壤能过滤悬浮固体，并吸收和分解雨水中溶解的污染物（Cahill，2012，第 146-147 页）。"雨水花园"这个非正式的名字反映了一个设施对人类居住和雨水管理的安排。早期的雨水花园是植被洼地的一部分。最近，俄勒冈州波特兰市（2006 年获奖网页 www.asla.org）发现了如何将它们嵌入现有城市街道和人行道之间的方法，如图 25.1 所示。

图 25.1　俄勒冈州波特兰（Portland, Oregon）的雨水花园

如图 25.2 所示，为伊利诺伊州利斯（Lisle，Illinois）的莫顿植物园（Morton Arboretum）游客中心的低影响开发设施。其中，透水路面的砌块之间具有较大的缝隙，能迅速渗透雨水，其基层具有较大的蓄水能力，可抵御大型暴雨。在更大的暴雨或路面堵塞的情况下，路缘石切口就会允许径流进入雨水花园，并渗入被植被覆盖的土壤。所有雨水都是经由路面和土壤中自然产生的微生物处理，然后缓慢地排放到下游。

图 25.2　伊利诺伊州利斯（Lisle，Illinois）的莫顿植物园的 LID 设施

25.5　雨水和城市议程

与此同时，美国的雨水管理和城市设计领域也在不断发展，公众对舒适、宜居、健康和环境质量的期望也越来越高。这些想法大多来自"新城市主义"的概念（Katz，1994；Congress for the New Urbanism，www.cnu.org）。如今的城市议程敦促城市暴雨水道的所有部分都要具有宜人性，并且提供生态健康以及高质量的水质。

在低密度郊区或其他具有丰富开放空间的地方，只要土地利用规划中有相关规定，那么使用自然排水管道和低地管理雨水是相对经济的。如表 25.1 所列，可能需要保留约 15% 的区域来确定洼地、水库和湿地的位置。在这个保留的空间内，只需增加土方和控制结构，就可以使这些"常规方法"发挥作用。在这样的排水系统中，设计师们通常使用契合现状地形和植被且成本较低的自然效果来营造休闲娱乐和风景优美的功能。如图 25.3 所示，渗透盆地中排列着树木、草地、砾石和卵石；从住宅边缘往下看就能看到它。

图 25.3　位于爱达荷州博伊西（Boise，Idaho）附近郊区居民区的渗透盆地

相比之下，高密度建成区没有专门的土地储备空间，所以雨水设施要么通过设计与城市相结合，要么与城市相冲突。因此必须采用"非常规方法"，如表 25.1、表 25.2 所列，这些雨水设施可隔离在地下拱顶里。它们的设计既满足液压要求，又适应城市环境。与传统方法相比，这些方法需要更高的建设和维护成本来实现相同的雨水性能。然而，在高开发强度的地区，它们代表着对高密度土地利用的投资，相应地，这也带来了较高的收入，并能够对小型房地产进行"填充式"开发，否则这些房地产将仍然处于空置状态（Ferguson，2010）。将人类和雨水目标整合到单个应用中需要工程师、景观设计师和城市规划师在内的多个学科的人才并肩工作和积极沟通（Water Environment Federation，2012，第 1-19 页）。

如图 25.4 所示，表现了密苏里州圣路易斯市一条繁忙的商业街正在改造高度集成的雨水和人工设施（St Louis，Missouri）（2011 年获奖网页 www.asla.org）。位于图片中央的是透水混凝土路面，这种路面会吸收建筑物附近相邻人行道上的直接降雨和径流。然而，由于要保护漏水的旧地下室，因此这些建筑附近的人行道都是不透水的。在明沟中可见的透水混凝土基层是结构性土壤，它可以保留并处理渗透的雨水，同时灌溉将在这里种植的行道树。左边是一条新的停车道，这将使这条街道更有"居住"的特征。其余的街道车道已经被缩小，从而使车辆交通趋向"平静"（自然减速）。背景是一个残疾人停车场和坡道，使这条街道更加通达。在街区的尽头是向外凸出的路缘石，它位于停车道的尽头，减少了行人过街的距离且保障了行人的安全，并将多余的空间塑造成一个雨水花园。像这种形态和性能高度集成的组合只能由多学科合作的设计师团队来完成。

图 25.4　密苏里州圣路易斯市（Louis，Missouri）南大林荫道改造工程

25.6　具有挑战性的城区的选择

合流制排水系统污水溢流（Combined - Sewer Overflows，CSOs）的城市地区需要进行高难度的雨水管理。现在人们认为集雨水和废水于一体的污水管已经过时了。然而，数百个美国城市区域仍然使用 19 世纪和 20 世纪初建造的合流制排水系统。在潮湿的天气中，大量的径流超过了污水管的水流容量并溢出至地表，这是目前美国最严重的水质问题之一（Cahill，2012，第 68-71 页）。环境保护局要求根据《清洁水法案》来减少合流制排水系统污水溢流，并通过诉讼鼓励这种做法。然而，CSO 地区的特点是高密度建设，并拥有定居居民区且商业经济发达。因此采用新的基础设施对该地区进行改造来管理产生的大量径流，成本可能会比较高昂且具有破坏性。这些地区的选择类型反映了不同城市对城市价值观和官僚文化的态度。

减少 CSO 的一种方法是用现代的分流制排水系统替换旧的合流制排水系统，并符合如表 25.1 所列的单一用途类型的规定。大多数城市负担不了整个地区的替换成本，一些人重建了小部分合流制排水系统，将其作为更大、多方面计划的一部分。

第二种方法是在合流制排水系统网络中增加蓄水池，将潮湿天气的流量速率降低至污水管道和污水处理厂能力范围内。水库是如表 25.1 所示中的单一用途技术之一；这种方法往往采用地下水箱或隧道的形式，通常体型庞大且昂贵。但是，它们对城市技术机构具有吸引力，因为它们可以方便、准确地分析以便于设计和维护。例如，华盛顿特区实施了一项为期 20 年的计划，建设一个由三条隧道组成的 21km 长的系统，每条隧道直径 7m（Allen，2011）。

　　第三种方法是将城市径流从合流制排水系统中分流，并将其排放到当地的植被、土壤和含水层中。这相当于利用 LID 和绿色基础设施（表 25.2）对城市地区进行改造，而减少雨水流量是一个明确的性能需求。据说，这一成本低于污水管重建或截留的成本，而且效益是多方面的。

　　俄勒冈州波特兰市自 20 世纪 90 年代以来一直强调这种转变方式（www.portland oregon. gov/bes）。在这样的规划项目中，该市受益于自 20 世纪 70 年代以来优秀的规划文化（Abbott，2001），包括严格的公众参与和城市机构之间相互合作的议程。波特兰所采取的每单位流量减少的分流做法中，最经济的做法是将屋顶落水管从污水管断开，并连接到花园土壤上，从而使得水分可以蒸发或补给天然蓄水层（Cahill，2012，第 68-71 页）。在向私人房主解释这种方法的用途时受到了他们的欢迎，不管是否有"蓄水桶"，都可以在干旱时期储存灌溉用水。另一个有利的做法是将来自街道排水入口的径流分流到开挖的集水坑中，然后这部分径流会扩散到周围的土壤中。人们按照街道和土地利用的实际情况安装雨水花园、植被屋顶和透水性路面，使其成为一种更理想的选择方案。

　　最近，费城开展了一项为期 25 年的此类项目，作为 4 条巨大隧道的替代方案（www. phillydersheds.org）。该项目预计将城市 1/3 的不透水表面替换为 3800hm^2 的绿地和透水路面（Allen，2011）。该项目由该市水务部门管理，位于一个合并了之前单独的污水管溢流、雨水管理和饮用水水源保护项目的新的流域办公室（McIntyre，2014）。办公室与各种城市及社区团体合作，承包了数百个改造项目。改造活动包括：小巷、停车场和娱乐场所的透水路面；雨水花园、渗透床（infiltration bed）、落水管水箱、植草沟和绿色屋顶；用草坪和植物替换运动场上的沥青。其中许多项目采用树荫给街道降温的方式，为人们创造更有用和更吸引人的环境；他们所有的设计都是为了追求适合每个特定社区的社会、经济和环境效益。每一个项目都会对减少 CSO 产生直接的递增效应。项目风险之一是分散监测和维护的长期成本以及性能的相对不确定性。

　　随着时间的推移，美国的雨水实践不断发展，不断积累新的技术、研究方向和巧妙的应用。随着知识和多样性的增长，整个系统变得更加复杂并更具适应性。具有挑战性的城市地区将环境议程和城市议程结合起来，并对未来能力和方向的基础进行试验。如表 25.4 所示，列出了大学、行业协会和其他组织提供持续研究和更新技术指导的例子。

提供持续研究和技术指导的网站示例　　　　　　　　　　表 25.4

机　构	网　址
流域保护中心	www.cwp.org
混凝土连锁块铺面研究所	www.icpi.org
低影响开发中心	www.lowimpactdevelopment.org
北卡罗来纳州立大学	www.bae.ncsu.edu/stormwater
美国环境保护署	http://water.epa.gov/polwaste/npdes/stormwater/
新罕布什尔大学	www.unh.edu/unhsc
水环境研究基金会	www.werf.org/stormwater

参考文献

Abbott, C. (2001). *Greater Portland: Urban Life and Landscape in the Pacific Northwest*, Philadelphia: University of Pennsylvania Press.

Allen, A. (2011). Green City, Gray City, *Landscape Architecture, 101* (9), 72–80.

American Public Health Association (1960). Committee on the Hygiene of Housing, 1960, *Planning the Neighborhood, Standards for Healthful Housing*, Chicago: Public Administration Service.

Cahill, T.H. (2012). *Low Impact Development and Sustainable Stormwater Management*, Hoboken: Wiley.

Debo, T.N. and Reese, A.J. (2002). *Municipal Stormwater Management*, second edition, Boca Raton: CRC Press.

Ferguson, B.K. (2010). Porous Pavements in North America: Experience and Importance, in Conference Proceedings, Novatech 2010, Lyon, France.

Katz, P. (1994). *The New Urbanism*, New York: McGraw - Hill.

McHarg, I.L. (1969). *Design with Nature*, Garden City: Doubleday.

McHarg, I.L. and Sutton, J. (1975). Ecological Plumbing for the Texas Coastal Plain: The Woodlands New Town Experiment, *Landscape Architecture, 65* (1), 78–89.

McIntyre, L. (2014). The Infiltrator, *Landscape Architecture, 104* (1), 38–46.

Phillips, A. (2003). A Good Soaking: An Introduction to Water Harvesting in the South West, *Landscape Architecture, 93* (8), 44–50.

Poertner, H.G. (1974). Practices in Detention of Urban Stormwater Runoff, Special Report 43, Chicago: American Public Works Association.

Water Environment Federation (2012). *Design of Urban Stormwater Controls,* WEF Manual of Practice No 23 and ASCE/EWRI Manuals and Reports on Engineering Practice No 87, New York: McGraw - Hill.

Wise, S. (2008). Green Infrastructure Rising: Best Practices in Stormwater Management, *Planning, 74* (8), 14–19.

第26章 西班牙的可持续排水系统

瓦莱里奥·C.安德烈斯－瓦莱里,萨拉·佩拉莱斯－蒙帕莱尔,路易斯·安杰尔·萨努多·丰塔内达,伊格纳西奥·安德烈斯－多梅内克,丹尼尔·卡斯特罗－弗雷斯诺,伊格纳西奥·埃斯屈代－布埃诺
Valerio C. Andrés - Valeri, Sara Perales - Momparler, Luis Angel Sañudo Fontaneda, Ignacio Andrés - Doménech, Daniel Castro - Fresno and Ignacio Escuder - Bueno

26.1 导言

过去的50年里,西班牙的经济增长导致了从农村到城市的大规模人口迁移,造成了城市中心快速发展。不受控制的城市蔓延导致城市环境中的自然土壤变得不透水,并增加了与城市雨水管理相关的问题,这种情况在旅游业发达的地中海区域尤为明显(García等,2014)。目前面临的主要问题是径流量超过污水管和排水系统容量所造成的洪涝。这种洪水效应带来了污染的扩散,因为不透水面积越大,径流冲刷面积越大,非点源污染的影响就越大(Castro-Fresno等,2013)。

在西班牙,径流量的增加以及以合流制为主的排水系统,促使合流制排水系统污水溢流(Combined Sewer Overflows,CSOs)的发生频率增加(Castro - Fresno等,2013)。此外,由于西班牙的地理位置,不同的气候模式汇集于此(Segura - Graiño,1994),产生了与特定地域相关的不同的城市水管理问题。在西班牙北部,全年较高的降雨量可能导致洪水问题,但在西班牙南部的一些地区常在夏季出现周期性干旱(Segura - Graiño,1994)。一个特例是地中海地区的东海岸,该地区在秋季受到了切断低压的影响,导致了暴雨事件,从而产生了洪水问题(Perales - Momparler等,2014)。

20世纪90年代,西班牙首次研究了与暴雨相关的问题(Dolz & Gómez,1994;Malgrat,1995;Temprano等,1996;Jimenez-Gallardo,1999)。此后,在过去的20年里,人们努力提高对SuDS技术及性能的了解。从这个意义上讲,坎塔布里亚大学、马德里大学、拉科鲁里亚大学和萨拉戈萨大学,以及加泰罗尼亚和巴伦西亚理工大学等研究中心的贡献非常显著。

社会对可持续发展的认识不断提高,与雨水有关的问题日益增多,导致国家当局对建立正确的雨水管理控制措施越来越感兴趣。2000年通过的《水框架指令》(EU 2000/60/EC)标志着欧盟在雨水管理方面的一个转折点,将可持续原则融入雨水管理中。在采取这一步骤之后,

欧盟继续将可持续发展原则纳入与水管理有关的其他指令中，例如2007年的《洪水指令》（EU 2007/60/CE）。西班牙特殊和多变的气候条件与特定的雨水相关的问题，促进了特定的法规的发展，利于管理该国不同的径流问题。《西班牙皇家法令 RD 1620/2007》根据雨水的最终用途制定了雨水再利用的最低水质标准。在 2012 年，《西班牙皇家法令 RD 1290/2012》规定必须减少新城区开发对雨水径流量的影响。最后，在 2013 年通过的《西班牙皇家法令 RD 233/2013》和《西班牙皇家法令 RD 400/2013》鼓励在雨水径流管理中使用可持续排水技术，特别是在可能影响流域排水行为的新城区开发中。

然而，尽管在城市规划过程中，将新的开发项目与 SuDS 相整合有助于缓解与暴雨相关的问题（Dietz，2007），但有必要在已开发的城市地区增加相关应用。事实上，在城市中心改造过程中整合 SuDS 技术可能是该地区水文恢复的主要解决方案之一（Andrés - Valeri 等，2014a）。在过去十年中，西班牙一些地区（表 26.1）开发了不同的 SuDS 改造应用程序，主要应用在马德里地区、地中海地区和北部地区。

西班牙的主要 SuDS 应用（Castro - Fresno 等，2013） 表 26.1

区　　域	SuDS 应用
亚拉贡（Aragon）	萨拉戈萨世博园区（EXPO Zaragoza campus）
阿斯图里亚斯（Asturias）	拉圭亚公园（La Guia Park）
	拉佐雷达停车场（La Zoreda parking area）
巴斯克（Basque Country）	克里斯蒂娜埃尼亚公园（Cristina Enea Park）
	阿梅扎加纳公园（Ametzagaina Park）
	菲利普四世竞技场（Philip IV Sports Arena）
	乌利亚山（Mount Ulia.）
坎塔布里亚（Cantabria）	拉斯拉马斯公园（Las Llamas Park）
加泰罗尼亚（Catalonia）	琼·雷文托斯公园（Joan Reventós Park）
	巴罗塔（Torre Baró）
	大学公园（University Park）
加利西亚（Galicia）	奥利罗斯（Oleiros）
马德里（Madrid）	戈梅兹纳罗公园（Gomeznarro Park）
	卡斯特拉纳延伸段（Castellana extension）
巴伦西亚（Valencia）	萨蒂瓦（Xativa）
	贝纳加西尔（Benaguasil）

26.2　西班牙北部地区的 SuDS 案例研究

在西班牙进行的第一个主要聚焦 SuDS 技术的研究项目是由吉特科研究小组在坎塔布里亚大学土木工程学院开展的。研究小组通过开发一些研发专利，与一些承包商合作，将 SuDS 应用在新城区开发的雨水管理中，将获得的知识也转移到了生产部门。作为已开发研究项目的一部分，在不同的公共机构和承包商的密切合作下，一些试验区在新城区开发中建立起来，或作为阿斯图里亚斯（图 26.1a、图 26.1b）和坎塔布里亚（图 26.2a、图 26.2b）北部地区的旧城改造过程的一部分。第一个为了研究目标的透水路面（PPS）的实际应用是通过吉洪市议会、亚特兰蒂斯公司[®]和吉特科之间的合作，在吉洪市（阿斯图里亚斯地区）建造的一个 2.2 万 m^2 的 PPS 区域。2005 年，在吉洪市体育中心室外停车场进行了一部分的改造（图 26.1a），利用 15 个完全受监测的停车位建造了 789 个塑料加固草透水停车位，研究了透水路面结构内碳氢化合物的生物降解过程（Bayón 等，2005；Sañudo - Fontaneda 等，2014a）。

图 26.1 （a）运动中心、吉洪市停车场；（b）拉佐雷达停车场（奥维耶多）

2008 年，桑坦德（坎塔布里亚地区）建成了 1100m^2 的试验性透水停车场。2006 年，桑坦德市议会开始修复拉斯拉马斯荒地，这是位于城市主要海滩和大学校园附近的一个衰败城区。该更新行动的目标是建设一个绿化面积为 30 万 m^2 的城市公园，其设计包括了可持续性原则（图 26.2）。设计采用不同的 SuDS 技术对该区域进行了正确的雨水管理，主要有绿色基础设施、滞留池和人工湿地。在桑坦德市议会、汉森 - 福尔帕夫公司[®]、考文垂大学和吉特科的合作下，新的拉斯利亚马斯城市公园包括了一个试验性质的透水停车场（图 26.2a），内有 45 个完全受监测的停车位（图 26.3）。为了研究 PPS 在雨水收集方面的适宜性，设计使用了四种不同类型的土工织物：因比特[®]、万威[®]、百利福[®]和达诺菲特[®]以及五种不同的透水表面［混凝土锁块（Interlocking Concrete Blocks，ICB）、多孔沥青、透水混凝土、混凝土草坪以及塑料单元］。

图 26.2　（a）拉斯拉马斯公园（桑坦德）和公园内试验性停车场的总视图；（b）人工湿地和蓄水池

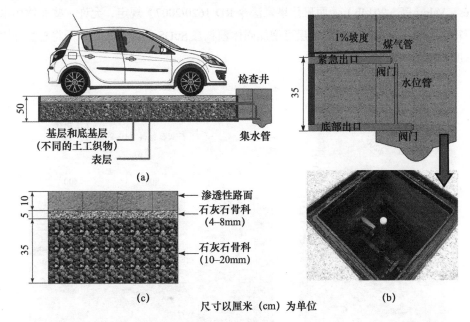

图 26.3　（a）渗透性路面方案（sañudo - fontaneda 等，2014a）；（b）渗透性停车场的
监测检查井（sañudo - fontaneda 等，2014a）；（c）渗透性停车场的横截面

经过两年的监测，水化学检测结果表明，所有停车场的储水水质良好，尤其是透水混凝土表面储水的水质，符合《西班牙皇家法令 RD 1620/2007》的规定（Gomez-Ullate 等，2011a；Sañudo - Fontaneda 等，2014a）。然而，由于细颗粒的冲刷和较低的降雨频率，在监测的前几个

月，停车场的流出物中发现了较高的固体含量（Gomez-Ullate 等，2011a）。另一方面，水量数据显示，对于桑坦德这样雨水充沛的地区，除了夏季由于高温导致水快速蒸发外（Gomez - Ullate 等，2011a），停车场在一年的大部分时间里都是充满水的。每个停车场都有一个 115.5L/m² 存储容量的储蓄层，因此，每个单独车位的储水可以满足灌溉 10m² 花园的需求，能够应对近一个月的干旱（Gomez-Ullate 等，2011b）。监测方案的初步结果表明，PPS 表面可分为三个储水性能相似的表面，在 ICB、多孔沥青和草坪表面之间没有明显的差异（Gomez - Ullate 等，2011b）。土工织物的性质也影响了停车场的储水性能，改变了它们的渗透速率和蒸发过程（Gomez - Ullate 等，2010）。最后，在连续使用 5 年而不进行维护的情况下，观察到其渗透速率显著降低（Sanudo - Fontaneda 等，2014b），证实了在实验室规模测量中观察到的阻塞效应（Rodríguez - Hernández 等，2012；Sañudo - Fontaneda 等，2013；Sañudo - Fontaneda 等，2014c）。

2009 年，位于奥维多（阿斯图里亚斯）郊区拉佐雷达森林的拉佐雷达城堡酒店落成。主要项目纳入了雨水管理的可持续性原则，特别是应用了绿色基础设施以及高透水性区域，从而增加土壤中的雨水渗透功能。作为新城区开发的一部分，人们在酒店停车场的路边修建了三个 20m 长的试验性线性排水区（图 26.1b）。

每段对应一个不同的线性排水系统，两个 SuDS（图 26.4）：过滤器和洼地，以及传统的混凝土排水沟，这是西班牙最常用的路边排水系统。三年来，对每段的出水进行了水质参数的监测；结果显示，当使用 SuDS 系统时，尤其是使用过滤排水系统时，水质有了重大改善（Andrés - Valeri 等，2014b）。《西班牙皇家法令 RD 1620/2007》规定，允许一些非饮用水再利用。所得结果表明，加入土工织物层可增加固体颗粒在 SuDS 的滞留量，从而将总悬浮固体的流出浓度控制在 10–15 mg/L 范围内。

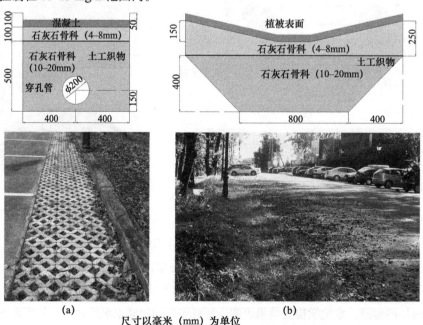

尺寸以毫米（mm）为单位

图 26.4 拉佐雷达停车场（奥维耶多）使用的 SuDS 横截面和照片

（a）过滤排水管；（b）洼地

26.3　将 SuDS 整合到新的城市发展中

　　如今，巴斯克和加泰罗尼亚可能是西班牙内部在可持续发展方面最领先的地区，在城市地区有许多实际应用的 SuDS 技术。2006 年，巴塞罗那城市管理公司（Barcelona Urban Management Company，Bagur SA）征求了吉特科关于在琼·雷文托斯公园（巴塞罗那市郊 28000m2 的新城开发区）建设 SuDS 的建议。

　　该公园在雨水径流管理方面遵循可持续性原则，在设计中融入低影响开发（第 25 章）实践，从而具有显著的美学价值。为了选择最合适的 SuDS 技术，研究人员将该区域分为 16 个子汇水区，研究每个子汇水区的水文性能，并寻找管理雨水径流的解决方案。最后，将所选的 SuDS 技术集成到 SuDS "管理列车"中，以此管理该区域的雨水径流（图 26.5）。

　　设计将过滤器和过滤沟用作源头控制系统，收集周围不透水区域及公园主要人行道的径流。这些系统与不同的洼地相连接，将径流通过公园输送到排水系统的总收集器上建造的主要洼地中。绿地设计目的是将公园内产生的径流输送到作为天然水渠的洼地中，并将雨水输送到在公园洪泛区中建造的蓄水池。通过这种设计，来自周围不透水区域、污染最严重的雨水将由整个系统处理，而公园内产生污染较少的径流仅使用其中一个或两个系统。最后，为了限制停车场内的径流量，设计采用了 PPS 技术，允许水渗入地下。

图 26.5　（a）过滤器与渗透池；（b）过滤器末端的滞留池；（c）渗透井的施工现场；（d）渗透井完工；（e）公园中的渗透井（Photos courtesy of Roberto Soto of BAGUR SA）

26.4　地中海地区的 SuDS 改造案例研究

本节主要介绍了改造案例研究，旨在表现南欧 SuDS 的效益。这些案例是由欧盟复兴开发基金资助的两个项目的一部分。

（1）Aquaval：瓦伦西亚省促进 SuDS 和应对气候变化的可持续城市水资源管理计划（Life08ENV/E/000099，www.aquavalproject.eu）；

（2）E2 STORMED：通过在地中海的智慧城市中使用创新的雨水管理，以提高水循环中的能源效率（1C - MED12 - 14，www.e2stormed.eu）。

以下描述的内城区是巴伦西亚（西班牙）地区的两个城市：萨蒂瓦和贝纳加西尔，分别拥有 29400 名和 11300 名居民。两个城市对其中的 8 个城区进行了不同类型的 SuDS 改造，以下是其中的 4 个。贝纳加西尔的年平均降雨量为 432mm，沙提瓦的年平均降雨量为 690mm，通常在夏末发生极端暴雨事件。像许多地中海城市一样，这两个地区也遭受洪泛之苦，因为合流制排水系统网络无法适当地管理径流，这也经常导致未经处理的水溢流至受纳水体中。当地城市议会积极研究非传统的雨水管理方法，不仅是在技术解决方案上，在管理、教育以及其他方面也都有所研究（Perales - Momparler 等，2013；Jefferies 等，2014；Perales - Momparler 等，2015，2016）。正因为如此，每个场地都设有告示板，并在整个水文年内进行水量和水质监测，其结果令人鼓舞（Perales - Momparler 等，2014）。

26.4.1　贝纳加西尔科斯塔艾米塔的渗透盆地

科斯塔艾米塔公园（图 26.6）位于贝纳加西尔的高纬度地区，在 Aquaval 项目中对三个相互连接的植被盆地进行了改造，从而减少从山上流下的地表水径流和沉积物。其主要目标是减少沿街道流下并使城镇较低地区车库和房屋遭受洪水破坏的径流量，并减少在合流制管网中的沉积物。

图 26.6　改造三个渗透盆地前（左图）和后的科斯塔艾米塔公园（右图）

项目拆除了公园入口处的一堵旧墙，让径流进入公园，并抬高人行道从而将水引入渗透盆地。这些渗透盆地是通过在树木之间挖掘现有平坦的土壤，并在地下提供额外的衰减量而形成的。在道路两侧的上游盆地中，径流通过表层土过滤后临时储存在砾石层中，然后渗入地面或通过互相连接的管道引导至第三个盆地，该盆地使用地下的地质细胞储存箱（由聚丙烯排水箱构成，储存量为 18m³）。位于下渗盆地的溢流装置将多余的水流输送至市政合流制排水系统。沉积物主要沉积在公园入口处，必要时可轻易清除。

这些盆地的总储水量约为 22m³，据估计，它们每年（在短时间内）将大约移走 1400m³ 的水。安装在溢流检修孔上的监控装置包括一个液位探头和一个 V 型堰。在监测期间，贝纳加西尔记录的 19 起降雨事件中，只有一起事件发生了溢流，进入了合流制排水系统。就约为 11520m² 的汇水区面积而言，场地清除合流制排水系统中径流和沉积物的效率显得尤为突出。

在盆地进口进行水质评价，评价结果的数据变化很大，反映了径流水质很大程度上取决于暴雨事件之间的降雨强度和干旱期。例如，COD 值在 100-2000mg/L 之间，悬浮固体浓度也有类似的变化。

26.4.2 贝纳加西尔青年中心雨水收集池

在 Aquaval 项目的案例研究中（图 26.7），创新点来自于一个古老的实践：将雨水储存在非饮用水回用的水箱中。该区域 SuDS 设计的关键驱动因素是教育、针对不同排水设计方案的交流，以及使人们能够看到雨水是如何从建筑屋顶的落水管输送到地下水箱的施工细节。

图 26.7 位于贝纳加西尔青年中心改造现场的告示板

为此，项目在建筑的庭院中改造形成一条美观和谐的大理石通道，并用高强度玻璃覆盖，使人们能够看到屋顶部分（约 100m²）的水流。储水罐由钢筋混凝土制成，储存容量为 11m³。水箱上覆盖着一块混凝土板，上面有一个不锈钢格栅，方便进行维护和观察水质。它还包括一个底部的清洁出口，以及通往邻近花园的溢流管道。

项目将储存的水用于位于下方的公共花园和广场的重力灌溉和清洁，每年能节约大约 43m³ 的饮用水，并且几乎全年为这些用途提供自给自足的供水。对储存水进行的水质测试结果表明，这些储存水能够用于灌溉和清洁公共空间；其中线虫卵数小于 1u/10L，大肠杆菌数小于 10cfu/100ml。

26.4.3　萨蒂瓦的绿色屋顶

在 Aquaval 项目中选择位于萨蒂瓦市中心的戈扎尔贝斯维拉公立学校进行改造,其目的是提高小学生对 SuDS 的认识。项目将屋顶改造为绿色屋顶,以此评估绿色屋顶在地中海气候条件下管理径流的能力。改造面积为 475m²,密度为 1060kg/m³,开敞型的绿色屋顶包括了黏土砖碎片,以提高排水能力。绿色屋顶的土壤有机质(29%)、全氮(0.27%)和磷含量较高(0.57% 的 P_2O_5)。10cm 基质种植了多种景天属植物:10% 的白花景天、15% 的苔景天、20% 的多花景天、15% 的胭脂红景天、20% 的逆弇庆草、10% 的塔松和 10% 的谷精草(Charlesworth 等,2013)。由于预算限制,只有部分的原有鹅卵石铺成的传统屋顶进行了改造。这一现状特征为研究人员提供了在绿色改造和鹅卵石铺成的区域内比较同一地点的暴雨衰减性能的机会。监测活动包括在一部分改造的绿色屋顶(218m²)以及从未受影响的传统屋顶(107m²)检测水量和水质(2012 年 10 月 -2013 年 9 月)。两个落水管都安装了翻斗式雨量计,用来监测两个屋顶的流量。此外,将两个样品瓶连接到每个雨量计设施,从而收集水样进行水质检测(Perales - Momparler 等,2014)。

尽管为确保植被的正常生长,绿色屋顶在启动期间一直定期灌溉,但在监测期间,其容积效率(降雨中滞留的径流)达到了 52%-100%。如图 26.8 所示为 2013 年 4 月记录的长时间事件中两个屋顶的液压性能。总降雨量为 88mm,10min 内最大降雨量为 11mm/h。传统屋面仅保留了 31% 的降雨量,而绿色屋面则达到了可以保留 80% 降雨量的效果。峰值流量的削减效果也很显著,绿色屋顶的峰值流量是鹅卵石屋顶的 1/5-1/4。

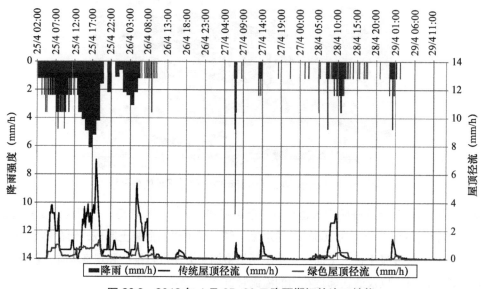

图 26.8　2013 年 4 月 25-29 日降雨期间的液压性能

水质检测结果显示,在启动期间 (特别是 2012 年 9 月 -2013 年 2 月),绿色屋顶的基质具有明显的冲刷效果。但是,随着时间的推移,两者的结果逐渐变得相似(平均 COD 浓度为41mg/L,TN 为 5mg/L)。绿色屋顶上的水呈现棕色(由于砖块碎片),但很清澈(浑浊度小于

20 NTU）。绿色屋顶的所有检测污染物浓度都高于传统屋顶的检测结果（尤其是 COD，浓度要高得多）（Perales - Momparler 等，2014）。由于基底的特性，绿色屋顶的有机成分含量高，不易进行生物降解。在启动期间，绿色屋顶增加了污染物浓度，但正如罗（Rowe，2011）所报道的，随着植被的生长以及时间的推移，污染物浓度会下降。

26.4.4　贝纳加西尔的绿色屋顶

一年后，在欧洲 E²STORMED 项目的冲击下，贝纳加西尔的一幢公共建筑进行了 315m² 的绿色屋顶改造，借鉴了早期在萨蒂瓦的经验教训。为避免之前观察到的污染问题的出现，项目采用缺乏营养和没有砖屑的矿物土壤。为了保持土壤的排水能力，减少径流的颜色和浑浊度，采用火山砾石（40%）和硅砂（20%）取代了黏土碎片，其余 40% 由堆肥基质组成。有机质仅占 13.3%，全氮 0.06%，磷 0.04%（P_2O_5），远远低于萨蒂瓦中使用的有机质。氮、磷的含量满足巴特纳等人（Büttner 等，2002）的要求，虽然有机质略高于推荐的最高含量，但较之前减少了一半以上。有了这种新的合成物，预计启动期间的冲洗效果将会降低。如图 26.9 所示，为绿色屋顶的施工阶段和不同层次。除去鹅卵石和隔热层后，后者被保留下来，并在改造后的屋顶上重复使用。将 10cm 厚的土层覆盖在储水和排水塑料层上。与萨蒂瓦一样，植被由景天属植物组成：20% 的白花景天、18% 的苔景天、34% 的多花景天、17% 的胭脂红景天、3% 的逆

图 26.9　改造贝纳加西尔的绿色屋顶：施工阶段和屋顶层

弁庆草、3% 的塔松和 5% 的谷精草。同样，根据萨蒂瓦的经验教训，只有在必要时才进行启动期间的灌溉，这是由土壤湿度传感器控制的。因此，对于总降雨量小于 10 mm 的降雨事件，绿色屋顶的容积效率始终高于 90%。对于记录的最大降雨事件（125mm），容积效率为 57%，就较大的降雨量而言，其效率仍然具有显著性。

26.5　结论

本章表明，新建筑的设计可以与 SuDS 相结合，也可以在西班牙各地不同的地中海气候区域（从多雨的北部到干旱严重的南部地区）进行 SuDS 改造。案例研究表明，如果设计正确，各种各样的 SuDS 设施，无论是单独用途的还是作为"管理列车"的设施都可以减少暴雨洪峰，甚至在长时间的暴雨事件中改善水质。因此，从萨蒂瓦的戈扎尔贝斯维拉公立学校布置的绿色屋顶监测中吸取的经验教训，成功地应用于贝纳加西尔，改进了绿色屋顶本身的设计，以及初步和长期的管理。

在布置这些设施和体系时，项目更强调教育功能，从而确保学校学生和公众都了解 SuDS 的结构和功能。因此，在某种程度上，我们要确保利用每一个机会来鼓励采用可持续排水系统以提高抗洪能力，以及可持续排水系统所能带来的其他多种好处。

参考文献

Andrés - Valeri, V.C., Castro - Fresno, D., Sañudo - Fontaneda, L.A. and Rodríguez - Hernández, J. (2014a). Comparative analysis of the outflow water quality of two sustainable linear drainage systems.*Water Science and Technology*, *70* (8), 1341–1347.

Andrés - Valeri, V.C., Castro - Fresno, D., Sañudo - Fontaneda, L.A., Rodríguez - Hernández, J., Ballester - Muñoz, F. and Canteras - Jordana, J.C. (2014b). Rehabilitación Hidrológica Urbana. REHABEND 2014, Congreso Latinoamericano – Patología de la Construcción, Tecnología de la Rehabilitación y Gestión del Patrimonio. Santander (España).

Bayón, J.R., Castro, D., Moreno - Ventas, X., Coupe, S.J. and Newman, A.P. (2005). Pervious Pavement Research in Spain: Hydrocarbon Degrading Microorganisms. In: Proceedings of the 10th International Conference on Urban Drainage (ICUD), Copenhagen, Denmark.

Büttner, T., Rohrbach, J. and Schulze - Ardey, C. (coordinators) (2002). Guidelines for the planning, execution and upkeep of green - roof sites. FLL, Forschungsgesellschaft Landschaftsentwicklung Landschaftsbau e.V., Bonn, Germany.

Castro - Fresno, D., Andrés - Valeri, V.C., Sañudo - Fontaneda, L.A. and Rodríguez - Hernández, J. (2013). Sustainable drainage practices in Spain, specially focused on pervious pavements. *Water* (Switzerland), *5* (1), 67–93.

Charlesworth, S.M., Perales - Momparler, S., Lashford, C. and Warwick, F. (2013). The sustainable management of surface water at the building scale: preliminary results of case studies in the UK and Spain. J. Water Supply Res., 62, 8, 534–544. 10.2166/aqua.2013.051.

Dietz, M.E. (2007). Low impact development practices: A review of current research and recommendations for future directions. *Water, Air, and Soil Pollution, 186* (1), 351–363.

Dolz, J. and Gómez, M. (1994). Problems of stormwater drainage in urban areas and about the hydraulic study of collector networks [in Spanish]. Dren. *Urbano, 1*, 55–66.

Directive, E.U. (2000). /60/EC of the European Parliament and the Council of 23 October 2000 Establishing a Framework for Community Action in the Field of Water Policy; Official Journal of the European Communities: Brussel, Belgium, 2000.

Directive, E.U. (2007). /60/EC of the European Parliament and of the Council of 23 October 2007 on the Assessment and Management of Flood Risks Text with EEA Relevance; Official Journal of the European Communities: Brussel, Belgium, 2007.

García, X., Llausàs, A. and Ribas, A. (2014). Landscaping patterns and sociodemographic profiles in suburban areas: Implications for water conservation along the Mediterranean coast. *Urban Water Journal, 11* (1), 31–41.

Gomez - Ullate, E., Bayón, J.R., Coupe, S. and Castro - Fresno, D. (2010). Performance of pervious pavement parking bays storing rainwater in the north of Spain. *Water Science and Technology, 62* (3), 615–621.

Gomez - Ullate, E., Novo, A.V., Bayón, J.R., Hernández, J.R. and Castro - Fresno, D. (2011a). Design and construction of an experimental pervious paved parking area to harvest reuseable rainwater. *Water Science and Technology, 64* (9), 1942–1950.

Gomez - Ullate, E., Castillo - Lopez, E., Castro - Fresno, D. and Bayón, J.R. (2011b). Analysis and Contrast of Different Pervious Pavements for Management of Storm Water in a Parking Area in NorthernSpain. *Water Resources Management, 25* (6), 1525–1 535.

Jimenez - Gallardo, B.R. (1999). Pollution from Urban Runoff; SEINOR Collection No 22; Spanish Civil Engineering Association: Madrid, Spain.

Malgrat, P. (1995). Overview of the stormwater runoff as a source of contamination: Possible actions [in Spanish]. In: Proceedings of Workshop Benicassim. Benicassim, Spain, 28 November – 1 December.

Perales - Momparler, S., Andrés - Doménech, I., Andreu, J. and Escuder - Bueno, I. (2015). A regenerative urban stormwater management methodology: the journey of a Mediterranean city. *Journal of Cleaner Production*, http://dx.doi.org/ 10.1016/j.jclepro.2015.02.039.

PeralesMomparler, S., Andrés - Doménech, I., HernadezCrespo, C., VallesMoran, F., Martin, M., EscuderBueno, I. and Andreu, J. (2016). The role of monitoring sustainable drainage systems for promoting transition towards regenerative urban built environments: a case study in the Valencian region, Spain. *Journal of Cleaner Production*. Article InPress.

Perales - Momparler, S., Hernández - Crespo, C., Vallés - Morán, F., Martín, M., Andrés - Doménech, I., Andreu Álvarez, J., Jefferies, C. (2014). SuDS efficiency during the start - up period under Mediterranean climatic conditions. *Clean – Soil, Air, Water, 42* (2), 178–186.

Perales - Momparler, S., Jefferies, C., Periguell - Ortega, E., Peris - García, P.P. and Munoz - Bonet, J.L.(2013). Inner - city SuDS retrofitted sites to promote sustainable stormwater management in the Mediterranean region of Valencia: Aquaval (Life ＋ EU Programme). Novatech Conference, Lyon, France.

Rodríguez - Hernández, J., Castro - Fresno, D., Fernández - Barrera, A.H. and Vega - Zamanillo, Á. (2012). Characterization of infiltration capacity of permeable pavements with porous asphalt surface using cantabrian fixed infiltrometer. *Journal of Hydrologic Engineering, 17* (5), 597–603.

Rowe, D.B. (2011). Green roofs as a means of pollution abatement. Environ. *Pollut*. 159, 2100–2110.

Sañudo - Fontaneda, L.A., Charlesworth, S.M., Castro - Fresno, D., Andres - Valeri, V.C.A. and Rodríguez - Hernández, J. (2014a). Water quality and quantity assessment of pervious pavements performance in experimental car park areas. *Water Science and Technology, 69* (7), 1526–1533.

Sañudo - Fontaneda, L.A., Andrés - Valeri, V.C., Rodríguez - Hernández, J. and Castro - Fresno, D. (2014b). Field study of infiltration capacity reduction of porous mixture surfaces. *Water* (Switzerland), *6* (3), 661–669.

Sañudo - Fontaneda, L.A., Rodríguez - Hernández, J., Calzada - Pérez, M.A. and Castro - Fresno, D. (2014c). Infiltration behaviour of polymer - modified porous concrete and porous asphalt surfaces used in SuDS techniques. *Clean – Soil, Air, Water, 42* (2), 139–145.

Sañudo - Fontaneda, L.A., Rodríguez - Hernández, J., Vega - Zamanillo, A. and Castro - Fresno, D. (2013). Laboratory analysis of the infiltration capacity of interlocking concrete block pavements in car parks. *Water Science and Technology, 67* (3), 675–681.

Segura - Graiño, R. (1994). The water in Spain: Problems and solutions [in Spanish]. Bol. *Asoc. Geogr. Esp, 18*, 29–38.

Temprano González, J., Gabriel Cervigni, M., Suárez López, J., Tejero Monzón, J.I. (1996). Contamination in sewer systems with rainy weather: Source Control [in Spanish]. *Revista Obras Publicas, 3352*, 45–57.

第27章 城市尺度的可持续排水：以苏格兰格拉斯哥为例

尼尔·麦克林
Neil McLean

27.1 导言

格拉斯哥人口约 60 万，是苏格兰最大的城市，在其周边更广泛的大都市区范围（National Records of Scotland，2014），居住人口超过 22.5 万人。格拉斯哥有着悠久的工业历史，并声称已在克莱德河上建造了 30000 艘船。在 19 世纪末 20 世纪初，造船业把工人们带到了这个城市，城市人口得到迅速增长。人们认识到住房需求正与日俱增，城市及其内部的基础设施也正得到迅速发展。随着城市的发展，下水道系统在很大程度上得到了整合；但是就今天的标准而言，像许多其他历史名城一样，格拉斯哥的下水道系统缺乏满足现代社会需求的能力。气候变化和城市蔓延带来的额外负担更凸显了这种能力的缺乏。2002 年 7 月 30 日，当缓慢移动的对流风暴停滞在该市东区，并在短短 10 小时内带来了将近一个月的降雨量（75mm）时，合流下水道系统的缺陷一览无余（Scottish Government，2013）。

老化的下水道系统迅速被淹没，市中心以东的大片地区遭受了严重洪灾。该事件使得若干组织聚集在一起制定了格拉斯哥战略排水计划（Glasgow Strategic Drainage Plan，GSDP），该计划后来转变为由苏格兰政府，苏格兰水务（排水管理局），苏格兰环境保护局（国家环保总局，环境监管机构），地方政府，规划和企业当局以及后来的铁路和运河当局（Scottish Government，2008a；MGSDP，2009）共同组成的格拉斯哥大都市区战略排水伙伴关系（Metropolitan Glasgow Strategic Drainage Partnership，MGSDP）。MGSDP 的愿景是："改变城市地区对降雨的认识和管理方式，使洪水得到有效控制并对水质进行改善"（MGSDP，2009）。

若想了解现有排水系统中存在的缺陷并全面掌握洪水发生的原因，需要充分的时间和资源。当局已经采取了很多行动来确定城市范围内可能会出现洪涝问题的地点、原因和时间。在发生 2002 年那次洪涝事件之前，苏格兰各地的规划部门就已经意识到他们在洪水风险管理中可以有所作为，以及 SuDS 可作为传统排水系统的替代方案。在大多数情况下，随着城市开发建设和更新改造进程的推进，简单地建造更大的管道和储水池以容纳洪水的不可持续的方法变得越来越不现实。当时，一些开明的规划部门开始制定规划政策和条件，要求在城市的新开发项目中应用 SuDS，这使得 SuDS 在苏格兰的某些地区开始得到应用。然而，如 SuDS 数据库所表明的那样（SNIFFER，2002），格拉斯哥市议会（Glasgow City Council，GCC）在 SuDS 方面的推广力度较弱。该数据库由苏格兰环境保护局建立和维护；在 2001 年之后，由于保持数据更新的任务变得过于繁重，该数据库不再更新数据。然而，该数据库中的数据仍能表明：仅比较议会管辖范围内应用 SuDS 地块的数量时，GCC 在苏格兰 32 个地方议会中的排名第 16。但若将议会管辖范围内应用 SuDS 地块的数量与议会管辖范围内的人口进行比较时（这是一种能近似评估 SuDS 开发潜力的方法，即区域规模内布置 SuDS 的可能性），GCC 的排名跌到了第 26 位。自 2002 年的洪涝事件以来，当局已较以往更具前瞻性思维，因为 MGSDP 的愿景成了构成伙伴关系的不同机构的所有部门之间的共识。

MGSDP 带来的一个主要好处是，MGSDP 的不同机构之间已开始进行沟通并进行定期的会面。这种沟通和会面不仅仅发生在不同的 MGSDP 机构之间，更为重要的是，还发生在每个 MGSDP 机构的内部。规划者现在已和道路工程师进行沟通交流！由规划师和道路工程师所编写的《新住宅区设计指南》（GCC，2013）就能证明这一点。编写指南的过程为规划者提供了更开阔的道路开发和建设思路，并增进了道路工程师对新开发项目规划和批准等相关事宜的认识。

27.2　SuDS 立法

SuDS 相关立法的起步较为缓慢，但现在已取得了良好的进展，并且还在继续发展。一项新法规的出台为这一发展进程提供了制度保障，该法规名为《水环境（控制活动）（苏格兰）修正条例（2013）》[Water Environment（Controlled Activities）（Scotland）Amendment Regulations（2013）]，或称为《CAR 条例》（Scottish Government，2013）；该法规包含了要求在新开发项目中应用 SuDS 等一般约束性条例。从本质上来说，这意味着几乎所有将地表水排入水环境的新开发项目都需要"通过防止产生水环境污染问题的 SuDS 系统进行排水"（Scottish Government，2013c）。这一要求在 2006 年颁布的第一版法规（现已被修订）中就已被提出，并由《欧洲水框架指令》（European Commission，2000）所推动。苏格兰政府推广 SuDS 的初衷是为了解决洪水风险问题，但这一初衷后来在《欧洲水框架指令》和《CAR 条例》中修改为对水质问题的关注。英国其他地区建立 SuDS 的主要驱动因素仍然是解决洪水风险问题（DCLG/Defra，2015）。洪水风险显然是格拉斯哥面临的一个问题，但不会因此失去对水质的关注。

随着 SuDS 的相关知识和认识得到传播，人们进一步加深了 SuDS 在水质、水量和宜人性的有关 SuDS 三角模型三个不同方面带来的好处的理解（CIRIA，2000、2007、2015）。在立法的驱动下，《CAR 条例》得以颁布，这时通常最为关注水质问题。后来，当《欧洲洪水指令》（European Commission，2007）发布并随后被苏格兰立法借鉴形成《洪水风险管理（苏格兰）

法案（2009）》（Scottish Government，2009）时，SuDS 所带来的第二个好处——水量，成为焦点。这使得 SuDS 带来的"宜人性"成为最被忽视的一点。对这一点可以做一些有趣的分析，但一般的假设是——若将鼓励布置 SuDS 的激励措施（不管以何种方式进行激励，通常都会产生经济利益）与水质和水量管控方面的法律规定及惩罚机制进行比较，后者似乎能带来更好的结果。而这并不是说与宜人性相关的法律有所缺失——与生物多样性（Scottish Government，2004）和开放空间的规划指引方面相关的法律本身便与宜人性有关（Scottish Government，2008b）；但水质和水量背后有着明确的强制性法律法规对其进行推动，而宜人性背后却并没有如此强大的驱动力。

随着格拉斯哥的发展壮大，同样的情况也在发生。2008 年的金融危机导致城市发展和更新的步伐变慢，住房和其他建筑物的建造活动也因此而减少。人们越来越关注城市建设发展中的一些必要因素（立法需求等），但并不包括诸如宜人性和生物多样性等感官层面的因素。

随着 2010 年左右开始的金融复苏，房屋建设活动变得频繁，人们（尤其是对城市发展的成功起着关键作用的规划者们）对 SuDS 三角模型的三个方面都有了更深刻的认识。多功能效益被认为是可以实现的，并可能超出了 SuDS 三角模型所涵盖的内容。在进行 SuDS 的规划建设时，还有更多机会使不同的部门进行合作，这也已成为格拉斯哥下一步工作的目标之一。

27.3　多功能的重要性

如前所述，格拉斯哥有着引以为豪的历史。然而，该城市内部居民的健康总体状况并不乐观，包括 GCC 在内的政府当局非常清楚这一点，并希望该状况能够得到改善。实现这一目标的重要一步是在整个城市建立更好的绿色网络。这促成了格拉斯哥和克莱德谷绿色网络伙伴关系（Glasgow and Clyde Valley Green Network Partnership，GCVGNP）的建立，它宣称"影响数千人生活的 GCV 绿色网络将改变人们的生活质量，创造一个 21 世纪更具活力的可持续发展城市"（GCVGNP，2008）。该伙伴关系由八个地方当局和五个政府机构组成，其长期愿景是将格拉斯哥大都市区转变为充满活力和繁荣的、拥有健康和活跃社区的地区。在认识到绿色空间、绿色基础设施和绿色网络可以通过改善健康、提升幸福感来改变人们的生活后，GCV 绿色网络伙伴关系将相关法规条例中对建设 SuDS 的规定视为建设绿色基础设施的契机。这一点也与多功能理念相吻合，该理念现在被视为 SuDS 交付工作中必不可少的一部分，并具有重要的经济意义。

公共资源需要被精心设计，使其能在同一空间内提供多个功能。通常情况下，这些资源需要经过创新设计才能实现不止一个（水质）或两个（水量）功能。显然，试图从同一资源中获得多个好处是说得通的。然而问题在于，那些具有不同职能的洪水风险管理人员、规划人员、道路工程师等并不互相交流，这是长期以来个人和集体部门忙于"日常工作"所产生的一个难题，在全球诸多机构、当局和城市中都普遍存在。

GCC 早期发布的《东区地方发展战略》（East End Local Development Strategy）（GCC，2008）的目标是"在城市东区建立一个能促进健康的社区"。优质的开放空间应构成未来社区的一个组成部分。这些开放空间能够鼓励体育活动、提升幸福感并吸引各类经济活动（图 27.1）。该战略认识到，有必要在东区进行与 SuDS 相关的建设，特别是提供多功能空间，这有助于在整个地区建立更广泛的绿色网络（Scottish Government，2008b）。

图 27.1   将成为东区新建的马诺克（Dalmarnock）中央休闲区
组成部分的植草浅沟（由 MGSDP 提供）

上文提到的《新居住区设计指南》（GCC，2013）的编写是一个成功的案例，它为 GCC 的道路和规划部门带来了启发。现在迫切需要一个鼓励跨部门共享知识的中央协调机构，而规划在实现这一目标的过程中起到了关键和核心作用。GCC 内已经成立了"地点、战略和环境基础设施"这一专门的团队来满足这一需求。该团队在优化绿色、灰色和蓝色空间的绩效方面发挥着关键作用，并利用综合环境基础设施为人们、企业和环境平衡多重利益，为同行们（并启发留在孤岛中的其他人）及其他各类组织提供支持。

随着越来越多的城市发展和更新改造活动的发生，人们对这一过程的认识和经验也在不断增长。这是一个进化的过程。随着必要 SuDS 的布置，人们越来越清楚地认识到，原本通过规划条件仅能起到美化市容作用的地块，现在可以成为以不同方式为社区提供服务的多功能区域。

27.4   设计研究

为了更全面地了解城市开发应如何与这种多功能的方式相适应，相关从业者们已经完成了一些设计研究。国家环保总局、GCC、苏格兰水务局、GCV 绿色网络伙伴关系以及苏格兰自然遗产和林业委员会（苏格兰）之间达成了一项倡议，提出将最初四项设计研究中的两项用于城市范围（考莱斯城中村和波洛克肖自治市，Cowlairs Urban Village and The Burgh of Pollockshaws），而将另外两项用于大都市区范围（杰克顿和基尔伯恩山谷以及约翰斯通西南部，Jackton and the Gill Burn Valley and Johnstone South West）（GCVGNP，2012a）。这四项研究旨在支持水资源规划和综合城市总体规划，使多功能用地的规模最大化。每项研究的对象及目标都不一致：内城更新（考莱斯）、郊区改造（波洛克肖自治市）、城郊位置（约翰斯通西南部）和绿带发展（杰克顿和基尔伯恩山谷）。

每一项研究都有一个专家小组，负责研究在研究区域内整合绿色空间和开放空间的潜力。最为关键的是，景观设计师在研究早期就参与进来，并在整个过程中发挥着核心作用。水文学家和洪水风险建模人员也参与到研究的早期阶段，以确定洪水是否会发生以及在何处发生。得到各类数值（洪水量、频率和临界暴雨等）以及对径流可能开始、流经并形成洪水的位置的数据后，下一步的逻辑步骤是了解适合与不适合建筑物建造的地点；这样就可以设计可淹没区域，或在经过洪水后可以恢复正常状态的弹性区域。

早期为了安全起见，通常用栅栏（或利用可作为屏障的植物）将易受洪水影响的地区围成洪泛区。可以与英国健康与安全部门（Health and Safety Executive）进行讨论，以克服这种不当且低效的规划策略：如果规定的区域被设计为能被洪水淹没的区域，并对其进行管理，使其在遇到低风险洪水时不会发生安全问题也不会出现公共卫生问题，那么这是可以被接受的。若想使地块不产生较深或流速较快的水流，或使径流中仅含有较低的浓度污染，则需要经过合理的设计（图 27.2）。

图 27.2　格拉斯哥南侧正在建设的 SuDS 池塘（A.Duffy 提供）

这四项研究被合称为"综合城市基础设施设计研究"（Integrated Urban Infrastructure Design Studies），参与人员进行合作后商定了一项任务声明，旨在提供综合解决方案、促进观念转变、推广最佳实践、促进生物多样性、改善健康状况、促进经济发展、加强合作关系并对每个地块进行改造（GCVGNP，2012a）。

在这一研究之后又进行了另外两项研究（GCVGNP，2012A），由 GCV 绿色网络伙伴关系推动，并通过区域合作 -4c（Interreg - 4c）资金分配计划下的"Sigma for Water"项目获得了来自欧盟的资金支持（Sigma for Water，2013）。这两项研究遵循 GCV 绿色网络伙伴关系提出的方法，从综合城市设计演变为综合绿色基础设施（integrated green infrastructure，IGI），即将绿色基础设施融入水、能源、运输和废物处理这四个已有的"关键"基础设施中（GCVGNP，2012b）。该方法主张在城市设计中，绿色基础设施与其他基础设施具有相同的地位，并通过高层次分析进行佐证。

其中一项研究的对象是大都市区外缘的斯潘戈山谷（Spango Valley）（GCVGNP，2012A），而另一个研究的对象是 GCC 边界的尼希尔（Nitshill）（GCVGNP，2012A）。下文将简要介绍第二个研究。

27.5   尼希尔设计研究

尼希尔位于格拉斯哥西南部的边缘地带，是一个包含大量社会贫困人口的地区；因此，该地区被认为是一个需得到优先关注的地区。GCC 打算对该区域进行"再生"，这使尼希尔成为总体规划分析中的理想候选地点（图 27.3）。本研究的分析层次比以往的研究更高（但不详细），并使用更少的水文模型，节省了研究费用。当然，对全面洪水风险分析进行详尽的审查是非常有必要的，而该审查将在适当的时间和更精确的发展水平上进行。

图 27.3   艺术家对尼希尔再生的部分意向，设计了洪水区并布置了
绿色基础设施（由 GCVG Green Network Partnership 提供）

该研究确定了包括土壤和地质、地形和水文在内的基线条件，也涵盖了输送和其他地理因素。研究发现，尽管绿色基础设施很常见，但它们基本上是不相连的。这意味着一些绿地是孤立存在的，它们只为有限的栖息地和生物多样性潜力的当地居民提供服务。该地区的再生需要通过布置 SuDS 设施，并通过规定的路线输送径流来管理洪水风险。当然也可以通过建立新的绿色走廊连接这些孤立的绿地子区域，并进行径流的输送。对该地区的规划需要十分谨慎并对该地区社区安全的实际情况进行充分考虑，尤其是当地居民在夜间都会小心地避开的某些会对其产生麻烦的地区，以避免出现反社会行为。同样，谨慎的规划和设计有助于充分利用功能的多样性。

当规划者和开发商在对住区建设进行考虑时，经常会忽视居民本身感受及其在社区生活时体验到的环境。人们生活的地方将影响他们的身心状况。研究如何得到健康而不是引起疾病的因素的方法被称为健康本源学，安东诺维斯基（Antonovsky，1979）指出，除非人们发现周围的世界是可理解、可管理的和有意义的，否则他们将经历一种慢性压力状态。因此，环境对健康至关重要。尼希尔的居民，当然还有全球范围内许多类似地点的居民，可以通过改善生活环境来改善健康状况，这也是另一个实现多功能的机遇。

SuDS 对健康有益，这可能会让人觉得不可思议，但许多机构正将其视为一种能够创造更好的空间的机会。苏格兰政府首席建筑师伊恩·吉尔吉安（Ian Gilzean）在尼希尔设计研究中表示："综合绿色基础设施可以通过帮助开发能够应对气候变化的场所、减少碳足迹、支持生物多样性，以及提供安全、舒适且支持更健康生活方式的环境而带来许多好处"（GCVGNP，2012a）。

尼希尔设计研究试图规定关键基础设施的基线条件，并预测将不同土地利用的孤立区域连接起来的可能性，促进土地的有效利用，以便尼希尔将来的更新改造和开发建设。理想情况下，社区居民将开始拥有他们所在环境的所有权，并开始欣赏和重视他们的环境。要克服该地区存在的问题还有很长的路要走，但不该对此无所作为。创造居民能够享受其中的地方是必须向前迈出的重要一步。

27.6　城市中心的地表水管理

位于格拉斯哥市中心的布坎南街（Glasgow's Buchanan Street）号称是英国伦敦以外最昂贵的街道（BBC，2014），并自豪地自称是"时尚之路"（Style Mile）。这条街为城市地区带来了巨大的经济潜力，并成功地带动了该地区的旅游业。但令人担忧的是，如果像 2002 年袭击东区的那场规模大小的暴雨发生在更偏西部一点的地方，其带来的后果可能会更为严重。GCC 根据《洪水和水资源管理法》（Scottish Government，2009）中规定的职责，委托进行了一项地表水管理研究，以研究洪水可能导致的问题以及如何解决这些问题。城市中心地表水管理计划（GCC，2014）确定了几个严重和极端降雨事件的基线条件。解决这些问题的方案包括水资源管理以及利用与城市中心环境融为一体的 SuDS。与其他许多城市市中心一样，该地区的绿色基础设施普及程度很低，其中以布坎南街为甚。街上的知名零售商竞相吸引着顾客的注意力，而 SuDS 池塘和洼地的布置就显得困难，因为这些设施需要创新的设计。沿着过去曾存在过的圣伊诺克伯恩（St Enoch Burn）水道的大致路径布置"绿道"的做法就被认为是布置 SuDS 的创新方法，并且与市中心其他地区类似的绿道布置一起，构成了地表水管理计划的基础。

由于要克服诸多物理和政治层面较为复杂的困难，上述做法将不是一项容易的任务，可能永远也不会实现，但议会内部个人意愿和当局态度的转变使实现的可能性比几年前要大得多。在此之前，尽管周围环境具有较为重要的价值，但洪水风险管理本身不太可能成为建设绿色基础设施的强有力的驱动因素。但那之后，在经济潜力（包括旅游业）提高等因素的驱动下，建设新的绿色基础设施的可能性得到了大大提高，例如地表水管理计划中所提出的绿道设计。

令人愉悦的蓝色（水）和绿色（植被）景观特征交织在高价值的店面之间，具有微妙的功能。其美丽的交叉点增加了该地区的吸引力，这是一种可行且有价值的建设方式，因其本身就可吸引游客和重要零售商。

27.7　资金拨款

　　毫不奇怪，实施上文所提及的重大措施需花费大量时间，其主要原因是找到充分的资金来源的难度较大。GCC 仍在从全球经济低迷中缓慢复苏，在可预见的未来却不太可能看到资金的增长，因此它一直在尝试新的资本获取途径。此外，它还进行了雄心勃勃的努力，以促进整个城市的发展，并取得了较大的成功。该市主办了 2014 英联邦运动会，这是一个具有多个项目的体育竞赛，该运动会的举办时间近两周，形式与奥运会类似，英联邦 71 个国家参加了比赛。数千名运动员和组织者在这里入住，并由此建立了一个新的运动员村。运动员村拥有一系列绿色基础设施和一个中央 SuDS "河道"（canal）（MGSDP，2014）；在运动会结束以后，它被重新规划为格拉斯哥内部的永久社区（图 27.4）。将英联邦运动会作为载体与城市更新改造的意向、对环境改善的渴望和为运动会提供的额外资金来源等要素交织在一起，共同大力推动了城市的发展并造就了一届高度成功的英联邦运动会！

　　随着两项最突出也是奖金最丰富的大奖的获得，格拉斯哥得到了额外的资金支持。其中一项大奖是洛克菲勒基金会颁布的 "100 个弹性城市" 奖（Rockefeller，2014），格拉斯哥有幸成为全球前 40 个获得该殊荣及相应的资金奖励的城市之一；而另外一个大奖则是英国和苏格兰政府颁布的 "城市协议" 大奖（DPMO，2014）。以上奖励将为格拉斯哥大都市区项目带来大约 5 亿英镑的资金支持。该项目包括在市中心建设行道树大道，以及对福斯和克莱德运河两处水闸之间长度为 22 英里（约 35km）的运河进行 "智能" 管理，并将其作为蓄洪水库。

图 27.4　运动员村内部新建的线性水体景观和池塘（由 MGSDP 提供）

27.8　未来

　　尼希尔和其他五个相关的设计研究，以及许多其他 "希望"（hoped for）项目，现在可能演变成不那么抽象的想法，并随着资金开始流动而成为现实。

　　可以看出，自从该市被警示洪水可能带来的后果以来，人们整治洪水的渴望不断增强。尽管这些项目和研究经历了诸多财政困难时期，其在议会中的议事优先权也被其他事项所抢占，但是人们仍然真诚地希望将高效、综合、跨学科和多功能的资源投入到新的城市开发建设和再生方案中，而 SuDS 正是这一方案的核心。

必要的资金将使城市基础设施更具弹性，赋予其更强的气候适应能力及稳定性，并且正如 GCC 所希望的那样，将提升城市的经济实力及恢复能力，使整地区内部的社区更加健康和繁荣。

参考文献

Antonovsky A. (1979). *Health, Stress and Coping.* Jossey - Bass, San Fransisco.

BBC (2014). News article based on Cashman and Wakefield Estate Agents Research. Available at: http://www.bbc.co.uk/news/uk - scotland - scotland - business - 30192055.

CIRIA (2000). *Sustainable Urban Drainage Systems; Design manual for Scotland and Northern Ireland.* Sustainable Urban Drainage Scottish Working Party, Stirling and Construction Industry Research and Information Association, London.

CIRIA (2007). *The SUDS Manual.* Construction Industry Research and Information Association, London.

CIRIA (2015). *The SUDS Manual.* Construction Industry Research and Information Association, London.

DCLG/Defra (2015). *Consultation Outcome – Planning application process: Statutory consultee arrangements.* Department for Communities and Local Government and Department for Environment Food and Rural Affairs, London.

DPMO (2014). *Glasgow and Clyde Valley City Deal.* Deputy Prime Minister's Office, London.

European Commission (2000). *Directive 2000/60/EC of the European Parliament and of the Council of 23rd October 2000: Establishing a Framework for Community Action in the Field of Water Policy. Official Journal 22nd December 327/1*, European Commission, Brussels.

European Commission (2007). *Directive 2007/60/EC, The EU Floods Directive.* European Commission, Brussels.

GCC (2008). *East End Local Development Strategy.* Available at: http://tinyurl.com/o6e3tpw.

GCC (2013). *Design Guide for New Residential Areas.* Glasgow City Council. Available at: http:// www.glasgow.gov.uk/designguide.

GCC (2014). *Glasgow city centre surface water management plan.* Glasgow City Council. Available at: TBC unpublished.

GCVGNP (2008). *The Glasgow and Clyde Valley Green Network Partnership; Our Vision.* Available at: http://www.gcvgreennetwork.gov.uk/about - us/our - vision.

GCVGNP (2012a). *Integrated Urban Infrastructure/Integrated Green Infrastructure Design Studies.*

Glasgow and Clyde Valley Green Network Partnership. Available at: http://tinyurl.com/p6 cmyr8.

GCVGNP (2012b). *Integrated Green Infrastructure.* Glasgow and Clyde Valley Green Network Partnership. Available at: http://www.gcvgreennetwork.gov.uk/igi/introduction.

MGSDP (2009). *Metropolitan Glasgow Strategic Drainage Partnership, Our Vision Objectives andGuiding Principles.* Available at: http://www.mgsdp.org/index.aspx?articleid = 2009.

MGSDP (2014). *Briefing Note 14 Winter 2014/15* The Metropolitan Glasgow Strategic Drainage Partnership. Available at: http://www.mgsdp.org/CHttpHandler.ashx?id = 28353&p = 0.

National Records of Scotland (2014). *Council area profiles.* Available at: http://tinyurl.com/ooubzhz.

Rockefeller (2014). *100 Resilient Cities.* The Rockefeller Foundation. Available at: http://www.100resilientcities.org/#/ - _Yz43NjgyOCdpPTEocz5j/.

Scottish Government (2004). *Nature Conservation (Scotland) Act (2004).* Scottish Government, Edinburgh.

Scottish Government (2008a). *The Future of Flood Risk Management in Scotland: A consultation document.* Scottish Government, Edinburgh.

Scottish Government (2008b). *Planning Advice Note 65 – Planning and Open Space.* The Scottish Government, Edinburgh.

Scottish Government (2009). *Flood Risk Management (Scotland) Act (2009).* The Scottish Government, Edinburgh.

Scottish Government (2013a). *Flood Risk Management (Scotland) Act 2009, Surface WaterManagement Planning Guidance.* Scottish Government, Edinburgh.

Scottish Government (2013b). *The Water Environment (Controlled Activities) (Scotland) Amendment Regulations (2013)..* Scottish Government, Edinburgh.

Scottish Government (2013c). *The Water Environment (Controlled Activities) (Scotland) Amendment Regulations (2013), Activity 10, General Binding Rule (d), (ii).* Scottish Government, Edinburgh.

Sigma for Water (2013). Website. Available at: http://www.sigmaforwater.org/.

SNIFFER (2002). *SUDS in Scotland – The Scottish SUDS Database Project Reference SR(02)09.* The Scotland and Northern Ireland Forum for Environmental Research, Edinburgh.

第28章 新西兰奥克兰的水敏感设计

罗宾·西姆科克
Robyn Simcock

28.1 导言

水敏感设计（Water Sensitive Design，WSD）已在新西兰全面实施，并主要集中在奥克兰（Auckland）——新西兰发展最快的城市。许多场地使用如雨水花园或洼地等单独的雨水处理设备（图28.1）。在当下，特别是在大型的总体规划或市政开发中，对结合了敏感区域的滞留、不透水表面的最小化和避免使用高污染建筑材料的处理列车的应用越来越普遍。这表明，WSD能够实现其核心目标，即提高水生和陆地生态系统对城市雨水径流急性和长期影响的应对能力。WSD绿地及棕地发展项目还提供了优质的公共休憩用地。这些空间被称为"混合公园类型"，它们将雨水处理与高美学、娱乐价值和生态系统恢复相结合，并符合了新西兰原住民毛利人（Maori）的价值观。

毛利人强调水的重要性，认为水是一种具有独特毛里值（生命力或精神健康，毛利语称为mauri）的生命体，是人的一部分，就像那句俗语——"我就是河，河就是我"。城市径流穿过土壤可以恢复雨水的毛里值。水资源恢复的基础还包括重新连接水道（如通过开放管道水流或清除鱼类通道的阻塞）以及恢复物种，特别是金枪鱼（短鳍和长鳍鳗鱼）、泥猛鱼（银河鱼类）和原生河岸或湿地植物。这些行动可以表达kaitiakitanga（毛利语，即环境管理）的价值观。相反，直接将雨水排入毛里值较高的水（较干净的水）而不经过大地是不符合毛利人价值观的。

在新西兰，实施WSD的潜力很大，不仅可以恢复水的毛里值，还可以促进matauranga的传播（毛利语，即传统知识）。WSD项目组通过咨询当地人来获取传统知识的情况正变得越来越普遍。这种方法也为景观设计提供了信息，通过使用当地的植物、材料、图案和雕塑来加强"地方特色"。

图 28.1　密集种植的雨水花园和洼地是奥克兰 WSD 项目中最常见的设施，
当地的植物通常用于公共空间以加强地方感

　　在本章中，我们确定了奥克兰 WSD 的驱动因素：包括近乎完美的气候、雨水对敏感接收环境的影响的生物物理特征，以及《奥克兰统一计划提案》（Proposed Auckland Unitary Plan，PAUP）（Auckland Council，2013）中提出的雨水管理新规。《奥克兰统一计划提案》将 WSD 定义为"一种淡水管理方法……适用于不同尺度的土地利用规划和开发，包括区域、流域、开发项目和场地。水敏感设计旨在保护和加强自然淡水系统、可持续地管理水资源、模拟自然过程，从而为生态系统和我们的社区带来更好的未来"。奥克兰议会的技术报告为 WSD 提供指导和规范（表 28.1）。这些报告受到独立和外部审查程序的制约，可以免费查阅。主要报告合并在《总体设计指南 1》（General Design Guidance 1，GD01）中，涵盖了雨水处理设施的设计、施工、运行和维护（表 28.1），GD02 包括降雨径流计算，GD04 涵盖了水敏感设计：水力模型。GD01（第 2 卷）的设计部分目前正在更新，以反映 PAUP 新的规定。更新的活动屋顶章节已经出版（Fassman - Beck & Simcock 2013），其他章节将于 2016 和 2017 年出版。

　　本章以 2011 年建造的一个国际获奖棕地开发项目作为结束。在场地内融入 WSD，不仅提供了优美的景观环境，还创造了独特的"奥克兰"氛围。当地林荫道被用来界定开发区的边界，那里的所有建筑必须满足高可持续性。

新西兰奥克兰水敏感设计技术指导和规范　　　　　　　　　　　　　　　　表 28.1

TR 编号	技术报告标题
TR2009/083	雨水管理中的景观和生态价值（GD01 第 5 卷 –Lewis 等，2009）
TR2010/052	奥克兰地区雨水管理设施的建造（GD01 第 3 卷）
TR2010/053	奥克兰地区雨水设施的运作及维修（GD01 第 4 卷）
TR2013/024	雨水设施设计的水文基础（Fassman - Beck 等，2013a）
TR2013/018	雨水处理设施进出口及消能设计（Buchanan 等，2013）
TR2013/045	活动屋顶雨水管理的审查和设计建议（Fassman Beck & Simcock，2013）
TR2013/020	关爱城市溪流（Kanz，2013）

28.2　奥克兰的 WSD：设计的驱动因素

奥克兰——被誉为"多情之城"（源于其毛利语名字"Tamaki Makaurau"，意为 100 位情人梦寐以求的纯洁少女）和"帆船之都"，坐落于两个港口之间的狭长地峡上。在城市的老城区，合流式下水道常出现溢流的情况。在中心城市，122 个活动溢流点平均每年向河流和港口排放 120 万 m^3 的废水（Watercare，2012）。沉积物、金属和其他污染物会使一些河口和渔场退化，而塑料等污染物则会影响港口里各种各样的海鸟和海洋哺乳动物。马努考港（Manukau Harbour）是国际上重要的候鸟（包括数以万计的尾鹬和新西兰特有物种）觅食和繁殖地。怀特马塔港（Waitemata Harbour）包括了豪拉基湾海洋公园（Hauraki Gulf Marine park），在该公园内生活着记录在案的 22 种海豚和鲸鱼物种中的布赖德鲸。PAUP 将重点放在减少雨洪的产生和用 WSD 在源头或源头附近管理雨水上（Auckland Council，2013）。

28.2.1　WSD 理想的生物物理条件

奥克兰的地理和气候非常适合使用以植物为基础的 WSD 源头设施。奥克兰大约 16500km 的河流网络（Storey & Wadhwa，2009）通常是由小的、短的和低坡度的河流组成，主要由小型汇水区滋养（Kanz，2013）。大多数降雨事件是小型暴雨：该地区 80% 的降雨量平均小于 22mm，而 90% 的降雨量小于 31mm（Shamseldin，2010）。较长的生长季节也有利于利用活动屋顶或树木进行生物滞留。当使用本地树种时，因为奥克兰的所有树种都是常绿的，全年都在进行植物生长和水分吸收。蒸发蒸腾的水占奥克兰大面积屋顶年降雨量的 40% v/v（Voyde 等，2010）。对于降雨量小于 10mm 的降雨事件，介质深度仅为 70mm 的屋顶的径流可以忽略不计（Fassman - Beck 等，2011）。

奥克兰的大部分地区都被黏土和淤泥含量高的土壤以及渗透性差的地下土壤所覆盖，这些土壤与地下水的连通性很差。因此，大多数生物滞留设施无法充分的排水。底土渗透设施仅限于近期火山沉积、沙丘和泥炭沼泽的小区域。许多缓慢渗透的土壤易因压实和结构破坏而退化，因为它们潮湿时的承载力较低，结构较弱。由于含水率较低，这些土壤也很难通过裂解或下渗的方式大面积修复，而是断裂成适合耕耘的土质（Simcock，2009）。即使当它们以 1:1 的比例与沙子混合时还是会崩塌，而且还会导致较低的渗透性和曝气量，所以不适合在雨水花园中使用。

奥克兰越来越多地使用特定的沙子、堆肥和土壤的混合物来制造用于雨水花园、树池和洼地的生物过滤介质。奥克兰拥有大量的浮石砂，这种水泡状的轻质材料可以储存大量的水分供植物使用。使用浮石砂可以提高含砂生物储层的滞留率（图 28.2，Fassman - Beck 等，2013）。

28.2.2　易受雨水影响的敏感环境

城市发展造成了大规模损失，并改变了奥克兰复杂而广泛的河流网络（Kanz，2013）。大

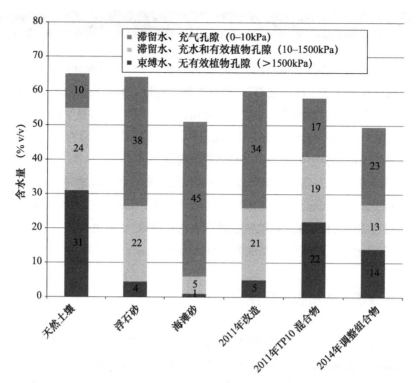

图 28.2　由左至右为天然土壤、浮石砂、无泡性海滩砂和三种用浮石砂制造的生物滞留
介质混合物；柱状图中，最上方的灰色部分表示的是土壤的滞留水量，
白色部分表示的是被植物滞留和排出的水量

多数河流从广阔的硬质表面吸收雨水。这些河流通常具有天然的软底河床，并容易受到城市雨水高峰流量的侵蚀（Auckland Council，2010）。PAUP 将沉积物、重金属（铜和锌）和温度确定为需要控制的关键污染因素，以减少城市雨水对河流的影响。悬浮物和沉积物通过物理窒息作用使水道退化，降低了水体的透明度和光照以及水生鱼类和无脊椎动物的食物质量和设施效率。奥克兰的溪流养育了 21 种本地鱼类（Stevenson & Baker，2009），其中 14 种是溯河洄游鱼类。本地鱼类在生命周期中不断迁徙于淡水和盐水之间来，因此在很多地方会受到雨水的影响。铜和锌在低水生浓度下是有毒的，会增加本地鱼类对其他应激源（如疾病和其他污染物）的脆弱性。强有力的证据表明，化学污染物累积对底栖生物群落的健康的影响程度低于现有指南的预测（Auckland Council，2010）。

对奥克兰河口沉积物的调查显示，河口溪流上游的沉积物中金属浓度较高，这些金属来自年代较久且高度城市化的汇水区（Mill 等，2012）。化学污染物在这些地区也增长得比较快（Auckland Council，2010）。锌是最常达到有害浓度的金属，会对底栖生态产生不利影响。道路径流携带了锌和铜（Depree，2008），而镀锌钢屋顶可能是其主要来源（Timperley 等，2005；ARC，2004）。锌/铝合金涂层钢于 1994 年被引入新西兰，它目前正在取代镀锌钢。因此，随着屋顶材料的更换，预计在未来 25-50 年，钢屋面的锌负荷将会减少。新的 PAUP 径流控制措施将加快污染物的削减速度。

城市小型河流也容易受到高温排放的影响。基流的减少和河岸植被的枯竭加剧了这种影响

（Young 等，2013）。雨水是营养负荷增加的次要直接因素（Kelly，2010）。奥克兰对新出现的污染物（如阻燃剂、三聚氰胺等防腐剂和药物）的监测表明，这些污染物的浓度与世界范围内其他研究报告中的结果较为相近（Stewart 等，2014；Stewart，2013；TR2013/0002——TR 编号见表 28.2）。

新西兰奥克兰水敏感性设计技术报告　　　　　表 28.2

TR 编号	技术报告标题
TR2009/112	马努考港的环境状况及价值（Kelly，2008）
TR2010/021	暴雨对奥克兰地区水生生态的影响（Kelly，2010）
TR2013/033	城市雨水水文生态响应（Storey 等，2013）
TR2013/015	奥克兰城市河口——管理机会（Marshall 等，2013）
TR2013/002	奥克兰河口环境中的药物残留（Stewart 等，2013）
TR2013/044	奥克兰地区河流中的污染因素——温度（Young 等，2013）
TR2013/017	雨水固体污染物分类综述（Semandeni-Davies，2013）
TR2013/035	污染物体积控制技术基础（Auckland Council，2013）
TR2013/040	奥克兰地区雨水下渗（Strayton & Lillis，2013）
TR2013/043	雨水管理费用和效益评估（Kettle & Kumar，2013）

28.2.3　WSD 的社会 / 政治驱动因素

奥克兰是一个面临压力的地区，拥有着新西兰 1/3 以上的人口。据预测，2012 年的 150 万人口在未来 30 年将增长近一倍，需要增加 40 多万套住房（Auckland Council，2013）。这种增长是区域环境变化的主要驱动力。游泳、划船和海洋运动是奥克兰重要的娱乐活动。奥克兰拥有新西兰一半的码头泊位和大约 13.2 万艘船（2011），有 15%-19% 的家庭拥有一艘或多艘船、独木舟或帆板（Beca，2012）。

奥克兰计划（Auckland Council，2013）的愿景是成为世界上最宜居的城市。在国际城市比较中，奥克兰一直名列前十。奥克兰的环境是其宜居性的基础。自然环境保护被确定为奥克兰北岸（构成奥克兰的五个城市之一）居民的首要任务（Malcolm & Lewis，2008）。保护河流健康和使受纳港口免受雨水排放（包括污水管道的合流溢出）的影响，在 20 世纪头十年推动了北岸大规模河流河岸的建设。同时，还发布了全面的生物保护指南（Malcolm & Lewis，2008），指南中更新的生物保护章节被称为技术出版物 10（Technical Publication 10，TP10，Auckland Council 2003）。TP10 目前仍然作为单个雨水管理设施的设计指南在新西兰各地使用。

2015 年 3 月，奥克兰议会发布了《水敏感性设计指南》（Water Sensitive Design for Stormwater guidelines，也叫 GD04）。这 192 页的指南是奥克兰设计手册的一部分，总结了市建局关于水敏感性设计在奥克兰规划、设计及发展工作中所担当的角色及应用的指导。GD04 强调考虑影响项目成果的多个指标，使雨水管理能够为社区和土地开发商带来最大的效益。

28.2.4   雨水管理要求：水量和水质

PAUP 有特定的目标，即要求雨水管理设施根据接收水的敏感性，控制滞留（最大流量衰减）和蓄存量（减少水量）以及排放污染物的最大浓度（表 28.3、表 28.4）。汇水区的河流敏感性识别主要依据坡度、流域不透水性和大型无脊椎动物群落指数。这种汇水区分类确定了所需控制的具体流量和流量减少量（表 28.3）。

奥克兰地区雨水滞留的设计要求（Auckland Council，2013）   表 28.3

雨水控制	需要进行控制的不透水区域的滞留和蓄存要求
一级 - 更加灵敏	滞留量（临时存储）为 10mm，24 小时降雨
	蓄存量（水量减少）为 95%，24 小时降雨
二级 - 更加灵敏	滞留量（临时存储）为 8mm，24 小时降雨
	蓄存量（水量减少）为 90%，24 小时降雨

排放到河流和小溪的雨水的拟议出水质量要求（Auckland Council，2013）   表 28.4

污染物	出水水质要求
沉积物	TSS < 20mg/L
金属	铜总量 < 10μg/L，锌总量 < 30μg/L
温度	温度 < 25 摄氏度 *

注：* 温度不会被视为湖泊、河口和海港等环境的污染物。

这种方法是通过控制峰值流量和延长滞留时间来管理雨水。新规定直接导致了传统池塘数量的减少，因为传统池塘在减少暴雨总径流量方面没有效果，含有多个池塘的汇水区可能造成较长时间的高峰流量（并因此造成河流的侵蚀），并且无遮阴的开阔水域所排放的污染物温度可能升高。奥克兰议会正在制定更多的天然湿地设计指导方针，以减少运营成本（通过泥沙的有效去除）、降低排放温度和增强毛里值（通过使用"冷却"出口设计和增加植物覆盖及多样性）。

在 2013 年以前，雨水处理设施以总悬浮固体颗粒去除率达到 75% 的性能标准为总体设计目标。这种情况的改变有两个原因：首先，使用"去除百分比"不能保证设施的出水质量，因为这取决于进水的质量；其次，只关注沉积物还不能充分解决所有令人担忧的污染物。目前已根据适当尺寸、安装和维护的设施所能表现出的预期性能，制定了新的标准。

28.2.5　雨水控制要求：源头控制

PAUP 优先考虑源头及源头附近的处理和控制。从 2013 年 9 月开始，已经确定需要限制造成高污染活动的材料，或者处理经过这些表面的径流。产生高污染物的屋面、喷口、覆层和建筑特征包括铜、镀锌金属和暴露表面为金属锌或任何含 10% 以上锌或铜的合金的材料。"车流量大"的道路也被认为是高污染路面。其定义是每天运载超过 1 万辆的道路和每天服务超过 50 辆以上车辆的停车场（Auckland Council，2013）。

28.2.6　奥克兰设计指南

到 2015 年年中，由 PAUP 驱动的新监管方法已被应用于 97 个"特殊住房区域"。这些地区拥有审批程序迅速通道，为涌入奥克兰的新居民和不断增长的人口建造住宅，并期望快速增长的房屋数量（包括经济适用房）将抑制房价的上涨。WSD 正应用于这些领域。根据 GD04 和《奥克兰设计指南》，一些较大的总体规划分区正在使用 WSD。他们创造的地方和空间使奥克兰被公认为南太平洋的宜居城市。

《奥克兰设计指南》通过展示如何创建独特的奥克兰来支持其成为世界上最宜居的城市。这些地方深受毛利人文化和身份的影响。指南包括蒂阿兰加毛利（Te Aranga Maori）设计原则，其中概述了将地方归属感（毛利语成为 mana whenua）融入设计之中（Auckland Council & Nga Aho，2014）。七项原则包括环境管理（毛利语称为 kaitiakitanga），即将互惠对等关系作为环境管理和保护的一部分。

新西兰运输局（Bell 等，2014）出版的《国家公路设计指南》（National Highway Design Guide，2014）中也包含了水敏感设计，作为所有大型交通项目都必须遵循的十大设计原则之一。用于改善国家高速公路对新西兰环境和社会影响的常用 WSD 设施包括洼地、生态湿地和湿地。新西兰运输局在 2010 年更新了《雨水管理设计规范》，纳入了 WSD 设施（NZTA，2010）。该规范建议，如果空间和汇水区大小合适，在优先考虑峰值控制或河流侵蚀保护时使用湿地。256 页的规范强调了在道路的整个生命周期内高效、安全的维护设计的重要性，并使用一系列的雨水缓解措施实现效益最大化。

奥克兰最不常见的 WSD 设施是活动屋顶或绿色屋顶（图 28.3）。在一定程度上是因为它们在一个非常不成熟的市场中额外增加了巨大的结构成本，目前大多数住宅屋顶都是轻质钢材。高空作业所需的维修费用也是其中一个因素。在一些项目中，WSD 的某些方面仍然是"价值工程"，它将资本成本的降低优先于公共的、不可货币化利益的提高。就洼地而言，大量的草坪洼地上经常产生割草的费用，而且车辆压实和剥皮造成损害的风险很高。相比之下，在高速、高车流量道路等对割草活动产生危险的公共区域，越来越多的洼地使用了不需要割草的多年生本地植物。在这种情况下，从中期来看，使用多年生植物的洼地更有成本效益和风险效益。

图 28.3　绿色屋顶在新西兰比较少见，从左到右，新西兰绿色屋顶的深度和成本
都有所增加，其分别为：奥克兰商业建筑采用的轻质景天属植物和多肉植物屋顶；
奥克兰咖啡馆的屋顶草坪、雕塑和电梯；惠灵顿商业大厦屋顶花园

28.3　案例研究：温亚德海滨新区（Wynyard Quarter）

温亚德海滨新区是一个集零售、酒店、办公和集约化住宅于一体的区域。该区域通过拆除公共汽车和散装石油化学品储存区（在当地被称为"油库"），在既有的轻型海洋产业内部和旁边开发密集型住房。这个将回收的棕地改造成理想的工作和娱乐场所的项目始于杰里科街（Jellico Street），预计于 2030 年完工。土地由奥克兰议会通过其开发机构奥克兰海滨（Water Front Auckland）获得。该机构负责领导和交付奥克兰 45hm² 海滨地区内符合城市愿景的项目。它以 2007 年"海＋城"项目开发的温亚德海滨新区城市设计框架为基础。2011 年，为橄榄球世界杯设计的首个公共场所落成（图 28.4）。

图 28.4　奥克兰温亚德海滨新区的卡兰加广场（Karanga Plaza）
采用密集种植的雨水花园，以达到"以行人为主的林荫大道，
利用奥克兰本土植物创造出令人难忘的环绕景观"的目标

温亚德海滨新区项目旨在成为"新西兰环境责任发展的典范",并展示针对当地和全球环境问题的世界级战略。其总体目标是创建一个自然环境质量得到认可的蓝绿公共滨水区,雨水管理是其中一个关键的组成部分。该场地比较平坦,靠近海平面,部分区域受到污染,因此无法将水排入地下。雨水排入港口。公共空间通过通向水中的宽阔台阶与海港直接接触。海洋也用于公共活动,如国际铁人三项等。

雨水花园设计的目的是实施最新的、最佳实践的、对水敏感的城市设计。一个具体的成功措施减少了 42% 的雨水排放量,并超过(当时)法定要求的 75% 的总悬浮固体颗粒清除率。采用的雨水控制方法是在建筑物内收集和再利用屋顶雨水(例如用于厕所冲水),并处理雨水花园表面的径流。雨水花园几乎是连续的非常大的一片区域,与园林绿化没有什么区别。对 10 年 6 分钟降雨的连续模拟表明,雨水花园可以实现 78% 的 TSS 去除率;超大型雨水花园有助于补偿那些没有得到处理的地区。

温亚德海滨新区的特点是建筑弹性高。以下方式为雨水花园提供了恢复能力:每棵树有大量的介质;乔木和地被植物高度多样化,种植模式复杂;三年维护要求,在这期间每年对每棵树的生长进行了测量。沿着杰里科街和蒂基托基广场,雨水花园在停车场和一些人行道上的不透水区域下方延伸,从而使每棵树的潜在根系体积达到大约 $10m^3$。上部不透水区域由互锁的刚性塑料"层状细胞"支撑,避免了根介质的压实,并使用了植物友好型土壤。不透水区域下额外的根系体积允许高密度的树木来实现预期的视觉效果。

植被的选择和布局也是良好视觉效果的基础。6 个本地常绿乔木树种被一起使用,以不同物种的集群出现,就像它们可能在本地森林中发现的那样。许多品种很少在雨水花园使用过,也没有在离港口这么近的地方种植过。这种方法降低了任何一种树种不能正常生长的风险;在不影响整体景观的情况下,可以移除个别树木。在奥克兰,大多数雨水花园和街道树木种植使用均匀分布、相同年龄的单一树木,这可能导致整体设计的失败。在温亚德海滨新区的卡加拉广场,一些较老的树木被从街道上抢救下来,并被移植至雨水花园。这在创造树冠变化和产生更为"自然"的结果方面尤其有效。最大的树(图 28.4 左侧)支持了育养树木中缺少的昆虫和地衣多样性。

雨水花园地被植物种类特别多,密集且有纹理。它们包括 1.4m 高的本地百合、50mm 高的地衣等。这些植物大约有一半已经培育出了自己成功生长的幼苗,另外还有 4 种树种也是如此。对布置雨水花园的十字路口进行可能的人类活动分析,并在一些地方使用座椅以保护雨水花园免受行人的干扰。密集的植被也阻止了行人的进入。然而,停车位末端没有木板,这意味着汽车会损坏脆弱的角落。这些地区需要定期重新种植和覆盖,以减少杂草的生长。邻近的街道采用了低护柱,以防止雨水花园被车辆损坏的情况发生。

28.4　结论和建议

WSD 已在奥克兰等地区推行十多年,但仍未成为新西兰的主流。WSD 常被认为是资本密集型，比传统的管道基础设施需要更高的维护成本。获得国际奖项的杰出 WSD 项目（如温亚德海滨新区）往往会为这一观点提供佐证。在新西兰，WSD 带来的环境效益并不属于开发商，因此这些效益既没有得到很好的量化，也没有得到充分的重视。这些环境效益并没有被用详细的绩效指标来"估算"，而绩效指标恰恰是吸引对雨水和道路基础设施建设投资的关键。关于与 WSD 相关的公共健康益处（无论是通过有益心血管的锻炼、减轻压力还是减少紫外线辐射）的当地数据很少。澳大利亚是世界上黑色素瘤发病率最高的国家，但与墨尔本、阿德莱德或悉尼不同的是，奥克兰的成熟树冠率较低（估计约为 8%），而且在树木保护法规的强化和缓和的双重压力下明显下降。

为实现多数派的政治支持，可能需要制度改革以实施更强大的监管方法，并要求所有城市发展部门广泛采用 WSD。这一转变发生在国家公路网中，并由新西兰运输局立法推动，运输局要求国家公路为新西兰的环境和社会福利做出贡献（Bell 等，2013，2014）。新西兰城镇也需要这种转型转变，以实现许多社区所希望的结果。这些成果在 PAUP（Auckland Council，2012）中被表现为"世界上最宜居的城市"，在《克莱斯特彻奇中心城市规划》（Christchurch's Central City Plan，2011）中被描述为"花园中的城市"。PAUP 为新的发展提出了积极的改变。奥克兰议会亦根据严谨的研究计划，提供详细的指引文件，支持 WSD 的工作。这些研究成果可作为技术报告（免费）在理事会网站上公开发表。新西兰缺乏不透水表面收费政策或类似的以减少不透水区域或鼓励雨水处理为目的的激励措施，这可能是对使用常规雨水排放管理方式的建成区域进行改造的主要障碍。

参考文献

Auckland Council (2010). *State of Auckland Region report* 2009. http://www.aucklandcouncil.govt.nz/EN/planspoliciesprojects/reports/technicalpublications/Pages/stateaucklandregionreport2010.Aspx.

Auckland Council (2013). *Auckland Unitary Plan Stormwater Management Provisions: Technical Basis for Contamination and Volume Management Requirements*. Auckland Council Technical Report 2013/035.

Auckland Council (2014). GD04. http://content.aucklanddesignmanual.co.nz.

Auckland Council and Nga Aho (2014). *Te Aranga Principles*. www.aucklanddesignmanual.co.nz/ design - thinking/maori - design/te_aranga_principles.

Auckland Regional Council (2003). *Technical Publication 10 (TP10): Stormwater Treatment Devices Design Guideline Manual*.

Auckland Regional Council (2004). *A study of roof runoff quality in Auckland, New Zealand: Implications for stormwater management*. Technical Publication 213.

Beca (2012). Auckland Recreational Boating Study http://www.aucklandcouncil.govt.nz/

EN/planspoliciesprojects/plansstrategies/unitaryplan/Documents/Section3report/Appendices/Appendix%203.332.pdf.

Bell, J., Desrosiers, L. and Lister, G. (2013). Bridging the Gap New Zealand Transport Agency Urban Design Guidelines. NZ Transport Agency. New Zealand Government. www.nzta.govt.nz/assets/resources/bridging - the - gap/docs/bridging - the - gap.pdf.

Bell, J., Bourne, S., Collins, C. and Lister, G. (2014). Landscape Guidelines Final Draft Sept 2014, Final Draft September 2014. NZ Transport Agency. New Zealand Government. www.nzta.govt.nz/assets/ resources/nzta - landscape - guidelines/docs/nzta - landscape - guidelines - 20140911.pdf.

Buchanan, K., Clarke, C. and Voyde, E. (2013). *Hydraulic energy Management: inlet and outlet design for treatment devices*. Prepared by Morphum Environmental Limited for Auckland Council. Auckland Council Technical Report 2013/018.

Christchurch City Council (2011). Draft Central City Plan. August 2011. Adopted on 11 August 2011. ISBN978 - 0 - 9876571 - 1 - 4. Downloadable from http://canterbury.royalcommission.govt.nz/documents - by - key/20111006.33.

DePree C. (2008). *Contamination characterisation and toxicity testing of road sweepings and catchpit sediments: towards a more sustainable reuse option*. Land Transport NZ Research Report 345.

Fassman - Beck E. and Simcock R. (2013). *Living roof review and design recommendations for stormwater management*. Auckland UniServices Technical Report to Auckland Council: Auckland Council Technical Report 2013/045.

Fassman - Beck, E., Voyde, E. and Liao, M. (2013a). *Defining Hydrologic Mitigation Targets for Stormwater Design in Auckland*. Auckland UniServices, Auckland Council Technical Report 2013/024.

Fassman - Beck, E.A., Simcock, R. and Wang, S. (2013). *Media Specification for Stormwater Bioretention Devices*. Auckland UniServices Technical Report to Auckland Council. Auckland Council Technical Report 2013/011. Auckland, New Zealand.

Fassman, E. and Simcock, R. (2012). Moisture measurements as performance criteria for extensive living roof substrates. *Journal of Environmental Engineering, 138* (8), 841–851.

Kanz, W. (2013). *Caring for urban streams*. Auckland Council Technical Report 2013/020.

Kelly, S. (2010). *Effects of Stormwater on Aquatic Ecology in the Auckland Region*. Prepared by Coast and catchment. Auckland Regional Council Technical Report 2010/021.

Kettle, D. and Kumar, P. (2013). *Auckland Unitary Plan stormwater management provisions: cost and benefit assessment*. Auckland Council Technical Report 2013/043.

Lewis, M. (2008). *Stream Daylighting Identifying Opportunities for Central Auckland: Concept Design*. Technical Report TR2008/027, Boffa Miskell for Auckland Regional Council.

Lewis, M., Simcock, R., Davidson, G. and Bull, L. (2009). *Landscape and Ecology Values within Stormwater Management*. Auckland: Auckland Regional Council, Technical Report 2009/083.

Malcolm, M. and Lewis, M. (2008). *North Shore City Bioretention Guidelines*. First edition. C. Stumbles Editor. https://www.northshorecity.govt.nz/Services/Environment/Stormwater/ Documents/bioretention - guidelines.pdf.

Marshall, G., Kelly, S., Easton, H., Scarles, N. and Seyb, R. (2013). *Auckland's Urban Estuaries: Management Opportunities*. Auckland Council Technical Report 2013/015.

Mills, G., Williamson, B., Cameron, M. and Vaughan, M. (2012). *Marine sediment contaminants: status and trends assessment 1998 to 2010*. Prepared by Diffuse Sources Ltd. for Auckland Council. Auckland Council Technical Report 2102/041.

New Zealand Transport Agency (NZTA) (2010). *Stormwater Treatment Standard for State highway Infrastructure*. https://www.nzta.govt.nz/assets/resources/stormwater - management/ docs/201005 - nzta - stormwater - standard.pdf.

Semadeni-Davies, A. (2013). *Classification of stormwater-borne solids: a literature review*. Prepared by NIWA for Auckland Council. Auckland Council Technical Report 2013/017.

Shamseldin, A. (2010). *Review of TP10 Water Quality Volume Estimation*. Auckland: Auckland UniServices Ltd, Auckland Regional Council Technical Report 2010/066.

Simcock R. (2009). *Hydrological effect of compaction associated with earthworks: soil infiltration, permeability and water storage*. Prepared by Landcare Research Manaaki Whenua for Auckland Regional Council: Auckland Regional Council Technical Report 2009/073.

Simcock, R. and Dando, J. (2013). *Mulch specification for stormwater bioretention devices*. Prepared by Landcare Research for Auckland Council. Auckland Council Technical Report 2013/056.

Stevenson C. and Baker C. (2009). *Fish passage in the Auckland Region – a synthesis of current research*. Prepared by NIWA for Auckland Regional Council. Auckland Regional Council Technical Report 2009/084.

Stewart, M., Olsen, G., Hickey, C.W., Ferreira, B., Jelic, A., Petrovic, M. and Barcelo, D. (2014). A survey of emerging contaminants in the estuarine receiving environments around Auckland, New Zealand. *Science of the Total Environment, 468*, 202–210.

Stewart, M., Aherns, M. and Olsen, G. (2009). *Field Analysis of Chemicals of Emerging Environmental Concern in Auckland's Aquatic Sediments*. Prepared by NIWA for Auckland Regional Council. Auckland Regional Council Technical Report, 2009/021.

Stewart, M. (2013). *Pharmaceutical residues in the Auckland estuarine environment*. Prepared by NIWA for Auckland Council. Auckland Council Technical Report 2013/002.

Storey, R., Brierley, G., Clapcott, J., Collier, K., Kilroy, C., Franklin, P., Moorhouse, C. and Wells, R. (2013). *Ecological responses to urban stormwater hydrology*. Prepared by NIWA for Auckland Council. Auckland Council Technical Report 2013/033.

Storey, R. and Wadhwa, A. (2009). *An assessment of the lengths of permanent, intermittent and ephemeral streams in the Auckland Region*. Prepared by NIWA for Auckland Regional Council.

Auckland Regional Council Technical Report 2009/028.

Strayton, G. and Lillis, M. (2013). *Stormwater disposal via soakage in the Auckland region.* Prepared by Pattle Delamore Partners Ltd for Auckland Council. Auckland Council Technical Report 2013/040.

Te Aranga (2008). Te Aranga Maori Cultural Landscape Strategy. www.tearanga.maori.nz.

Timperley M., Williamson B. and Horne B. (2005). *Sources and loads of metals in urban stormwater.* Auckland, New Zealand, Auckland Regional Council.

Voyde, E.A., Fassman, E.A. and Simcock, R. (2010). Hydrology of an extensive living roof under subtropical climate conditions in Auckland, New Zealand. *Journal of Hydrology*, 394, 384–395.

Watercare Services Limited (2012). *Central Interceptor main project works resource consent applications and assessment of effects on the environment.* Part A.AEE Report. August 2012.

Young, D., Afoa, E., Wagenhoff, A. and Utech, C. (2013). *Temperature as a contaminant in stream in the Auckland region, stormwater issues and management options.* Prepared by Morphum Environmental for Auckland Council. Auckland Council Technical Report 2013/044.

第 7 篇　总结

第29章 未来的挑战：可持续排水系统真的可持续吗？

苏珊娜·M.查尔斯沃思，科林·A.布思
Susanne M. Charlesworth and Colin A. Booth

29.1 导言

可持续排水的标志就是它的"可持续性"，本书许多章节对这种方法多重效益的详细介绍都证明了这一点。在第1章中提到的新提出的 SuDS 正方形模型（Woods Ballard，2015）是从最初的三角形模型（CIRIA，2001）发展而来的，增加了宜人性和生物多样性分类并强调它们各自的重要性。然而，可持续排水远远超过减少水量（第5章）、改善水质（第6章）、增加生物多样性（第7章）以及提供宜人性和娱乐空间（第8章）这四个传统领域。可持续排水实际上是多学科、交叉学科和跨学科的，它涵盖了化学和微生物学（第9章和第10章）、政策和治理（第3章）、考古学（第2章）、材料学（第11章）和管理学等相关领域（第4章）。

SuDS 不仅仅是关于城市地区的排水，它还体现在从可持续城市排水系统（sustainable urban drainage systems，SUDS）到可持续排水系统（sustainable urban drainage systems，SuDS）这一术语的缩减中（CIRIA，2000；Fletcher 等，2014；Woods Ballard，2015）。该系统在农村地区得以使用，并且已经尝试将"农村 SuDS"（RSuDS）一词引入词典（Avery，2012）。"自然洪水管理/洪水恢复措施"似乎正在取得进展（第12章），例如在英国约克郡皮克林，英国的案例研究会将"与自然合作，而不是与自然对抗"作为标题新闻（Iacob 等，2012；Nisbet 等，2015）。2016年苏格兰环境保护局出版的手册加强了土地所有者和农民的参与工作，以确保下游居民的利益不会因在土地安装的这些设施产生影响。

不同设施的建模、监测和评估（第20章）以及管理列车（第1章）提供了这些干预措施功能和效率方面的相关数据和信息。然而，对使用中的管理列车进行监测以验证模型的研究非常少，这里的困难在于识别合适的位置进行监测并从中获得数据。

正如本书各章所示，无论目标城市处于何种气候区，都可以使用这种方法。与 SuDS 类似的技术已经使用了数千年（第2章），并且在第3章中，作者认为"SuDS 已经从一种新的技术过渡到了被许多国家公认的技术"。第 22-28 章表明了 SuDS 正在取得进展并逐渐被广泛接受的事实，许多不同气候类型的国家愿意设计和安装适合其环境条件的设施。第 24 章的独特之处在于它描述了南非非正式定居点在排水方面的努力，即在不借助传统方法或技术修复的情况下，利用可持续的渗透和缓慢的输送、现有材料和重新设计及设想的设施进行可持续地排水。与在英国尝试使用自然洪水管理（第 12 章）一样，这些非正式定居点的参与尤其重要。与英国的农民和土地所有者不同，他们对地方政府的支持很少。如果有的话，基本上是关于设计、安装和维护方面的合作。

SuDS 无疑是一种较为灵活的方式。除了提供多个符合可持续性定义的效益外，还可以将其他可持续技术包括在内，如对可再生能源的获取（第 13 章）。它们在适应和减轻全球气候变化带来的影响方面有着重要的作用，其中一个例子就是在 SuDS 设施中吸收和储存碳的潜力（第 14 章）。此外，雨水收集技术（第 15 章）本身也有许多好处。它可以减少饮用水的使用，从而减少与饮用水生产相关的能源使用。经过精心设计后，它还可以通过储存过量的水，然后缓慢释放来减弱洪水峰值。植物型 SuDS 设施具有多种生态系统服务优势（第 15 章），从提供美观、宜人的生活空间到减少洪水、减少能源使用（在使用绿色屋顶、绿色墙壁和战略性植树的情况下）和减缓城市热岛效应。

推广 SuDS 的一个挑战是提高对它们多重益处和灵活性的认知，因为对许多人来说，它们仍然被认为是纯粹为降低洪水风险而设计和建造的，其他的好处只是它们存在的一部分。为了使 SuDS 得到进一步发展，它们的价值（第 16 章）以及它们提供的生态系统服务的价值必须用货币来表达，以便政府或地方当局参与。不过有时这种做法并不合适，因为很难给娱乐、便利设施和美学以金钱上的定义，它们除了提高生活质量和环境健康之外，不能被商业化和从中获利。很明显，其中一些价值可以被量化，但蓄留池及其边缘植被的处理以及减少开发项目产生的径流量的实际价值是无价的，也是没有价值的。

既然 SuDS 显然可以带来巨大的效益，为什么它仍然不是局部地区或全球城乡排水的可行方法？

29.2　障碍和驱动力

多年来，许多出版物都在讨论促进以及阻碍使用 SuDS 的因素。幸运的是，障碍列表一直在缩小。不使用 SuDS 的理由一般是人们认为 SuDS 占用了空间，特别是对新开发项目而言。对于新开发项目，建造更多房屋和赚更多钱的空间是最重要的。然而，有一些证据表明，在 SuDS 池塘附近建造的房屋可以在销售价格方面获得溢价（Bastien 等，2009），这在一定程度上抵消了 SuDS 池塘的建设和土地使用成本。

第 19 章介绍了如何在高速公路服务区等实用建筑内设计 SuDS 和绿色基础设施，这些设施几乎可以将建筑内部的水文足迹降至零，并确保对容纳水体的影响最小化。然而，定期维护的必要性也被提出作为拒绝使用 SuDS 的理由，但人们遗忘了传统的管道和沟渠排水也需要定期维护，而且通过使用透水铺装等设施，就不需要对排水沟渠进行清洁或将其内的容物丢弃到垃圾填埋场。

将 SuDS 设施改装到现有建筑通常被认为是困难和昂贵的，但正如第 18、26、27 章所示，这可以在澳大利亚、苏格兰和西班牙这样非常不同的气候条件下成功地进行。到 2014 年，英国存在着 70% 的住房需求，人们无情地在他们的屋前花园上铺路，为他们的汽车创造停车场，使城市地区更不透水、更易受洪水影响，以及具备更低的水资源意识；而在此时，应抓住住房翻新的机会，将 SuDS 设施纳入其中（如绿色屋顶、透水铺装和雨水花园）。

可以说，如果没有公众对 SuDS 的积极看法，SuDS 就是不可持续的（第 21 章），发展中国家面临的挑战是质疑城市中开放水域安全性的观点。但在设计干预措施时完全有可能使用边缘植被和围栏阻碍池塘和湿地的可达性（图 29.1）。然而，这些结构需要被仔细维护，尤其是在冬季植被退化期间。但在某些情况下，发展中国家（第 22-24 章）的治理和政策结构要么缺失，要么过于薄弱。因此，公众对降低洪水风险和排水不良对健康的影响的看法倒是次要的。

图 29.1　苏格兰被围栏和植物围起来的 SuDS 池塘

29.3　SuDS 的未来

肖卡等（Chocat，2007）认为有理由对 SuDS 充满希望，并将其称为"水力乐观主义"，但目前主要是将 SuDS 作为紧急情况的应对措施（如水资源短缺和世界各地不断增加的人口），而不是承认 SuDS 长期有效、灵活、多效益和具有高成本效益（第 17 章）。在短期内，尽管立法者会考虑全球洪水的灾害性影响，但还是需要支持性法规（第 3 章）来鼓励 SuDS 的使用并推动这一事业的发展。从中期来看，需要展示功能、结构和效益的场地作为教育工具以提供其可靠性和性能的证据。即使影响微小，全球气候变化也是长期的驱动因素。例如，CCRA（CCRA，2012）指出，即使没有采取任何措施，英国下水道洪水发生的概率也可能因为气候变化而增加 27%。

从更广泛的角度看，第 25 章和第 28 章介绍了低影响开发和水敏感设计（WSD）的概念。SuDS 将成为水敏感城市的一部分（Wong，2007），水的存在可以确保城市的正常运作和居民的健康。实施 SuDS 可以将"被浪费的废物"（wasted waste）（Charlesworth，2010）转化为肖卡等学者（Chocat 等，2007）所说的"机会水"，或塞玛德尼等学者（Semadeni - Davies，2008）所说的"流动资产"。

SuDS 未来可能需要解决新出现的污染物（New and Emerging Pollutants，NEPs），如药物、激素、除草剂和化妆品。第 6 章和第 9-11 章表明，人们对某些生物降解过程和污染物（如碳氢化合物和相关金属颗粒）的过滤非常了解。然而，对于这些设施如何或是否也能处理 NEPs 还知之甚少。由于对这些设施在城市中更换（如透水路面需要翻新或在其使用寿命结束时更换）时所容纳的污染物的命运并不清楚，因此还需要进一步的研究。

SuDS 仍然是传统意义上具有最小开发足迹的洪水风险管理解决方案。因此，通常将地下衰减罐与超大管道一起使用，而规划期间很少考虑开发场地的自然水文条件。人们认为当旧方法仍起作用时，没有必要采取新的方法，而这可能是需要解决的问题。2007 年英国洪水损失的 32 亿英镑证明了这个观点并非正确。这取决于肖卡（Chocat，2007）所说的"去学习化"（de - learning）过程，即对开发商、建筑公司、规划师、设计师和公众的再教育。非结构性 SuDS 方法（教育和信息）是关键，英国的"校园 SuDS"倡议有助于教育学童可持续管理过量地表水的重要性（Duggin & Reed，2006）——请参阅野禽和湿地信托基金会: http://sudsforschool.wwt.org.uk/。在英国制定 SuDS 实施指南也能有助于提高对 SuDS 的认识（Woods Ballard，2015）。

29.4　结论

洪水是一个自然过程，无论人类是否在地球上定居，它都会发生。但目前的问题是，社会以多种方式操纵环境，损害环境，并傲慢地认为他们可以控制影响。单一的应对方案无法解决排水问题；但是，正如本书所示，SuDS 可以成功地应用于世界各地不同的气候和情况，并与传统的管道系统相结合。然而，这些系统需要被更好地认识及理解。在被利益相关者和公众接受之前，它们不太可能被更广泛地使用。

因此正如本书所示，尽管科学证据表明 SuDS 具有可持续性，但 SuDS 在政治、制度和社会等方面仍存在挑战，正是这些挑战阻碍了 SuDS 的进展和接受度。

参考文献

Avery, L.M. (2012). *Rural Sustainable Drainage Systems (RSuDS)*. Environment Agency, Bristol. 147 pp.

Bastien, N.R.P., Arthur, S. and McLoughlin, M.J. (2009). Public perception of SuDS ponds – Valuing Amenity. 12th International Conference on Urban Drainage, Porto Algre/Brazil, 11–16 September 2011. http://tinyurl.com/htlk95g.

Climate Change Risk Assessment (CCRA) UK (2012). *Water.* http://tinyurl.com/jfwre55.

Chocat, B., Ashley, R., Marsalek, J., Matos, M.R., Rauch, W., Schilling, W. and Urbonas, B. (2007). Towards the sustainable management of urban storm water. *Indoor and Built Environment, 16*, 3, 273–285.

Charlesworth, S. (2010). A review of the adaptation and mitigation of Global Climate Change using Sustainable Drainage in cities. *Journal of Water and Climate Change*, 1, 3, 165–180.

CIRIA (2000). *Sustainable Urban Drainage Systems – Design Manual for Scotland and Northern Ireland*. Dundee, Scotland: CIRIA Report No. C521.

CIRIA (2001). *Sustainable Urban Drainage Systems*: *Best Practice Manual*. CIRIA Report C523, London.

Duggin, J. and Reed, J. (2006). *Sustainable Water Management in Schools*. CIRIA W12. http://tinyurl.com/h48huub.

Fletcher, T.D., Shuster, W., Hunt, W.F., Ashley, R., Butler, D., et al. (2014). SUDS, LID, BMPs, WSUD and more – The evolution and application of terminology surrounding urban drainage. *Urban Water Journal*, 7, 12. http://tinyurl.com/j3jyv2a.

Iacob, O., Rowan, J., Brown, I. and Ellis, C. (2012). Natural flood management as a climate change adaptation option assessed using an ecosystem services approach. BHS Eleventh National Symposium, *Hydrology for a Changing World*, Dundee. British Hydrological Society. http://tinyurl.com/ks43stm.

Nisbet, T.R., Marrington, S., Thomas, H., Broadmeadow, S.B. and Valatin, G. (2015). *Defra FCERM Multi-objective Flood Management Demonstration project*. Project RMP5455: Slowing the flow at Pickering. Phase II. http://tinyurl.com/h63zlnt.

Semademi - Davies, A., Hernebring, C., Svensson, G. and Gustafsson, L (2008). The Impacts of Climate Change and Urbanisation on Drainage in Helsingborg, Sweden: Suburban Stormwater. *Journal of Hydrology, 350* (1–2), 114–125.

SEPA (2016). *Natural Flood Management Handbook*. http://tinyurl.com/jtam3mc.

Wong, T.H.F. (2007). Water sensitive urban design – the journey thus far. *Environment Design Guide, 11*, 1–10.

Woods Ballard, B., Wilson, S., Udale - Clarke, H., Illman, S., Ashley, R. and Kellagher, R. (2015). *The SuDS Manual*. CIRIA. London.

索引

Adsorption 吸附 86

ageing sewer system 老化的下水道系 370

Agriculture and Resource Management Council of Australia and New Zealand 澳大利亚和新西兰农业和资源管理委员会 31

Amenity 宜人性

  emergence of 出现 105–107

  grass 草地 52

  public open spaces 公共开放空间 107

  public perceptions 公众认识 111–112

  SuDS amenity and sustainable development SuDS 的宜人性和可持续发展 110–111

  urban open space 公共开放空间

    design 设计 108–109

    multi - functionality of 多功能 109–110

  value and use 使用价值 104

amplified ribosomal DNA restriction analysis （ARDRA）扩增核糖体 DNA 限制分析 121

ancient civilisations 古代文明 15, 17

Angkor Wat 吴哥窟 25

anthropocentric landscapes 以人类为中心的景观 106

areas of outstanding natural beauty（AONB）自然风光杰出的地区 266–267

Auckland design guidance 奥克兰设计指南 386-387

Baixada Fluminense lowland 贝萨达弗洛米嫩塞低地 320

Barays 湖泊 25

  see also reservoirs 参见 reservoirs 条目

Basic Sanitation Act《基本卫生法》320

beauty spots 景点 109

best management practices（BMPs）最佳管理实践 5, 32, 237, 346

biodegradation 生物降解

  environmental conditions and requirements for 环境条件和要求 116–118

  in green SuDS 在绿色 SuDS 中 19–123

  processes 过程 88

  studies 研究 135–136

biodiversity value 生物多样性价值 104

BIOECODS management trains 生物生态排水 "管理列车"

  sustainable drainage, Malaysia 马来西亚的可持续排水系统 308, 309

  USM campus 马来西亚理科大学 309

Biofilms 生物膜 118–119, 133

biological treatment 生物处理方式

  aquatic plants, floating 漂浮的水生植物 20

  constructed wetland 人工湿地 22

  microscopic organisms 微生物 22

  reservoirs 水库 20

  water hyacinth 凤眼莲 20, 22

  water lilies 睡莲 20, 22, 23

bioremediation 生物修复 119

bioretention 生物滞留

  areas 地区 98–100

  ponds 池塘 67, 68

'black box' approach "黑匣子" 方法 128

blue corridors 蓝色走廊 93

BMPs. *see* best management practices（BMPs）最佳管理实践, 参见 best management practices（BMPs）条目

building retrofit characteristics 建筑改造特点

  financial viability 财务可行性 248

  Melbourne CBD database 墨尔本 CBD 数据库

    building construction 建筑施工 249–250

buildings judged suitable proportion 判定合适比例的建筑物 251, 252

cumulative frequency 累积频率 250, 251

Google Earth and Google Map Software 谷歌地球和谷歌地图软件 251

overshadowing of roofs 屋顶阴影 251, 252

structural capacity 结构承载力 251

in Melbourne office buildings 墨尔本办公楼 248

technical features 技术特点 249

capital expenditure（CAPEX）资本性支出 53–54

carbon sequestration and storage 碳吸收和存储

anthropogenic - driven greenhouse gas emissions 人为的温室气体排放 194

ecosystem age 生态系统年龄 194

embodied energy 隐含能源 198–199

on green roofs 在绿色屋顶上 197–198

industrial revolution 工业革命 193

management practices 管理实践 201

resultant heating 变暖 194

stormwater management benefits 雨水管理效益 195–197

substrate composition 基底组成 200

substrate depth 基底深度 200

terrestrial carbon sequestration 陆地碳吸收 194

catastrophic pollution events 灾难性污染事件 136–138

central plaza 中央广场 23, 24

chemical oxygen demand（COD）化学需氧量 120

Chicago Urban Forest Initiative 芝加哥城市森林倡议 107

circumstantial evidence 间接证据 121

cisterns 蓄水池 15, 16, 19

cities built by micro - organisms 由微生物建造的城市 119

City Centre surface water management 城市中心的地表水管理 376–377

clean water 清洁水资源 104

Climate Change Act《气候变化法》172

climate fluctuations 气候变化 16

clogging 堵塞 59

see also conventional drainage 参见 conventional

drainage 条目

coefficient of performance（CoP）性能系数 183–184

combined sewer overflows（CSOs）合流制排水系统污水溢流 355

combined surface water outfalls（CSOs）合流式排水口 82

community engagement 公众参与 171

community involvement 社区参与 95–96, 111

compound specific isotope analysis 化合物特异性同位素分析 120

comprehensive stormwater management plans 综合雨水管理计划 83

computational modelling 计算模型

one - dimensional 一维 270, 271

three - dimensional 三维 271

two - dimensional 二维 271

uncertainty 不确定性 271

validation 验证 272

conceptual overlaps, value areas 价值区域的概念重叠 110

conventional drainage 传统排水 59–60, 91

corrective maintenance 故障维护任务 49

Cumbe Mayo 康贝梅奥 26, 27

Curve Number method 曲线数法 347

Dams 水坝 60

dead end metabolites 死端代谢物 117

decision support tools 决策支持工具

Daybrook rain garden, UK 英国戴布鲁克雨水花园 278, 279

map creation process, GIS system 地理信息系统中的地图创建过程 278

Microdrainager 微排水器 277–278

denaturing gradient gel electrophoresis（DGGE）变性梯度凝胶电泳 131

denitrification 反硝化 122, 123

detention 滞留

basins 盆地 100, 101

ponds 池塘 69

diurnal rhythm 昼夜节律 119

drainage modelling scale 排水建模量表

local level 地方一级 272, 273–274

practice procedures 实践程序 272

regional level 区域级 272, 273

site characteristics 场地特性 272

strategic/catchment level 战略/流域层面 272, 273

drainage modelling software 排水模型软件

Infoworks 信息工程 276

Micro Drainage® 微排水 276

MOUSE 城市下水道模型 275–276

MUSIC 城市雨水改善概念化模型 275

SWMM 地表水管理措施 274–275

due diligence 尽职调查 48

Dunfermline Eastern Expansion 邓弗姆林东部扩张 112

ecological aesthetics 生态美学 109

ecological sensitivity 生态敏感性 52

ecosystem services 生态系统服务

flood management policy and practice 洪水管理政策和实践 219

LCA 生命周期评估 220

step - wise progress 循序渐进 219

in SuDS 在 SuDS 中

constructed wetlands 人工湿地 220

cultural services 文化服务 221, 225–227

filter drains and pervious pipes 过滤器和透水管 220

infiltration basins 渗透池 220

multi - functional opportunities 多功能机遇 228–229

pervious surfaces 透水表面 220

provisioning services 供给服务 221–223

regulatory services 监管服务 221, 223–225

supporting services 配套服务 221, 227

'traffic lights' approach 交通灯方法 221–227

urban water management 城市水管理 218–219

WSUD 水敏感性城市设计 219

efficiency performance data 效率性能数据 84

England Flood Risk Regulations 英格兰洪水风险条例 36

Environment Agency 环境署 28, 39

Environmental Protection Agency 环境保护署 31

Environmental Quality Standards Directive（2008）环境质量标准指令（2008）83

Environment Restoration Program of Belo Horizonte City, DRENURBS 贝洛奥里藏特市的环境恢复计划—DRENURBS 322

European Union（EU）policy 欧盟政策 34

EU Water Framework Directive（EU WFD, 2000）欧盟水框架指令（EU WFD, 2000）83

event - driven legislation 事件驱动立法 36–37

event mean concentrations（EMCs）事件平均浓度 84

existing biodiversity 现有的生物多样性 97

existing flood management 现有洪水管理 60–61

ex - mining ponds and wetlands rehabilitation 采矿池和现有湿地 311–312

exotic species 外来物种 108

extracellular polymeric substances（EPS）细胞外聚合物 118

fabric style 聚合材料 143

fatty acid methyl esters（FAMES）脂肪酸甲酯 121

'Federal Urban Land Parcelling Act'《联邦城市土地分块法》319

Federal Water Resource Management Act《2009 年联邦水资源管理法》32

fencing and fringing vegetation 围栏和植物围住 397

fibre length 纤维长度 143

filter strips 浅沟 98

filtration 过滤 116

flood 洪水

mitigation 控制 71

proof 屋顶 61

walls 墙 60

Flood and Water Management Act（FWMA）洪水和水资源管理法 36, 37, 41, 376–377

flood risk management（FRM）and amenity improvement river restoration projects 洪水风险和改善河流宜人性舒适性的项目 288

biodiversity 生物多样性 287

climate change 气候变化 286

green infrastructure, USA 美国绿色基础设施 288

green space and biodiversity 绿地和生物多样性 286

household adaptations 家庭层面的防护措施 286

solution 解决方案 398

water quality and quantity 水质和水量 287

wildlife corridors 野生动物通道 286

floods and agriculture risk matrix (FARM) 洪水和农业风险矩阵 161

flow control devices 流量控制设施

Hydro - brake® 水力限流器® 72

Weir 堰堤 72

flow desynchronization 流量去同步 160, 16

fluorescein diacetate assay (FDA) 荧光素二乙酸酯分析 131, 132

Funding of Studies and Projects Agency (FINEP) 研究和项目资助机构 318–319

garden cities 花园城市 107

GCV Green Network Partnership's approach GCV 绿色网络伙伴关系 375

general binding rules (GBRs) 一般约束规则 39, 40

geocomposite 土工复合材料 143, 144

geofabrics 土工织物

Danofelt® 达诺菲特 358–359

Inbitex® 因比特 358–359

One - Way® 万威 358–359

Polyfelt® 百利福 358–359

Geosynthetics 土工合成材料

Applications 应用 144

Classification 分类

fabric style 聚合材料 143

fibre length 纤维长度 143

geocomposite 土工复合材料 143, 144

non - permeable 不可渗透 143, 144

permeability 可渗透 143, 144

polymeric material 高分子材料 143

definition 定义 142

degradation enhancement 增强降解 144

factors 因素 143

functions 功能 144

geotextiles 土工织物

improving water quality 改善水质 145–148

nutrients 营养素 148–150

types 种类 142–143

urban water 城市水体 150–151

wicking geotextiles 芯吸土工织物 144

geotextiles 土工织物

nutrients 营养素 148–150

water quality improvement 改善水质 145–148

German Water Management Institutions 德国水管理机构 32–33

Glasgow Strategic Drainage Plan (GSDP) 格拉斯哥战略排水计划 370

Gloucester (M5) MSA 格洛斯特 (M5) 的 MSA 项目

application for judicial review 司法审查的申请 267

devices, SuDS management train 设施, SuDS "管理列车" 265, 266

Gloucestershire southbound MSA (M5) 格洛斯特郡南行段 MSA (M5) 264, 265

LGV parking and access roads 小型货车停车场和通道 265

maintenance strategy 维护策略 267

rainwater harvesting 雨水收集 265

sequence of site control devices 一系列的场地径流控制设施 265–266

stone - filled treatment trenches 填石处理沟渠 265

Gloucestershire Gateway Trust and Westmorland Ltd 格洛斯特郡门户基金会和韦斯特摩兰有限公司 264

Great Stink 大恶臭 14

green infrastructure (GI) 绿色基础设施 93

biodegradation 生物降解

environmental conditions and requirements for 环境条件和要求 116–118

in green SuDS 在绿色 SuDS 中 119–123

biofilms 生物膜 118–119

green roof 绿色屋顶

in Benaguasil 贝纳加西尔 366

in Xativa 萨蒂瓦 364–366

green roof retrofit 绿色屋顶改造

building characteristics 建筑特点

construction 建造 249–250

cumulative frequency 累积频率 250, 251

financial viability 财务可行性 248

Google Earth and Google Map software 谷歌地球和谷歌地图软件 251

judged suitable Proportion 判断适合的比例 251, 252

in Melbourne office buildings 在墨尔本的办公楼 248

overshadowing of roofs 屋顶阴影 251, 252

structural capacity 结构承载力 251

technical features 技术特点 249

design aspects 设计 247

drivers and barriers 驱动因素与障碍 253–254

extensive and intensive green roofs 开敞型与密集型绿色屋顶 246–247

hybrid semi - intensive green roof 混合半密集绿色屋顶 246

optimal stormwater management 最佳雨水管理 247

runoff reduction 径流减少 255

green roofs 绿色屋顶 67, 68, 98, 99

green SuDS 绿色 SuDS

constructed wetlands 人工湿地 120–121

nitrogen in 氮循环 122–123

greywater recycling（GWR）灰水的循环利用 26, 63

ground source heat（GSH）地热能 178

GWR. see greywater recycling（GWR）灰水的循环利用，参见 greywater recycling（GWR）条目

hard engineering flood management 硬质工程洪水管理 61

hard SuDS 硬质 SuDS

biodegradation studics 生物降解研究 135–136

biofilms 生物膜 133

'black box' approach "黑匣子"方法 128

carbon dioxide evolution and oxygen consumption 二氧化碳演变和耗氧量 130, 131

catastrophic pollution events 灾难性污染事件 136–138

design and diversification 多样化设计 134–135

DGGE 变性梯度凝胶电泳 131

FDA 荧光素二乙酸酯分析 131, 132

infiltration channels and grit - filled gaps 渗透通道以及填充砂砾的间隙 129

microbiology 微生物学 132–133

model rigs 模型试验台 130

oil staining 装载油 129, 130

pervious pavement design 透水路面设计 129

photodegradation and evaporation 光降解和蒸发 129

PPS/filter drain PPS 或过滤器 128

smaller test rigs 较小的试验台 130

HGV management train 大型货车停车场内的"管理列车" 261–263

high performance landscapes（HPLs）高性能景观 54

high - resolution ground - based light detection and ranging（Li DAR）data 高分辨率的基于地面光的探测和测距数据 274

Hopwood Park MSA 霍普伍德公园 MSA

coach park management 长途汽车停车场管理 261, 263

contaminant concentrations, sediment 污染物浓度沉积物 262, 263

decorative balancing pond, amenity building 综合服务楼外的景观平衡池 261

decorative balancing pond feature, amenity building 综合服务楼外的景观平衡池特点 261, 262

Environment Agency SuDS demonstration site 环境署指定的 SuDS 示范点 261

flow attenuation 流量衰减 261

maintenance and pollution control 维护和污染控制 261

management trains "管理列车"

amenity building roof 综合服务楼的屋顶 261

car park 停车场 261

coach park 长途汽车停车场 261

HGV park 大型货车停车场 261

sediment and water quality 沉积物成分和水质 264

structural integrity 结构完整性 264

non - degradable pollutants 不可降解污染物 264

oil and silt interceptor 隔泥隔油池 263

reduced maintenance budget 减少维护成本预算 264

sediment trapping, grass filter strip 滞留沉积物植草浅沟 263

water treatment efficiency 水处理效率 262

human disasters 人为灾难 14

humid tropics 潮湿热带

biodiversity and amenity 生物多样性和宜人性 301

blocked drainage system, Nigeria 尼日利亚堵塞的排水系统 301, 302

climate change adaptation and mitigation 适应及缓解气候变化 301

climatic and ecological problems 气候和生态问题 301

drainage infrastructure 排水基础设施 301

surface water management strategy 地表水管理策略 301

urban drainage problems 城市排水问题 301, 302

urban heat island reduction 减少城市热岛 301

urban hydrological cycle 城市水文循环 303

vegetated devices 植物设施 303–308

water quantity and quality 水量和水质 301

hybrid park typology 混合公园类型 380

Hydro - brake® 水力限流器® 72

Hydrocarbons 碳氢化合物 117

Iguaçu - Sarapuí river basin 伊瓜苏 - 萨拉普伊河流域 320–322

individual local planning authorities(LPAs) 地方规划当局 38

infiltration 渗透 19, 20, 23

Infiltration basins in Costa Ermita, Benaguasil 贝纳加西尔科斯塔艾米塔的渗透盆地 362–363

informal settlements network(ISN) 非正式住区（定居点）网络

Langrug local residents 兰格鲁格当地居民 337, 338

of South Africa, SuDS 南美的 SuDS

biomimicry 仿生学 339

'bottom - up'/grassroots approach "自下而上"或基层的方法 335, 336

co - management of drainage 多方协同排水管理 330–

crate and trench soakaways 板条箱和沟渠渗水处 334

fragmented interrelationships 片段式的相互关系 336

greywater discharge catchpit, shallow pipeline 连接浅管道的灰水排放集水池 338

greywater swales 灰水洼地 339

high population densities 高人口密度 328

ISN Alliance and Stellenbosch Municipality 非正式住区（定居点）网络联盟和斯坦伦博施市 337, 338

management practices 管理实践 333

natural wetland ecosystem 自然湿地生态系统 340

physical environment deterioration 自然环境恶化 328

social behaviour and attitudes 社会行为和态度 335

socio - political history 社会政治历史 329

stakeholder engagement 利益相关者参与 342

stormwater treatment 雨水处理 340

surface water drainage 地表水排放 329

surface water runoff 地表径流 334

water and sanitation issues 水和公共卫生管理 334

water - based services 以水为基础的服务 329, 330

Infoworks 信息工程 276

infrequent maintenance 非日常维护 49

inspection. see also sustainable drainage systems（SuDS）检查，参见 sustainable drainage systems（SuDS）条目

integration of 整合 47

skill level descriptions 技能水平说明 48

intermediate tier authorities 中间机构 32, 33

international policy and legislation 国际政策和立法 34

land owners/residents complaints 来自土地所有者/居民的投诉 46

landscapes 自然景观 105

Langrug informal settlement 兰格鲁格非正式定居点

drainage culvert 排水暗渠 332, 333

Franschhoek valley 弗兰谷 331

location map 区位图 332

large woody debris（LWD）大型木质残体 165–166

lead local flood authority（LLFA）地方洪水管理局 38

legislation 立法 31, 36

legislative hierarchies 立法层级 32–33

less unsustainable methods 不那么不可持续的方法 62

life cycle assessment（LCA）生命周期评估 220

light detection and ranging（Li DAR）data 高分辨率的基于地面光的探测和测距数据 274

local green space 地方绿地规划 93

Localism Act 地方法 93

lower tier authorities 下级主管部门 32, 33, 38

low impact development（LID）低影响开发 5
　green infrastructure 绿色基础设施 348
　human accommodation 人类居住功能 349
　Morton Arboretum in Lisle, Illinois 伊利诺伊州利斯的莫顿植物园 350
　natural infiltration and treatment 过滤和处理 348
　Rain gardens in Portland, Oregon 俄勒冈州波特兰的雨水花园 349
　stormwater approaches 雨水方法 237
　USA 美国
　　artful applications 巧妙的应用 353
　　Clean Water Act《清洁水法案》345–346
　　EPA's water - quality standards EPA 的水质标准 346
　　federal water protection laws《联邦水保护法》345
　　LID 低影响开发 348–350
　　'non - point - source' pollution "非点源"污染 345
　　ongoing research and technical guidance 持续研究和技术指导 352, 353
　　stormwater and urban agendas 雨水和城市议程 350–352
　　stormwater management practices 雨水管理实践 346–348
　　technical guidance 技术指导 353
　　unifying legislation 统一立法 345
　　urban runoff water - quality standards 城市径流水质标注 346
　low level maintenance 低级别维护 50

macro - catchments 大型汇水区 17

management train. see also surface water management train "管理列车"，参见 surface water management train 条目
　conveyance 运输工具 69–70
　regional control 区域控制 69
　site control 场地控制 69
　source control 源头控制 66–68

mapping 测绘 169

Mayan culture 玛雅文明 16

medium level maintenance 中等级别的维护 50

metal concentrations 金属浓度 82

Metropolitan Glasgow Strategic Drainage Partnership（MGSDP）格拉斯哥大都市区战略排水伙伴关系 370

microbial communities 微生物群落 121

microbial degradation 微生物降解 86

micro - catchments 小型汇水区 17

Microdrainage® Microdrainage® 软件 276–278

The Model for Urban Sewers（MOUSE）城市下水道模型 275–276

The Model for Urban Stormwater Improvement Conceptualisation（MUSIC）城市雨水改善概念化模型 275

modelling uncertainty 建模的不确定性 271

model rigs 模型试验台 130

modern urban landscapes 现代城市景观 107

motorway service areas（MSAs）高速公路服务区
　Gloucester（M5）格洛斯特（M5）264–267
　Hopwood Park 霍普伍德公园 260–264
　public expectations and standards 公众期望和标准 259
　in UK 在英国 259–260

Murray - Darling Basin Authority 墨累达令流域管理局 41

national laws, local implementation of 国家法律的地方执行
　England 英格兰 38–39
　Scotland 苏格兰 39–40
　national legislation 国家法规

EU water directives 欧盟水资源指令 34, 36

FRMA 洪水风险管理法 36

lead local flood authority（LLFA）地方洪水管理局 36

WFD transposition 水框架指令转化 34

National Planning Policy Framework（2012）（NPPF）《国家规划政策框架》（2012）38, 92

natural flood risk management（NFRM）自然洪水风险管理

  alteration 改造 160

  catchment scale classification 流域规模分类 163

  definition 定义 159

  emerging research 新兴研究 161

  FEH catchment descriptors 洪水估算手册的流域描述符 161–164

  flow desynchronisation 流量去同步 160

  monitoring studies 监测研究 162, 163

  pedological, hydrogeological and land - use variation 土壤、水文地质和土地利用变化 164

  practical application 实际应用 167–168

  restoration 恢复 160

  significance 意义 171–172

  study approach 研究方法

    engagement 公共参与 171

    mapping 测绘 169

    modelling 建模 169–170

    monitoring 监测 162, 170

  upland afforestation 上游绿化 165

  upland drainage alteration 上游排水改造 165–167

  upstream thinking 上游思维 160–161

  variable rainfall event 降雨事件 164

  wetlands and floodplain alteration 湿地和洪泛区改造 166–167

new and emerging pollutants（NEPs）新出现的污染物 398

NFRM. *see* natural flood risk management（NFRM）自然洪水风险管理，参见 natural flood risk management（NFRM）条目

nitrogen 氮循环 122

Nitshill design study 尼希尔设计研究 375–376

N mineralisation 氮矿化 123

N nitrification 氮硝化 123

one - dimensional modelling 一维建模 270, 271

operational expenditure（OPEX）运营支出 53–54

operational record 运行记录 49

operational risk evaluation 评估操作风险 48

participatory action research（PAR）参与式行动研究 333, 335

PAUP - driven regulatory approach 由 PAUP 驱动的新监管方法

performance - based maintenance 基于性能的维护 52

personal injury 人身伤害 46

pervious pavement design 透水路面设计 129

pervious paving systems（PPS）透水路面系统 63, 66, 67

  ASTM（2001）C936 specification 美国材料实验协会（2001）C936 规定 179

  EcoHouse 生态屋 180–181

  GSHP 地源热泵组合系统 179, 181

  method of infilteration 渗透方式 178

  permeable 渗透的 178

  tanked/attenuation system 罐式 / 衰减系统 179

  test rigs 试验台 180

  vertical structure 垂直结构 179

photolysis processes 光解过程 86

pipe - based systems, flood frequency 基于管道系统的设计暴雨重现期 60

piped stormwater sewer system 管道式雨水下水道系统 14

Piscinoes, Sao Paulo Metropolitan Area 蓄水池——圣保罗大都市区 322–324

Pitt Review 皮特的审查报告 37

pollutant 污染物 116

  concentrations 浓度 81

  dynamics 动态 123

  load 负荷 82, 83, 87

  organic and inorganic 有机的和无机的 81

  physico - chemical conditions 物理化学条件 83

  primary sources 主要来源 79–80

removal processes 去除过程 85–87

pollution attenuation process 污染衰减过程 117

polymeric material 聚合材料 143

ponds 池塘 17

Portuguese acronym for 'Research Programme on Basic Sanitation'（PROSAB）葡萄牙语为"基础卫生研究项目"的缩写 318–319

post - handover inspection 移交后检查 47

Proposed Auckland Unitary Plan（PAUP）《奥克兰统一计划提案》380，381

Protijuco，Sao Carlos/ Sao Paulo 普罗提乔——圣卡洛斯 / 圣保罗 324–325

Provincial Government Intervention 政府干预 339

public education 公众教育 111

rainfall seasonality 季节性降雨 16

rain gardens 雨水花园 98，99

rainwater harvesting（RwH）雨水收集 65

    in antiquity 在古代 15–17

    Code for Sustainable Homes《可持续住宅标准》205

    dual benefits 双重效益 205，206

    in England and Wales 在英格兰和威尔士 206

    infrastructure 基础设施 17–19

    stormwater source control（see stormwater source control）(雨水源头控制，参见 stormwater source control 条目）

Rainwater Harvesting Tank，Benaguasil Youth Centre 青年中心的雨水收集池 363-364

Reconstruction and Development Programme（RDP）重建和发展计划 330

regional control 区域控制 69，100–101

reporting 报告 48–49

    see also sustainable drainage systems（SuDS）参见可持续排水系统条目

reservoirs 水库 17

re - suspension processes 再悬浮过程 83

retention ponds 蓄水池 69

retrofit 恢复 70–71，71

RIBA award winning Wheatley MSA 获得全球最佳建筑奖的惠特利高速公路服务区 260

river restoration 河流恢复 26

rock chips 岩石碎屑 23

romanticism movement 浪漫主义运动 106

routine maintenance 日常维护任务 49

Royal Institute of Building Architects（RIBA）皇家建筑建筑师协会 61

RwH. see rainwater harvesting（RwH）雨水收集，参见 rainwater harvesting（RwH）

salutogenesis 健康本源学 375

sand filters 砂滤器 19

Scottish Environment Protection Agency（SEPA）苏格兰环境保护局 39，370

Scottish Flood Risk Management Act（FRMA）《洪水风险管理法》36

Scottish legislation 苏格兰立法 41

Scottish Planning Policy（SPP）苏格兰规划政策 39

seasonal effects 季节效应 123

sedimentation basin 沉积盆地 20，21

sediment - derived turbidity 沉积物产生的浑浊度 82

settling tanks 沉淀池 19–21

silting tanks 淤积池 20

site control 场地控制 69，100

smaller test rigs 研究使用较小的试验台 130

source control 源头控制 66–68，98–100

stable isotope techniques 稳定同位素技术 123

stone chips 石屑 23

storm intensity 暴雨强度 67

stormwater and urban agendas 雨水和城市议程

    infiltration basin，suburban residential neighbourhood 渗透盆地，附近郊区居民区 350，351

    low - density suburban locations 低密度郊区 350

    recreational and scenic functions 休闲娱乐和风景优美的功能 350

    retrofit construction，Missouri 密苏里州的改造工程 351，352

stormwater control measures（SCMs）雨水控制措施 5

stormwater management 雨水管理 111

    computer model，continuous simulation 具有连续模拟功能的计算机模型 347–348

Curve Number method 曲线数法 347

human accommodation 人类居住 347

hydroclimatic conditions 水文气候条件 348

mitigation requirements 管理要求

    design requirements 设计要求 385，386

    high contaminant generating

    activities 高污染活动 386

    source control 源头控制 386

    volume and quality 水量和水质 385–386

Phoenix 凤凰城 348

application 应用 215

types 类型 346，347

Stormwater Management Model（SWMM）地表水管理措施 274–275

stormwater runoff 雨水径流 122

stormwater source control 雨水源头控制

    application 应用 215

    case study development 案例研究发展 214

    design process 设计过程

        retention and throttle RwH tanks 蓄水和节流雨水收集罐 206，209，211

        RwH as source control 雨水收集 作为水源控制 210–212

        RwH storage 雨水收集的储水量 209

        site characteristics, parameters and global design criteria 场地 特征、参数和全球设计标准 209–210

        traditional SuDS approach 传统的可持续排水系统方法 210

    empirical data 经验数据 213

    in England and Wales 在英格兰和威尔士 207–209

    roof runoff 屋顶径流 211，213，214

    RwH tanks 雨水收集罐 211，214

    sample simulation results 样本模拟结果 211，213

street drainage 街道排水系统 14

sub - surface flow（SSF）地下水流 86

SuDS selection and location tool（SUDSLOC）可持续排水系统的选择定位工具 273–274

SuDS triangle 可持续排水系统三角形模型 61

supreme authority 最高权力机构 32，33

surface flow（SF）地表水流 86

surface water 地表水 31

    legislative hierarchies 立法等级制度 32–33

    management train "管理列车" 3–5，5，8

    policy 政策 3

    runoff 径流 94

    The United Kingdom 英国

        England vs. Scotland 英格兰和苏格兰的对比 40–41

        event - driven legislation 事件驱动立法 36–37

        international policy and legislation 国际政策与立法 34

        national laws, local implementation of 国家法律的地方执行 38–40

        national legislation 国家立法 34–36

        vs. other countries 与其他国家的对比 41–42

    surface water management measures（SWMMs）地表水管理措施 5

Surface Water Management Plans（SWMPs）地表水管理计划 39

surface water management train 地表水 "管理列车" 5，8

sustainable communities 可持续社区 112

sustainable development and liveability 可持续发展和宜居性 93

sustainable drainage systems（SuDS）可持续排水系统 205

    aim of 目的是 5

    barriers and drivers 阻碍及驱动因素 396–398

    benefits 好处 5，6

    biodiversity 生物多样性 93–94

    in Brazil 在巴西

        compensatory techniques, types 补偿技术，类型 317，318

        history 历史 316–319

        infiltration and storage processes 渗透和储存过程 317

        nature and human development 自然和人类发展 316

        rainfall transformation 降雨转变 316

        retention capacity, soil 土壤的蓄水能力 315

        stormwater management 雨水管理 319

        temporal and spatial responses 时间和空间响应 318

urban flooding 城市洪水 315

urbanisation 城市化 315

challenges 挑战 5, 7

City Scale 城市尺度

ageing sewer system 下水道系统 370

City Centre surface water management 城市中心的地表水管理 376–377

design studies 设计研究 373–375

funding 资金拨款 377–378

legislation 立法 371–372

multi - functionality 多功能 372–373

Nitshill design study 尼希尔设计研究 375–376

pond construction, Glasgow 格拉斯哥的池塘建设 374

post event analysis 事后分析 370

community managed and wildlife - SuDS 由社区管理并拥有野生动物的可持续排水系统设施

amenity value and use 舒适宜人性和使用价值 103

biodiversity value 生物多样性价值 103

design 设计 103

management 管理 103

conventional drainage 传统排水方法 62

conveyance features 输送设施 101–103

cultural services 文化服务 221, 225–227

de - learning 去学习化 398

delivering policy and strategy objectives 实现政策和战略目标 92

designing 设计

management train "管理列车" 96

for people and wildlife 以人和野生动物为本 96

devices 设施 66

EcoHouse monitoring 生态屋的监测

ambient air and ground temperature 气温和地面温度 182, 183

CoP 性能系数 183–184

habitated space 栖息地空间 182

statistical analysis 统计分析 182, 183

in England and Wales 在英格兰和威尔士

key design criteria 主要设计标准 207

practitioners design 从业者设计 206

prevention 预防 206

regional control 区域控制 206

site control 场地控制 206

source control 源头控制 206

typical SuDS solution 典型 SuDS 设施 206, 207

fencing and fringing vegetation 围栏和植物 397

field - scale implementation of 大规模实施 63

flood risk management solution 洪水风险管理解决方案 398

green infrastructure（GI）绿色基础设施 93

GSH 地热能 178

inspection 检修 47–48

involving people 涉及人员 95–96

location of 位置 54

maintenance 维护

asset type and design for 资产类型和设计 52–53

CAPEX and OPEX, balancing 资本性支出和运营支出的平衡 53–54

data, gathering 数据收集 48

levels 等级 50

planned 计划 50–52

record 记录 49

regimes 制度 51, 54

schedules 计划表 50–52

Malaysia 马来西亚

BIOECODS management trains 生物生态排水系统 "管理列车" 308, 309

cow grass（*Axonopus compressus*）牛草（*Axonopus compressus*）308

ex - mining ponds and wetlands rehabilitation 采矿池和湿地恢复 311–312

management trains construction 构建 "管理列车" 312

preliminary testing 初步测试 308

Taiping Health Clinic 太平健康中心 310–311

USM Engineering Campus 马来西亚理科大学工程园区 309–310

management trains "管理列车"

computer models（*see* Drainage modelling software）（计算机模型，参见 Drainage modelling software 条目）

decision support tools 决策支持工具 277–278

monitoring 监控 272

optimal rainfall event design 最佳降雨事件设计 280

using Microdrainage 利用 Microdrainage® 软件 276–278

management train, site characteristics and devices "管理列车"，场地特征和装置 63, 64

in Melbourne, drivers and barriers 墨尔本，驱动因素与障碍 253–254

modelling, monitoring and evaluation 建模，监测和评价 395–396

multi - functional opportunities 多功能机遇 228–229

multiple benefits 多重效益

　biodiversity improvements 改善生物多样性 240

　categories 类别 239

　distribution of benefits 福利分配 241

　flood reduction benefits 防洪效益 238–239

　health benefits 健康益处 240

　social benefits 社会效益 240

　valuing benefits 收益评估 240–241

new build 新建设施 71–72

operation 运行 46

performance efficiency 性能效率 84

PPS 透水路面系统

　ASTM（2001）C936 specification 美国材料实验协会（2001）C936 规范 179

　EcoHouse 生态屋 180–181

　GSHP 地源热泵组合系统 179, 181

　method of infilteration 渗透方式 178

　permeable 渗透性的

　tanked/attenuation system 罐式 / 衰减系统 179

　test rigs 试验台 180

　vertical structure 垂直结构 179

provisioning services 供给服务 221–223

public perceptions, USA 美国公众的看法

　bioswales 生态湿地 290, 292

　co - development and co - ownership 共同开发和共同拥有 292

green infrastructure, USA 美国的绿色基础设施 288

green streets policy 绿色街道政策 289

knowledge co - construction approach 知识协作方法 292

'nuisance flooding' "滋扰性洪水" 288–289

quality and behaviour of 质量和表现方式 87–88

reducing energy use 减少能源使用 186–188

regional control 区域控制 100–101

regulatory services 监管服务 221, 223-225

reporting 报告 48–49

retrofit 设施的改造 70, 71

rocket 火箭 8

sediment in 沉积物 85

site control 场地控制 100

source control 源头控制 98–100

in Spain 在西班牙

　applications 应用 356

　CSOs 合流制排水系统污水溢流 355

　filter drain 过滤器 360

　geofabrics 土工织物 358–359

　GITECO Research Group 吉特科研究小组 357

　hydraulic performance 液压性能 365

　integration, new urban developments 整合到新的城市发展中 361–362

　Las Llamas Park（Santander）拉斯拉马斯公园（桑坦德）357, 358

　La Zoreda car park（Oviedo）拉佐雷达停车场（奥维耶多）357, 360

　linear drainage system 线性排水系统 360

　in mediterranean region 在地中海地区 362–366

　permeable pavement scheme 渗透性路面方案 358, 359

　permeable surfaces 透水表面 358–359

　progressive social awareness 社会认识不断提高 356

　Sports Centre, Gijon car park 运动中心，吉洪市停车场 357

　stormwater - related problems 与暴雨相关的问题 355

　sustainability principles 可持续性原则 358

swale 洼地 360

    urban planning process 城市规划过程 356

    urban water management 城市水资源管理 355

    water chemistry 水化学 359

    water quality tests 水质测试 365

square 广场 8

supporting services 配套服务 221，227

sustainable development and liveability 可持续发展和宜居性 93

three - storey office block 三层办公楼 184–185

triangle 三角形模型 8

types 类型

    constructed wetlands 人工湿地 220

    filter drains and pervious pipes 过滤器和透水管 220

    infiltration basins 渗透盆地 220

    pervious surfaces 透水表面 220

    'traffic lights' approach "交通灯"方法 221–227

urban runoff, treatment of 城市径流处理 83–84

sustainable drainage techniques 可持续排水技术

    rainwater harvesting（RwH）雨水收集

        in antiquity 在古代 15–17

        infrastructure 设施 17–19

sustainability 可持续性 14–15

Sustainable Urban Drainage Centre 城市可持续排水中心 339–341

Sustainable Urban Drainage Manual《可持续城市排水手册》320

sustainable water management, non - structural approaches 可持续水管理的非结构性方法 26–28

swales 洼地 69，70，94，101

system for catchment, pre - treatment and treatment（SCPT）集水、预处理和处理系统 146

'Tabor to the river'（T2R）"泰伯河"计划 289

Taiping Health Clinic 太平健康中心 310–311

temperate zone, SuDS. *See* Humid tropics 温带的可持续排水系统，参见 Humid tropics 条目

terminal restriction fragment length polymorphism（TRF）末端限制片段长度多态性 121

terracotta pipes 陶土管道 17，18

terrestrial carbon sequestration 陆地碳吸收 194

Thames Tideway Catchment 泰晤士潮汐汇水区 71

total petroleum hydrocarbons（TPH）总石油烃 262

T - piece terracotta pipe T形陶土管 104

UK approaches vs. other countries 英国与其他国家的方法对比 41–42

underlying drainage structure 底层排水结构 23，24

upper tier authorities 高层管理者 38

upstream thinking 上游思维 160–161

urban green spaces 城市绿地 107

urban hydrological cycle 城市水文循环 303

urbanisation 城市化 4–5，91，303

urban open space design 城市开放空间设计 108–109

urban receiving water bodies 城市受纳水体 82–83

urban stormwater 城市雨水 79

urban water and sediment quality 城市水体的沉积物质量

    pollutant removal processes 污染物去除过程 85–87

        in SuDS 在可持续排水系统中 87–88

    urban runoff 城市径流

        land use types, range of 不同土地利用类型 80–82

        pollutants mobilised by 被污染 79–80

        receiving water bodies 受纳水体 82–83

        treatment, SuDS 处理，可持续排水系统 83–84

urban watercourses 城市河道 83

USM Engineering Campus 马来西亚理科大学工程园区 309–310

vegetated channels 植被覆盖的渠道 69

vegetated devices 植被装置

    cow grass（地毯草）牛草 308

    green infrastructure, climate change 利用绿色基础设施缓解和适应气候变化 306，308

    green roofs 绿色屋顶 303–304

    wetlands and swales 湿地和洼地 304–306

vegetated roof. *see* green roof retrofit 植被屋顶，参见 green roof retrofit 条目

volatilisation 蒸发 86，120

Wastewater Treatment Works（WWTW）弗朗斯胡克污水处理厂 339–341

water demand, reduction in 减少用水需求 26

Water Environment and Water Services (Scotland) Act 2003 (WEWS)《水环境和水服务（苏格兰）法》 34, 39, 41

water environment, pollution of 水环境污染 46

Water Framework Directive (WFD)《水框架指令》 32, 92

water quality 水质
　biological treatment 生物处理方式 20–23
　factors 因素 147
　floating mat device 浮垫装置 147
　infiltration capacity 渗透能力 146
　physical treatment 物理处理方式 19–20
　pollutant removal layer 污染物去除层 145
　rainwater reuse 雨水再利用 146
　runoff pollution treatment 径流污染处理 146
　SCPT 集水、预处理和处理系统 146

water quantity 水量
　conventional drainage 传统排水 59–60
　existing flood management 现有洪水管理 60–61
　flow control 流量控制
　　Hydro - brake® 水力限流器 72
　　weir 堰堤 72
　management train "管理列车"
　　conveyance 运输工具 69–70
　　regional control 区域控制 69
　　site control 场地控制 69
　　source control 源头控制 66–68
　new build 新建设施 71–72
　reduction 减少 23–24
　retrofit 设施改造 70–71
　sub - surface drainage 地下排水 23–24
　SuDS implementation SuDS 实施 62–65
　volume 水量 59–60
　water flow 水流 59–60

water sensitive design (WSD) and low impact development 水敏感设计和低影响开发 398
　in New Zealand 在新西兰
　　Auckland Council technical reports 奥克兰议会的技术报告 381
　　Auckland design guidance 奥克兰设计指南 386–387
　　biophysical conditions, 382–383
　　biophysical features, 380
　　environmental stewardship, 380
　　Maori values, 380
　　PAUP - driven regulatory approach 由 PAUP 驱动的新监管方法 386
　　sensitive receiving environments, stormwater 受雨水影响的敏感接收环境 383–384
　　socio/political drivers 社会 / 政治驱动因素 385
　　stormwater mitigation requirements 雨水管理要求 385–386
　　technical guidance and specification 技术指导和规范 381, 382
　　Wynyard Quarter 温亚德海滨新区 388–389

water sensitive urban design (WSUD) 水敏感城市设计 5, 32, 65, 219

water storage 水的储存 25

weir 堰堤 72, 73

Western Cape Government (WCG) 西开普政府 339

wetland plants 湿地植物 101, 102

wetlands and swales 湿地和洼地
　Aloe sp. 芦荟属 304, 305
　Bermuda grass 百慕大草 306, 307
　disease vectors 疾病媒介 304
　management strategies 管理策略 304
　pre - treatment phase 预处理阶段 304
　Tectorum sp. 鸢尾属 304, 305
　Vetifer grass (Vetiveria fulvibarbis) 香根草 305, 306

wetland vegetation 湿地植被 108

WEWS. see Water Environment and Water Services (Scotland) Act 2003 (WEWS)《水环境和水服务法》, 参见 Water Environment and Water Services (Scotland) Act 2003

Wheatley Motorway Service Area (MSA) 惠特利高速公路服务区 63

whole life cost (WLC) 全寿命成本 53
　best management practices 最佳管理实践 237
　construction and maintenance costs 建设和维护成本 237

cost‐benefit approach 成本效益法 237

cost data 成本数据 237

definition 定义 236

evidence 证据 237–238

LID stormwater approaches 低影响开发雨水方法 237

planned maintenance and replacement regime 有计划地进行维护和替换 236

Wilderness Act (1964), 106

WLC. see whole life cost (WLC)

WSUD. see Water Sensitive Urban Design (WSUD)

译后记

人创造环境，环境塑造人。城市，作为人类改造自然过程的重要表征，原本就是"山水林田湖草"这一生命共同体的有机组成部分；人们对待雨水态度的变化，集中反映了人类文明的进步。就像交通治堵一样，当人们妄图用更宽的马路、更多的车道来解决城市里越来越多的车流时，其结果只能是适得其反，越治越堵；同理，更宽的地下排水管道也不是解决更大洪水灾害的办法。本书告诉我们，城市是个系统复杂、有机进化的生命体，对待雨水，我们应该鼓励社会寻求更可持续的解决方案。

生态文明是中华民族复兴伟业之基石。从党的十八大提出生态文明战略，到习总书记在2013年中央城镇会议上首次提出建设海绵城市，随后全国两批30个试点城市先后推进；从浙江省早期的"工程治水"，向目前以海绵城市建设为抓手全力推进省域"大花园"的"生态治水"的理念转变，中国正积极稳妥地探索着一条人与自然和谐相处的健康持续的城镇化道路。毫无疑问，海绵城市将是中国向世界提供的具有东方智慧文明特色的可持续地表水管理方案。

当然，作为后发的工业化与城镇化国家，中国有条件，也应该吸取世界各国在可持续地表水管理过程中积累的经验与教训。翻译该著作缘于本人主持的国家重大社科基金招标项目《海绵城市建设的风险评估与管理机制研究》（项目编号2016ZDA018），在文献搜索中发现了这本跨越社会科学和自然科学、涵盖国际上SuDS相关领域知名专家代表性研究成果的著作，极大地拓宽了课题研究的视野，提升了课题研究的站位，也为课题研究节省了大量文献搜索、阅读与整理时间。

该书的出版得到了中国建筑工业出版社的大力支持，特别感谢孙书妍老师的精心编辑与指导；同时，该书的出版也得到了国家重大社科基金、浙江省重点高校重点建设学科、浙江工业大学小城镇城市化协同创新中心的资助。在此，一并谢过！

该书中文版的出版，充分展现了年轻人充沛的精力、蓬勃的活力与独特的创造力。我的研究生董寒凝、张泸少、王雅沛、魏依柯、徐若萱、曹丹，春季开工，金秋收获；他们不仅体验了"精诚合作、协同作战"的"苦中乐"，而且领略了国际前沿难得一见的学术风景。

本书的初译工作由董寒凝（第1、2、7、12、13、23、25、29章）、魏依柯（第3、4、6、10、11、16、21、22、27章）、徐若萱（第5、8、9、15、18、24、28章）、曹丹（第14、17、19、20、26章）完成，两轮校对工作由董寒凝（第1、2、5、7、8、9、11、12、13、14、15、16、17、18、19、20、23、24、27、28、29章）、张泸少（第1、2、3、4、6、7、10、12、15、21、22、23、25、26、27、28、29章）、魏依柯（第3、4、6、10、11、16、21章）、徐

若萱（第 5、8、9、18、24 章）、曹丹（第 14、17、19、20 章）、王雅沛（第 13、25、26 章）完成。

全书由陈前虎、董寒凝进行统校、统稿。

陈前虎

2019 年 11 月 2 日于屏峰山下